水电站培训教材基础篇

中小型水电站运行维护与安全管理

河南省农村水电及电气化发展中心　组织编写

王福岭　陈德新　主编

黄河水利出版社

·郑州·

内 容 提 要

本书为中小型水电站培训教材的基础篇,包括三部分:第一部分为水电站的基础知识;第二部分为水电站的运行维护与管理;第三部分为水电站的安全生产与安全管理。

第一部分共七章,内容包括:水电厂水力部分,水轮发电机组及其辅助设备,调速器基本知识,水电站电气主接线及一次设备,水电站电气二次设备,水电站厂用电及直流系统,水电站计算机监控系统与视频监控系统。

第二部分共八章,内容包括:水电站引水设施的运行,水轮发电机组的运行,机组辅助设备的运行、操作与管理,调速器的运行、维护与管理,电力变压器和配电装置的运行、维护与管理,二次设备运行、操作与维护,站用电的运行与维护,直流电源的运行与维护。

第三部分共五章,内容包括:水电站的安全管理制度,电气设备的额定值与设备安全,电气防火及防爆,生产安全制度与安全管理,人身触电及触电急救。

本书主要用于水电站运行与管理人员的技术培训及安全培训,也可供相关技术人员和大中专院校水电及相关专业师生学习参考。

图书在版编目(CIP)数据

中小型水电站运行维护与安全管理/王福岭,陈德新
主编 . —郑州:黄河水利出版社,2014.9
ISBN 978 – 7 – 5509 – 0921 – 2

Ⅰ.①中…　Ⅱ.①王…　②陈…　Ⅲ.①水力发电站 –
电力系统运行 – 技术培训 – 教材②水力发电站 – 维修 – 技
术培训 – 教材③水力发电站 – 安全生产 – 安全管理 – 技术
培训 – 教材　Ⅳ.①TV737

中国版本图书馆 CIP 数据核字(2014)第 216441 号

组稿编辑:李洪良　电话:0371 – 66026352　E-mail:hongliang0013@163.com

出　版　社:黄河水利出版社
地址:河南省郑州市顺河路黄委会综合楼 14 层　　　邮政编码:450003
发行单位:黄河水利出版社
发行部电话:0371 – 66026940、66020550、66028024、66022620(传真)
E-mail:hhslcbs@126.com
承印单位:河南省地质彩色印刷厂
开本:787 mm×1 092 mm　1/16
印张:26.25
字数:813 千字　　　　　　　　　　　印数:1—2 000
版次:2014 年 9 月第 1 版　　　　　　印次:2014 年 9 月第 1 次印刷
定价:90.00 元

前　言

　　为适应中小型水电站技术和安全培训的需要，提高水电站生产和管理人员的运行维护水平，保障水电站的安全、可靠和高效运行，组织编写了这本培训教材。与其他同类培训教材相比，本书具有以下特点：

　　实用性与系统性：本书总体上涵盖了水电站工作人员所需要的基础知识、运行操作和安全管理三部分内容。书中详尽地介绍了水电站的基本水利设施，一、二次机电设备的工作原理和结构、性能特点、技术参数、运行操作方法。内容选择注意理论的系统性、技术方法的实用性，理论与实践有机结合，可满足生产人员和管理人员知识和技术的需求。

　　新颖性和先进性：在编写过程中，注意紧跟当前水电站生产实际，结合各种新技术、新设备的使用，尽可能地选择新的知识、新的技术、新的设备。书中所讲述的，均为目前我国中小型水电站正在使用或推广使用的技术和设备，包括各类微机调速器、真空断路器和六氟化硫断路器等高低压开关设备，微机同期、微机温度巡测和微机励磁等自动化装置，计算机监控系统和视频监控系统等。

　　通俗易懂性：本书考虑小型水电站的工作人员的特点和知识技术基础，力图使教材浅显易懂，对于大量常用的设施或设备，采用了原理图与实物图对照、工程图与三维结构模型相结合的方式描述，图文并茂，见图如见物，直观形象，容易理解，便于掌握。

　　作为培训用的教材，书中广泛汲取了各种同类型培训教材、大中专教科书优秀的部分内容，并引用了网络上转载的一些有益的资料。在此，一并对被引用书刊和技术资料的著作者表示衷心感谢。

　　本书编写人员有王守恒、陈德新、王福岭、杜玮、许强、马跃先、任岩、程大鹏、李士辉、李小东等。

　　本书在编写过程中，虽经反复推敲，但因时间仓促、编者水平有限，难免有错误之处，望使用本书的读者多提宝贵意见，以便修订和完善。

编　者

2014 年 6 月 15 日

目　录

第一部分　水电站的基础知识

第三部分 水电站的安全生产与安全管理

第一部分　水电站的基础知识

第一章　水电厂水力部分

本章以水电电能生产过程为主线,概要介绍主要动力设备的作用原理和特点。首先,介绍水电开发建设、水能利用和径流调节的基本知识,并对水电厂开发方式的特点及水电厂各种水工建筑物的功能进行分析。然后,重点对水电厂核心设备水轮机结构、特点和工作原理进行阐述,并简要介绍调速系统、油气水系统等辅助系统的设备的原理和作用。最后,从运行角度对水轮机工作参数、运行特性及其在电力系统中的作用进行分析。

第一节　概　述

一、水电开发建设的决定因素

水力发电用的原料是"水",但并非在所有江河湖泊上都能兴建水力发电厂。水电厂的兴建,除取决于某一河段水能蕴藏量(由水头和流量描述)外,还取决于河道的地质、地形、水文等条件。同时,还要妥善处理因兴建水电厂而引起的淹没良田、居民搬迁、运输改道等一系列问题,以及国民经济建设的需要与可能等。所以,水电的开发必须在各部门配合下综合考虑诸多因素。

(一)取得水流落差和造成淹没的关系

要取得水流落差,一般都修建拦河大坝,坝修得越高,在坝以上所形成的水库越大,相应地用来发电的水头也越大,也就能多发电。但是,一方面应预计到水库的形成总会使一些城镇和耕地被水淹没,另一方面还应预计到水库建成后,可能建设一个新的灌溉系统,为农业的增产创造了条件。由于水库具有拦蓄洪水的能力,可以使坝以下广大地区避免洪水袭击并改善灌溉系统,使旱地改造为水浇地,增加单位面积产量。因此,需要作全面的、认真的分析比较。

此外,坝高与造价投资有着密切关系。一般认为,提高大坝的建筑高度所增加的发电能力和数量,几乎和坝的增高成正比;而随着大坝的增高,其体积和造价却是按坝高的二次方到三次方的关系在增加。所以,当坝高增至一定高度后,若为了提高落差或增大库容,再采取增加坝高来提高发电能力就显得不恰当了。

(二)防洪和发电的关系

建坝蓄水,除为了发电外,其库容的大小还须考虑防洪的要求。因为当上游出现洪水时,要利用水库来拦蓄洪水。若下游对防洪的要求愈高,也就是说,在洪水季节容许向下游排泄洪水的流量愈小,则水库需要拦蓄的洪水的水量就愈大,因此水库在防洪调蓄情况下所限制的水面高程也就愈低。那么,水位的降低,势必相应地减少了发电所需要的落差,进而减少了发电能力。为了保证在洪水到来之前有足够的防洪库容,在汛期防洪运用时的起调水位称为防洪限制水位。它的拟定,反映了防洪和发电之间的相互依赖关系。为了多发电,总希望防洪限制水位定得高一些,而为了下游免遭洪水灾害,则希望该水位定得低一些,以便留出足够的库容用作拦洪。所以,防洪和发电之间的关系须针对具体工程具体分析。

(三)发电与航运、灌溉和用水的关系

根据发电的要求,往往需要集中落差,建立拦河大坝。坝前蓄水形成水库,除用于发电外,还要兼顾灌溉、航运、工业及民用供水等综合利用的要求。由于大坝隔断了航运通道,就需要修建船闸或升船机,建立新的水上交通,因而要求水库经常提供一定的通航流量,保证各种货轮、客轮顺利通航。但在枯水季节,水电厂的用水量是较紧张的,为了保证航运的需要,枯水期的用水更加紧张。除此以外,有些水库还设有筏道和鱼梯等设施,必须考虑综合利用,合理地实行水库调度。

此外,有时根据水库综合利用的要求,在不发电期间,需要水库均匀地、以一定流量不断地向下游放水,满足下游生态用水和工业用水的需要量,或在灌溉季节,水库应放水保证农灌用水。这时为保证各方面用水,又不致把水白白放至下游,一般可让部分机组运转,利用发电后的尾水满足下游的用水要求。

(四)水电厂投资与修建速度问题

水电厂的装机容量是根据河流的水能利用蕴藏量决定的。因此,水电厂设计都是一次完成的,不考虑发展与扩建,但根据工农业生产用电的需求及国家对电力投资的可能,通常采用一次设计分期装机、"以电养电"的办法。由于水电厂的水工建筑物勘测、施工费工费时、投资较高,因此一般认为水电开发没有火电兴建快。

关于水电与火电建设投资和速度的对比分析问题,曾有过讨论。认为两者比较应在等同的基础上进行,即水电的开发是把水能转换为电能的全过程,包括水工、水机和电气。那么火电的兴建亦应是把原煤的化学能转换为电能的全过程,包括原煤开采,运输(铁路或水路)设施和电厂本体的机、炉、电基建的全部内容。若以此为对比基础就将更改多年来人们习惯性地把水电厂开发全过程与火电厂本体兴建相对比时得出的欠妥结论。特别是从国民经济考虑,在原煤供应不足、交通运输紧张的情况下就更显现出开发水电的优越性。大型水电厂的兴建除具有直接综合利用效益外,还有许多间接效益,诸如兴建水库发展养殖、保持生态平衡、调节邻近地区的气候、改善电力系统电网结构、减少污染物排放、保护环境、节省燃料、增加经济效益等。

二、水电厂电能生产过程

水电厂是利用水能生产电能的工厂。变水能为机械能的原动机是水轮机,而使机械能转换为电能的设备是发电机。为实现能量转化必须借助于水工建筑物和动力设备来完成,其生产过程概括由以下四部分组成:

(1)获得水能。即取得河水的径流,汇集水量,集中水头。为此,在发电厂中相应设置有各种功能的水工建筑物,诸如渠道、压力前池、大坝等。

(2)调节水能。河川流量的大小决定于集水面积、融雪和降雨量等因素。在一年内各季之间径流分布是不同的,所以河流有丰水期、平水期和枯水期之分。为了使天然径流的变化适应于电能负荷的需要,实现水能调节,大中型或有条件的小型水力发电厂都要在河流上修建水库,将丰水期的水蓄存起来,以便枯水期使用。为此设置有水库、闸门、泄洪等建筑物。

(3)转换水能为电能。将具有一定落差和流量的水能,通过水轮机及其同轴的发电机把水能转换为机械能和电能。

(4)输配电能。把发电机发出的电能经过变电、输电系统馈送给电力系统或用户。

第二节　水能利用及径流调节

一、水能利用

天然河道中,水流经常冲刷河岸和河底并挟带大量泥沙和砾石,从上游流向下游。这就表明水流中蕴藏着一定的能量,称为水能。形成水能应具备两个条件,即流量和落差。

流量是指江河中在单位时间内通过过水断面(垂直水流方向的横断面)的水的体积,即

$$Q = \frac{W}{t} \quad (\text{m}^3/\text{s}) \tag{1-2-1}$$

式中　W——水的体积,m^3;

　　　t——时间,s。

流量反映了水流的速度及水量的大小。

落差又称为水头,它是指集中起来的上下游水位差,亦表征上下游水流的单位能量差。当水沿河道以 Q 流量从断面 Ⅰ—Ⅰ 经距离 s 至断面 Ⅱ—Ⅱ 时(如图 1-2-1 所示),由于水头未被集中利用,而能量沿河道坡度就白白浪费掉了。通常称 $h = H_1 - H_2$ 为水头损失,它包括两部分内容:

(1)局部损失——因水流边界的急剧变化所受到阻力而引起的损失;

(2)沿途损失——因摩擦力做功而引起的损失。

所以,水头损失表示了单位重量的水流在流程 s 范围内的能量损失。如果设法抬高上游水位(如筑坝)或减少水头损失(如采用压力管道),则上下游之间的水位差就会被集中起来,以 H 表示。水头就代表着断面 Ⅰ—Ⅰ 处单位重量体积的水所具有的位能。若坝前水库中有体积为 $W(\text{m}^3)$ 的水量,则它所含的总能量应为

$$E = HW\gamma \quad (\text{N} \cdot \text{m}) \tag{1-2-2}$$

式中　H——水头,m;

　　　W——体积,m^3;

　　　γ——水的重度,$\gamma = 9\,810\ \text{N}/\text{m}^3$。

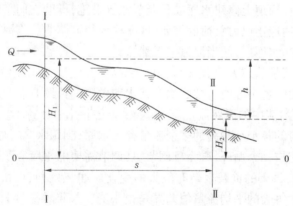

图 1-2-1　水力坡度示意图

单位时间内 W 体积水从坝前(上游)流到坝后(下游)所做的功为水流的出力(功率),用 N 表示:

$$N = \frac{E}{t} = \frac{HW\gamma}{t} = HQ\gamma = 9\,810\ QH \quad (\text{N} \cdot \text{m}/\text{s}) \tag{1-2-3}$$

式中　Q——单位时间内的下泄流量,m^3/s,$Q = \dfrac{W}{t}$。

把下泄流量引入水轮机组即可冲动水轮机转动做功。在能量转换过程中要损失掉一部分能量,常用小于 1 的有效利用系数 η 表示,根据单位换算关系:$1\ \text{W} = 1\ \text{J}/\text{s},1\ \text{J} = 1\ \text{N} \cdot \text{m}$,发电厂实际发出的电功率为

$$P = N\eta = 9.81QH\eta \quad (\text{kW}) \tag{1-2-4}$$

式中　η——水电厂机组效率。

η 反映了水流进入水轮机后,从水能变为电能过程中的能量损失,它是一个无量纲的物理量,用百分数表示,包括水工建筑物的效率、水轮机效率和发电机效率三部分,即

$$\eta = \eta_G \eta_T \eta_f \tag{1-2-5}$$

式中　η_G——水通过建筑物的效率,主要考虑引水建筑物中水头损失;

　　　η_T——水轮机效率,大中型水轮机为 $0.88 \sim 0.94$;

　　　η_f——发电机效率,大中型水轮发电机为 $0.85 \sim 0.86$。

若近似取 $\eta = 0.85$，则发电厂发出的电功率即电厂容量为

$$P = 8.3QH \quad (kW) \tag{1-2-6}$$

农村小型水电厂一般取 $\eta = 0.72 \sim 0.82$，则

$$P = (7 \sim 8)QH \quad (kW) \tag{1-2-7}$$

由此可知，水电厂的容量由水头 H 及流量 Q 来决定。流量愈多，水头愈高，水电厂发出的电功率就愈大。所以，通常把流量 Q 和水头 H 看作水力发电的两大要素，近似地用下式来估算水电厂的可能装机容量和发电量：

$$P \approx 8QH \quad (kW) \tag{1-2-8}$$

因为 $1 \ kW \cdot h = 3.6 \times 10^6 \ N \cdot m$，由式(1-2-2)可得：

$$E \approx \frac{8}{3\ 600}WH \quad (kW \cdot h) \tag{1-2-9}$$

由此可见，发电厂的装机容量与落差和流量成正比，发电量与落差和水量成正比。

二、径流调节

径流是指在水循环过程中，从地面、地下向着流域出口断面汇集的全部水流。多数河道的径流量主要由降雨、融雪形成，但天然雨量在一年四季中是不均匀的，从而导致流量分布显著不均匀。有些河道丰水期和枯水期的流量差可达几百倍，甚至上千倍。而电力系统中的负荷虽然在一天或一年中亦有变化，但相对于天然河道径流的变化却比较均匀。根据电能生产与消费是同时进行的特点，就必须对天然径流进行调节。为此，一般在河道上修建水库或日调节池等设施，借助它们将径流加以控制和在时间上重新加以分配，使天然径流适应于电力负荷的需要，这就称为径流调节。当河道中天然流量大于负载需要时，可将多余的水量存储在水库中；而当河道中天然流量小于负载需要时，则可利用水库中存储的水量。水库的容积越大，调节流量值越大，河水的利用率越高。径流调节不仅解决发电用水问题，也用于防洪、灌溉、航运等综合利用的各个方面。按照水库蓄水和供水的持续时间，径流调节方式有下面四种：

(1)日调节。一昼夜内河流中的天然流量，在大多数情况下几乎保持不变；而用水部门的用水量却有较大的变化。若将用水少的各个小时内的多余流量存入水库，到用水多时放出，以弥补天然流量之不足。这种调节在一昼夜中完成一个循环，称为日调节，日调节需要的水库容积不大。

(2)周调节。在一周中，每天的负载也会有较大的变化。如在星期日，由于很多企业停止工作，负载有较大的降落。但一周中每天的平均流量值差异是很小的。如果将星期日多余的水量存蓄起来，分配到其他各天去用，就可以扩大水电厂的能量效益。周调节库容的计算是根据一周中日平均流量和日平均负载的变化情况决定的。周调节的同时也进行日调节。

(3)年调节。在一年中，天然径流量和负载值是不一致的。为了提高发电厂的保证出力，也就是提高在一年内枯水时期中水电厂的出力，减少洪水期的弃水量，就必须进行调节。把洪水期多余的部分水或全部水都存入水库中，到枯水期放出使用。这种对于一年中径流进行重新分配的调节称为年调节。几乎所有的年调节水库，都同时进行周调节和日调节。

年调节分为完全年调节和不完全年调节两种。完全年调节就是在整个的一年中水库不发生弃水，全部天然径流经过调节后完全变成均匀的流量。不完全年调节是指在一年中还有发生弃水的现象。所谓弃水现象，就是指水库的容积不足以储存全部多余的水量，当水库存满以后，河道中天然流量仍大于用水量，这时就将多余的水由溢流坝或泄洪道弃掉，放至下游。对于不完全调节，在一年中水库将经历蓄水期、供水期、弃水期等不同的工作时期，而各时期的长短，由河流的水文情况及负荷用水量来决定。

(4)多年调节。将丰水年多余的水量储存起来，供枯水年使用。多年调节是充分利用水利资源的方法。但由于地形、地质和经济条件的限制，并非所有电厂都能进行多年调节。多年调节的特点是调节期不固定，可能很长，也可能很短。调节周期的持续时间不是一个常数。只有当水库具有相当大的容积时，才能进行多年调节。具有多年调节水库的水电厂，通常也进行年调节、周调节和日调节。

三、水库的特征水位及库容

筑坝形成水库。在一定坝址条件下,坝越高,水库蓄水位越高,水库占据的面积和容量就越大。水库所能容纳的水量称为库容。河道的纵坡降及岸边地形对库容大小有直接影响。修建同样高的坝,在坡降陡的峡谷河段,形成的水库容积就小,但在坡降较平缓、两岸较开阔的河段形成的水库容积就比较大。在设计、运行中为了更好地描述水库特征,常采用一些专业术语,如图1-2-2所示。

(一)死水位、死库容和淤沙水位

在正常运行条件下,水库允许消落的最低水位称为死水位。在这个水位以下的库容称为死库容。其中还包含被泥沙淤积的部分,其水位称为淤沙水位,它的标高位于发电厂进水口之下,一般不能被有效地利用。死水位的确定不仅要考虑发电的最小用水量,而且还与灌溉水位、航运水深、养殖渔业以及卫生等方面的要求有关。死库容不直接参与径流调节。

(二)正常高水位、有效库容和水库工作深度

正常高水位根据发电、航运、防洪、灌溉等方面的要求以及淹没、地形、地质等方面的特定条件限制,综合考虑。在正常设计条件下,水库调节允许达到的最高水位称为正常高水位。位于正常高水位与死水位之间的水库容积称为有效库容,又称为兴利库容。正常高水位到死水位的消落深度称为水库工作深度。有效库容主要担负着径流调节的任务,它不断地周期性地储蓄天然河道的流量和泄放水量,满足发电、灌溉、航运等方面的用水要求,而水库的工作深度则反映着水头的变化状况,直接影响着水电厂的调节性能和出力大小,在一定的坝址条件下,正常高水位定得越高,则有效库容就越大,水库的调节能力也就越强,取得发电及其综合利用的效益也越大,但相应的水工建筑物的尺寸、投资、淹没亦会增加。所以,水库正常高水位的确定是一件比较复杂且重要的事情,须根据各方面的因素综合分析、全面考虑来决定。

(三)汛前水位、防洪水位以及防洪库容

一年内河道的水量随季节而变化,有涨有落。例如初春季节,因高山融雪而导致河水流量增大,俗称为"桃花水";因秋雨连绵或山洪爆发而引起的河道流量猛增,则称为"洪水"。凡带有季节性的涨水都称为"汛",桃花水又称为春汛。为了使水库具有足够的防洪库容,在汛期到来之前要及时放出水库中部分尚未用完的蓄水,使库水位消落到汛前水位。在汛期,当出现大洪水时,水库中的水位将上升到大坝所能承受的最高数值,这个水位被称作防洪最高水位或超高水位。此时,即认为水库已被蓄满。在正常高水位以上的水库容积称为防洪库容,专门用于准备拦蓄可能出现的洪水。防洪水位是根据百年来的水文资料查证并综合分析后确定的。防洪库容对下游起着滞洪和削减洪峰的作用。

设计洪水位是指水库从防洪限制水位起调,拦蓄大坝设计标准洪水时达到的最高水位。而校核洪水位是指遇到大坝校核洪水时,坝前达到的最高水位。

水库中的各种特征水位在运行中为水能调度提供了控制水位极限数值的依据,特征水位如图1-2-2所示。

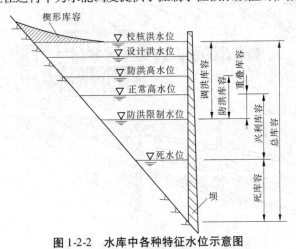

图1-2-2 水库中各种特征水位示意图

第三节　水电厂的开发方式

水电厂的出力与落差、流量成正比,发电量与落差、水量成正比。而河道的流量则取决于水文特性,河流的自然落差又大多分散在整个河道上,且分布极不均匀。为了开发利用河流水力资源,就必须根据地形、地质、水文等自然条件的特点加以改造,使分散的落差集中起来,获得生产电能所必需的流量和水头。集中落差的方式不同,相应地水电厂的布置形式及水工建筑物设施也就不同。目前就水电厂的开发方式可归纳为三种类型:堤坝式、引水式和混合式。

一、堤坝式水电厂

这种开发方式是在河道上修建拦河大坝,将水拦蓄起来抬高上游水位,使库内水面线坡降比原河道水面线坡降小得多,因而减小了流速和能量损失。把分散的落差集中起来就形成发电水头。例如:在某一段足够长的河流上,沿河两岸有连绵的山峦,而且河床又有一定的坡度,那么,在这一段河流的下游,选一地质条件比较好且两岸山势又比较靠近的位置,兴建拦河大坝。在坝以上由坝和两岸的山峦把河水拦蓄起来,形成狭长形的自然水库。在坝的前后两侧形成集中落差,即水头。将水库中的水通过输水管或隧道,引向布置在水电厂厂房中的水轮机,使其旋转并带动发电机发电,这是最常见的形式。

堤坝式布置的特点是在用堤坝集中落差的同时,在坝的上游形成容积较大的水库,储蓄了水量,不仅对天然河流来的水量重新进行调节分配,增加了发电引用流量,而且和防洪、灌溉、航运等任务结合在一起,形成综合利用的水利枢纽。当然,在筑坝蓄水过程中,也必然会造成淹没上游两岸的城镇和良田、引起居民搬迁等问题。同时考虑到水库的泥沙淤积,从而使建坝高度和水库寿命受到限制。按照大坝和水电厂厂房相对位置不同,堤坝式水电厂又可分为河床式、坝后式、溢流式和坝内式等。

(一)河床式水电厂

水电厂厂房与大坝布置在同一直线上,成为坝的一部分,也起挡水作用并靠自身重量直接承受上游水的压力。典型的河床式水电厂枢纽平面布置如图 1-3-1 所示。河床式水电厂通常修建在河流中、下游河道纵坡平缓的河段中,水头一般不高,大中型水电厂多在 25～30 m 以下,小型水电厂在 8～10 m 以下,从而既避免了造成大量淹没损失,又适当地抬高了上游水位。河床式水电厂大多为低水头大流量电厂且进水口及其附属建筑物,如拦污栅、闸门、启闭机等都与水电厂主厂房连接成一整体,其水电厂横剖面如图 1-3-2 所示。我国长江中游的葛洲坝水电厂、浙江富春江水电厂以及广西郁江西津水电厂等都属此形式。

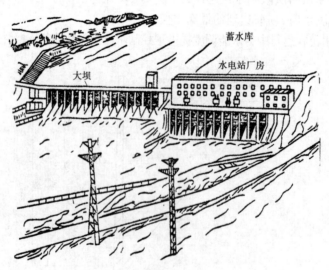

蓄水库

水电站厂房

大坝

图 1-3-1　河床式水电厂枢纽平面布置图

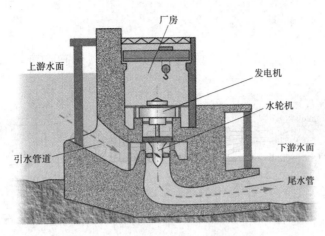

图 1-3-2 河床式水电厂横剖面图

（二）坝后式水电厂

当拦河大坝集中起来的水头较大时，如果采用河床式布置，则由于上游水压力很大，厂房本身重量已不足以维持其稳定，若加大厂房尺寸则不经济，在这种情况下，宜采用坝后式水电厂。坝后式水电厂是将厂房建造于拦河大坝之后，使上游水压力完全或主要由坝来承担，而厂房不承受上下游落差的水压力作用，如图 1-3-3 所示。坝后式水水电厂一般建造在河流的中、上游。由于在这种河段上容许一定程度的淹没，所以它的坝比河床式的高。不仅使电厂获得较大的水头，还形成了可以调节天然径流的水库，有利于发挥防洪、灌溉、发电、航运、给水及养殖等综合效益。坝后式水电厂布置比较集中，取水口和压力水管一般都设于坝内侧，如图 1-3-4 所示。坝与厂房间可设构造缝使之分开，也可不设构造缝。前者厂房不承受压力，后者考虑厂坝联合作用共同承受水库压力。坝后式水电厂多系中、高水头电厂，在我国采用得比较广泛，如东北丰满水电厂、湖北丹江口水电厂、甘肃刘家峡水电厂和青海龙羊峡水电厂等均为坝后式布置。

图 1-3-3 坝后式水电厂枢纽布置图

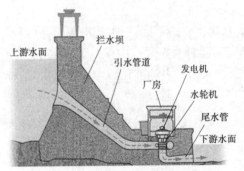

图 1-3-4 坝后式水电厂横剖面图

（三）溢流式水电厂

当厂房高度相对坝来说很小时，往往采取溢流式厂房布置形式。当在河床较窄的峡谷中建设厂房时，溢洪道有时占去了大部分的河床宽度，以致没有足够的地方来布置电厂厂房。此时，可将厂房与溢流坝相结合，厂房布置在溢流坝之后，当宣泄洪水时，水流经厂房顶板跳下至下游河床中。我国黄河上游甘肃八盘峡水电厂、浙江新安江水电厂等采取的是溢流式坝后布置方式，如图 1-3-5 所示。

（四）坝内式水电厂

当坝的高度和宽度都较大或河谷狭窄、洪水又很大时，可以将厂房布置在坝内，如图 1-3-6 所示。它是厂房与溢流坝相结合的另一种型式，采用坝内式布置，可以节约投资和缩短引水管道。我国上犹江水电厂就是坝内式布置。

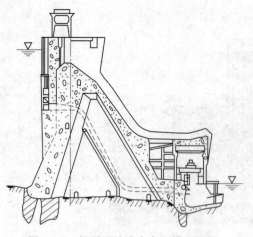

图 1-3-5　坝后溢流式水电厂横剖面图

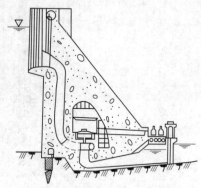

图 1-3-6　坝内式水电厂剖面图

二、引水式水电厂

引水式水电厂是用渠道、隧洞或水管在引水的过程中形成水头，适用于山区地势险峻、河道坡度较大而流量较小、水流湍急的河流。先在河段首端，修筑一座小型堤坝，把原来的河水截断。在小坝以上形成一个不大的水库，它可以起到小量的调节作用。与小坝相衔接，沿着山坡的等高线修筑一条坡度平缓的引水渠道。水流流过这条平整的引水渠道时不仅减小了水能损失，而且经过数千米或数十千米后，和原来天然河道末端相靠近时，就形成了很大的落差。在引水渠道末端，一般都修建一座压力前池，使渠道来水稳定，然后用钢管（或其他管道）将压力前池的水引到建筑在原来天然河道旁边的厂房中，利用水流的势能推动水轮发电机组发电。水轮机的尾水就直接排往原来的天然河道。有时候，由于地形条件，引水渠道或压力水管的全部或一部分可采取隧洞引水。

隧洞分为有压和无压两种。凡是整个隧洞断面被水流充满，水流处于有压状态下流动的叫有压隧洞，反之为无压隧洞。

根据引水建筑物的不同，引水式水电厂又可分为两种：其一，若采用明渠或无压隧道引水，称为无压引水式水电厂，此时水先通过明渠或无压隧洞引至压力前池，然后再经压力水管引向厂房，如图 1-3-7 所示。其二，当采用压力隧洞和压力水管引水时，称为有压引水式水电厂。这种形式，水大多先由压力隧洞流向调压井，然后通过压力水管引入厂房，如图 1-3-8 所示。有时亦可直接由压力隧洞经压力水管引入厂房。

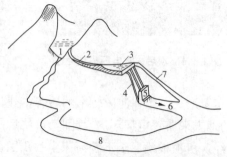

1—坝；2—渠道；3—前池；4—压力水管；5—厂房；
6—尾水；7—溢水道；8—原河道

图 1-3-7　无压引水式水电厂布置示意图

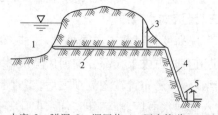

1—水库；2—隧洞；3—调压井；4—压力管道；5—厂房

图 1-3-8　有压引水式水电厂剖面图

引水式水电厂所建筑的小坝，其主要作用是壅高河道水面，便于取水，并不在于集中水头，其水头主要靠引水渠道来形成。上游所形成的水库，一般库容甚小，调节能力有限，因此径流调节能力较差，但兴建电厂的水头不受限制。它不仅可以沿河道引水，还可采用跨河引水、裁弯取直等方式引水。跨河引水是利用两相邻河道之高差，跨河引水发电，如我国以礼河与金沙江两河之高差为 1 400 m，最近点仅相距

· 8 ·

12 km,因此就采用了跨河引水。当河道有绕山大转弯时,可利用隧洞裁弯取直引水,取得落差进行发电,如图 1-3-9 所示。我国四川南桠河三级水电厂的引水隧洞长为 7 322 m,广西红水河天生桥水电厂的引水隧洞长为 9 555 m,这些都属引水式水电厂。

三、混合式水电厂

混合式水电厂的落差是由堤坝与引水渠道两种方式联合组成的,即一部分水头由堤坝抬高水位造成,另一部分水头由引水渠道形成。它具有堤坝式和引水式两种电厂的特点。筑坝既可以抬高水位,还可以利用水库来调节流量。而引水渠道可以再度增加水头,从而在不增加堤坝高度的情况下,增加了发电厂的出力,同时还可减少因修坝造成的淹没损失。图 1-3-10 所示为典型的混合式水电厂示意图。这种电厂最适宜建筑在当河流上游地形、地质适宜建库,而水库下游河流坡度突然变陡,有利于引水的河段中。混合式水电站枢纽示意图如图 1-3-11 所示。我国四川狮子滩水电厂、河北官厅水电厂等都是混合式水电厂。

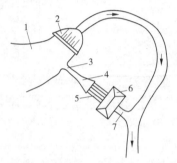

1—库区;2—堤坝;3—引水渠道;4—前池;
5—压力水管;6—厂房;7—尾水渠

图 1-3-9　裁弯引水式水电厂布置图

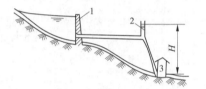

1—坝;2—调压井;3—厂房

图 1-3-10　混合式水电厂剖面图

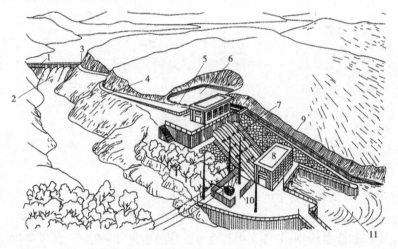

1—挡水坝;2—溢流坝;3—引水口;4—引水渠;5—压力前池;6—日调节池;
7—压力钢管;8—电站厂房;9—溢流道;10—开关站;11—尾水渠

图 1-3-11　混合式水电站枢纽示意图

对于一条河流,水利资源的开发利用究竟采用何种方式,应通过对河流的水文、地质、地形等情况进行综合分析并最终确定。除以上三种主要开发方式外,还有一些特殊的开发方式,如抽水蓄能水电厂、潮汐水电厂等。一条河流很长,一般都有数百千米或数千千米,而落差又分布在全河道上,不可能一次修建一座数百米高坝或数千千米长的引水渠道建设一座发电厂来利用整条河流的全部水能。因此,最合理经济地利用资源的办法是将河流分成几个甚至几十个河段,分期分批地建设水电厂,形成"梯级开发",最后达到开发整个河流水能资源的目的。例如,四川狮子滩电厂就是由狮子滩、上洞、下洞、回龙塞等四座梯级水电厂组成的;黄河资源整体开发规划方案就是由龙羊峡、刘家峡、李家峡、三门峡等 46

级梯级水电厂而组成的。

第四节　水电厂的主要水工建筑物

水电厂的水工建筑物随电厂的形式和地形、地质等自然条件的不同而异。其结构和功能也有较大的区别,但它们都直接与水接触,必须抵抗水压力,防止渗透和冲刷等。一般按照对水流的作用,大体可以把水工建筑物分为以下几类。

一、挡水建筑物

挡水建筑物用于拦截河流,抬高水位,集中落差,形成水库,积蓄水量。水电厂的挡水建筑物主要是坝。它必须坚固、稳定、安全、可靠。由于自然条件和使用条件的不同,坝有不同的类型和构造,常见的有混凝土坝、土石坝等,如图1-4-1所示。其分类可概括归纳如图1-4-2所示。

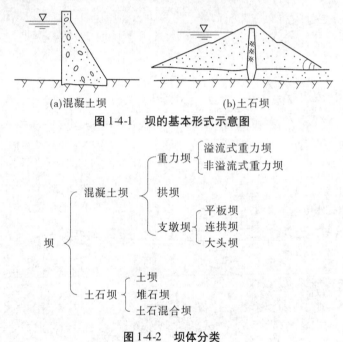

(a)混凝土坝　　　　　(b)土石坝

图1-4-1　坝的基本形式示意图

$$\text{坝}\begin{cases}\text{混凝土坝}\begin{cases}\text{重力坝}\begin{cases}\text{溢流式重力坝}\\\text{非溢流式重力坝}\end{cases}\\\text{拱坝}\\\text{支墩坝}\begin{cases}\text{平板坝}\\\text{连拱坝}\\\text{大头坝}\end{cases}\end{cases}\\\text{土石坝}\begin{cases}\text{土坝}\\\text{堆石坝}\\\text{土石混合坝}\end{cases}\end{cases}$$

图1-4-2　坝体分类

(一)混凝土坝

1. 重力坝

重力坝依靠坝体自重与基础间产生的摩擦力来承受水的推力而维持稳定,摩擦力与坝体自重成正比。它结构简单、施工容易、耐久性好,适宜于在岩基上建筑高坝,但体积大、水泥用量多。根据对坝的过水要求,可分为溢流坝和非溢流坝,如图1-4-3所示。其剖面尺寸随地形、地质条件、坝体强度和稳定要求而定。

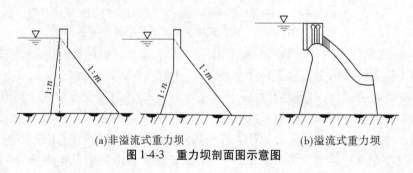

(a)非溢流式重力坝　　　　　(b)溢流式重力坝

图1-4-3　重力坝剖面图示意图

在图1-4-3中,一般坝上游坡取 $n = 0 \sim 0.25$,坝下游坡取 $m = 0.65 \sim 0.8$。非溢流式坝的坝顶高程应高于水库最高洪水位,坝顶防浪墙顶应高于洪水位加浪高,并留有一定裕度。坝顶宽度通常由交通及运行要求确定。溢流坝除满足强度和稳定性要求外,还要满足溢流能力和水力计算要求,堰顶按水头设计成一定曲面。溢流坝堰顶高程及其总长度是根据溢流量来确定的。当拟定溢流堰的顶高后,可按下式计算坝顶净长 B:

$$B = \frac{Q}{\varepsilon M H_z^{\frac{3}{2}}} \quad (\text{m}) \tag{1-4-1}$$

式中　Q——要求的溢流量,m^3/s;

　　　　M——流量系数,与堰顶形状有关,一般为 2.0 左右;

　　　　ε——侧收缩系数,与闸墩形状、尺寸及水流条件有关,一般可取 0.9 ~ 0.95;

　　　　H_z——坝顶溢流水头。

　　实体重力坝形状简单,设计和施工方便,但体积大,需要混凝土和钢材多,混凝土的强度不能充分利用,混凝土水化热温升高,散发条件差,需要复杂的冷却系统,为此,采用宽缝重力坝或空腹重力坝。宽缝重力坝是将重力坝坝段间的横缝扩大为宽缝,一般宽缝只设于坝的内部,使之成为一个空腔,而上下游侧坝面附近以及顶部不设宽缝,以便挡水和增加坝的刚度。设置宽缝后,坝基渗流可以从宽缝内渗出,降低了坝基扬压力;坝体混凝土可减少 10% ~ 20%;由于增加了坝体混凝土的侧向散热面,加快了混凝土的散热,从而简化了浇筑混凝土的冷却系统,但增加了浇筑模板,使施工复杂。空腹重力坝是在重力坝坝体内留有大尺寸的孔洞,称为腹孔。腹孔的位置、形状和尺寸需经技术经济分析后确定,通常顶拱采用椭圆形或与之相似的复合圆弧,腹孔高度一般不宜高于 1/3 坝高,其宽度不宜宽于 1/3 坝底宽。空腹坝可节省混凝土 20% ~ 30%,便于散发混凝土的水化热,亦可利用腹孔布置厂房,但设计施工较为复杂。

　　混凝土重力坝可以利用坝体泄洪,但过坝水流挟有巨大能量,泄洪时势必会对坝下造成严重冲刷,影响运行和安全,为此,应采用消能设施。常见的几种消能方式如图 1-4-4 所示。

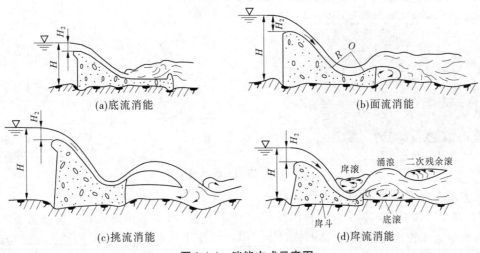

图 1-4-4　消能方式示意图

　　(1)底流消能。即在坝趾下游设置一定长度的消力池,过坝水流在消力池内产生水跃,由于水流掺气,水分子相互撞击和摩擦而消能。这样使出池水流相对平稳,减少甚至避免池后发生冲刷,如图 1-4-4(a)所示。底流消能一般用于低、中坝,高坝也有采用,特别是下游河床地质条件较差、抗冲刷能力低者,但工程量较大。

　　(2)面流消能。即在坝趾适宜高程设置反弧和鼻坎,将过坝水流挑向水面,如图 1-4-4(b)所示。这种消能方式在下游形成波浪并逐渐扩散,减小流速;在鼻坎后主流下则形成一反向旋滚,保护坝趾附近基础不致被淘深。面流消能要求下游有较深的尾水,且水位变幅不能太大,以保持产生面流的条件。另外,由于面流消能率低,下游水面波动比较强烈,往往使下游河岸受到冲刷。

　　(3)挑流消能。即利用鼻坎将过坝水流挑射到空中,在下游离坝趾较远处落入河道中,见图 1-4-4

（c）。水流在挑射的空中扩散,掺气而消能,跌入水面时,又在水垫中产生强烈紊动,冲击而消能,剩余小部分能量冲刷了河床。当冲刷坑形成并稳定后,一般不再冲刷,如冲刷坑离坝趾较远,可以做到不影响坝的安全。这种消能方式,一般适用于中、高坝,且水垫较深、河床基岩较完整者。挑流消能一般比较经济,被广泛采用。

（4）戽流消能。这是一种介于面流和底流之间的一种消能方式。在坝趾下游设一戽斗,见图1-4-4（d）。当泄洪时,在戽斗内产生一个戽滚,主流挑向下游,水面产生涌浪,涌浪下发生一个底滚,涌浪后产生一个面滚,即所谓"三滚一浪"。利用旋滚和涌浪的强烈紊动与掺气,便消除一部分能量。由于存在涌浪,下游水面波动大,对下游两岸有一定冲刷作用。

坝下消能方式的确定,除应用水力学原理分析计算外,近年来更广泛地进行水工模型试验优选各项参数,确定消能方式。还研究出宽尾墩、窄缝式鼻坎以及扭曲面鼻坎等消能形式,解决消能防冲问题。

混凝土重力坝是我国当前大型水电厂最常见的坝型,如著名的三峡、丰满、龚嘴、富春江、刘家峡、新安江、丹江口等大型水电厂都为混凝土重力坝。

2. 拱坝

拱坝的坝体是一个空间壳体结构,剖面是一个凸向上游呈拱形的曲线弧,利用拱的作用将其所承受的上游的水平水压力变为轴向压力,传至两岸岩基,以两岸拱座支持坝体,保持坝体稳定。在水压力作用下,拱坝坝体应力基本上是压应力,只有局部为拉应力,从而较充分地利用了混凝土抗压能力强的特点,其厚度一般是重力坝的$\frac{1}{2}$或者更小,以节省混凝土。拱坝具有较好的整体性能以及较强的超载能力和抗震性能,但对地基和两岸岩石要求较高,施工难度较大。适宜建筑在两岸岩石坚硬完整的狭窄河谷地带。通常把坝顶高程处的河谷宽度L与坝高H的比值L/H称为"宽高比",作为衡量指标。当$L/H<3$时,最适宜于修建拱坝;当$L/H=3\sim4$时,可修重力拱坝,但特殊情况亦有例外。拱坝坝底厚度T与坝高H之比T/H称为"厚高比",当$T/H<0.1$时称为薄拱坝,$T/H=0.1\sim0.3$时称为中拱坝或拱坝,$T/H>0.4\sim0.6$时称为厚拱坝或重力拱坝,如图1-4-5所示。

(a) 实物图　　　　　　　　(b)薄拱坝　　(c)拱坝　　(d)重力拱坝

图 1-4-5　拱坝剖面示意图

拱坝的泄洪方式,最常见的有以下两种:

（1）坝顶溢流。按具体布置又分为自由跌落式、鼻坎挑流、滑雪道挑流式和厂房顶挑流式。自由跌落式水流落水点离坝较近,因此泄流量不宜过大。鼻坎挑流式落水点稍远。厂房顶挑流式可以更远些。滑雪道挑流式则可结合地形条件灵活布置,泄流量可以大些。

（2）坝身孔流。按其在坝身的相对高程可分为高孔、中孔和底孔。拱坝坝身孔口不宜太大,否则对坝身应力不利。我国风滩水电厂就是空腹重力拱坝,东江水电厂是双曲拱坝,白山水电厂及龙羊峡水电厂都是重力拱坝,等等。

3. 支墩坝

支墩坝是由倾斜的盖板和支墩组成的。支墩支撑着盖面,水压力由盖板传给支墩,再由支墩传给地基。支墩间存在空隙,渗水可通畅排出,致使支墩底面上的扬压力很小,可以充分发挥材料的强度。上游盖面做成倾斜形,盖面上的水重可帮助坝体稳定。根据盖面的形状不同,可分为平板坝、连拱坝和大头坝,如图1-4-6所示。大头坝的盖面是由支墩上游端加厚形成的。

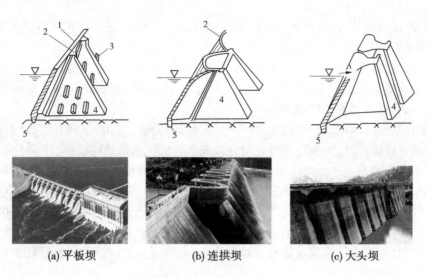

| (a) 平板坝 | (b) 连拱坝 | (c) 大头坝 |

1—平板;2—连拱;3—横向水平梁;4—支墩;5—齿墙

图 1-4-6　支墩坝

　　支墩坝具有体积小、造价省、适应地基能力较强等特点,与重力坝相比,可节省混凝土 30% ~ 50%。但侧向稳定性差,不利于抗地震,对地基处理要求较高,施工条件较复杂。我国梅山水库为连拱坝,古田溪二级水电厂为平板坝,新丰江、双牌、拓溪水电厂都是大头坝,等等。

(二)土石坝

　　土石坝是土坝、堆石坝和土石混合坝的统称。除均质土坝外,土石坝一般由坝主体和防渗体组成。坝主体一般用较透水的土石料,如砂、砂砾、卵砾、漂石、碎石渣和块石等建筑。防渗体一般采用黏性土料、混凝土或钢筋混凝土、沥青混凝土等不透水材料修筑。由颗粒较细的砂、砂砾等做坝主体者,通常称为土坝;由碎石、块石、石渣或漂卵石等较大颗粒做坝主体者,称为堆石坝。

　　土石坝具有结构简单,修建容易,就地取材,节省水泥,坝址地基条件要求较低等优点。土石坝一般只作为挡水建筑物,不允许水流漫溢坝顶并且不在坝身内设置大流量泄水建筑物。坝体的强度、刚度较小,抵抗水流和渗流冲刷的能力低。坝体体积比较庞大。我国碧口水电厂就是黏土心墙堆石坝,以礼河三级水电厂为均质土坝等。

　　此外,坝的分类还可根据坝高来划分。我国规定:凡高度低于 30 m 者为低坝,30 ~ 70 m 者为中坝,高于 70 m 者为高坝。

二、进水建筑物

　　进水建筑物亦称取水建筑物,其功能是把河流中或水库中的水,通过进水口由渠道或隧洞、压力水管等水道,顺畅地引入到厂房或其他用水的地方。对进水建筑物的基本要求是:在任何工作水位下均能保证供应发电所需的水量;防止泥沙、漂浮物进入输水道,满足对引入水流的水质要求;保证水流畅通,尽量减少水头损失和不产生负压;满足水电厂灵活运行的控制要求,必须在进水口设置操作方便的控制闸门。根据进水口布置的地方,可分为坝式进水口、岸式进水口和前池进水口等。

(一)坝式进水口

　　坝式进水口一般设在坝体上游侧,通过埋在坝内的压力钢管穿过坝体引水进入厂房。也有在岸坡坝段设进水口,通过隧洞引水进入厂房。坝式进水口的特点是布置紧凑、引水顺畅、引水段短、运行管理方便、造价比较低,是混凝土坝布置中最常见的一种。进水口的孔口位于最低发电水位以下一定深度。孔口纵剖面一般为椭圆形,水平剖面为喇叭口状,以保证水流有良好流态。孔口设置拦污栅,其后为检修闸门(有的还有快速关闭的事故闸门),在下游设控制闸门。在多泥沙河流上,经一定年限淤积后,坝前淤积高程有可能高于进水口,此时需设置排沙孔或冲沙设施,如设置导沙坎、沉沙池等。

　　拦污栅用以阻止污物及漂浮物进入输水道,以防护水轮机、阀门、管道不受损坏。一般拦污栅布置在进水口闸门和检修闸门上游,亦可和检修闸门放在一个门槽内,可垂直或倾斜布置。栅体一般为能够上下升降运动的焊接结构,以便清污和维修。对污物较多的水电厂,还可设置两道拦污栅。

(二)岸式进水口

岸式进水口布置在库岸,发电流量经引水隧洞和压力钢管引入厂房。进水口的孔口应保证有足够的深度,以防止引水隧洞或压力引水管吸入空气。进水口前缘设有拦污栅。常见的进水建筑物有竖井式、塔式、岸塔式和斜坡式等进水口建筑物。

竖井式进水口是在进水口下游附近的山体中设置竖井,井壁加以衬砌,闸门位于井的底部,井顶设启闭机室,隧洞进口呈喇叭状,为椭圆曲线。竖井式进水口的优点是结构简单,井身不受风浪影响,安全可靠,但要求进水口岸坡及竖井处地质条件要好,岸坡稳定,围岩较完整。竖井上游的隧洞不便于检修。

塔式进水口是不依靠山坡而独立于库边的钢筋混凝土塔架,塔顶设操作平台和启闭机械,用桥或栈桥与库岸连接,塔内设工作门、检修门。塔式进水口建筑物多用于岸坡岩石较差、塔架不太高的情况,塔架要经受水库风浪冲击以及冰压的作用,所以塔架必须坚固稳定。

岸塔式进水口是把进水塔设置在紧靠岩坡上,塔可以是直立的,也可以是倾斜的。只在岸坡较陡、岩坡稳定坚固的条件下采用。

斜坡式进水口是在较坚固完整的岸坡上平整开挖,用混凝土护衬而成的一种进水口,其闸门轨道直接安装在斜坡上。其结构简单、施工方便,但由于闸门支承在倾斜洞口上,闸门面积较大,关闭时不易靠自重降落,因此启闭不够灵活,一般只用于中小型隧洞上。

(三)前池进水口

渠道引水式水电厂,在前池前有一段引水明渠,在前池后为进水口。在进水建筑物之后即为压力钢管,大多采取明管架设于山坡上,与厂房直接连接。厂房位于山坡坡脚。

水工闸门是水利枢纽上使用最为普遍的一种建筑物。在发电、灌溉、分洪、排水、航运等工程中都用得相当广泛。按闸门的用途可分为工作闸门和检修闸门两大类。工作闸门的启闭装置多采用固定式启闭机,每扇门一套;检修闸门多采用活动式启闭机操作,几个孔口共用一套检修闸门。闸门形式很多,常见的有平板闸门和弧形闸门,如图1-4-7所示。

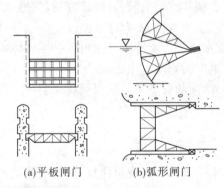

(a)平板闸门　　(b)弧形闸门

图1-4-7　闸门

平板闸门适应性较强,结构简单,工作可靠。多用作电厂进水口工作闸门、检修闸门、尾水管检修门、泄水孔闸门等。弧形闸门可用于坝顶溢流孔、深泄水孔等,它具有操作简单、启闭压力小等优点,但布置上占据空间较大。

此外,当进水口在水下较深时,如水头大于120 m或一根输水管向几台水轮机供水,往往在水轮机前装设主阀。它和闸门不同之处在于,无论开启或关闭,阀体总是在孔道中。主阀中最常见的是蝴蝶阀和球阀。一般在大中型水电厂多采用蝴蝶阀,它装在压力水管的末端,即水轮机的前面,结构简单、重量轻、占空间小,能快速启闭。蝴蝶阀外形如图1-4-8所示。它是由阀体和圆形活门组成的。圆形活门借助于转动轴而转动,启闭力小,动作时间短,但漏水量较大。

三、引水建筑物

引水建筑物又称输水建筑物。它是用来把水运送到所需要的地方去,如发电、灌溉等。根据自然条件和水电厂型式的不同,可以采用明渠、隧道、管道。有时引水道中还包括渡槽、涵洞、倒虹吸管等。明渠若为人工开挖或填筑所致,多采用梯形断面。无压隧道为马蹄形和半圆－矩形断面,如图1-4-9所示。有压隧道一般为圆形断面。有压引水道通常可以分为两部分:在进口建筑物后的基本水平洞段,一般称为引水隧洞;靠近厂房的斜洞段及其以下的水平段,称为压力管道或称高压管道。按照水电厂的型式和布置,压力管道分为三种基本类型,即坝内埋管、地下埋管和地面明管。

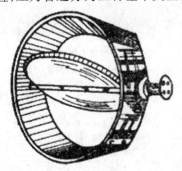

图1-4-8　蝴蝶阀外形图

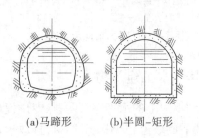

(a)马蹄形　　(b)半圆-矩形

图1-4-9　无压隧道断面示意图

四、泄水建筑物

泄水建筑物的主要功能是:泄弃多余洪水,保护水电厂的安全;根据发电要求降低水库水位;在非常时期放空水库,确保下游城镇安全或清理维修水下建筑物,以及某些特殊用途如冲沙、排放漂木、排水和保证下游用水等。它应具有足够的泄洪能力,而且操作方便、工作可靠,以免引起水库失事,所以人们常把泄水建筑物称作水库的"安全门"。

常见的泄水建筑物有溢流坝、泄洪隧洞、泄水闸以及溢洪道。当采用混凝土重力坝时多采用溢流坝泄洪,它属于坝顶溢流泄洪方式,当水位超过溢流坝高度时,通过坝身溢流段向下游泄水。当河床上布置为土石坝,而土石坝上又不能布置泄洪建筑物或与其他建筑物设置有矛盾,且河床处又不宜布置溢流坝以及在坝头和库岸又无适宜于布置溢洪道的条件时,则采用泄洪隧洞。溢洪道属于河岸式泄水建筑物。泄水闸被广泛用在引水式电厂中,置于压力前池之后、厂房之前,以便必要时排放多余洪水。在混凝土重力坝坝身下方开设的底孔称为泄流孔,担负着泄洪、排沙和放空水库的任务。正常时孔门封闭,泄洪时打开,借助于巨大的洪流将库底的泥沙排至下游,故又称为拉沙孔。根据各电厂水库要求、孔洞位置的布局,对泄流孔和拉沙孔可以合并,亦可分开设置。

五、平水建筑物

平水建筑物是当负荷变化时用作平稳引水渠道流量及压力的建筑物。如无压引水渠道中的日调节池、压力前池以及有压引水渠道中的调压室、调压塔、调压井、调压阀等。

压力前池位于引水式电厂引水渠道的末端,厂房压力水管的前面。其主要作用是平稳水流并把渠道引入的水均匀分配给厂房各压力水管。它能根据水电厂负荷变化补充机组不足的水量或泄走多余的水量,保证机组安全运行。同时用以拦截渠道来水中的漂浮物或沉积并排走泥沙。为此,压力前池通常由前室、拦污栅、进水室、溢流道及冲沙道等组成,如图1-4-10所示。压力前池应有一定的容积,以便当机组引用流量变化时,适当调节流量以保证电厂正常工作。

调压室是连接有压引水隧洞与压力管道之间的建筑物,如图1-4-11所示。一般内部都具有大气压力的自由水面。调压室的主要作用是减小水流惯性力和减小压力管道的长度,保证水电厂当负荷突然发生变化时通过调压室能够均匀地、及时地作相应的水量调节,以及当突然切断水流时,亦借助于调压室缓冲水流,减少水击压力,防止水击向压力隧洞扩散。根据地形、地质等自然条件的现状,当设在地面上时称为调压塔。若布置在地面以下岩石内称为调压井,一般大中型发电厂大多采用调压井。此外,有些电厂在压力水管末端还装有调压阀,它只能解决甩负荷时引起的水压升高,而不能解决增加负荷时水压的突然降低。所以，装有调压阀仍需建造调压室。

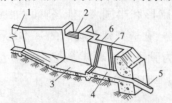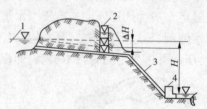

1—渠道；2—溢流道；3—前室；4—进水室；
5—压力水管；6—拦污栅槽；7—闸门槽
图 1-4-10　压力前池示意图

1—水库；2—调压井；3—压力管道；4—厂房
图 1-4-11　调压室示意图

六、其他水工建筑物

在水利枢纽上的水工建筑物，除专供发电使用的设施外，还常有一些用来为其他水利部门服务的建筑物，如通航的坡道、船闸或升船机，排放竹、木的筏道，鱼群过坝的鱼梯，以及灌溉和民用取水等水工建筑物。

（一）通航建筑物

在河流上拦河筑坝修建水电厂，改变了河流的自然条件。建坝后库区水域开阔，改善了航运条件；经水库调节，增加了下游枯水流量和航深，对下游水运也是有利的。一般来讲，建立水电厂后，总是增加舟楫之利。但是大坝隔断了上下游的航运，为此在大坝上必须增置通航建筑物。常见的有船闸和升船机两种。

1. 船闸

船闸最适宜于水头小、运量大的情况。当水头在 20～30 m 以下时多为单级船闸，水头较高时采用多级船闸。图 1-4-12 为单级船闸上行船舶过船闸示意图。在航道两侧设有防浪浮堤，船闸过船，是利用闸室内水位升降将船舶浮运过坝，首先打开下闸门 4 的输水管道阀门，将闸室内的水泄向下游，使闸室内水位与下游齐平，见图 1-4-12（a）。开启下游闸门，船舶驶入闸室，同时关闭下闸门输水管道阀门，见图 1-4-12（b）。关闭下游闸门后，开启上闸门 3 的输水管道阀门，向闸室充水，使其与上游水位齐平，水涨船高，见图 1-4-12（c）。开启上游闸门，船舶驶向上游，同时关闭上闸门输水管道阀门，见图 1-4-12（d）。下行船舶过坝时，程序相反。

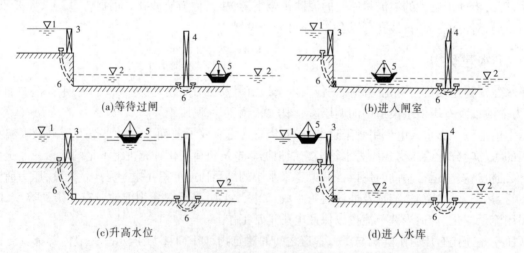

(a)等待过闸　　　　　　　　　(b)进入闸室

(c)升高水位　　　　　　　　　(d)进入水库

1—上游库水位；2—下游库水位；3—上闸门；4—下闸门；5—船只；6—输水管道
图 1-4-12　单级船闸上行船舶过船闸示意图

船闸是最常采用的通航建筑物，如我国葛洲坝水利枢纽就有三路船闸，保证长江水上交通畅顺。浙江富春江水电厂、广西西津水电厂、湖南双牌水电厂等均设有船闸通航设施。

2. 升船机

升船机是将船舶驶入承船车内,用起吊或曳引机械提升或拖拉承船车,连同其内的船舶过坝。升船机式过船建筑物及设施由上游浮式导航堤、垂直升船机、中间渠道、斜面升船机、下游导航墙等部分组成,如图1-4-13所示。一般上游导航段都在坝前修防浪浮堤,其作用是防浪、导航和供船舶停靠;垂直升船机部分由上游面和下游面的两组支墩组成,支墩顶部用栈桥连接,升降卷扬机房位于支墩顶部,坝顶与栈桥顶均布置有承船车轨道。当船舶欲从上游开往下游,则先将船舶由上游导航段缓缓驶进,停泊在上游两支墩之间的升船机的承船车上,后开动大型卷扬机,起吊承船车至坝顶,落入承船车轨道上,沿栈桥引至下游侧升船机的提升架上,再用卷扬机降落至中间渠道中,船舶沿平移段驶向斜面进入下游航道。若上行船舶过坝,程序相反。

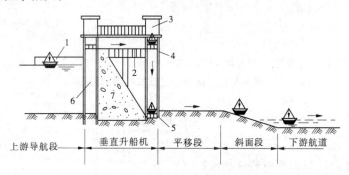

1—浮堤;2—栈桥;3—卷扬机房;4—提升架;5—承船车;6—支墩;7—坝

图1-4-13　升船机及上下游建筑物

升船机因受起吊设备能力的限制,只能通过中小型船舶。其过坝时按船舶在承船车内的支承方式,可分为干运和湿运。前者为船舶直接支架在承船车上,后者承船车为一水槽,船舶浮在承船车内。一般对铁驳船多采用干运,而对木船和机动船则用湿运,防止因船舶内外压力相差过大,以致超过船帮承受能力而损坏。我国采用升船机通航建筑物的水电厂亦很多,如丹江口水电厂、柘溪水电厂、安康水电厂等。

(二)过木建筑物

很多河流上游,森林密布,盛产木材和竹子。但往往山高岭峻、交通闭塞,一些竹、木主要靠汛期随水流放后在下游收漂。建坝以后,阻断了流放通道。为此,在库区设置筏道作为过木建筑物。筏道为一矩形截面陡槽,进口接上游水库,出口接下游河道,陡槽底部采取加糙措施,以减缓水流流速。竹、木进入筏道后,在陡坡内随水流送往下游。为节省用水,设有闸门调节水流。对于高坝过木,多采用机械过坝。常用的为链式传送带过木机,把原木送至传送带上,运送过坝。如碧口水电厂采用过木机,映秀湾水电厂采用漂木道,涔天河采用筏道建筑物等。

(三)过鱼建筑物

建库以后,扩大了库区水域,为养殖开辟了新的场所。但是,河流不仅是鱼类生息的水域,也是它们觅食、繁育的通道,很多鱼类在其生命周期中有洄游习性,如鳗鲡、河蟹需要到海洋产卵,幼鱼再溯流而上,进入河湖育肥生长;鲥鱼、鲑鱼平时生活在海中,产卵时要溯流到淡水河湖中,著名的中华鲟也如此,这些都是所谓的生殖洄游;有的鱼类还有索饵洄游或越冬洄游的习性。拦河筑坝后,破坏了该河流鱼类的生活规律,不利于渔业的发展。我国高水头水电厂,大多建于河流上游,水浅流急、鱼类资源不多,故均不建造过鱼建筑物。而位于河流中下游的水电厂,有需要保护鱼类资源者,须建造鱼道、鱼梯、集鱼船等建筑物和设施,其结构因过鱼对象的习性不同而异。图1-4-14为一种横隔板竖缝式鱼道。

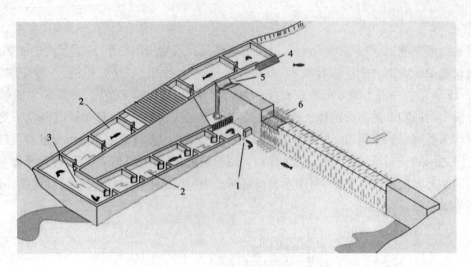

1—鱼道进口;2—鱼道池室;3—休息室;4—出口拦污栅;5—高水位时诱鱼水流;6—鱼道进口诱鱼水流

图1-4-14 横隔板竖缝式鱼道示意图

思考题

1. 水电厂电能生产过程由哪四部分构成?

2. 水电厂所发出的功率由哪些参数决定?

3. 水库的特征水位有哪几种? 各自含义是什么?

4. 水电开发有哪几种方式?

5. 按开发方式分类,水电厂有哪几种类型?

6. 水库大坝有哪几种主要类型?

7. 水电站的进水建筑物有哪些? 其作用分别是什么?

9. 水电站的引水建筑物有哪些? 其作用分别是什么?

10. 水电站的平水建筑物有哪些? 其作用分别是什么?

11. 水电站的进水口有哪几种形式?

12. 水电站的泄水建筑物有何作用? 常见的泄水建筑物有哪些形式?

第二章　水轮发电机组及其辅助设备

第一节　水轮机基本知识

一、水轮机的基本工作参数

水轮机是将水流能量转换为旋转机械能的装置,其能量交换过程从水流进入引水室开始到水流流出尾水管结束。水流与水轮机能量交换过程就是水轮机的工作过程,反映水轮机工作过程特性的主要参数称为水轮机的基本工作参数,主要有工作水头 H、流量 Q、功率 P_t、效率 η 和转速 n 等。

(一)工作水头 H

水头是水轮机的重要参数,单位为 m,其大小表示水轮机所利用单位重量水流能量的多少。

水电站的毛水头 H_g,等于水电站的上、下游水位差。即

$$H_g = Z_上 - Z_下 \tag{2-1-1}$$

水轮机的工作水头 H,近似等于水电站的毛水头 H_g 减去引水系统的水头损失 h_f。即

$$H = H_g - h_f \tag{2-1-2}$$

从式(2-1-2)可以看出,水轮机的工作水头 H 随着水电站的上下游水位的变化而变化,通常用几个特征水头来表示水轮机的工作范围。特征水头包括最大水头 H_{max}、最小水头 H_{min}、设计水头 H_r 等,这些特征水头由水能计算给出。

水轮机的最大水头为水电站最大毛水头减去一台水轮机空载运行时引水系统水头损失后的工作水头。其符号为 H_{max},单位为 m。

水轮机的最小水头为水电站最小毛水头减去在该水头下水轮机发出允许出力相应的引水系统损失后的工作水头。其符号为 H_{min},单位为 m。

设计水头为水轮机在额定转速下,输出额定功率时所需的最小水头。其符号为 H_r,单位为 m。

(二)流量 Q

水轮机流量指单位时间内通过水轮机进口水流体积。其符号为 Q,单位为 m^3/s。

设计流量指水轮机在设计水头、额定转速下,输出额定功率时的流量。其符号为 Q_r。

(三)出力 P_t

水轮机输入功率,指水轮机进口水流具有的水力功率,即水流对水轮机每秒钟付出的机械能。其符号为 P_d,单位为 kW。

水轮机出力指水轮机轴端输出的机械功率,也称水轮机输出功率。其符号为 P_t,单位为 kW。

$$P_t = \gamma QH\eta = 9.81QH\eta \quad (kW) \tag{2-1-3}$$

式中　Q——水轮机流量,m^3/s;

　　　H——水轮机工作水头,m;

　　　γ——水的比重;

　　　η——水轮机效率。

通常所说的水轮机出力,指水轮机轴端输出的功率。

(四)效率 η

由于水流在通过水轮机进行能量转换过程中存在一定的损失,包括水力损失、容积损失和机械损失,因此水轮机的输出功率总是小于水流的输入功率。水轮机的输出功率 P_t 与水流的输入功率 P_d 之比称为水轮机效率,其符号为 η,为无因次量。

$$\eta = P_t/P_d = P_t/(9.81QH) \tag{2-1-4}$$

（五）转速 n

水轮机轴每分钟转动的圈数,称为水轮机的转速,单位为 r/min。设计时选定的稳态转速称为水轮机额定转速,其符号为 n_r,单位为 r/min。

对于水轮机与同步发电机直联的机组,水轮机的额定转速必须与发电机转速同步。我国电网的额定频率为 50 Hz,水轮机额定转速 n_r 与发电机磁极个数 p 有以下关系:

$$n_r = 6\,000/p \tag{2-1-5}$$

当水轮发电机突然甩掉全部负荷,发电机输出功率为零时,如果此时调速器失灵导致导水机构不能关闭,进入水轮机的水能除部分消耗于机械摩擦损失等外,大部分转化为机组的转动部分的动能,造成机组转速迅速升高,当输入的水流能量与转速升高时产生的机械摩擦损失能量相平衡时,转速达到某一稳定最大值,这是水轮机的飞逸特性。机组飞逸达到的最大稳定转速称为飞逸转速。其符号为 n_R,单位为 r/min。

飞逸情况对机组起破坏作用,过去制造厂家规定机组飞逸时间不超过 2 min,现《小型水轮机型式参数及性能技术规定》(GB/T 21717—2008)已改为 5 min。

二、水轮机的类型和特点

（一）水轮机的分类

水轮机是把水流能量转换为机械能的一种水力原动机,能量的转换是通过转轮叶片与水流的相互作用来实现的。由于水力资源的自然条件、开发方式以及电站运行情况不同,每个水电站所形成的水头和流量也各不相同。为适应利用各种不同的水头和流量,人们在实践中设计出了不同类型的水轮机,如图 2-1-1 所示。

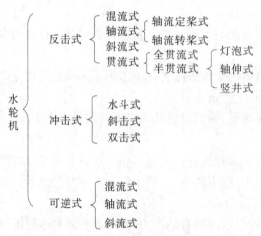

图 2-1-1 水轮机的分类

水流能量包括势能(位能与压能)和动能,根据转轮内水流运动特征和转轮转换水流能量形式的不同,现代水轮机分为反击式和冲击式两大类。

将水流的势能(位能与压能)和动能转换成旋转机械能的水轮机称为反击式水轮机。这种水轮机的主要特征:水流沿着转轮外圆整周进水,水流充满水轮机整个流道,整个流道是有压封闭式的,从转轮进口至出口,水流压力逐渐减小。根据转轮区域水流运动方向的特征,反击式水轮机分为混流式、斜流式、轴流式、贯流式等。

冲击式水轮机只利用了水流的动能。借助喷嘴等特殊的导水装置,把高压水流变为高速的自由射流,通过射流与转轮的相互作用,将水流能量传递给转轮。水流在沿转轮斗叶流动过程中,能量转换是在大气压下进行的,水流有与空气接触的自由表面,不充满流道,转轮不是整周进水。根据转轮的水流特征,冲击式水轮机又分为水斗式、斜击式、双击式。

(二)各种水轮机的特点

1. 混流式水轮机

混流式水轮机,又称法兰西斯(Francis)式水轮机。其水流特征如图 2-1-2 所示,水流沿径向进入转轮,然后沿轴向流出。混流式水轮机结构紧凑,运行可靠,效率高,能适应很宽的水头,是目前应用最广泛的水轮机之一。混流式水轮机一般应用于 20 ~ 700 m 水头范围,单机容量从几十千瓦到几十万千瓦。

2. 轴流式水轮机

轴流式水轮机的水流特征如图 2-1-3 所示,水流在导叶与转轮间由径向转为轴向,进入转轮区近似沿轴向流动。根据转轮叶片在运行中能否转动,又分为轴流定桨式和轴流转桨式两种。定桨式水轮机叶片不能转动,但结构简单。当水头和出力变化时,其效率变化比较大,运行平均效率较低。所以,定桨式水轮机主要适用于功率不大、水头变化也不大的水电站,目前适用水头为 3 ~ 50 m。转桨式水轮机的叶片可以相对于转轮体转动。在运行中根据不同的负荷和水头,叶片与导叶相互配合,形成一定的协联关系,可获得较高的水力效率且运行稳定,高效率的运行范围也较宽。它的适用水头为 3 ~ 70 m,广泛应用于低水头、大容量水电站。

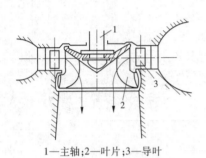

1—主轴;2—叶片;3—导叶

图 2-1-2　混流式水轮机的水流特征

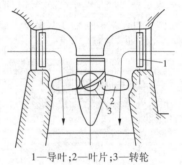

1—导叶;2—叶片;3—转轮

图 2-1-3　轴流式水轮机的水流特征

3. 斜流式水轮机

斜流式水轮机的水流特征如图 2-1-4 所示,水流在转轮区域内相对于主轴是斜向流动的。斜流式水轮机适用于水头变幅大的电站,一般应用于 40 ~ 200 m 水头范围。斜流式水轮机也分为转桨式和定桨式两种,可实现双重调节,获得较高的运行效率,但其结构复杂、技术要求较高,在小水电站中很少使用。

4. 贯流式水轮机

贯流式水轮机的水流特征如图 2-1-5 所示,水流在经过转轮区域几乎是沿轴向"直贯"而过的,因此得名贯流式。贯流式水轮机是开发低水头水力资源的一种机型。贯流式水轮机可做成定桨式和转桨式两种。根据与发电机的传动方式不同,可分为全贯流式和半贯流式两种。全贯流水轮机如图 2-1-6 所示。半贯流式水轮机又有灯泡式、轴伸式、竖井式等结构形式,如图 2-1-7 ~ 图 2-1-8 所示。

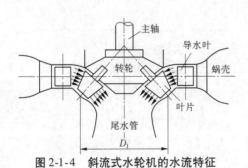

图 2-1-4　斜流式水轮机的水流特征

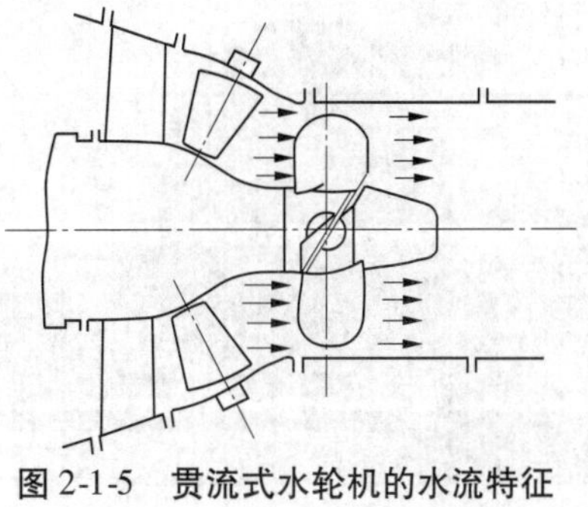

图 2-1-5　贯流式水轮机的水流特征

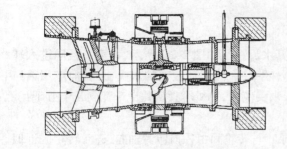

图 2-1-6 全贯流式水轮机示意图

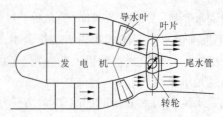

图 2-1-7 灯泡贯流式水轮机示意图

5. 水斗式水轮机

水斗式水轮机又称培尔顿(Pelton)水轮机,或称切击式水轮机。其特点是从喷嘴出来的射流是沿着转轮圆周的切线方向冲击在斗叶上做功的,如图 2-1-9 所示。水流通过转轮时压力为大气压,所以水斗式水轮机只要强度允许,可以适用于很高的水头。目前,世界上水斗式水轮机的最高应用水头达 1 776 m。水斗式水轮机是冲击式水轮机中唯一用于大型机组的机型。小型水斗式水轮机用于 40 ～ 250 m 水头,大型水斗式水轮机用于 400 ～ 450 m 以上水头的电站。

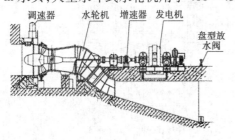

图 2-1-8 轴伸贯流式水轮机示意图

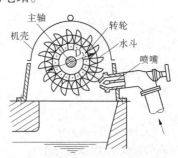

图 2-1-9 水斗式水轮机示意图

6. 斜击式水轮机

由喷嘴出来的射流不是沿切向,而是沿着与转轮转动平面呈斜射角度的冲击式水轮机称为斜击式水轮机,如图 2-1-10 所示。工作时水流从转轮的一侧进入斗叶,再从另一侧离开斗叶。因斜击式水轮机转轮一般采用单曲面斗叶,从斗叶流出的水会产生飞溅现象,因此效率较低。斜击式水轮机应用水头范围为 50 ～ 400 m,适用于中小型水电站。

7. 双击式水轮机

如图 2-1-11 所示,转轮叶片呈圆柱形布置,水流穿过转轮时两次作用到转轮叶片上。水流第一次射入转轮时有 70% ～ 80% 的水能转换成机械能,第二次射入转轮时将余下 20% ～ 30% 的水能转换成机械能。这种水轮机结构简单,但效率低,仅用于小型水电站,适用水头范围为 10 ～ 150 m。

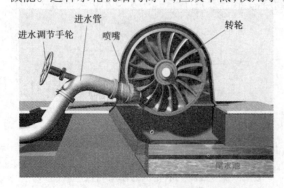

图 2-1-10 斜击式水轮机示意图

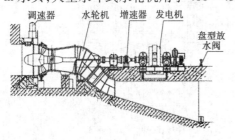

图 2-1-11 双击式水轮机示意图

(三)各种水轮机应用范围及特点

各种不同类型水轮机的适用范围及特点见表 2-1-1。

表 2-1-1 小型水电站水轮机的主要类型和适用范围

类型名称		适用水头范围 H(m)	特点
反击式水轮机	混流式	10~500	应用普遍,运转稳定,效率较高,多用于中等水头(20~300 m)和中等流量
	轴流定桨式	2~30	过水能力大,适用于大流量(流量变化不大)的低水头水电站
	贯流式	0.5~20	过水能力大,流道通畅,水力损失较小,效率较高,土建投资少,但密封止水与绝缘要求高。它适用于平原地区低水头、大流量的电站和潮汐电站
冲击式水轮机	水斗式	100~1 000	适用于高水头、小流量的电站,结构较混流式简单。高效率区较为宽广,效率曲线很平缓,但最高效率不如混流式高
	斜击式	30~400	与水斗式相比,转轮较简单,制造容易,过流能力大一些
	双击式	15~100	结构简单,制作方便,成本较低,一般小型农机厂即可生产,但效率较斜击式低

(四)水轮机的牌号

我国的水轮机牌号由三部分组成,每一部分之间以"–"分开,是用来反映水轮机的型式、主轴布置形式、引水室特征、转轮型号及公称直径,并按规定的要求编写的一组代号。各部分意义规定如下:

第一部分代表水轮类型和转轮型号,水轮机类型用汉语拼音字母来表示,转轮型号的代号用"比转速/带有开发转轮的单位代号的序号或规定的代号"表示,如 HL160/D46,对于已广泛应用的和编入型谱的转轮可以不标"带有开发转轮的单位代号的序号",如表 2-1-2 所示。可逆式水泵水轮机则在型号前加"N"来表示。

第二部分由两个汉语拼音字母组成,前者表示水轮机主轴的布置形式,后者表示引水室的特征,如表 2-1-3 所示。

表 2-1-2 水轮机型式的代表符号

水轮机型式	代表符号	水轮机型式	代表符号
混流式	HL	贯流转桨式	GZ
斜流定桨式	XD	贯流定桨式	GD
斜流转桨式	XZ	水斗式	CJ
轴流定桨式	ZD	双击式	SJ
轴流转桨式	ZZ	斜击式	XJ

表 2-1-3 水轮机的主轴布置形式及引水室特征

名称	代表符号	名称	代表符号
立轴	L	明槽式	M
卧轴	W	罐式	G
金属蜗壳	J	竖井式	S
混凝土蜗壳	H	轴伸式	Z
灯泡式	P	虹吸式	X

第三部分用阿拉伯数字表示水轮机转轮标称直径,单位为 cm。其中,水斗式与斜击式水轮机型号的第三部分为转轮公称直径/(作用在转轮上的喷嘴数×射流直径);双击式水轮机型号的第三部分为转轮公称直径/转轮宽度。

水轮机型号三部分的排列顺序规定如下：

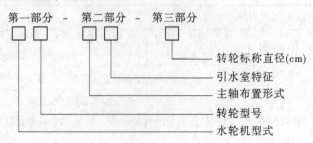

水轮机标称直径 D_1 表征水轮机尺寸的大小。各种水轮机转轮的标称直径 D_1 按如下规定（如图2-1-12所示）：

（1）混流式水轮机标称直径是指叶片进水边与下环相交处的直径。

（2）轴流、斜流和贯流式水轮机的标称直径是指与叶片轴线相交处的转轮室内径。

（3）水斗式水轮机标称直径是指转轮节圆直径。

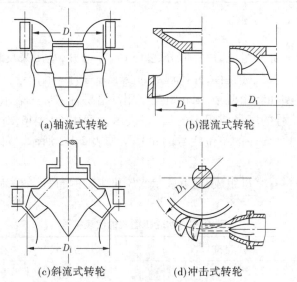

(a)轴流式转轮   (b)混流式转轮

(c)斜流式转轮   (d)冲击式转轮

图 2-1-12　各类水轮机转轮的标称直径 D_1

水轮机型号编写举例：

HL160/D46－LJ－100 表示混流式水轮机，转轮型号为 160（比转速）/D46（转轮开发单位代号和序号），立轴，金属蜗壳，转轮标称直径为 100 cm。

HL180－LJ－550 表示混流式水轮机，转轮型号为 180（比转速），立轴，金属蜗壳，转轮标称直径为 550 cm。

CJ22－W－100/（1×10）表示水斗式水轮机，转轮型号为 22（比转速），卧轴，转轮标称直径为 100 cm，单喷嘴，喷嘴射流直径为 10 cm。

XLN200－LJ－300 表示斜流可逆式水泵水轮机，转轮型号 200，立轴，金属蜗壳，转轮标称直径为 300 cm。

三、水轮机的工作原理

（一）水流在水轮机中的流动与水轮机速度三角形

水轮机是一种绕轴旋转的水力机械，水流进入水轮机转轮后，一边随着转轮的旋转作牵连运动，一边沿着转轮叶片流道作相对运动。其原理如图 2-1-13 所示。

在图 2-1-13 中，一个圆盘绕轴旋转，圆盘上有一个人 A 在行走，A 相对于圆盘的速度为 w（相对速度）。同时 A 又随着圆盘的旋转线速度 u（牵连速度）作旋转运动。站在地面上的人 B 所观察到的 A 的

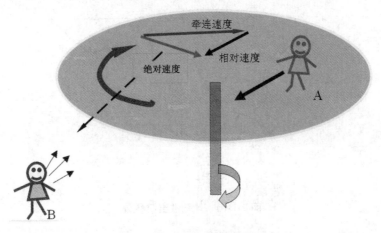

图 2-1-13 牵连运动与相对运动

运动实际上是 A 的绝对运动 v(决定速度),显然 v 是两种运动的合成,即绝对运动＝牵连运动＋相对运动。

用速度矢量表示为

$$\vec{v} = \vec{u} + \vec{w} \tag{2-1-6}$$

运动的合成可以用速度三角形表示,如图 2-1-14 所示。

水流在水轮机转轮中的运动与如图 2-1-13 所示的圆盘上人的运动相似,也是一种由相对运动与牵连运动构成的复合运动。水流随着转轮的旋转与圆周速度 u 作牵连运动,同时在叶片流道中以相对速度 w 对叶片作相对运动。在地面上所观测到的是其绝对运动速度 v。水轮机转轮中水流运动的速度三角形(简称水轮机速度三角形)与图 2-1-14 相同,但为了方便分析水轮机的性能,在水轮机的速度三角形中又进一步表示出了某些速度分量及相对角度。水轮机转轮的进出口速度三角形如图 2-1-15 所示(1 表示进口,2 表示出口)。

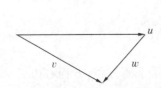

图 2-1-14　相对运动与牵连运动的合成

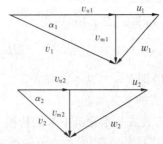

图 2-1-15　水轮机进出口速度三角形

水轮机速度三角形是设计水轮机转轮和分析水轮机不同工况性能的主要工具。其中,v_{m1} 与 v_{m2} 是水流绝对速度的轴面分量,又称轴面速度,是与水轮机流量成比例的速度;v_{u1} 与 v_{u2} 是水流绝对速度的圆周分量,是与水轮机水头紧密相关的速度。

(二)水流在水轮机中的做功原理与水轮机基本方程式

当水流通过水轮机时,水轮机能够把水流的能量转换为旋转机械能,其原因是水流与水轮机转轮的叶片(或斗叶)相互作用,产生了能量交换,水流的能量传递给水轮机转轮,使水轮机发出有效功率。

在水力学中,液流的动量矩方程阐述了通过转轮的水流的动量矩变化与水流作用在转轮上的力矩之间的关系。如图 2-1-16 所示,若通过水轮机的流量为 Q,转轮进口处水流的决定速度为 v_1,v_1 与圆周方向的夹角为 α_1,叶片进口处的半径为 r_1;转轮出口处水流的决定速度为 v_2,v_2 与圆周方向的夹角为 α_2,叶片进口处的半径为 r_2,则水流作用在转轮上的力矩为

$$M = \frac{\gamma Q}{g}(v_1 r_1 \cos\alpha_1 - v_2 r_2 \cos\alpha_2) \tag{2-1-7}$$

式(2-1-7)还可以写成

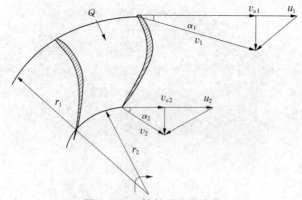

图 2-1-16　转轮进出口参数

$$M = \frac{\gamma Q}{g}(v_{u1} r_1 - v_{u2} r_2) \tag{2-1-8}$$

式中，$\frac{\gamma Q}{g} v_{u1} r_1$ 为转轮进口水流的动量矩，而 $\frac{\gamma Q}{g} v_{u2} r_2$ 为转轮出口水流的动量矩。水轮机转轮流道设计时，总是使转轮进口水流的动量矩大于转轮出口水流的动量矩，这样，水流在通过转轮时其动量矩不断减小的过程中，不断把能量传递给转轮，使转轮获得旋转的力矩。

(三)水轮机基本方程式

根据旋转物体做功的基本原理，水流对转轮的作用力矩乘以转轮的角速度 ω 即转轮所产生的有效功率 P_e，另外，$u = r\omega$，故有

$$P_e = M\omega = \frac{\gamma Q}{g}(v_{u1} r_1 - v_{u2} r_2) \cdot \omega = \frac{\gamma Q}{g}(v_{u1} u_1 - v_{u2} u_2) \tag{2-1-9}$$

若水轮机的水头为 H、流量为 Q、水力效率为 η_h，则水流通过转轮时传递给转轮的有效功率 P_e 可以表示为

$$P_e = \gamma Q H \eta_h \tag{2-1-10}$$

由式(2-1-9)与式(2-1-10)可得

$$H\eta_h = \frac{1}{g}(u_1 v_{u1} - u_2 v_{u2}) \tag{2-1-11}$$

式(2-1-11)即水轮机基本方程式。

基本方程式的意义如下：

(1)基本方程式是水轮机中水能转换为固体旋转机械能的能量平衡方程，方程右边表示水轮机转轮中水流的工作状态，左边表示水流转换的有效机械能。

(2)基本方程式指出了水能转换为旋转机械能的必要条件，只有转轮进口的水流动量矩大于转轮出口的水流动量矩($v_{u1} r_1 > v_{u2} r_2$)时，水轮机才能输出有效功率。

(3)从基本方程式可以看出，水轮机转轮进出口处的水流参数是决定水轮机能量转换的关键因素。在水轮机设计和运行时，保证水轮机正确的进出口状态是实现水轮机高效率的关键。

(四)水轮机的工况与水轮机的性能

实际水电站中水轮机或模型试验的水轮机都会在某一水头 H、流量 Q 和转速 n 的条件下运转，有某种水头 H、流量 Q 和转速 n 所决定的水轮机运转条件称为水轮机的工况。水轮机的工况分最优工况和非最优工况两种。

1. 水轮机的最优工况

水轮机的最优工况指水轮机效率最高的工况。最优工况所对应的水轮机进出口状态应该是最佳进出口状态。理论和实践都证明，水轮机的最佳进出口水流状态是切向进口和法向出口。所以，水流切向流入和法向流出的运行工况可认为是水轮机的最优工况，如图 2-1-17 所示。

1)切向进口

所谓切向进口(也称为无撞击进口)，是指水流进口的相对速度方向与转轮叶片进水口相切，也就

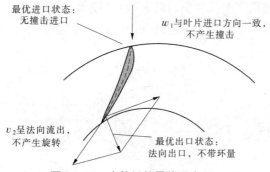

最优进口状态:
无撞击进口

w_1与叶片进口方向一致,
不产生撞击

v_2呈法向流出,
不产生旋转

最优出口状态:
法向出口,不带环量

图 2-1-17　水轮机的最佳进出口

是相对速度方向与转轮叶片相重合。这时水流流动与转轮叶片形状一致,不产生撞击、脱流等现象,水力损失最小,转换成有效能量最大,所以是最优的进口。

2)法向出口

所谓法向出口,是指从转轮叶片流出的水流绝对速度的方向是法向,即垂直于圆周速度方向。这时绝对速度最小,所引起的出口动能损失也就最小。

理论上,在切向进口和法向出口的条件下,水轮机转轮的进出口损失均最小,因此水轮机具有最高效率。

2.水轮机的非最优工况

对于固定叶片的水轮机来说,其最优工况仅是一个点,当水轮机的运行状态偏离最优工况(切向进口和法向出口状态)时,水轮机的进口损失或出口损失会增大,因而水轮机的效率会下降。

水轮机的非最优工况分两种情况:一种是水轮机的导叶开度不变而水头发生变化;另一种是水头不变而导叶开度发生变化。

当导叶开度不变而水头增大或减小时,转轮进出口的流动如图 2-1-18 所示。在图中所示水头下,水轮机为切向流入和法向流出状态。但当水头增大或减小时,水轮机的流量增大或减小,在水轮机进口处,水流的绝对速度 v_1 的大小改变而方向不变,导致进口处水流相对速度 w_1 的方向发生变化,偏离了切向进口状态,产生进口撞击损失。在水轮机的出口处,由于流量的变换而改变了相对速度 w_2 的大小,因而使 v_2 的方向发生改变,破坏了法向出口状态,增大了出口动能损失。图中,下标 1、2 分别表示水轮机转轮的进、出口;上角注 $-$、$+$ 分别表示水头的减小或增加。图 2-1-18 说明,在导叶开度不变时,不管水头增加或减少,进口处水流相对速度 w_1^+、w_1^- 的方向均不是切向流入;同样,出口处水流绝对速度 v_2^+、v_2^- 的方向也不再是法向流出。

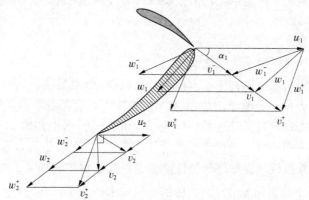

图 2-1-18　导叶开度不变、水头变化时的水轮机进出口状态

当水轮机的水头不变而导叶开度变化时,水轮机进出口的流态如图 2-1-19 所示。在图中所示导叶开度时,水轮机为切向流入和法向流出状态。但当导叶开度变化时,在转轮进口处,由于导叶开度的变化,流入转轮的水流绝对速度 v_1 的大小与方向均发生变化,由此造成流入转轮的相对速度 w_1 变为 w_1^+ 或 w_1^-,不再是切向流入;同样,在转轮出口处,绝对速度 v_2^+、v_2^- 的方向也不再是法向流出。因此,导叶开度变化的结果,使水轮机脱离了最佳进出口状态,也就偏离了最优工况。图中,下标1、2分别表示水轮机转轮的进、出口;上角注 −、+ 分别表示导叶开度的减小或增加。

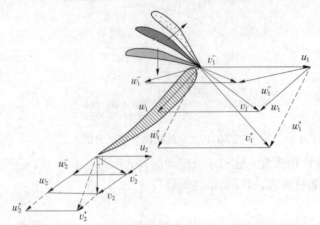

图 2-1-19　水头不变、导叶开度变化时的水轮机进出口状态

3.转桨式水轮机工况变化时的特性

对于转桨式水轮机来说,其叶片会随着工况的变化而自动调整到合适的角度。使叶片角度与导水叶开度及水头的变化保持协联关系,尽可能地减少转轮进出口的水力损失,在较宽广的运行范围内保持较高的效率,这是转桨式水轮机的一个典型特点。

四、水轮机特性与特性曲线

水轮机特性曲线用来表达水轮机不同工况下对水流能量的转换、空化等方面的特性,这些特性是水轮机内部流动规律的外部表现。水轮机的内部流动状态是不容易观察到的,但可以通过水轮机的特性曲线间接考察水轮机的内部流动状态,就像医生可以通过心电图考察人们的心脏一样。

水轮机特性曲线分为线性特性曲线和综合特性曲线两类。线性特性曲线表达某两个参数之间的关系,例如水轮机的转速—流量关系曲线反映水轮机转速的变化与流量变化的关系,流量—开度曲线表达导叶开度变化时流量的变化。而水轮机综合特性曲线则把表达水轮机流量、转速、效率、导叶开度及空化系数的多种性能的曲线绘在同一幅曲线图上,因此综合特性曲线能够综合反映水轮机的多种性能及其相互间的关系。水轮机特性曲线是分析水轮机性能、水电站设计中水轮机选择及指导水轮机运行的主要依据。

水轮机的特性曲线中最主要的是水轮机的模型综合特性曲线和运转综合特性曲线。下面分别加以介绍。

(一)模型综合特性曲线

1.水轮机模型综合特性曲线的来源及意义

许多人认为这种特性曲线之所以称作模型综合特性曲线,是因为这种特性曲线是通过水轮机的模型试验而获得的。这种说法有一定道理,因为多数水轮机模型综合特性曲线是通过模型试验而得到的。

而模型综合特性曲线的真正含义是这种特性曲线以水轮机的单位转速 n_{11} 和单位流量 Q_{11} 为纵、横坐标,在此坐标系内,绘出了表达水轮机过流特性的等开度线、表达水轮机效率特性的等效率线和表达水轮机空化性能的等空化系数线。模型综合特性曲线之所以以单位转速 n_{11} 和单位流量 Q_{11} 为纵、横坐标,是因为单位转速 n_{11} 和单位流量 Q_{11} 分别表达水轮机在水头 H 为 1 m、流量为 1 m^3/s 时水轮机的转速和流量,水轮机的工况以单位转速 n_{11} 和单位流量 Q_{11} 最为合理。水轮机的其他参数以单位转速 n_{11} 和单位流量 Q_{11} 进行换算,就使得水轮机在不同尺寸、不同水头、不同流量、不同转速情况下的性能统一到一个共同的尺度下,更便于不同情况与不同水轮机性能的比较和分析。因此,以水轮机的单位转速 n_{11} 和单位流量 Q_{11} 为纵、横坐标所表示的水轮机特性是模型特性曲线真正的意义所在。即使不是通过模型试验而获得的水轮机特性,只要以单位转速 n_{11} 和单位流量 Q_{11} 为纵、横坐标进行表达,也称为模型综合特性曲线。

通俗地说,模型综合特性曲线既可表示模型水轮机的工作性能,也可反映与该模型水轮机几何相似的所有不同尺寸、工作在不同水头下的同类型水轮机的工作特性。

2. 模型综合特性曲线的构成

模型综合特性曲线如图 2-1-20 所示。水轮机的模型综合特性曲线一般有下列曲线:

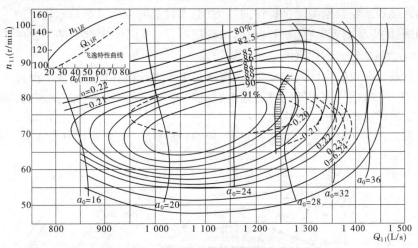

图 2-1-20 混流式水轮机模型综合特性曲线

(1)等效率线:在同一条等效率曲线上各点的效率相等,即 η = 常数,说明等效率曲线上的各点尽管工况不同,但水轮机的流道中的各种损失之和相等,因此水轮机具有相等的效率。

(2)等导叶(喷针)开度线:模型水轮机导叶开度等于常数,即 α_0 = 常数。该曲线表示同一开度下单位参数 n_{11} 和 Q_{11} 之间的关系。

(3)等空化系数线,即 σ = 常数:即图中的虚线,表明不同运行工况下的空蚀系数变化情况。

(4)混流式水轮机5%出力限制线:表示在某单位转速下水轮机的出力达到最大出力的95%时各工况点的连线。这是考虑到水轮机在最大出力下运行时,再增大流量,出力反而减少,调速器的调节性能较差,且运行工况恶化。为避开这些情况,并使水轮机具备一定的出力储备,因此将水轮机限制在最大出力的95%(有时可取97%)范围内运行。

轴流定桨式水轮机及其固定叶片的反击式水轮机,其模型综合特性曲线与混流式水轮机具有相同的形式。而轴流转桨式由于导叶和轮叶可以实现协联,水轮机具有较宽广的高效率区,在相当大的流量下不会出现流量增加而出力减少的情况,所以一般不绘出出力限制。而水轮机的最大允许出力常受到空化条件的限制。

3. 混流式水轮机模型综合特性曲线的分析

以图 2-1-20 为例,分析混流式水轮机模型综合特性曲线所表达的固定叶片水轮机的特性。

1)水轮机的效率特性

在水轮机的过流特性模型综合特性曲线上有一组等效率线,等效率线呈椭圆形,椭圆的中心是水轮机的最高效率点,此点也代表水轮机的最优工况点,该点所对应的单位转速 n_{11} 和单位流量 Q_{11} 分别是水轮机的最优单位转速和最优单位流量。

等效率线是一组由内到外的椭圆组,中心效率最高,在最优工况点以外,无论沿哪个方向向外延伸,效率均会降低。这说明当水轮机偏离最优工况时,不管从哪个方向偏离,均会破坏切向进口或法向出口状态,引起水力损失的增大,使水轮机效率降低。

2)水轮机过流特性

在模型综合特性曲线上有一组等开度线,等开度线所表达的是水轮机的过流特性。在不同的导叶开度下,开度越大,水轮机的单位流量越大,这是各类水轮机的普遍规律。但在同一等开度线上,单位流量 Q_{11} 会随着单位转速 n_{11} 的变化而变化,其变化的规律与水轮机的比转速有关。高比转速水轮机,单

位流量 Q_{11} 会随着单位转速 n_{11} 的增大而增大；低比转速水轮机，单位流量 Q_{11} 会随着单位转速 n_{11} 的增大而减小；中比转速水轮机，单位流量 Q_{11} 基本不随着单位转速 n_{11} 的变化而变化。

3）水轮机的空化特性

在模型综合特性曲线上有一组等空化系数线，等空化系数线所表达的是水轮机的空化特性。水轮机的空化系数代表水轮机的抗空化能力，空化系数越小，说明水轮机的抗空化能力越强。以图 2-1-20 所示的中比转速混流式水轮机模型综合特性曲线为例，水轮机的空化系数与水轮机的工况有关，一般情况下，在水轮机的最优工况附近，空化系数较小，水轮机有较好的空化性能。在大的单位流量区或大的单位转速区，空化系数会增大，水轮机的空化性能较差。

在小单位流量区有时也会出现大的空化系数，这是由于水轮机在偏离最优工况较严重时，尽管流量不大，流道内流速也不高，但严重的转轮进口撞击脱流与转轮出口的涡带会加重水轮机的空化。

4. 转桨式水轮机模型综合特性曲线的分析

以图 2-1-21 所示的轴流转桨式水轮机模型综合特性曲线为例分析可调叶片水轮机的特性。

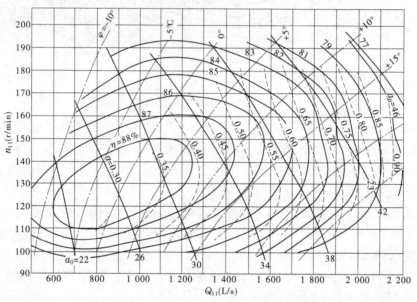

图 2-1-21　轴流转桨式水轮机模型综合特性曲线

1）等叶片角度线（φ = 常数线）

在转桨式水轮机模型综合特性曲线上，有一组 φ = 常数的曲线，即等叶片角度线。曲线是各单位转速下叶片角度 φ = 常数时最高效率点的连线，因此该线代表叶片角度 φ = 常数时水轮机的最优特性。

2）等开度线（a_0 = 常数线）

转桨式水轮机的等开度线与定桨式水轮机的等开度线有很大不同，它是在叶片与水头及导叶保持协联工况下的开度等值线。等开度线仍代表水轮机的过流特性，转桨式水轮机等开度线所表达的单位流量—单位转速特性，是导叶开度为某常数，而叶片角度与单位转速（代表实际电站的水轮机水头）保持协联情况下的单位流量—单位转速特性。

3）等效率线（η = 常数线）

转桨式水轮机的等效率线是在叶片与水头及导叶保持协联工况下的效率等值线。由于保持了协联关系，所以与定桨式水轮机相比，其高效率区要宽广得多，水轮机对于流量变化和水头变化的适应性比定桨式强。所以，在负荷或水头经常变化的中低水头大中型水电站，多选用轴流转桨式或斜流转桨式水轮机。

4）等空化系数线（σ = 常数线）

同等效率线一样，转桨式水轮机的等空化系数线也是协联工况下的空化系数等值线。由于叶片与导叶及水头保持了协联关系，减少了水轮机转轮进口处的撞击脱流与出口水流的环量，减少了空化的发生,因此转桨式水轮机比定桨式水轮机有更好的空化性能。

5）协联关系

所谓协联关系,是指转轮叶片与导叶之间的优化配合以及转轮叶片与水轮机工作水头之间的优化配合。在实际电站中运行的水轮机由于转速保持常数,故单位转速只是水头的函数,模型综合特性曲线的 n_{11} 坐标即代表水头坐标。由特性曲线可以看出转轮叶片与导叶及水头的协联关系,在 $n_{11} =$ 常数（即 $H =$ 常数）时,叶片角度随着导叶开度增大而增大;在导叶开度 $=$ 常数时,叶片角度随着水头的增大（n_{11} 的减小）而增大。这就是转桨式水轮机协联的基本规律。

（二）运转综合特性曲线

水轮机运转综合特性曲线如图 2-1-22 所示。

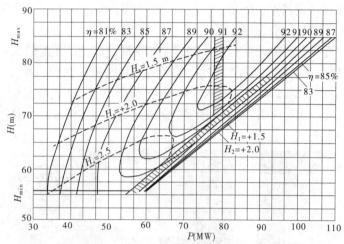

图 2-1-22　混流式水轮机运转综合特性曲线

1.运转综合特性曲线的表示方法与构成

水轮机运行时,是在额定的转速下工作的。当功率 P 和水头 H 变化时,流量 Q、效率 η 和空化系数 σ 也随之发生变化。在额定转速下,其各主要工作参数之间的关系,可用水轮机的运转综合特性曲线来表达。

运转综合特性曲线是在转轮直径 D_1 和转速 n 为常数时,以水头 H、出力 P 为纵横坐标而作出的等效率线 $\eta = f(P,H)$,等吸出高度线 $H_s = f(P,H)$ 以及输出功率限制线（又称为出力限制线）。

2.运转综合特性曲线的分析

1）等效率线

运转综合特性曲线的等效率线是实际水轮机在运行中的效率等值线,表示水轮机真机的效率与其运行工况（出力 P、水头 H）有关,它由模型综合特性曲线的等效率线换算而来。运转综合特性曲线的等效率线也应是封闭的椭圆形,但一般在实际运行范围外的部分并不画出,使得等效率线看上去不封闭。

2）等吸出高度线

等吸出高度线的实质是水轮机在运行范围内吸出高度最大允许值的等值线,它由模型综合特性曲线的等空化系数线换算而来,因此它表达与水轮机空化有关的性能。电站运行的水轮机,其实际吸出高度必须低于运转特性曲线上等吸出高度线所限定的数值,才能保证水轮机不发生空化。

3）出力限制线

出力限制线是限制水轮机出力的线。实际运行的水轮机,一般只允许在出力限制线的左侧运行,不允许在出力限制线的右侧运行。

出力限制线由两部分组成:斜线段是水轮机出力限制线;垂直线段是发电机功率限制线。两线交点的纵横坐标分别为水轮机额定水头和额定功率。出力限制线表示水轮发电机组的最大功率与水头的关系。水轮机出力限制线,是根据模型水轮机综合特性曲线上的出力限制线,经换算后在运转特性曲线上绘制出的水轮机出力限制线。

用斜线段的水轮机出力限制线限制水轮机出力的原因是空化,若水轮机在斜线右侧运行,水轮机过流量过大,会使水轮机发生严重空化。而用垂直线段的发电机功率限制水轮机出力的原因是保证发电机不过负荷运行,防止烧坏发电机。

4)运转特性曲线上的应用

运转特性曲线上的等效率线反映了水轮机效率与工作水头、出力之间的关系,因此它可以供运行人员用来优化水轮机运行。运行人员可根据当时的工作水头和输出功率就能直接从运转特性曲线上了解到水轮机的效率和空蚀情况,从而作为优化水轮机运行的理论依据。

五、水轮机空蚀及防护措施

(一)水轮机的空化现象及其产生的原因

1.水轮机的空化现象

不少水电站的水轮机在运行中发生空化。尤其在水轮机偏离设计工况时这种现象更为突出。在水电站机组旁,有时会听到一种闷雷般的轰鸣声,感觉到机组和地板都在剧烈振动,甚至出现机组出力不稳、引水管道或尾水管中水流压力脉动、机组出力下降等异常现象,这些现象说明水轮机发生了空化。水轮机在空化状态下运行一段时间后,停机检查会发现叶片或其他过流部件出现麻点、蜂窝状蚀坑或金属脱落,这就是空蚀,如图2-1-23所示。

麻点 ——→　　麻坑 ——→　　蜂窝状

图2-1-23　水轮机的空蚀

空蚀不只发生在水轮机中,水泵、舰船螺旋桨、高速输水管道等水力机械或水利设施中都有可能发生空化和空蚀。

2.空化产生的原因

在教科书上,空化和空蚀是这样定义的:空化是液体中发生的一种物理现象。当流动或静止的流体内部压力降低到一定限度时,液体因不能抵抗拉应力而发生破坏,形成空泡或空穴,这就是空化。空泡或空穴在流体压力升高处重新凝聚消失,即空泡的溃灭。在空化区,空泡在不断产生又不断溃灭的过程中,会产生高频、高压的微观水击,对过流表面形成损伤,这就是空化破坏,称为空蚀。

通俗地讲,空化是液体在常温低压状态下所发生的汽化。液体在常压下温度升高到其汽化温度时也会发生汽化,这种汽化称作沸腾。由此可见,同样是液体的汽化,但空化和沸腾是完全不同的两种概念。高温是沸腾的根本原因,低压是空化的根本原因。

科学工作者对空化进行了大量的研究,把空化的原因归结为内因和外因两个方面。

1)空化发生的内因

影响液体空化发生及空化程度的因素有很多,但其最根本的是液体自身存在发生空化的因素——空化核。所谓空化核,是液体中以不同形式存在的微气泡。这些微气泡一般情况下不会"长大",也很难析出。但遇到压力降低并降到一个临界值时,微气泡开始打破原始状态,"发育"成较大的气泡,称为"空泡"。压力进一步降低时,空泡进一步"长大",发展为控泡群或气穴,这就是空化。

如图2-1-24所示,水中的空化核有以下几种存在方式。

(1)水中存在的不可溶性气体构成的微气泡。

(2)固体颗粒上附着的微气泡。

 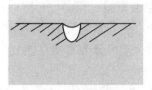

(a) 游离的微气泡　　　(b) 固体颗粒上附着的微气泡　　　(c) 固体边壁微裂隙中的微气泡

图 2-1-24　水中的空化核

（3）固体边壁微裂隙中残存的微气泡。

2）空化发生的外因

如上所述，水中的空化核只有在压力降到一定程度时才会发展成空化，低压是发生空化的外部条件。流体中发生低压的原因有很多，主要有以下 6 个方面，如图 2-1-25 所示。

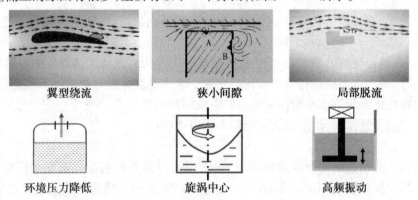

翼型绕流　　　　　狭小间隙　　　　　局部脱流

环境压力降低　　　　旋涡中心　　　　　高频振动

图 2-1-25　流体中产生低压的原因

（1）物体绕流产生低压：当物体在流体中产生绕流时，在物体的某些部位会产生低压。水轮机的叶片的翼型绕流，在翼型的背部出口边极易产生低压区。

（2）流体流过狭窄缝隙产生低压：流体在一定压差下通过狭窄缝隙，由于流速的升高而产生压力降低。

（3）流体局部脱流产生低压：流体中的过流表面有凸起或凹陷时，局部会形成脱流与旋涡，在脱流处或旋涡处会形成低压区。

（4）环境压力降低：在一个封闭容器中用抽气机往外抽气会使容器内压力降低。

（5）旋涡中心产生低压：当流体中形成旋涡时，旋涡的中心部位会形成低压区。

（6）物体在水中高速或高频振动产生低压：物体在流体中进行高速或高频振动时，振动物体的表面附近会形成低压区。

（二）空蚀的破坏机制

空化形成的空泡在随流体进入到高压区后会迅速溃灭。在空泡溃灭时会产生强大的冲击力并伴随局部高温，由此对过流物体表面产生破坏作用，称为空蚀破坏。经研究，空蚀的破坏作用归结为以下几方面：

（1）机械破坏作用。空泡溃灭产生强大的冲击力，可以直接损伤金属过流表面。同时，冲击力不断作用于局部，使局部产生疲劳损伤。两者共同作用，久而久之，形成过流表面的麻点、麻坑，继而发展为蜂窝状损伤。

（2）电化作用。空泡溃灭产生的局部高温使空蚀区与周围金属形成温差，产生温差电池效应，产生的电流对金属形成电化腐蚀。

（3）化学作用。局部高温可达数百摄氏度，高温作用下水中析出氧气等有害气体，引起过流表面化学腐蚀。

（4）联合作用。以上几种机制会同时发生，并产生联合作用，加剧空蚀的破坏作用。

此外，在多泥沙河流上的水电站，泥沙颗粒对过流表面的磨损使过流表面变得粗糙，促进了空化的发生，两者联合作用时，其破坏强度会远远大于它们单独作用的时候。

（三）水轮机的空蚀类型

水轮机中发生的空化与水轮机中产生低压的机制有关,空化所发生的位置也是那些容易产生低压的部位。水轮机空蚀一般可分为翼型空蚀、空腔空蚀、间隙空蚀和局部空蚀四类。

1. 翼型空蚀

水流绕流叶片时,叶片背面的压力常为负压。当背面的压力降低到环境汽化压力以下时,将会导致空化区的出现。在空化区的末端将会出现最严重的空蚀区并向上下游扩展。空化的必然结果是空蚀。这种空蚀通常发生在叶片背面出水边的靠下环处及靠近上冠处,严重时也会在叶片的其他部位发生。翼型空蚀是反击式水轮机主要的空化与空蚀形式。如图 2-1-26 所示,翼型空蚀的影响主要是使叶片形成蜂窝状孔洞而使叶片破坏,引起水轮机效率降低。

2. 空腔空蚀

空腔空蚀是反击式水轮机所特有的一种旋涡空化,这种现象在混流式水轮机中最为突出。当反击式水轮机偏离设计工况运行时,转轮出口水流具有一定的圆周分速度,在这种圆周分速度的作用下,在转轮后产生涡带。如图 2-1-27 所示,涡带中心形成很大的负压,当压力降低到低于水的空化压力时,在涡带中心产生气泡,随着气泡的溃裂,会发生强烈噪声并引起机组振动。当涡带中心周期性地触及或延伸到尾水管管壁时,就会造成尾水管空蚀破坏。空腔空蚀主要发生在叶片出口下环处及尾水管进口处,运行人员可以直接在尾水管直锥段管壁听到空腔空蚀引起的撞击声。发生空腔空蚀时,往往伴随着机组功率摆动和真空表指针摆动,严重时会使机组不能正常运行。

3. 间隙空蚀

间隙空蚀是指水流通过狭窄间隙或通道时,由于流速局部升高引起局部压力降低而形成的空蚀。转桨式水轮机多数以间隙空化和空蚀最为严重,如图 2-1-28 所示。轴流转桨式水轮机的间隙空化和空蚀主要发生在叶片外缘端面与转轮室内壁间隙、导叶立面和端面间隙以及叶片根部与转轮体之间的间隙附近区域。而混流式水轮机的间隙空化和空蚀则主要发生在转轮和上下冠止漏环间隙以及导叶上下端面、立轴密封及顶盖、底环上相当于导叶全关位置的区域上。冲击式水轮机则主要发生在针阀和喷嘴口等处。间隙空蚀的破坏范围一般较小。

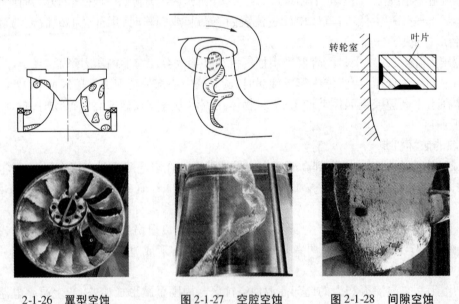

2-1-26　翼型空蚀　　　图 2-1-27　空腔空蚀　　　图 2-1-28　间隙空蚀

4. 局部空蚀

局部空蚀指由于铸造和加工缺陷而形成的表面不平整、砂眼、气孔等所引起的局部水流流态恶化,引起局部脱流而发生空蚀。常发生在水轮机导叶叶型头部和尾部,导叶体端部与轴经接合处的凸肩后面、限位销后面、尾水管补气架后面等部位。

(四)空蚀的防止和消除措施

目前对空蚀的防止和消除措施,主要有以下几方面:

(1)改善水轮机的水力设计。

翼型空化和空蚀是水轮机的主要空化和空蚀类型。合理的叶片翼型设计可以减小空蚀系数,提高抗空蚀性能。

(2)提高加工工艺水平,采用抗空蚀性能好的材料。

加工工艺水平直接影响水轮机的空化和空蚀性能,提高制造精度和叶片表面的光洁度、减小制造误差、选用抗空蚀性能好的材料,如抗磨蚀不锈钢等韧性好并抗磨能力强的材质,可有效地减少空蚀的发生。

(3)改善运行条件并采用适当的运行措施。

水轮机的空化和空蚀与水轮机的运行条件密切相关。合理的翼型设计或选择只能保证在设计工况附近不发生严重空化。但在偏离设计工况附近时,转轮中的水流流态会发生较大的变化,并在不同程度上加剧翼型空化和空蚀。所以,要根据机型特点及电站运行条件,合理拟订水电厂运行方式,尽量不要在低水头和低负荷下运行,避免转轮中心下部出现强大的真空带而发生空腔空蚀。另外,补气也是减缓空蚀的重要措施。补气能破坏真空,降低真空度,可有效防护表面空蚀破坏。

在多泥沙河流的水电站,避开洪水期的高含沙时间段运行,可以减轻空蚀带来的损伤。

(4)采用空蚀部位表面防护。

在水轮机易发生空蚀的区域采用抗空蚀材料铺焊、喷涂,可以有效减轻空蚀破坏。常用的水轮机表面防护方法有聚氨酯软涂层、抗磨蚀不锈钢焊条铺焊及碳化钨纳米粉末喷涂等。

(5)采取适合的检修策略与工艺。

在空蚀初生期,及时检查、处理,避免空蚀凹坑;对于已破坏区,先完全削去腐败物,再采用抗空蚀材料堆焊结合局部翼型修整,严格打磨,做到光滑平整;采用抗空蚀材料作表面防护。

采取状态检修策略,合理确定检修周期,大修与小修合理配合,可以防止空蚀产生的累积性破坏。

六、振动与减振措施

(一)振动的危害和振动标准

机组在正常运行状态下,允许有轻微的振动,但超出一定的范围就影响机组的稳定运行,缩短检修周期和使用寿命,严重时还会引起引水管道和整个厂房的振动,以致被迫停机。

表2-1-4 为《水轮发电机组安装技术规范》(GB/T 8564—2003)对水轮发电机组各部位振动允许值的规定。

表2-1-4 水轮发电机组各部位振动允许值 (单位:mm)

机组型式		项目	额定转速(r/min)			
			$n < 100$	$100 \leqslant n < 250$	$250 \leqslant n < 375$	$375 \leqslant n < 750$
立轴机组	水轮机	顶盖水平振动	0.09	0.07	0.05	0.03
		顶盖垂直振动	0.11	0.09	0.06	0.03
	发电机	推力轴承支架垂直振动	0.8	0.07	0.05	0.04
		导轴承支架的水平振动	0.11	0.09	0.07	0.05
		定子铁芯部位机座水平振动	0.04	0.03	0.02	0.02
		定子铁芯振动(100 Hz双振幅值)	0.03	0.03	0.03	0.03
卧轴机组		各部轴承垂直振动值	0.14	0.12	0.1	0.07

注:振动值指机组在除过速运行外的各种稳定运行工况下的双振幅值。

（二）振动的原因

引起机组振动的原因有水力、机械和电气等方面。

在水力方面引起振动的主要原因有以下几方面：

（1）尾水管涡带。涡带是混流式、轴流定桨式水轮机在部分负荷（在导叶开度40%～60%或最优流量的30%～70%）时，尾水管中产生一种不稳定流现象。此时涡带呈螺旋状，如图2-1-27所示，使尾水管内的水流产生较大幅度的低频压力脉动，影响机组的稳定运行。

（2）卡门涡。当水流绕流叶片，由出口边流出时，便会在出口边处产生涡流，从叶片的正面和背面交替地出现，形成对叶片的交变冲击而产生振动。

（3）水力不平衡。当流入转轮的水流失去轴对称时，就会出现不平衡的横向力，将造成转轮振动等结果。引起的主要原因是过水通道不对称，如：①导叶开度不均匀，引起转轮压力分布不均；②在流道中塞有外物；③转轮止漏环偏心；④转轮叶片不均匀；⑤空蚀破坏。

机械方面引起振动的原因有旋转部件不平衡、轴线不直、主轴刚度不够、推力瓦不平整、导轴承有缺陷等。

电气方面引起振动的原因有转子绕组短路、空气间隙不均匀、定子三相电流不平衡等。这些情况的直接后果是造成磁路不对称，从而造成磁拉力不平衡，引起机组振动（磁拉力不平衡也可引起机组振动，也有可能是定子线棒安装原因）。

（三）减振措施

水轮机的振动问题复杂，原因很多。要想消除或减轻振动，必须要找出振动的原因，根据不同情况，采取相应的措施。一般有以下几种方法：

（1）向水压脉动区补气，有强制补气和自然补气两种。

（2）水栅防振。

（3）加支撑筋消振。

（4）调整止漏环间隙。

（5）避开振动区运行。

（6）如属机械原因引起的振动，可通过动平衡、调整轴线或调整轴瓦间隙等办法加以解决。

（7）如属电气原因引起的振动，可通过排除转子绕组短路、空气间隙不均等办法加以解决。

七、水轮机的结构概述

（一）反击式水轮机结构

1. 反击式水轮机的过流部件

反击式水轮机的整个流道由蜗壳、座环（有固定导叶）、导水机构（有活动导叶）、转轮和尾水管构成，如图2-1-29所示。各部件的功能如下。

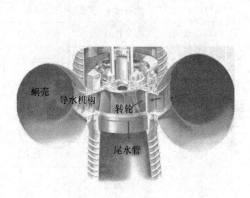
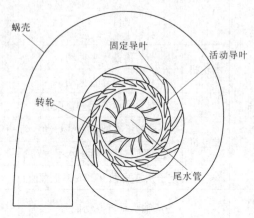

图 2-1-29　反击式水轮机的流道

1）蜗壳

蜗壳呈蜗牛壳形状，从其进口到末端，断面不断减小。它属于水轮机的引水部件，承接压力管道的来水，把水流均匀地引到固定导叶前。蜗壳还有形成水流环量的作用。

水轮机蜗壳有混凝土蜗壳和金属蜗壳两类。混凝土蜗壳用于低水头水电站，而金属蜗壳用于中高水头水电站，见图 2-1-30。

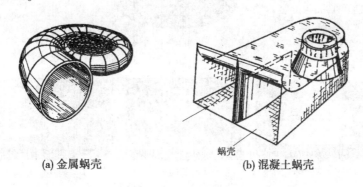

(a) 金属蜗壳　　　　　　　　　　　(b) 混凝土蜗壳

图 2-1-30　水轮机蜗壳

2）座环

座环见图 2-1-31，过流部件主要是固定导叶，又叫座环支柱，其是水轮机结构上的承重部件，同时又担负把水流均匀地引到活动导叶前，根据水轮机工作需要部分改变水流的环量的作用。

图 2-1-31　座环

3）转轮

转轮是水轮机的能量转换部件，水流通过转轮，把水流的液体机械能传递给转轮，形成固体旋转机械能，驱动发电机发电。不同类型水轮机的转轮有很大区别，即使同一类水轮机的转轮，其比转速（反映水轮机特征的主要参数）不同时转轮形状也有很大差别。这里重点介绍混流式与轴流式转轮，其他类型水轮机转轮形状已在"水轮机类型和特点"一节中作了简介。

混流式水轮机转轮形状主要与比转速有关，高比转速转轮高细，应用于低水头；低比转速转轮低粗，应用于高水头。转轮进出口直径比也差别很大，见图 2-1-32。

轴流式转轮有转桨式和定桨式两种，两者区别仅在于叶片是否可以自动调整角度，外形基本一样，这里仅介绍转桨式转轮。图 2-1-33 所示为转桨式水轮机转轮及其操作机构的结构原理。转轮除有轮毂、叶片外，还有一套自动调整叶片角度的液压操作机构，包括叶片接力器、操作架等。水轮机运行中接收调速器的指令，由调速器来的操作油通过大轴中心的油管进入转轮接力器，按协联关系调整叶片角度。

4）导水机构

导水机构具有活动导叶，其主要作用是调节进入水轮机的水流的流量，并改变水流的环量，以满足水轮机能量转换的需要。此外，导水机构还是水轮机的"开关"，担负开机时导通水流和关机时关断水流的作用。

导水机构有多种型式。微型机组常采用单导叶导水机构或插板式导水机构，这种导水机构结构简单，但调节性能和水力性能较差。出力较大的水轮机一般采用导叶式导水机构，其工作原理见图 2-1-34，结构如图 2-1-35 所示，导叶式导水机构由活动导叶、导叶套筒、连杆拐臂与控制环构成。

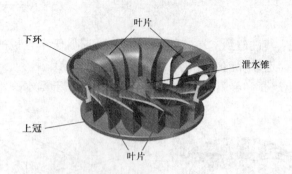

H=30~50 m   H=50~200 m   H=200~700 m

图 2-1-32　混流式水轮机转轮

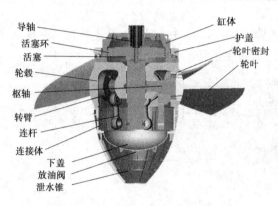
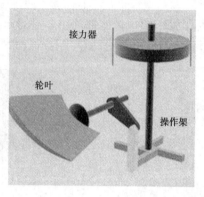

图 2-1-33　轴流转桨式水轮机转轮

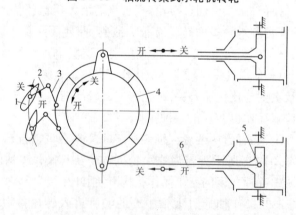

1—活动导叶;2—转臂;3—连杆;4—控制环;5—接力器;6—推拉杆

图 2-1-34　导水机构工作原理

5) 尾水管

尾水管是反击式水轮机的排水部件,把已做功的水流排向下游。尾水管还是一个能量回收部件,简单地说,水轮机转轮出口的水流还剩余一些没有被利用的位能与动能,还有利用的价值。尾水管利用其进口小、出口大的扩散管功能,尽量减小其出口动能损失,使部分位能与动能转换为水轮机转轮可以利用的压能(水轮机出口的负压),这样就提高了水能的利用率,增大了水轮机的效率。通俗地说,尾水管就像水轮机的一个"废品回收站"。

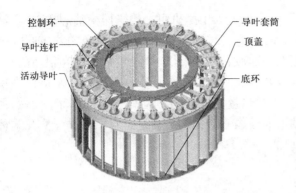

图 2-1-35　导水机构组成

尾水管有直锥式与弯肘式两大类,见图 2-1-36,直锥式尾水管用于小型水轮机或贯流式机组。弯肘式用于容量较大的各类反击式水轮机,水头较低的电站用混凝土尾水管,水头较高的电站用带金属里衬的尾水管。卧式机组用金属焊接或铸造的尾水管。

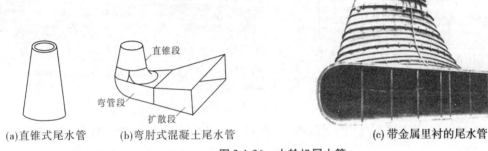

(a)直锥式尾水管　　(b)弯肘式混凝土尾水管　　　　　　　(c) 带金属里衬的尾水管

图 2-1-36　水轮机尾水管

2. 反击式水轮机的其他部件

反击式水轮机除有前面所述的由蜗壳、座环、导水机构、转轮、尾水管所构成的过流部件外,还有一些非过流部件,包括水轮机主轴、水轮机导轴承(简称水导轴承)、主轴密封、补气装置、飞轮等。

1) 水轮机主轴

主轴的第一个作用是把水轮机转轮所产生的功率传递给发电机,对于立式机组,主轴承受由水轮机产生的轴向水推力和转轮的自身重量及轴的重量,还要承受转动部件的机械不平衡力。对于转桨式水轮机,主轴中心还要布置叶片操作接力器的油管路。小型水轮机的主轴一般是实心的,但大型水轮机的主轴通常是空心的,见图 2-1-37。

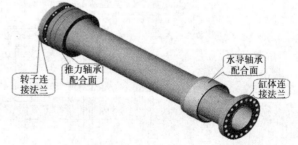

(a) 小型水轮机实心主轴　　　　　**(b) 大中型轴流转桨式水轮机空心主轴**

图 2-1-37　水轮机主轴

2) 水导轴承

水轮机导轴承简称水导轴承,其作用是固定水轮机的旋转中心,承受机组旋转所产生的径向力。水轮机导轴承有油脂润滑、稀油润滑和水润滑三种方式。油脂润滑的轴承又称干油润滑水导轴承,一般为滚动轴承,由于小型或微型水轮机结构简单,不易漏油。大中型机组一般采用稀油润滑轴承,轴承结构有筒式瓦式与分块瓦式。图 2-1-38 所示为分块瓦式稀油润滑水导轴承。轴承由轴领、轴瓦、抗重螺钉和油冷却器构成。轴领又称轴裙,与大轴固定在一起旋转,轴领外圆周经过精加工有很高的光洁度,与轴瓦形成配合面。轴瓦一般为乌金瓦面,质地较软,不会损伤轴领,但很耐磨。近年来广泛采用金属塑料瓦,摩擦系数小,易加工。轴承运行中会产生大量热量,故大中型机组的水导轴承都装有冷却器,通入冷却水,带走轴承所产生的热量。轴承箱内的油靠轴领旋转的离心力进行自循环。分块瓦式稀油润滑水导轴承的结构模型如图 2-1-39 所示。

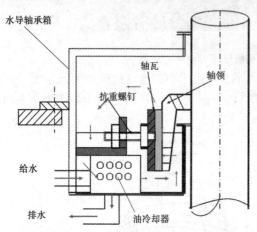

图 2-1-38 分块瓦式稀油润滑水导轴承结构   图 2-1-39 分块瓦式稀油润滑水导轴承的外形图

3) 主轴密封

形成水轮机的封闭流道,减少从水轮机转动部件和固定部件之间的间隙处的漏水。工作密封主要有以下三种:

(1) 橡胶平板密封:分单层和双层两种型式。单层橡胶平板密封由转环和固定的圆环形橡胶密封板组成。转环固定在主轴上,随主轴转动,密封面一般装有不锈钢板。橡胶密封板靠托板、压板和螺栓固定在顶盖支座上,借助外引清洁密封压力水的水压把橡皮板压在转环密封面上封水。双层橡胶平板密封结构如图 2-1-40 所示,密封水箱固定在支架上不动,衬架固定在主轴上,转架固定在衬架上,构成随主轴旋转的转动环,上橡胶板固定在水箱上端,形成上下两个封水摩擦副,在密封水箱清洁压力水压作用下,上下橡胶板贴在封水面上,起封水作用。

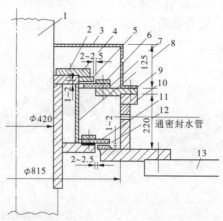

1—主轴;2—转盘;3—外罩;4—顶板;5—上抗磨板;6—上压板;7—上密封板;
8—护板;9—上密封底板;10—密封水箱;11—下密封板;12—下抗磨板;13—支持盖

图 2-1-40 双层橡胶平板密封结构

（2）机械式端面密封：见图2-1-41（a），转环固定在主轴上，密封块固定在滑动架上，在密封座与滑动架之间装有弹簧。密封块与转环的接触压力是弹簧的弹力，弹簧推使滑动架上的密封圈紧贴在转环的下端面起密封作用。

（3）水压式端面密封：见图2-1-41（b），工作原理同机械式端面密封，只是把机械式端面密封的滑动架改为由水压驱动的门型活塞式橡胶圈，中间开几个孔，清洁水通入门型圈中间，使门型活塞与转动环既有接触，又能让少量清水润滑摩擦面，并防止泥沙进入密封面，应用较广。

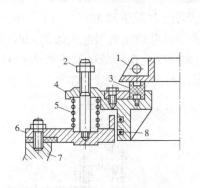 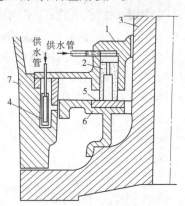

1—转环；2—导向柱；3—密封块；4—密封底座；
5—弹簧；6—托架；7—顶盖；8—橡胶圈
(a)机械式端面密封

1—密封缸；2—橡胶密封环；3—主轴；
4—空气回带检修密封；5—衬板；6—支承盖
(b)水压式端面密封

图2-1-41　端面密封

4）补气装置

水轮机的补气装置主要有两种：一种是水轮机运行时的补气装置，叫补气阀；另一种是水轮机紧急关机时的补气装置，叫真空破坏阀。图2-1-42所示的高水头水轮机具有大轴中心补气阀10和安装在顶盖上的紧急真空破坏阀8。

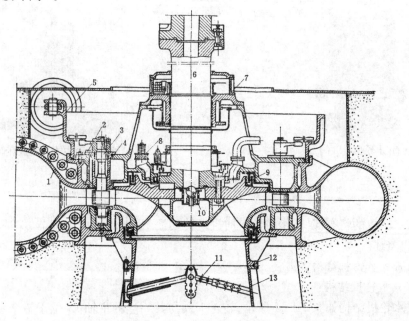

1—蜗壳；2—顶盖；3—导叶；4—导叶轴承；5—控制环；6—主轴；7—轴承；8—紧急真空破坏阀；
9—止漏装置；10—补气阀；11—补气支架；12—转轮室；13—尾水管

图2-1-42　水轮机的补气装置

混流式或其他定桨式水轮机运行中，一般在30% ～60%额定出力时容易在尾水管内发生水流涡带，引起空腔空化和机组振动。为了防止空腔涡带和机组振动，采用补气阀向转轮下方补气。补入空气后，可减少尾水管的真空度，减轻涡带的强度，同时利用空气的弹性吸收水流的压力脉动，改善机组的运行条件。补气阀的结构如图2-1-43（a）所示,水轮机不产生空腔涡带时,转轮下方的负压较小,补气阀的球体在弹簧的作用下,阻止空气进入水轮机。当产生空腔涡带时,转轮下方真空较大,在补气阀中产生吸力,使球体离开阀座,空气进入水轮机进行补气。

真空破坏阀的作用是防止水轮机的台机现象。当水轮机主阀或导水机构因故突然关闭时,水轮机流道中的水流在惯性的作用下迅速流向下游,由此在流道中产生真空,随后,水流又会急速返回。此时,急速返回的水流会从转轮下游以极大的力量冲向转轮,形成向转轮上游的台机现象,台机严重时可能造成机组的损伤和破坏。为防止台机事故,在水轮机顶盖上安装真空破坏阀,在机组突然甩负荷、导水机构紧急关闭时,快速向水轮机下游流道补气,消除真空,防止台机事故的产生。真空破坏阀有机械强迫式与吸力式两类。机械强迫式是利用机械联动原理,在导水叶或主阀紧急关闭的同时,靠协联机构强迫打开真空破坏阀进行补气。而吸力式则利用机组紧急关闭时流道形成的真空吸力打开阀门,使空气自动补入。图2-1-43（b）所示为吸力式真空破坏阀,其工作原理与补气阀相似。

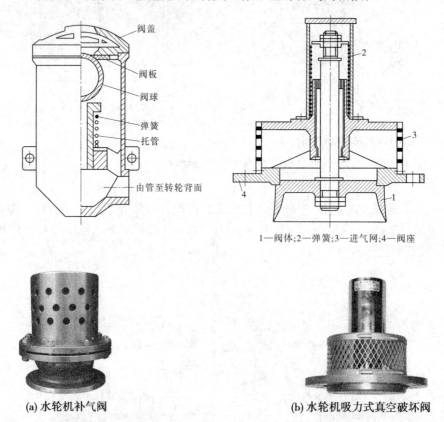

1—阀体;2—弹簧;3—进气网;4—阀座

(a) 水轮机补气阀　　　　　　　(b) 水轮机吸力式真空破坏阀

图 2-1-43　水轮机补气装置

5）飞轮

飞轮是卧式水轮机的特有部件,作用是增加机组转动惯量,以满足机组调节、保证计算的要求。飞轮结构简单,不再赘述。

3. 常用的反击式水轮机结构实例

1）立轴混流式水轮机结构

立轴混流式水轮机结构如图2-1-44所示,转轮1及与其相连的主轴15位于整个水轮机中心,在转轮四周布置着导水部件的导叶4,导叶与其上的控制机构相连。导叶的下轴颈装在其下面的底环3内,而底环安装在座环6的下环上。导叶的上轴颈装在顶盖7内,而顶盖被安装在座环的上环上,将转轮盖住。顶盖上还装有真空破坏阀14。座环的固定导叶在上环与下环之间,均匀地分布在导叶的外围。座环的上、下环与蜗壳相接,且被蜗壳包围着。在顶盖内主轴外装有水轮机导轴承。导水部件控制机构的控制环12与推拉杆相连。在座环的下方安装着基础环2,与尾水管相连。图2-1-45为立轴混流式水轮机三维结构模型。

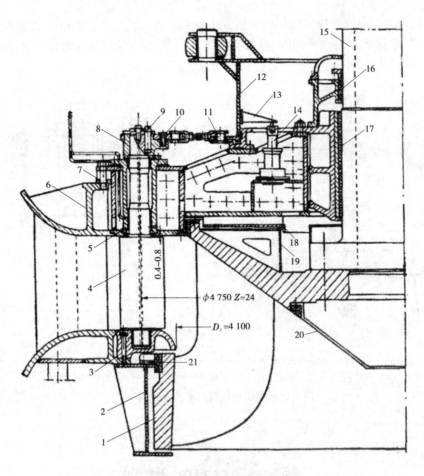

1—转轮；2—基础环；3、6—底环；4—导叶；5—套筒；7—顶盖；8—导叶臂；9—分半键；
10—剪断销；11—连杆；12—控制环；13—斜铁；14—真空破坏阀；15—主轴；16—主轴密封；
17—橡胶轴瓦导轴承；18—减压板；19—减压环；20—泄水锥；21—下部止漏环

图 2-1-44　混流式水轮机结构

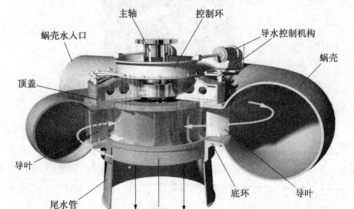

图 2-1-45　立轴混流式水轮机三维结构模型

但并非所有的混流式水轮机全部相同，某些部件也可能简化或改进。因此，具体的某一台水轮机在组成部件、结构上会有所不同。

2）轴流定桨式水轮机结构

图 2-1-46 为明槽轴流定桨式水轮机，图 2-1-47 为轴流定桨式水轮机三维结构模型。这种水轮机适合于水头 2～8 m、转轮直径 1.4 m 以下的小水电站。这种水轮机的大部分部件被淹没在引水室内，只有主轴和调速轴伸出水面，分别与发电机主轴和调速器相连。图中的转轮 4 用键 5 和螺母 3 固定在主

轴6上,主轴在顶盖上的水润滑橡胶轴承内旋转。水轮机转轮室12的下面和尾水管相接,其上面通过固定的导叶轴8支撑着顶盖9,导叶10套在导叶轴上可以转动。在调速器的操纵下,调速轴驱动控制环11转动,通过连杆带动导叶改变角度,达到调节流量的目的。

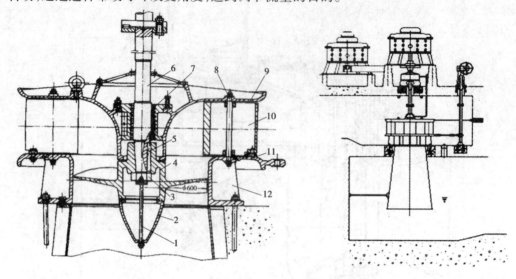

1—拉紧杆;2—泄水锥;3—螺母;4—转轮;5—键;6—主轴;
7—导轴承;8—导叶轴;9—顶盖;10—导叶;11—控制环;12—转轮室

图 2-1-46 明槽轴流定桨式水轮机结构

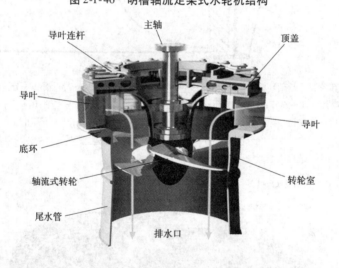

图 2-1-47 轴流定桨式水轮机三维结构模型

3)轴伸贯流式水轮机

图 2-1-48 为轴伸贯流式水轮机,由进水部件、座环、导水机构、转轮室、转轮、主轴密封、轴承、主轴及尾水管等部件组成,并包括尾水管放水用的盘形阀。图 2-1-49 为轴伸贯流式水轮机三维结构模型。

水流从进水管引入,经导水机构、转轮、尾水管,排至尾水渠。水流通过转轮时,能量转换成旋转的机械能,通过主轴带动发电机发电。水轮机与发电机采用刚性连接。

4)卧轴混流式水轮机

小型混流式水轮机(转轮直径在 84 cm 及以下)通常采用卧轴布置,优点是投资少,安装、维护、检修及运行方便。机组布置方式一般采用二支点或三支点,四支点已很少采用。

图 2-1-50 为 HLD87－WJ－60 型水轮机剖面图,采用的二支点结构,飞轮位于发电机的右外侧,水轮机与发电机共用一根主轴。水轮机引水部分由伸缩节、进水弯管、蜗壳等部件组成。蜗壳21顶部设有自动排气阀,以便机组在充水时排出蜗壳内的空气;蜗壳的底部设有放水阀2,以便在检修时排空蜗壳内的积水。导水部分由导叶8、控制环19、顶盖(也称前端盖)20、底环(也称后端盖)7以及导叶操作

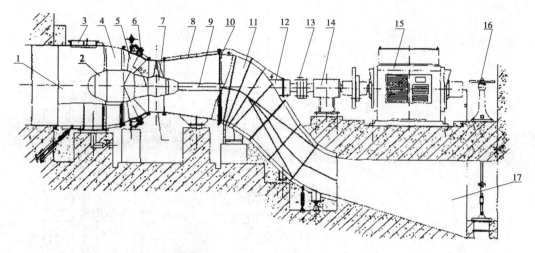

1—进水部件;2—灯泡体;3—进人孔;4—座环;5—锥式导叶;6—导叶操作机构;
7—转轮;8—直锥管;9—主轴;10—伸缩节;11—肘管;12—主轴密封;
13—联轴器;14—轴承;15—发电机;16—盘形阀;17—尾水管扩散段

图 2-1-48　轴伸贯流式水轮机

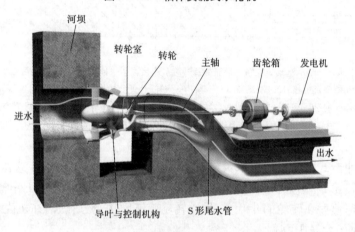

图 2-1-49　轴伸贯流式水轮机三维结构模型

机构 10 等组成。导叶用 ZG06Cr13Ni4Mo 不锈钢制造,装于顶盖与底环之间,导叶轴套采用铜基镶嵌自润滑材料,无需加油,摩擦力小,且耐磨损,使用寿命长。在盖顶、底环的过流表面设 1Cr13 抗磨板。转动部件主要由转轮 23、主轴 17、飞轮 14 等组成。转轮采用不锈钢制造,上冠、下环均用 ZG06Cr13Ni4Mo 铸造,叶片用 0Cr13Ni4Mo 钢板模压成型。主轴用 45 钢锻造而成,主轴上设有密封装置 18,为聚四氟乙烯盘根密封,用压盖压紧。飞轮用来补偿机组转动惯量的不足,以达到调节保证计算所要求的转动惯量。在飞轮两侧装有制动器 12,在停机时当机组转速降至约为额定转速的 30% 时进行制动,以缩短停机时间。制动器用压缩空气操作。两个制动器安装在同一轴线上,制动器到飞轮面的距离保持一致,使制动时制动力相等。

支撑部分由两个轴承组成,一个径向推力轴承 16,推力瓦采用金属弹性塑料瓦,导轴瓦采用巴氏合金瓦,轴承下部设有冷却器。另一个为导轴承,属发电机供货范围。尾水管部分由尾水连接管 5、尾水弯管 26 和尾水直锥管 1 组成。连接管内设有三根斜向补气管,与自动补气阀相接,当尾水管真空度过大时,能自动进行补气。尾水弯管内沿水流方向设有导流板,以防止尾水排出时产生旋转涡流。

(二)冲击式水轮机结构

冲击式水轮机是利用水流的动能,推动水轮机转轮旋转做功的一种水轮机。它没有尾水管、蜗壳和复杂的导水机构,因此结构较反击式水轮机简单,便于维护管理。

冲击式水轮机分水斗式、斜击式和双击式三种,各有特点。但不管哪种类型,其主要结构部件均由转轮、喷嘴和机壳等组成。水流通过喷嘴形成一股高速的射流冲击转轮叶片,转轮将水流具有的能量转

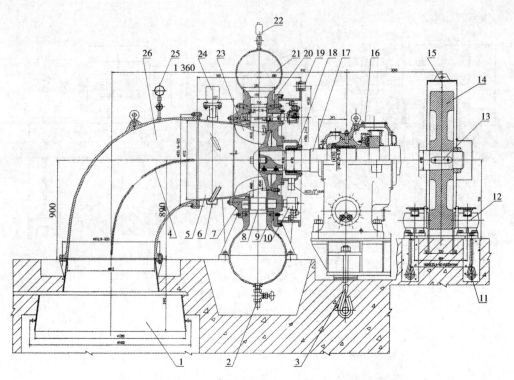

1—尾水直锥管;2—放水阀;3—轴承基础螺栓;4—导流板;5—尾水连接管;6—补气管;7—底环(后端盖);8—导叶;9—座环;
10—导叶操作机构;11—制动器基础螺栓;12—制动器;13—键;14—飞轮;15—飞轮罩;16—径向推力轴承;17—主轴;18—主轴密封;
19—控制环;20—顶盖(前端盖);21—蜗壳;22—自动排气阀;23—转轮;24—自动补气阀;25—真空表;26—尾水弯管

图 2-1-50　HLD87 – WJ – 60 型水轮机剖面图

换成旋转的机械能。

　　水斗式水轮机是冲击式水轮机应用水头最高、容量最大的一种机型,水斗式水轮机(见图 2-1-51),主要由进水管、喷管、转轮、外调节机构、副喷嘴、机壳和排水坑渠组成。它的工作特点是:来自压力水管的水,通过喷嘴,以高速喷射在转轮的斗叶上,推动转轮旋转做功,然后跌落在机壳下面的尾水渠中。尾水渠的水面为自由水面(大气压力)。

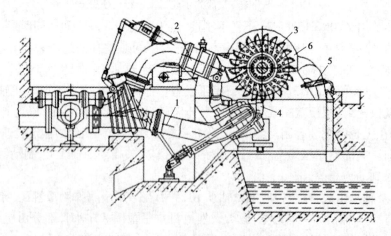

1—进水管;2—喷管;3—转轮;4—外调节机构;5—副喷嘴;6—机壳

图 2-1-51　卧式双喷嘴水斗式水轮机结构示意图

　　由于水斗式水轮机喷嘴与转轮在同一平面上,射流方向为转轮周围的切线方向,所以又称为切击式水轮机,在国外称为培尔登(Pelton)式水轮机。

　　1. 转轮

　　转轮是水轮机实现能量转换的主要设备。水斗式水轮机的转轮由水斗(斗叶)和轮盘两部分组成。轮盘位于中心,而水斗则均匀地分布在轮盘的四周,如图 2-1-52 所示。

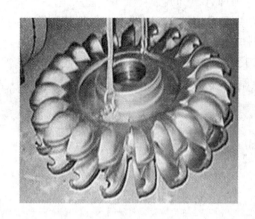
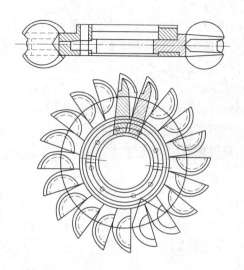

图 2-1-52　水斗式转轮图

2. 喷管

喷管(见图 2-1-53),它主要由喷嘴、喷针(又称针阀)和喷针移动机构组成,其作用:一是将水流的压力势能转换为射流动能,则当水由进水管流进喷管时,在其出口便形成一股冲向转轮的圆柱形自由射流;二是起着导水机构的作用。当喷针移动时,即可以渐渐改变喷嘴出口与喷针头之间的环形过水断面面积,从而可平稳地改变喷管的过流量及水轮机的流量和功率。

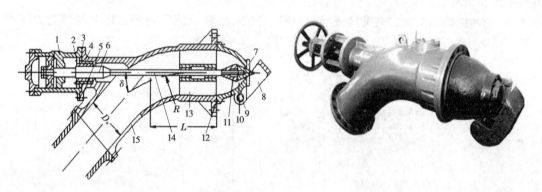

1—缸体;2—填料压盖;3—喷嘴座;4—填料盒;5—填料;6—杠杆;7—喷嘴口环;
8—折向器;9—销杆;10—喷针;11—喷针座;12—喷嘴;13—喷管;14—杆体;15—喷管弯段

图 2-1-53　喷管

3. 折向器

水斗式水轮机常用的外调节机构有折向器和分流器,其中折向器又称偏流器,如图 2-1-54 所示。用于机组突然甩负荷时,使射流折向,离开斗叶,以防止机组飞车和水锤压力上升过高。

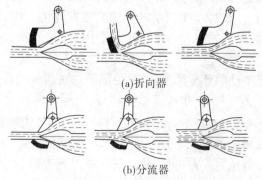

(a)折向器

(b)分流器

图 2-1-54　外调节机构作用示意图

当机组负荷突然甩掉时,为了防止转速急剧上升而引起飞车,必须迅速关闭喷针,但这样在压力水管中产生的过大水锤压力又可能导致水管破裂。为此,喷嘴应当缓慢关闭以减小水锤压力,但这样又会引起机组转速的急剧上升而飞车。折向器是为了解决这个矛盾而设置的。

折向器装在喷嘴的出口处,折向板边缘与射流外缘的距离为 2 ~ 4 mm,以便折向板能快速改变射流方向,发挥折向作用。当机组甩负荷时,先快速(1 ~ 2 s)操作折向器,使水流迅速改变方向而离开斗叶,达到避免机组转速上升过高的目的;然后缓慢(15 ~ 30 s 或长时间)关闭喷针,或根据负荷的变化情况,将流量减少到需要的数值。这样既不会使机组因转速的急剧上升而飞车,又不会使压力钢管的水压上升过高,从而做到两全其美。

第二节　水轮发电机基本知识

一、发电机的工作原理

发电机可分为同步发电机和异步发电机。在我国的中小型水电站中,基本上都采用同步水轮发电机,只有很小的微型水电站有的采用异步水轮发电机。

同步发电机的特点是发电机转子的旋转速度与定子旋转磁场的旋转速度相同。

(一)单相交流发电机的工作原理

图 2-2-1 所示为单相交流发电机的工作原理。在 N—S 极构成的固定磁场内,有一个旋转的线圈不断地切割磁力线,由于线圈与磁极位置的变化,在线圈的一个旋转周期内,感应出图 2-2-1(b)所示的呈正弦波形的单相交流电。

图 2-2-1 所示的单相交流发电机模型定子为固定磁场,而转动线圈切割固定磁场的磁力线产生交流电。转动线圈产生的电流需通过滑环(金属环)和碳刷向外输出。

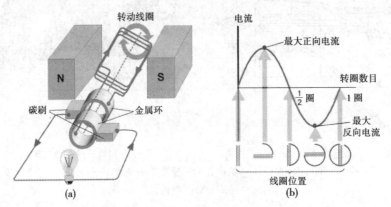

图 2-2-1　单相交流发电机的工作原理

(二)三相交流发电机的工作原理

实际水电站所发出的电能是三相交流电,是由三相交流发电机产生的。图 2-2-2 所示为一个三相交流发电机的工作原理示意图。与图 2-2-1 所示的单相交流发电机不同,一般的三相同步交流发电机采用定子为电枢、而转子为旋转磁场的方式。发电机主要由两部分组成,里面旋转的部分称为转子,在转子的线圈中通以直流电流,则在空间产生一个按正弦规律分布的磁场。

三相交流发电机外面固定不动的部分称为定子,在定子的铁芯槽内分别嵌入三个结构完全相同的线圈 U_1—U_2、V_1—V_2、W_1—W_2,它们在空间的位置互差120°,称为三相定子绕组,U_1、V_1、W_1 称为三个绕组的始端,U_2、V_2、W_2 称为末端。当发动机拖动转子以角速度 ω 匀速旋转时,三相定子绕组就会切割磁力线而感生电动势。由于磁场按正弦规律分布,因此感应出的电动势为正弦电动势。而三相绕组结构相同,切割磁力线的速度相同,位置互差120°,因此三相绕组感应出的电动势幅值相等,频率相同,相位互差120°。

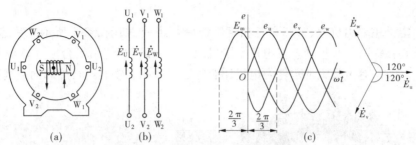

图 2-2-2　三相交流发电机的工作原理

二、三相交流同步发电机结构

(一)结构模型

图 2-2-3 为三相交流同步发电机结构模型。发电机由定子和转子两大部分构成。常用的三相交流同步发电机与上面的单相交流发电机模型不同,通常以转子为旋转磁场,这样,定子线圈可以固定不动。一般情况下,转子磁极也不采用永磁铁,而采用通直流电作励磁电流的电磁铁。这样,转子上就需要两个滑环和一组碳刷,把励磁电流引到转子磁极线圈。定子由铁芯与线圈构成,A、B、C 三相线圈间隔 120°镶嵌在定子铁芯中,一端为输出端,另一端连在一起形成中性点。转子有数个磁极,励磁电流通过滑环与磁极线圈连接,形成磁场。转子在水轮机的带动下在定子中心旋转,形成旋转磁场,使定子线圈不断切割磁力线,产生三相交流电。

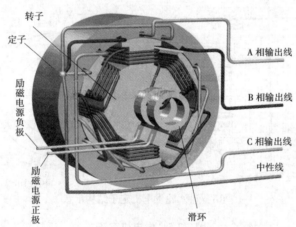

图 2-2-3　三相交流同步发电机结构模型

(二)实际水轮发电机结构

实际的水轮发电机是一种凸极式三相交流同步发电机,结构形式与图 2-2-4 所示的模型发电机相同,但除那些基本结构外,还有发电机轴、轴承、机架和空气冷却器等辅助部件。

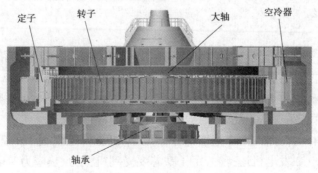

图 2-2-4　水轮发电机总体结构

1. 定子结构

水轮发电机定子主要由机座、铁芯和三相绕组线圈等组成,如图 2-2-5 所示。铁芯固定在机座上,三相绕组线圈嵌装在铁芯的齿槽内。发电机定子机座、铁芯和三相绕组组合成一体统称为发电机的定子,也称为电枢。此外,容量较大的水轮发电机还有为定子线圈和铁芯进行冷却的空气冷却器等。

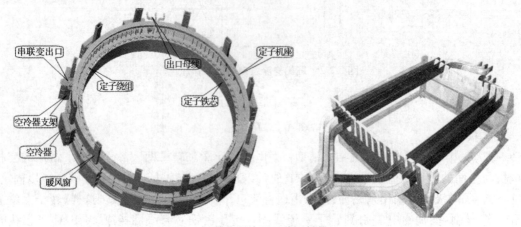

(a) 发电机定子及线圈结构

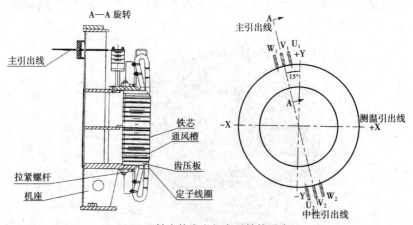

(b) 立轴水轮发电机定子结构示意

图 2-2-5　发电机定子

1)机座

定子机座如图 2-2-5(b)所示,一般呈圆形,小容量水轮发电机多采用铸铁整圆机座,或采用钢板焊接的箱形结构;容量较大的水轮发电机的机座由钢板制成的壁、环、立筋及合缝板等零部件焊接组装而成。立轴机组的机座要承受轴向荷重、定子自重及电磁扭矩并传递给基础。机座应有足够的刚度,同时还应能适应铁芯的热变形。

2)铁芯

定子铁芯是定子的一个重要部件,如图 2-2-5(b)所示。由扇形冲片、通风槽片、定位筋、齿压板、拉紧螺杆及固定片等零部件装压而成,其中扇形冲片为最主要的部件,一般由 0.5 mm 厚的硅钢片冲压而成。为了减小涡流损耗,硅钢片之间用漆绝缘。国产的硅钢片有热轧和冷轧两类,其中冷轧的硅钢片损耗较低。发电机扇形冲片宜采用低损耗、无时效、优质冷轧薄硅钢片。

定子铁芯的作用是:作为磁路的主要组成部分,为发电机提供磁阻很小的磁路,以通过发电机所需要的磁通;用以固定绕组。在发电机运行时,定子铁芯要受到机械力、热应力及电磁力的综合作用。

3)绕组

三相绕组由绝缘导线绕制而成,均匀地分布于铁芯内圆齿槽中,如图 2-2-5(a)所示。三相绕组接成 Y 型,它的作用是当转子磁极旋转时,定子绕组切割磁力线而感应出电势。

4）空气冷却器

空气冷却器用于封闭式通风冷却的发电机,它的作用是空气冷却器内通冷却水,对冷却器外边的空气进行冷却。发电机内的热空气,通过空气冷却器冷却,温度降低后,进入发电机内部冷却铁芯和线圈,然后经空气冷却器冷却,再进入发电机内部,如此循环不止,将发电机的电气损耗和机械损耗所产生的热量通过空气冷却器中的冷却水带走。

空气冷却器布置在定子机座外周,闭路循环通风方式的风路为:风由转子轮臂上下方空间进入磁轭中间的径向通风沟,经过励磁线圈表面、电机气隙、定子线圈,再经过定子铁芯中的径向通风沟;热风穿过机座进入冷却器;风变冷后从冷却器出来分成两路,一路从上挡风板下面回到轮臂上方,另一路从机墩中的风洞进入轮臂下方。冷却器中有很多水管,管中流动的冷水将热风的热量带走。空冷器的结构如图2-2-6所示。

图2-2-6　发电机空气冷却器

2. 转子结构

水轮发电机的转子是转换能量和传递扭矩的主要部件,一般由主轴、转子支架、磁轭、磁极等部件组成。对于有刷励磁的发电机来说,集电环(滑环)是引入励磁电流的必要部件,如图2-2-7(a)、(c)所示。

1）主轴

主轴的作用是用来传递扭矩,一般采用35钢、40钢、45钢或20SiMn钢等整锻而成。小容量水轮发电机一般采用整锻实心轴;大、中型容量的发电机采用整锻空心轴。

2）磁极

磁极是提供励磁磁场的磁感应部件,由磁极铁芯、线圈、上下托板、极身绝缘、阻尼绕组及钢垫板等零部件组成。磁极铁芯分实心和叠片两种结构。中、小容量高转速水轮发电机的转子,为满足机械强度的要求和改善发电机的特性,常采用实心磁极结构,由整体锻造或铸造而成。对于转速在750 r/min及以上的小型水轮发电机,常采用磁极铁芯连同转子的磁轭与主轴整体锻造加工的方式。

叠片磁极铁芯由冲片、磁极压板、拉紧螺杆(或铆钉)等零件组成。小容量水轮发电机的冲片面积小,铁芯短,多采用铆钉固紧结构。

磁极上装有励磁线圈,励磁线圈多由扁铜线绕成,包上绝缘材料。线圈绕好后经浸胶热压处理,成为一个坚固的整体。磁极上还装有阻尼绕组,可以减小运行时转子振荡的幅值,见图2-2-7(b)。

3）磁轭与转子支架

磁轭的作用是构成磁路,并固定磁极。转子支架的作用是固定磁轭。小型水轮发电机的转子支架采取整铸方式制造,而大型发电机的转子支架采用钢板焊接方式制造。图2-2-8所示为大型水轮发电机转子支架,由转子中心体、盒形支臂、上下圆盘和连接法兰构成,这是一种无轴转子支架,转子支架通过法兰与发电机大轴及顶轴连接。中小型的水轮发电机多采用有轴转子,转子中心体内设有键槽,发电机轴穿过转子中心体,以键的方式连接。

对于定子铁芯外径小于325 cm的中小容量的水轮发电机,磁轭可用铸钢或整圆的厚钢板制成,不需要专门的转子支架,通过键或热套等方式与主轴连成一个整体。

对于定子铁芯外径较大的水轮发电机,磁轭则通过转子支架和主轴连成一体。这种结构的磁轭由扇形冲片交错叠成并用拉紧螺杆固紧。

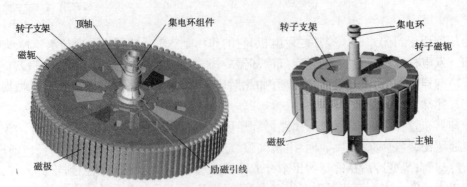

(a) 发电机转子结构

(b) 发电机转子与磁极

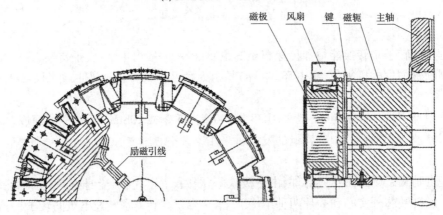

(c) 立轴水轮发电机转子结构

图 2-2-7　发电机转子

图 2-2-8　大型水轮发电机转子支架

磁轭的外缘加工有 T 尾、鸽尾槽或螺孔,用以固定磁极。

4)集电环(滑环)与励磁引线

发电机转子的磁极是与转子一同旋转的部件,要想把外部的励磁电流引入磁极线圈,必须靠励磁引线、碳刷和滑环。如图 2-2-9 所示,碳刷安装在刷架上,用弹簧机构使其紧压在滑环上。

(a) 滑环　　　　　　(b) 碳刷　　　　　(c) 刷架

图 2-2-9　转子的碳刷、滑环及刷架

3. 机架

机架是立轴水轮发电机安置推力轴承、导轴承、制动器及水轮机受油器的支撑部件,如图 2-2-10 所示,是水轮发电机较为重要的结构件。

(a) 小型水轮发电机机架

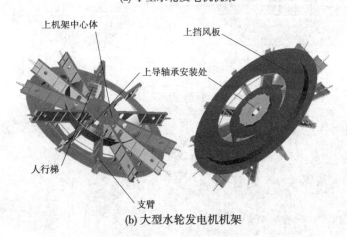

上机架中心体　　　　　　　　　上挡风板

上导轴承安装处

人行梯

支臂

(b) 大型水轮发电机机架

图 2-2-10　水轮发电机机架

机架由中心体和支臂组成,一般采用钢板焊接结构,中心体为圆盘形式,支臂大多为工字梁形式。大型水轮发电机的机架有多条支臂,以增加大机架的强度与刚度。

机架按其所处的位置分为上机架和下机架;按承载性质分为负荷机架和非负荷机架,安置推力轴承的机架称为负荷机架。对于悬式水轮发电机来说,上机架为负荷机架,下机架为非负荷机架;对于伞式水轮发电机来说,上机架为非负荷机架,下机架为负荷机架。中小型立轴水轮发电机组一般为悬式机组,推力轴承位于上机架内。

负荷机架要承受机组转动部分的全部重力、水轮机轴向水推力、机架和轴承的自重、导轴承传递的径向力及作用在机架上的其他负荷。非负荷机架主要用来安置导轴承,要承受的径向力有转子径向机械不平衡力和因定子、转子气隙不均匀而产生的单边磁拉力;要承受的轴向负荷有导轴承及油槽自重、制动器传递的力或上盖板、转桨式水轮机的受油器。

4. 推力轴承

1) 推力轴承的组成和作用

推力轴承是应用液体润滑承载原理的机械结构部件,主要由轴承座及支承、轴瓦、镜板、推力头、油槽及冷却装置等部件组成,如图 2-2-11 所示。主要作用是承受立轴水轮发电机组转动部分全部重力及水推力等负荷,并将这些负荷传给负荷机架。

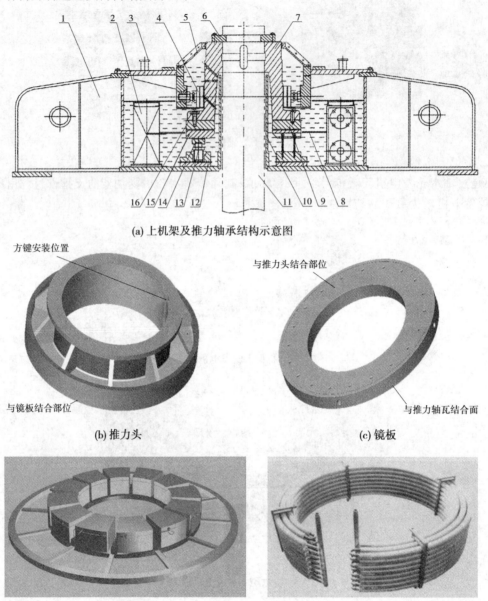

(a) 上机架及推力轴承结构示意图

(b) 推力头

(c) 镜板

(d) 推力瓦

(e) 冷却器

1—上机架;2—冷却器;3—气窗;4—导轴承;5—密封盖;6—卡环;7—推力头;8—隔油板;
9—镜板;10—挡油管;11—主轴;12—轴承座;13—支柱螺钉;14—托盘;15—推力瓦;16—绝缘垫

图 2-2-11 上机架及推力轴承结构示意图

2) 推力轴承的分类

推力轴承支承结构方式主要有弹性垫支承式、刚性支柱螺钉支承式、弹性油箱支承式和平衡块支承式四种。其中,弹性垫支承式只用于小容量的立轴发电机,弹性油箱支承式和平衡块支承式用于大中型发电机,中小型水轮发电机的推力轴承一般采用刚性支柱螺钉支承式。

5. 导轴承

导轴承用来承受水轮发电机组转动部分的径向机械不平衡力和电磁不平衡力,并约束轴线径向位移和防止轴的摆动,使机组轴线在规定数值范围内旋转。

机组容量较小的小型或微型水轮发电机组的导轴承常使用滚动轴承,但容量较大的水力发电机组多采用滑动轴承。滑动轴承分卧式和立式两类,其润滑又分为油脂润滑和稀油润滑两种方式。如

图2-2-12所示为卧式发电机的导轴承与导推组合轴承。图2-2-13所示为立式发电机的导轴承。立式发电机的导轴承又有筒式瓦和分块瓦两种形式。

图2-2-12　卧式发电机的导轴承与导推组合轴承

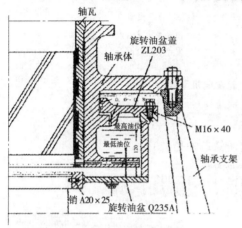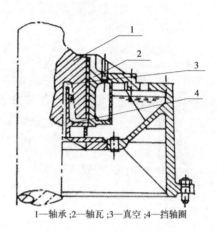

1—轴承;2—轴瓦;3—真空;4—挡轴圈

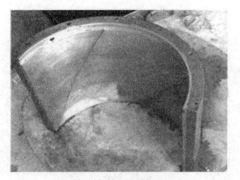

(a) 筒式水轮机导轴承　　　　(b) 分块瓦式水轮机导轴承

图2-2-13　立式水轮发电机的导轴承

三、水轮发电机的类型和型号

水轮发电机是以水轮机为原动机,根据电磁感应的原理,将水轮机传递过来的旋转机械能转换成电能的设备。

(一)水轮发电机的类型

通常所说的水轮发电机都是指同步发电机。但在国外的小型水电站中,采用异步水轮发电机的数量却不少。水轮发电机还可按其轴线方向分为卧轴水轮发电机和立轴水轮发电机两大类。

1.卧轴水轮发电机

卧轴水轮发电机的主轴是水平方向布置的,主要用于冲击式、贯流式和小型混流式机组。

2.立轴水轮发电机

立轴水轮发电机的主轴为竖直方向布置的,主要用于轴流式和规模较大的混流式、冲击式水轮机配套使用。根据推力轴承的位置不同,立轴水轮发电机分为悬式结构和伞式结构,伞式结构又可以分为普通伞式、半伞式和全伞式三种。立轴小型水轮发电机一般采用悬式结构。

(二)水轮发电机的型号

现行水轮发电机型号采用汉语拼音加数字表示方法。如图 2-2-14 所示,型号由两大部分组成,中间用"－"隔开:第一部分用汉语拼音的第一个字母表示发电机的型式,数字表示发电机的容量,单位为 kW;第二部分用数字表示发电机的磁极数和定子铁芯外径,通常用分数表示,分子表示磁极数,分母表示定子铁芯外径,单位为 cm。

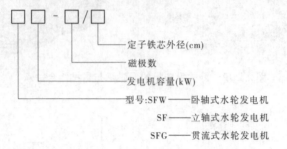

图 2-2-14 水轮发电机型号

某卧式水轮发电机的型号及符号含义如下:

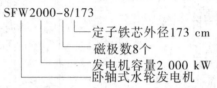

四、水轮发电机的主要参数

水轮发电机的主要参数有容量、电压、电流、功率因数、转速、效率以及电抗、转动惯量、励磁电压和励磁电流等。

(一)容量

容量有两种表示方法,一种用 kVA 表示视在功率 S,另一种用 kW 表示有功功率 P。两者的关系为

$$P = S\cos\varphi = \sqrt{3}\,UI\cos\varphi \tag{2-2-1}$$

式中 U——发电机端点的额定线电压,kV;

I——发电机额定电流,A;

$\cos\varphi$——功率因数。

小型水轮发电机系列的容量等级有 40 kW、50 kW、75 kW、100 kW、125 kW、200 kW、250 kW、320 kW、400 kW、500 kW、630 kW、800 kW、1 000 kW、1 250 kW、1 600 kW、2 000 kW、2 500 kW、3 200 kW、4 000 kW、5 000 kW、6 300 kW、8 000 kW、10 000 kW。

(二)电压

电压指发电机在设计情况下运行时出线端的电压,单位为 V 或 kV。容量在 630 kW 及以下的发电机的额定电压一般采用 400 V,容量在 800 kW 及以上的发电机的额定电压一般采用 6 300 V。少数容量为 500 kW、630 kW 的发电机也有采用 6 300 V 的,个别容量为 800 kW 的发电机也有采用 400 V 的。

(三)额定电流

额定电流指发电机在额定电压情况下输出额定功率时,流过发电机定子绕组的电流,单位为 A。

(四)功率因数($\cos\varphi$)

功率因数指发电机的额定有功功率 P(kW)与额定视在功率 S(kVA)的比值。小型水轮发电机的额定功率因数一般为 0.8,容量较大的水轮发电机有的采用 0.85 或 0.9。在额定容量一定的条件下,提

高功率因数可以提高输出的有功功率,并可提高发电机的效率。

(五)转速和频率

我国交流电标准频率为 50 Hz,因此发电机的同步转速(额定转速)为 $n = 6\,000/p$,p 为磁极个数。

现将小型水轮发电机的磁极个数 p 与同步转速 n 的对应关系列于表 2-2-1。

表 2-2-1　磁极个数与转速关系

p(个)	4	6	8	10	12	16
n(r/min)	1 500	1 000	750	600	500	375
p(个)	20	24	28	32	36	40
n(r/min)	300	250	214.3	187.5	166.7	150

(六)效率

发电机效率为发电机输出功率与输入功率之比。

(七)电抗

发电机有三个主要电抗:纵轴同步电抗 X_d、暂态电抗 X_d'、次暂态电抗 X_d'',常用标幺值表示。

(八)短路比

短路比指发电机在空载时维持空载电势为额定值的激磁电流与在短路时维持短路电流为额定值的激磁电流之比,其值一般不小于 0.9。增大短路比,可提高发电机在系统运行时的静态稳定性,但也会增加发电机的造价。对于并网运行的小机组,随着快速励磁方式和系统稳定措施的发展,短路比可有所降低,以降低成本。

(九)转动惯量 GD^2

发电机的转动惯量 GD^2 又称飞轮力矩,是发电机转动部分的重量与其惯性直径平方的乘积。立轴机组的 GD^2 主要分布在发电机的转子上,而卧轴机组的 GD^2 主要通过飞轮来满足。

转动惯量 GD^2 是水电站调节保证计算中的一个重要参数,它直接影响到机组在甩负荷时的转速上升率和系统负荷突变时发电机的运行稳定性。

(十)励磁

励磁的主要作用是给同步发电机的转子提供励磁电流,维持机端电压和无功功率在给定的水平;当发生突然短路或突加负荷、甩负荷时,对发电机进行强行励磁或强行减磁,以提高系统运行稳定性和可靠性;当发电机内部出现短路时,对发电机进行灭磁,以避免事故扩大。

小型水轮发电机的励磁方式主要有:双绕组电抗分流励磁、无刷励磁、静止可控硅励磁三种。在发电机轴上装直流励磁机的方式将逐渐被淘汰。

五、水轮发电机通风冷却方式

发电机除将大部分机械能有效地转换成电能外,还有一小部分能量被自身损耗掉。而被损耗的能量往往以热的形式进行散发,使发电机的定子、转子绕组以及铁芯表面温度升高。为了使温度不超过绝缘允许值,需要进行冷却。

利用空气作为冷却介质对定、转子绕组以及铁芯表面进行冷却,是水轮发电机的主要冷却方式。随着单机容量的增大,定子、转子绕组的热负荷不断提高,对冷却方式提出了更高的要求。小型水轮发电机的通风冷却方式有开敞式、管道式和密闭式三种。

(一)开敞式通风冷却方式

开敞式通风冷却方式的特点是结构简单,安装方便。但发电机温度受环境温度影响较大,防尘、防潮性能差,影响电机散热,绝缘易受侵蚀,多用于小型或微型机组,如图 2-2-15 所示。

厂房内的冷空气从发电机两端吸入,经发电机内部热交换后从中间的通风孔排出热空气至厂房内。发电机需要的冷空气量不超过 8 m³/s,厂房的墙壁和屋顶外表面就可以散掉排到厂房内的热空气所携带的热量。这种通风冷却方式一般适用于额定功率在 800 kW 以下的水轮发电机。从实际使用的情况

(a) 立式开敞通风发电机　　　　　(b) 卧式开敞通风发电机

图 2-2-15　开敞通风发电机

来看,南方与北方由于环境温度相差较大,所以适用的机组容量范围也有些差异,在南方基本上用于 500 kW 以下的机组,而在北方已用于 1 000 kW 的机组。

(二)管道式通风冷却方式

随着容量的增大,采用开敞式通风冷却方式排至厂房内的热空气所携带的热量就难以散发掉,会使厂房内温度升高。于是就有了管道式通风冷却方式。这种通风冷却方式可以用在 3 200 kW 以下的水轮发电机。管道式通风冷却方式是靠发电机自身的风压把经过热交换后的热空气用专用的管道排至厂房外面,如图 2-2-16、图 2-2-17 所示。由于与开敞式通风冷却方式一样需要不断地从厂房内吸冷空气到发电机内部进行冷却,因此管道式通风冷却方式存在与开敞式通风冷却方式同样的缺点,即受环境温度影响较大,防尘、防潮性能差等。

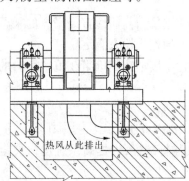

图 2-2-16　卧轴发电机管道式通风

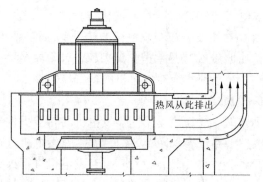

图 2-2-17　立轴发电机管道式通风

(三)密闭式自循环通风冷却方式

密闭式自循环通风冷却方式适用于 3 200 kW 以上的水轮发电机。这种通风冷却方式的特点是利用空气冷却器进行热交换,冷风稳定,温度低,空气清洁干燥,有利于保证绝缘寿命。图 2-2-18 所示的密闭式通风冷却方式,是小型水轮发电机比较典型的密闭通风冷却系统。图 2-2-19 为空气冷却器外形及布置示意图。空气冷却器内通冷却水,对冷却器外边的空气进行冷却。发电机内的热空气,通过空气冷却器冷却,温度降低后,进入发电机内部冷却铁芯和线圈,然后经空气冷却器冷却,再进入发电机内部,如此循环不止,将发电机的电气损耗和机械损耗所产生的热量通过空气冷却器中的冷却水带走。

六、水轮发电机组布置

(一)水轮机与发电机的连接方式

水轮机与发电机的连接方式可分为直接连接和间接连接两类。

一般转速较高的机组,水轮机轴与发电机轴采用法兰直接连接。法兰直接连接方式还可以分为刚性连接和摩擦传力连接两种,其中摩擦传力连接是近年才采用的新技术,加工、安装都很方便。而转速较低的机组,除采用法兰直接连接方式外,有的还采用如皮带、齿轮等间接连接的方式。

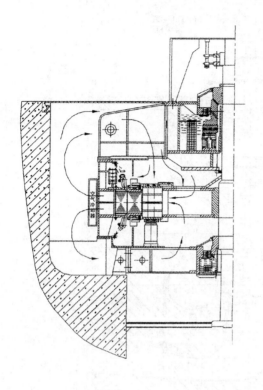

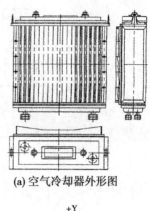

(a) 空气冷却器外形图

(b) 空气冷却器布置示意图

图 2-2-18　发电机密闭式通风冷却方式示意图　　　图 2-2-19　空气冷却器外形及布置示意图

（二）水轮发电机组的布置方式

水轮发电机组的布置方式按机组轴线的方向可分为立轴布置和卧轴布置两类。

一般轴流式水轮发电机组采用立轴布置，双击式、斜击式和贯流式水轮发电机组采用卧轴布置，而混流式和水斗式水轮发电机组的布置方式主要与机组尺寸有关。一般转轮公称直径在 84 cm 以上的混流式机组采用立轴布置，转轮公称直径在 84 cm 以下的混流式机组采用卧轴布置。也有例外，国内采用卧轴布置的混流式机组最大转轮直径达到 100 cm，机组容量达到 6 000 kW。水斗式水轮发电机组的布置方式：一般转轮公称直径在 140 cm 以上的机组采用立轴布置，转轮公称直径在 140 cm 以下的机组采用卧轴布置。

1. 立轴水轮发电机组布置

立轴混流式水轮发电机组的布置如图 2-2-20 所示，特点是水轮发电机组轴线垂直于地面，发电机位于水轮机上方，水轮机的蜗壳、座环、尾水管都埋入混凝土中。这种布置方式的优点是：噪声和振动小，水轮机效率比卧轴式的布置高，另外厂房显得整洁美观。缺点是：基础开挖较深，厂房层数多，而且下部结构复杂，土建工程量大，水轮机检修吊装复杂，设备维护没有卧轴机组方便。

不同转速、不同容量的立轴水轮发电机组的整体结构也不相同，按照发电机推力轴承的位置和水轮发电机组导轴承的数量，把立轴水轮发电机组分为悬式和伞式两大类，并具体分为 5 种形式，见图 2-2-21。

2. 卧轴水轮发电机组布置

卧轴布置的机组特点是水轮发电机组轴线与地面平行。水轮机的蜗壳、座环、尾水管弯管段等固定部件都暴露在混凝土之外，只有进水弯管与尾水管直锥段埋在混凝土内，发电机与轴承装在同一块底板上。这与立轴机组有很大的差别。

这种布置方式的优点是：机组与其附属设备即主阀、调速器和励磁装置一起布置在同一层厂房内，布置结构紧凑，厂房层数少，而且下部结构简单，整个厂房的高度低，电站投资少，施工工期短，机组安装、检修、巡视、维护方便。因此，这种布置方式在小型水电站被广泛采用。缺点是：噪声比较大，厂房显得不如立轴机组整洁美观。

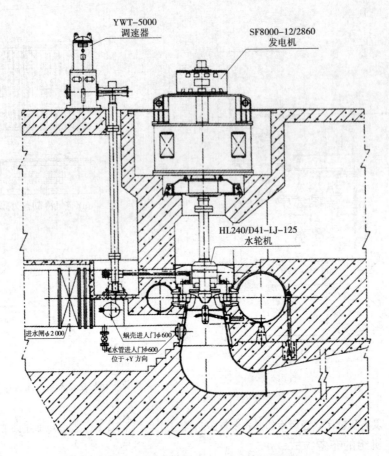

YWT-5000
调速器

SF8000-12/2860
发电机

HL240/D41-LJ-125
水轮机

进水闸ϕ2 000

蜗壳进人门ϕ600

尾水管进人门ϕ600
位于+Y方向

图 2-2-20 立轴混流式水轮发电机组布置

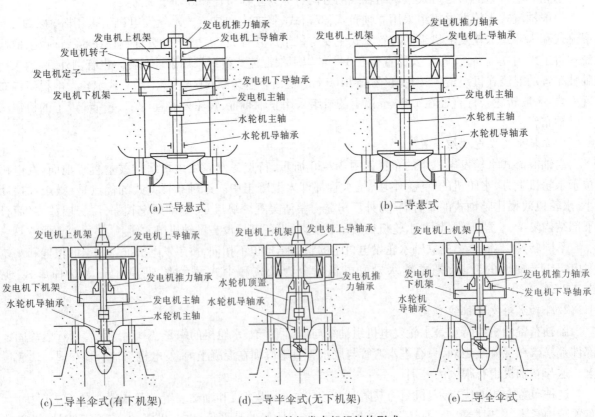

(a)三导悬式

发电机上机架
发电机转子
发电机定子
发电机下机架
发电机推力轴承
发电机上导轴承
发电机下导轴承
发电机主轴
水轮机主轴
水轮机导轴承

(b)二导悬式

发电机上机架
发电机推力轴承
发电机上导轴承
发电机主轴
水轮机主轴
水轮机导轴承

(c)二导半伞式(有下机架)

发电机上机架
发电机上导轴承
发电机下机架
发电机推力轴承
水轮机导轴承
发电机主轴
水轮机主轴

(d)二导半伞式(无下机架)

发电机上机架
发电机上导轴承
水轮机顶盖
发电机推力轴承
水轮机导轴承

(e)二导全伞式

发电机上机架
发电机推力轴承
发电机下机架
发电机下导轴承
水轮机导轴承

图 2-2-21 立式水轮机发电机组结构形式

卧轴机组根据主轴上轴承的数量与布置不同,可分为四支点机组、三支点机组和二支点机组。

1）四支点机组

四支点机组共有四个轴承,在水轮机轴上和发电机轴上各有两个轴承支点,受力明确。两根轴采用弹性连接,安装时对同心度精度要求较低。由于支承点较多,机组结构复杂,检修维护工作量大,而且机组主轴的长度长,占地面积大,使投资增加,一般只用于630 kW以下的机组,因此本书不再详细介绍。

2）三支点机组

三支点机组比四支点机组少一个水轮机径向轴承。水轮机轴与发电机轴采用刚性连接,飞轮装在水轮机与发电机之间,形成两个径向轴承和一个径向推力轴承的三支点结构的机组,如图2-2-22所示。三支点机组比四支点机组的结构紧凑,能适应较大功率的机组,我国20世纪80年代前生产的800 kW以上的机组采用的基本上是这种结构。

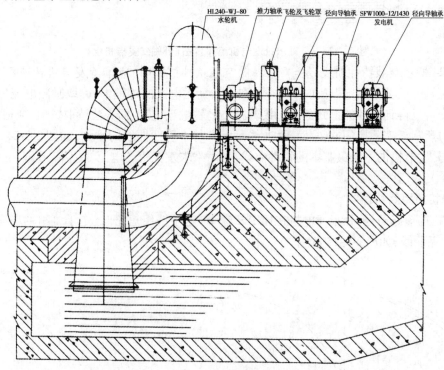

图2-2-22　三支点水轮发电机组

3）二支点机组

二支点机组只有两个轴承,分别在发电机的两边,水轮机与发电机共用一根整体锻造的主轴,水轮机转轮与飞轮分别装在两个轴承外侧的主轴上,如图2-2-23所示。这种结构增强了机组的整体性,与三支点相比,简化了结构,缩短了主轴长度,减少了占地面积,降低了投资,而且安装调整方便。二支点机组的制造已成熟,实际使用效果也非常好,不但运行稳定,而且维护工作量减少,还减少了机械摩擦损耗,有利于提高机组效率。因此,这种结构的采用必将愈来愈多,是卧轴机组的发展方向。

七、水轮发电机的运行特性

同步发电机的运行特性有空载特性、短路特性、负载特性、外特性和调整特性等五种。外特性和调整特性是主要的运行特性,根据这些特性,可以判断发电机的运行状态是否正常,以便及时调整,保证高质量地安全发电。空载特性、短路特性和负载特性是检验发电机基本性能的特性,用于测量、计算发电机的各项基本参数。

（一）发电机的空载特性

所谓发电机空载运行,是指发电机以额定转速运转,定子不带负荷时的运行。此时,空载电势E_0与励磁电流I_L之间的关系叫作空载特性。当发电机处于空载运行状态时,其端电压U就等于电势E_0,因此端电压U与励磁电流的关系曲线就是空载特性,如图2-2-24（b）所示。

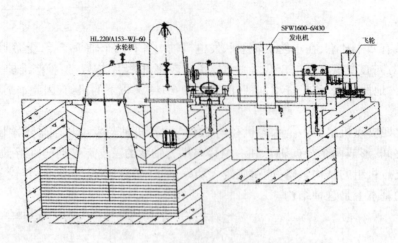

图 2-2-23　卧轴水轮发电机组布置图(卧轴二支点机组)

如图 2-2-24 所示空载特性曲线 $E_0 = f(I_L)$,做空载特性试验时,应维持发电机转速不变,逐渐增加励磁电流,直至端电压等于额定电压的 130%。在增加励磁电流的过程中,读取励磁电流值及与其对应的端电压值,便可以得到特性的上升分支。接着减小励磁电流,按上面方法读取数值,便得到下降分支,如图 2-2-24(a)所示。实际应用的空载特性曲线是上升与下降两曲线的平均,如图 2-2-24 中虚线所示。空载特性曲线是发电机的一条最基本的特性曲线,可用来求发电机的电压变化率、不饱和的同步电抗值等参数。

(二)发电机的短路特性

所谓发电机的短路特性,是指发电机在额定转速下,定子绕组短路时,定子绕组的稳态电流 I 与励磁电流 I_L 的关系曲线,如图 2-2-25 所示。

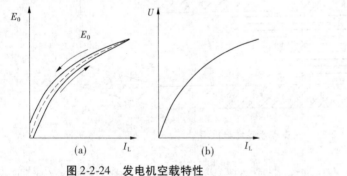

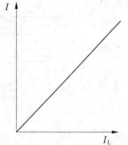

图 2-2-24　发电机空载特性　　　　　　图 2-2-25　发电机短路特性曲线

短路试验测得的短路特性曲线,不但可以用来求取同步发电机的重要参数饱和的同步电抗与短路比,在发电厂中,也常用它来判断励磁绕组有无匝间短路等故障。显然,励磁绕组存在匝间短路时,因为匝数的减少,短路特性曲线是会降低的。

(三)发电机的外特性

所谓发电机的外特性,是指在励磁电流、转速、功率因数为常数的条件下,变更定子负荷电流时,端电压 U 的变化曲线,即 $U = f(I_L)$ 曲线,如图 2-2-26 所示。

在滞后的功率因数情况下 $\cos\varphi$,当定子电流增加时,电压降落较大,这是由于此时电枢反应是去磁的。在超前的功率因数的情况下 $\cos(-\varphi)$,当定子电流增加时,电压反而升高,这是由于电枢反应是助磁的。在 $\cos\varphi = 1$ 时,电压降落较小。外特性可以用来分析发电机运行中的电压波动情况,借以提出对自动调节励磁装置调节范围的要求。

一般用电压变化率来描述电压波动的程度。从发电机的空载到额定负载,端电压变化对额定电压的百分数,称电压变化率,即

$$\Delta U = \frac{E_0 - U_e}{U_e} \times 100\% \qquad\qquad (2\text{-}2\text{-}2)$$

式中 E_0——发电机空载电势或电压;

　　　　U_e——发电机额定电压。

汽轮发电机的 $\Delta U = 30\% \sim 48\%$。

(四)发电机的调整特性

所谓发电机的调整特性,是指电压、转速、功率因数为常数的条件下,变更定子负荷电流时,励磁电流的变化曲线。如图 2-2-27 所示,由不同功率因数下的调整特性可以看出,在滞后的功率因数情况下,负荷增加,励增电流也必须增加。这是因为此时去磁作用加强,要维持气隙磁通,必须增加转子磁势。在超前的功率因数下,负荷增加,励磁电流一般还要降低。这是因为电枢反应有助磁作用。调整特性可以使运行人员了解到:在某一功率因数时,定子电流达到何值而不使励磁电流超过制造厂的规定值,并能维持额定电压。利用这一曲线,可使电力系统无功功率更合理一些。

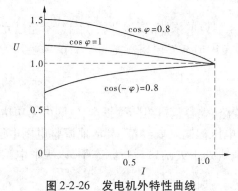

图 2-2-26　发电机外特性曲线

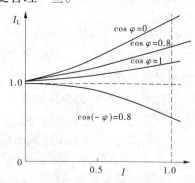

图 2-2-27　发电机调整特性曲线

(五)发电机的不对称运行

发电机是按照对称负荷设计的,因此运行中应尽量保持三相负荷对称。但在实际运行中,由于各种原因会引起发电机的不对称运行,比如电力机车等不对称负荷、各相输电线路阻抗不同或非全相(单相故障切除运行)或单相重合闸过程等。

当定子各相的平衡被破坏,即三相电流不对称时,按对称分量法,定子电流可分解为正序、负序和零序。由于发电机三相绕组通常为无中性点星形连接,零序电流不能通过,因此发电机中不存在零序电流,它们相互叠加形成了定子的各相电流,其值可能超过额定电流而使定子绕组过热。

正序电流的磁场产生一个与转子同步旋转的旋转磁场,它相对于转子是静止的,故在转子中不感应任何电流。因此,正序电流与发电机对称运行情况下的正常电流一样,对电机没有什么影响。

当定子通过负序绕组电流时,负序电流的磁场以 2 倍同步转速切割转子,在转子绕组及转子的其他部分,特别是在极靴的实体部分产生附加损失。同时,由于频率极高,集肤效应较大,使得转子表面的附加损失更为严重,励磁绕组极靴处的一些线匝发热严重。但对于凸极式水轮发电机来说,由于励磁绕组在突出的磁极上,散热条件较好,平均温升余度较大,故运行时有较大的负序电流。

发电机的不对称运行应遵循下述原则:

(1)负荷最大的一相的定子电流,不应超过发电机的额定电流;

(2)转子任何一点的温度,不应超过转子绝缘等级所允许的温度和金属材料允许的温度;

(3)不对称运行造成的振动,不应超过允许值。

《发电机运行规程》(DL/T 751—2001)对发电机持续不平衡电流的规定为:在按额定负荷运行时,对于 100 MW 以下的水轮发电机,三相电流之差不得超过额定电流的 20%;对于 100 MW 以上的水轮发电机,三相电流之差不得大于额定电流的 15%。

(六)水轮发电机的调相运行

水轮发电机调相就是把水轮发电机当成调相机来运行。即把发电机变成电动机,以电力系统吸收有功功率,把电能变成机械能推动机组旋转;同时增加励磁电流,向系统输送无功功率。

水电厂作调相运行,如果对稳定电力系统的运行电压,应保证供电质量有好处,而且不会因它输送无功功率而消耗过多的有功功率和电能,也不会在输电线上造成过大的电压损耗。

1. 调相运行的方法

水轮发电机作调相运行,需进行两个方面的操作。其一是对水轮机的操作。为了减少发电机作为电动机运行时吸收系统的有功功率,降低水轮机转轮和水发生摩擦的有功损耗,对于轴流转桨式水轮机,便让水轮机转轮上的转桨关闭;对于混流式水轮机,一般采用压缩空气将转轮周围的水压至尾水管,即进行调相压水操作。其二是对发电机的操作。当发电机变成电动机,而机组有功损耗变得最小时,即可按电力系统需要,调节同步电机的励磁电流(增加励磁电流),向系统输送无功功率。

水轮发电机组调相运行的操作顺序一般是:将机组先带上一定的有功和无功负荷,再将有功负荷降为零,此时,关闭导水叶,补气压水,使转轮在空气中旋转。再增加励磁电流,即可向系统输出无功负荷。

以上便是水轮发电机组由发电状态转变成调相状态的全部过程。

2. 调相容量

发电机作调相机运行时所能发出的无功功率,主要受转子温升的限制,要保证转子温升不超过允许值。一般调相容量的范围为 $Q_P = (0.6 \sim 0.7)S_n$,即调相容量范围应在发电机额定容量的 60% ~ 70%。

(七)发电机的进相运行

1. 水轮发电机进相运行的需要与可能性

随着国民经济的发展,电力工业迅猛发展,超高压输电线路、大容量机组陆续投产,电网由无功功率不足变为电网无功功率过剩,由原来电网电压偏低变为电网电压偏高。要经济、灵活地调整电网电压,首先要考虑让发电机进相运行。发电机进相运行就是使发电机处于欠励磁运行状态下,以吸取电网剩余的容性无功功率而发出有功功率的一种运行方式。

发电机进相运行是结合电力生产需要而采用的切实可行的运行技术,它可使发电机由改变运行工况而达到降压的目的。仅是利用系统现有设备增加的一种调压手段,便可扩大系统电压的调节范围,改善电网电压的运行状况。该方法操作简便,在发电机进相运行限额范围内运行可靠,其平滑无级调节电压的特点,更显示了它调节电压的灵活性,发电机进相运行是改善电网电压质量最有效而又经济的必要措施之一。

2. 进相运行要考虑的问题

水轮发电机作进相运行时要考虑以下三方面的问题:

(1)定子端部附近各金属件温升较高,最高温度一般发生在铁芯两端的齿部。在相同的视在功率条件下,发电机进相运行时端部漏磁,磁密度增高,引起端部构件的严重发热。

(2)发电机的稳定性降低。发电机进相运行是通过减小励磁电流使发电机进入进相运行状态的。当有功负荷输入不变时,随着励磁电流的减小,发电机的功率角增大而接近 90°极限,发电机易进入不稳状态。实际运行中,将发电机进相时的 $\cos\varphi$ 控制在 -0.97 以内,留有足够余度以保证发电机不会进入不稳状态。另外,发电机的进相深度与发电机的有功和无功负荷有关,《发电机运行规程》(DL/T 751—2001)对于 250 MW 的水轮发电机的最大进相深度给出了限定值。水轮发电机进相深度见表 2-2-2。

表 2-2-2 水轮发电机进相深度

有功功率(MW)	无功功率(Mvar)	功率因数($\cos\varphi$)
250	-50	-0.981
200	-100	-0.894
150	-120	-0.781

(3)发电机端电压下降。当厂用电引自发电机出口或发电机母线时,进相运行中,随着发电机励磁电流降低、发电机无功功率的倒流,发电机出口处厂用电的电压也要降低。厂用电发生故障后,恢复供电时,某些大容量设备的自启动会发生困难。

八、同步发电机的并列运行

(一)发电机并列运行的条件

(1)待并发电机的电压有效值 U_G 与电网的电压有效值 U_S 相等或接近相等,允许相差 ±5% 的额定电压值。待并发电机的电压有效值 U_G 与电网的电压有效值 U_S 之间的压差 ΔU,若在允许范围内,所引起的无功冲击电流是允许的。否则 ΔU 越大,冲击电流越大,这个过程相当于发电机的突然短路。因此,必须调整两者间的电压,使其接近相等后才可并列。

(2)待并发电机的周波 f_G 应与电网的周波 f_S 相等,但允许相差在 ±(0.05~0.1)r/s。若两者周波不等,则会产生有功冲击电流,其结果使发电机转速增加或减小,导致发电机轴产生振动。如果周波相差超出允许值而且较大,将导致转子磁极和定子磁极间的相对速度过大,相互之间不易拉住,容易失步。因此,在待并发电机并列时,必须调整周波至允许范围内。通常是将待并发电机的周波略调高于电网的周波,这样发电机容易拉入同步,并列后可立即带上部分负荷。

(3)待并发电机电压的相位与电网电压的相位相同,即相角相同。

在发电机并列时,如果两个电压的相位不一致,由此而产生的冲击电流可能达到额定电流的20~30倍,所以是非常危险的。冲击电流可分解为有功分量和无功分量,有功电流的冲击不仅会加重汽轮机的负担,还有可能使汽轮机受到很大的机械应力,这样非但不能把待并发电机拉入同步,而且可能使其他并列运行的发电机失去同步。

在采用准同期并列时,发电机的冲击电流很小。所以,一般应将相角差控制在10°以内,此时的冲击电流约为发电机额定电流的0.5倍。

(4)待并发电机电压的相序必须与电网电压的相序一致。

(5)待并发电机电压的波形应与电网电压的波形一致。

以上条件中第(4)项关于相序的问题,要求在安装发电机的时候,根据发电机规定的转向,确定好发电机的相序而得到满足。所以,在以后的并列过程中,相序问题就不必考虑了。第(5)项关于电压波形的问题,应在发电机生产制造过程中得以保证。

综上所述,在发电机并列时,主要满足第1~3项的条件,否则就会造成严重事故。在并列合闸过程中,发电机与电网的电压、周波、相位角接近但并不相等时,由此而产生的较小冲击电流还是允许的。合闸后,在自整步作用下,能够将发电机拉入同步。

(二)发电机功率调节

一般水电站的机组都是和电网并联运行的,容量较小的机组并网后一般不会担负调频任务,较多的是进行有功和无功功率的调节。

1. 有功功率调节

水轮发电机有功功率的调节是通过调节原动机(水轮机)的输入功率进行的。当需要增大机组输出的有功功率时,运行人员要通过水轮机调速器,增大水轮机导水叶的开度,增加进入水轮机的水量,使水轮机出力加大。由于发电机输入功率的加大,发电机的功率角 δ 加大,发电机出力也就加大了。

三相同步发电机运行时,发电机的输出功率为

$$P_e = \frac{UE_0}{X_d}\sin\delta \qquad (2\text{-}2\text{-}3)$$

式中　δ——发电机的功率角;

　　U——发电机的端电压;

　　E_0——发电机的空载电势;

　　X_d——发电机的同步电抗。

由图2-2-28可知,在功率角 $\delta = 0°~90°$,发电机的输出功率随 δ 的增大而增大;在功率角 $\delta = 90°~180°$,发电机的输出功率随 δ 的增大而减小。此外,在 $\delta > 90°$ 时,发电机进入不稳定区。因此,调节发电机的有功负荷时,要及时调节励磁电流,使发电机功率角 δ 保持在稳定区域。

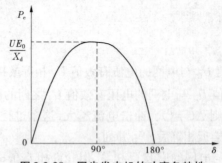

图 2-2-28　同步发电机的功率角特性

2. 无功功率调节

发电机输出无功功率的调节是通过调节发电机的励磁电流实现的。发电机要输出无功功率,必须运行在迟相状态,即发电机必须处于过励状态。增大发电机的励磁电流即可以增大无功输出。

当发电机既带有功负荷又带有无功负荷时,要想增大其中一种负荷,必须相应减少另一种负荷,保证发电机转子与定子的发热均在允许范围内。运行人员常用发电机的安全曲线(P—Q 曲线)和稳定曲线(V 曲线)指导发电机有功和无功负荷的调整。

第三节　水轮机主阀基本知识

一、水轮机主阀的作用

水轮机主阀设在水轮机蜗壳进口前,与压力钢管相连。主阀通常只有全开或全关两种工况,不宜部分开启来调节流量。其主要作用如下:

(1)检修机组时,用于截住水流,以便放空蜗壳存水,为机组检修创造条件。

(2)当调速器或水轮机导水叶发生故障时,用于紧急切断水流,防止机组飞逸转速的时间超过允许值,保护机组安全。

(3)机组长期停机时,关闭主阀门可减少漏水量。机组短时间停机,一般不关闭主阀。

二、水轮机主阀的设置条件

主阀的设置条件如下:

(1)压力管道有分叉管(一根供水总管给几台机组供水)时,在分叉管末端、水轮机蜗壳进口前设置主阀,以便一台机组检修而不影响其他机组的正常运行。

(2)水头在 120 m 以上的单元输水管,因为高水头电站的引水管道较长,充水时间长。

(3)水头小于 120 m 的单元输水管道,要设置主阀应有论证。

三、水轮机主阀的类型

小型水电站常用主阀的类型有闸阀、蝴蝶阀和球阀,根据水电站工作水头高低分别选用。

(一)闸阀

这种阀门通常用于高水头、管道直径在 1 m 以下的电站。闸阀有手动、电动或手电动并有两种。闸阀外形如图 2-3-1 所示。

闸阀结构简单,全开时水力损失小。闸阀由阀体、闸板、阀盖、阀杆和密封等构成,如图 2-3-2 所示。微型机组不装导水机构时,可以通过闸阀调节机组流量。

(二)蝴蝶阀

蝴蝶阀简称蝶阀,在水头 200 m 以下电站中广泛采用。这种阀门的优点是体积小,重量轻,启闭力小,启闭时间短;缺点是全开时水头损失较大。蝶阀的形状与结构如图 2-3-3 所示。

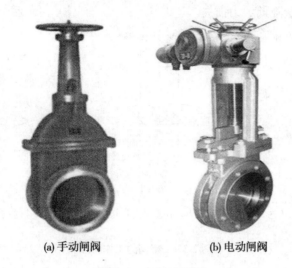

(a) 手动闸阀   (b) 电动闸阀

图 2-3-1　闸阀实物图

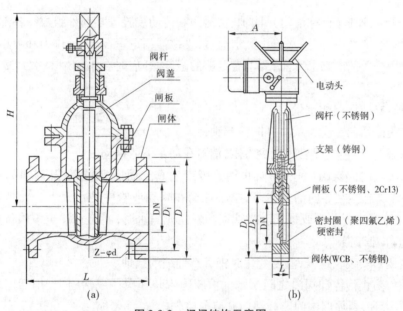

(a)   (b)

图 2-3-2　闸阀结构示意图

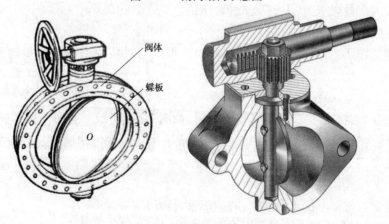

图 2-3-3　蝶阀的形状与结构

1. 蝶阀的工作原理

　　蝶阀安装在水流的管道上,工作原理如图 2-3-4 所示,其挡水部件是活门,呈圆饼状。当活门全关时,完全挡住水流的通路;当活门打开时,打通水流通路,水流从活门的两侧流过,水流方向与活门平行,同时,活门呈流线状,以尽量降低水力损失。

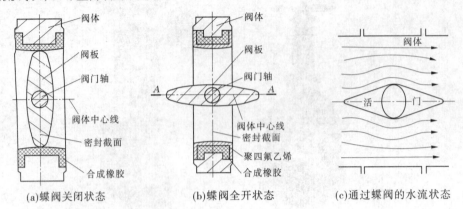

(a)蝶阀关闭状态   (b)蝶阀全开状态   (c)通过蝶阀的水流状态

图 2-3-4 蝶阀的工作原理

2. 蝶阀的结构

蝶阀主要由阀体、蝶板(也称活门)、阀轴、密封圈和传动装置等零部件组成。各部分的功能如下:

(1)阀体:过水通道的一部分,水流由其中通过,支撑活门重量,承受操作力和力矩,传递水压力。

(2)活门:作用是关闭时截断水流,要求有足够的强度,开启时在水流中心水力损失小,有良好的水力特性。

(3)轴及轴承:支持活门的重量。

(4)锁锭:蝶阀的活门在全关或全开时需要锁锭。

(5)旁通阀、旁通管:主阀开启时减少力矩,消除在动水下的振动。

(6)空气阀:关闭时向蝶阀后补气,防止钢管因产生真空而遭到破坏,开启前向阀后充水时排气。该阀有一个空心浮筒悬挂在导向活塞之下,空心浮筒在蜗壳或管中的水面上。此外,通气孔与大气相通,以便对蜗壳和管道进行补气或排气。当管道和蜗壳充满水时,浮筒上浮至极限位置,蜗壳和管道与大气隔绝,以防止水流外溢。

(7)伸缩节:便于安装及检修,温度变化时钢管有伸缩的余地。

(8)密封装置:防止活体和阀门之间漏水。橡胶围带装在阀体或活门上,当活门关闭后,围带内冲入压缩空气,围带膨胀,封住周围间隙。活门开启前应先排气,围带缩回,方可进行活门的开启。围带内的压缩空气压力应大于最高水头(不包括水锤升压值)$(2 \sim 4) \times 10^5$ Pa,在不受气压或水压状态时,围带与活门间隙为 0.5 ~ 1 mm。

主阀的尺寸及工作压力不同,其主要部件的结构形式与材质也不同。主要差别在于活门和密封装置。

1)活门结构

常用的活门有菱形、铁饼形、斜平形和双平板形,如图 2-3-5 所示。菱形及斜平形阻力较大,适用于中低水头;铁饼形阻力较小,适用于高水头。活门一般采用铸铁或铸钢制成。双平板形活门呈箱形结构,水力阻力较小,常用于大型蝶阀。

2)密封装置

为了使蝶阀全关状态下不漏水,蝶阀装有端部密封和周围密封。

(1)端部密封:密封的形式很多,效果较好的有涨圈式端部密封,适用于直径较小的蝶阀;橡胶围带式端部密封,适用于直径较大的蝶阀。围带的结构与周围密封的相同。端部密封结构如图 2-3-6 所示。

(2)周围密封:常采用压紧式密封和橡胶围带式密封。直径较小的蝶阀采用压紧式圆周密封,直径较大的蝶阀采用橡胶围带式密封。周围密封结构如图 2-3-7 所示。

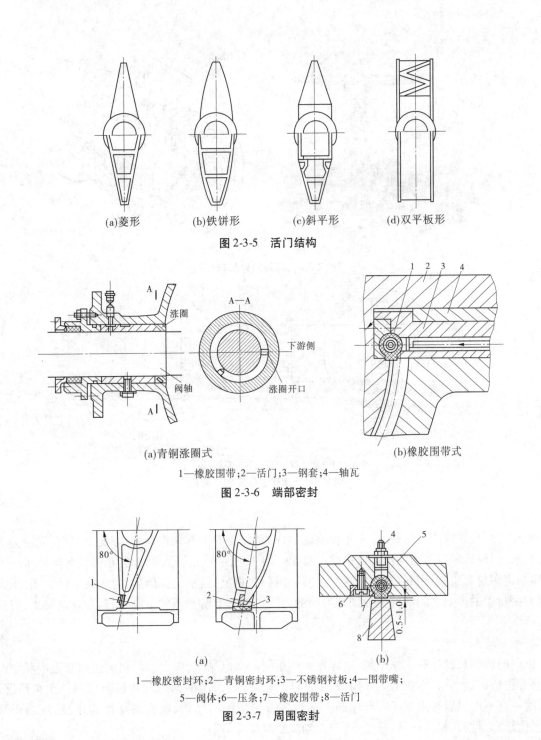

(a)菱形　　(b)铁饼形　　(c)斜平形　　(d)双平板形

图 2-3-5　活门结构

(a)青铜涨圈式　　　　　　　　(b)橡胶围带式

1—橡胶围带;2—活门;3—钢套;4—轴瓦

图 2-3-6　端部密封

(a)　　　　　　　　　(b)

1—橡胶密封环;2—青铜密封环;3—不锈钢衬板;4—围带嘴;
5—阀体;6—压条;7—橡胶围带;8—活门

图 2-3-7　周围密封

(三)球阀

1.球阀的结构与工作原理

球阀的外形与结构如图 2-3-8 所示,一般用于水头大于 200 m 的水电站。球阀主要由阀体、活门和附属部件构成,其阀体的外表面为球状,中间有一圆柱形通道。球状活门可以在阀体中作 90° 旋转,当阀体的圆柱状通道与水流平行时,水流顺利通过阀门;当阀体的圆柱通道与水流垂直时,完全切断水流。球阀具有关闭严密、漏水极少、密封装置不易磨损的特点。全开时几乎没有水力损失。启闭需操作力矩很小,可用于动水紧急关闭,振幅比蝶阀小,但球阀体积大,结构复杂,重量大,造价高昂。球阀一般用水力操作或油压操作,小型球阀也有采用手动或电动操作。球阀的工作原理如图 2-3-9 所示。

2.球阀的密封装置

由于球阀用于高水头的水电站,故球阀的密封是非常关键的。现在多采用双侧密封的球阀,以便于检修。双侧密封即工作密封和检修密封,结构如图 2-3-10 所示。

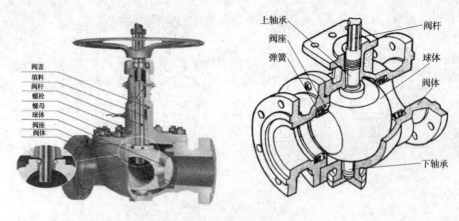

图 2-3-8　球阀的外形与结构

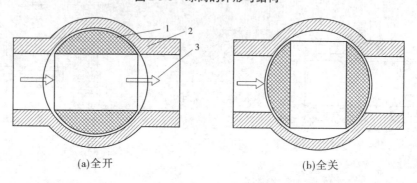

(a)全开　　　　　　　　　　　　(b)全关

1—阀体;2—活门;3—流体通道
图 2-3-9　球阀工作原理示意图

1)工作密封

工作密封位于球阀出流侧,主要零件有密封环、密封盖等。其动作程序:球阀开启前,先由旁通阀向下游充水,同时将密封盖内的压力水由孔 c 排出。由于下游水压力逐渐升高,在弹簧和阀后水压力作用下,逐渐将密封盖压入,密封口脱开,这时可开启活门。相反,当活门关闭后,此时孔 c 已关闭,压力水由活门和密封盖的护圈之间的间隙流到密封盖的内腔。随着下游水压的下降,密封盖逐渐突出,直至密封口压严。

2)检修密封

以前的球阀只设计有工作密封,这样在一些重要的水电站上,每台水轮机的进水管上串联装两个球阀,前者作检修用,后者作正常工作用,当工作球阀损坏时,关闭前面的球阀进行检修。正常情况下,检修球阀一直不用。后来出现了一台球阀上前后各带一个密封结构,前面的作检修用,后面的正常工作用,当检修密封投入时,可以检修工作密封、轴头密封和接力器。

检修密封有用机械操作的,也有用水压操作的。图 2-3-10 中左上侧为机械操作的密封,利用螺杆 5 和螺母 6 调整密封环,压紧密封面。这种结构零件既多,也容易由于周围螺杆作用力不均,造成偏卡,动作不灵,现已为水压操作所代替。水压操作的密封结构如图 2-3-10 中左下侧所示,当打开密封时,孔 b 接通压力水,孔 a 接通排水,密封环后退,密封口张开;反之,孔 b 接通排水,孔 a 接通压力水,密封环前伸,密封口贴合。

四、主阀的操作方式

主阀的操作方式有手动、电动、液压操作和带蓄能器的操作等几种方式。容量很小的机组及自动化程度要求低的电站可采用阀门手动或电动操作方式,容量较大、自动化程度要求较高的机组一般采用电动或液压操作方式。

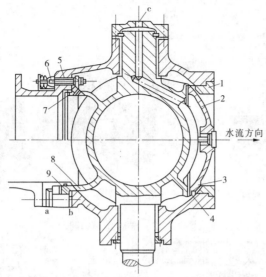

1—密封环;2—密封盖;3—密封面;4—护圈;5—调整螺杆;
6—螺母;7、9—检修密封环;8—检修密封面

图 2-3-10 球阀的密封装置

（一）手动操作方式

采用手动操作方式的主阀一般是小型阀门,所需的操作力矩较小,大多采用手轮、丝杠、螺母的简单机构直接操作。对于操作力矩较大的阀门,为了操作轻便,有的采用蜗轮蜗杆机构或齿轮齿条机构的机械操作机构。图 2-3-11 是手动操作的闸阀、蝶阀和球阀。

(a) 手动闸阀　　　　　　(b) 手动蝶阀　　　　　　(c) 手动球阀

图 2-3-11 手动操作的阀门

（二）电动操作（或手电一体化操作）方式

电动操作的阀门是操作力矩较大、靠手动操作费力或有一定自动化操作要求的阀门。电动操作的阀门通常采用电动机加变速机构与传动结构的方式,常采用的机构包括减速箱、蜗轮蜗杆、螺杆螺母、连杆转臂等。一般的电动阀门均可通过水轮与变速机构进行手动操作,为手电并有操作方式。图 2-3-12 是电动操作的闸阀、蝶阀与球阀。

（三）液压操作方式

大中型蝶阀常采用液压操作方式,如图 2-3-13 所示,以压力油为动力源,以接力器及传动装置为操作结构,构成操作系统。图 2-3-13 为采用导管式接力器和连杆转臂机构的液压操作机构示意图。图 2-3-14 是蝶阀机械液压操作系统图。操作系统除具有接力器和连杆转臂机构外,还包括电磁配压阀、液压控制阀(液动配压阀、四通滑阀、节流阀)等液压控制元件,以及行程开关、压力信号器等自动化测量、控制电子电气元件。旁通阀和空气阀是操作系统的辅助元件。

图 2-3-14 所示为一种我国采用较多的蝶阀机械液压系统,该系统在自动控制时各元件的协同动作程序如下(图示位置为蝶阀关闭时各元件的位置)。

(a) 电动闸阀   (b) 电动蝶阀   (c) 电动球阀

图 2-3-12　电动操作的阀门

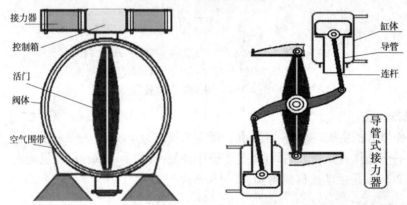

图 2-3-13　蝶阀的液压操作方式示意图

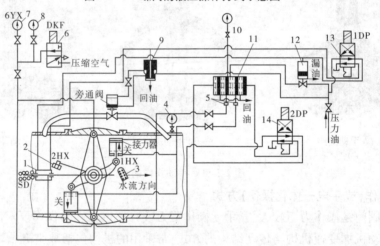

1—锁锭;2、3—行程开关;4、7、8—压力信号器;5—节流阀;6、13、14—电磁空气阀;
9—液动配压阀;10—油阀;11—四通滑阀;12—供油总阀
图 2-3-14　蝶阀机械液压操作系统图

1. 开启蝶阀

当发出开启蝶阀的信号后,电磁配压阀 1DP 动作,活塞向上移动,使与油阀 12 相连的管路与回油接通,油阀上腔回油,使油阀开启,压力油通至四通滑阀 11。同时,由于电磁配压阀 1DP 活塞向上移动,压力油进入液动配压阀 9,将其活塞压至下部位置,从而使压力油进入旁通阀活塞的下腔,而旁通阀活塞的上腔接通回油,该活塞上移,旁通阀开启。与此同时,锁锭 1 的活塞右腔接通压力油,左腔接通排油,于是将蝶阀的锁锭拔出。压力油经锁锭通至电磁配压阀 2DP,待蜗壳水压上升至压力信号器 4 整定值时,电磁空气阀 DKF 动作,活塞被吸上,空气围带排气。排气完毕后,反映空气围带气压的压力信号器 7 接通电流,使电磁配压阀 2DP 动作,活塞被吸上,压力油进入四通滑阀 11 的右端,并使四通滑阀的左端接通回油,四通滑阀活塞向左移动,从而切换油路方向,压力油经四通滑阀通至蝶阀接力器开启侧,将蝶阀开启。当蝶阀开至全开位置时,行程开关 1HX 动作,将蝶阀开启,继电器释放,电磁配压阀 1DP 复归,旁通阀关闭,锁锭落下,同时关闭油阀,切断总油源。

2. 关闭蝶阀

当机组自动化系统发出关闭蝶阀的信号后,电磁配压阀 1DP 励磁而产生吸上动作,油阀开启,旁通阀开启,锁锭拔出,随即电磁配压阀 2DP 复归而脱扣,压力油进入四通滑阀 11 的左端,推动活塞向右移动切换油路方向,压力油进入蝶阀接力器关闭侧,将蝶阀关闭。当蝶阀关至全关位置后,行程开关 2HX 动作,将蝶阀关闭继电器释放。电磁空气阀 DKF 复归,围带充入压缩空气。同时,电磁配压阀 1DP 复归,关闭旁通阀,投入锁锭,并关闭油阀,切断总油源。

蝶阀的开启和关闭时间,可通过节流阀 5 调整。

(四)带蓄能器的操作方式的阀门

带蓄能器的操作方式的阀门如图 2-3-15 所示。

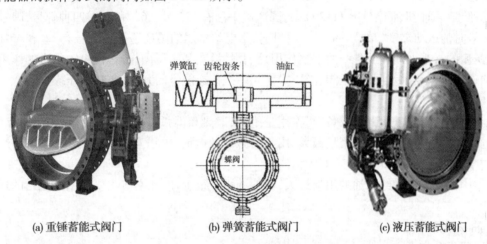

(a) 重锤蓄能式阀门　　　(b) 弹簧蓄能式阀门　　　(c) 液压蓄能式阀门

图 2-3-15　带蓄能器的操作方式的阀门

1. 重锤蓄能式阀门的工作原理

图 2-3-15(a)所示为重锤蓄能式液压蝶阀。开启采用液压驱动,油压可达 16 MPa,减少了接力器的体积。开启过程中,将一重锤举起,利用举起的重锤蓄能在无电源情况下关闭阀门。阀门开启后锁锭自动投入,液压系统自动保压,重锤不下掉。关闭时不需动力油源,自动解除锁锭销,按预定的程序关闭,简单可靠,大大简化了液压系统。该阀能实现就地控制、远方控制及联动控制,可满足"无人值班、少人值守"的要求。

2. 弹簧蓄能式阀门的工作原理

图 2-3-15(b)所示为带弹簧蓄能式液压蝶阀。其工作原理为,需要开启阀门时,通过手动机构、电动机构或油泵驱动液压油缸打开阀门,阀门开启过程中,液压缸同时压缩高能弹簧蓄能。正常关闭阀门时,常规电磁阀动作,阀门在弹簧的作用下慢速关闭(速度可调),需要快速关闭阀门时,快动电磁阀动作,在弹簧力的驱动下,执行机构将阀门快速关闭。

3. 液压蓄能式阀门的工作原理

图 2-3-15(c)所示为带蓄能罐的液控阀门。其工作原理是,阀门为液压操作方式,作为操作动力源的压力油,首先要用油泵打入蓄能罐内,进行阀门的开启与关闭操作。即使油泵电源中断,只要蓄能罐内有压力油,也可进行开、关阀门的操作。

(1)阀门开启:启动电机带动油泵运转,液压油经滤网、油泵、单向阀、手动截止阀进入蓄能罐至额定压力。电磁阀通电,蓄能罐内的压力油经高压胶管进入摆动油缸,推动活塞杆伸出,实现阀门打开。

(2)阀门关闭:切断电磁阀电源,蓄能罐内的压力油进入油缸的前部,推动活塞杆退回。

(3)摇动手动油泵开、关蝶阀:(切断蓄能罐内的压力油和关掉电动油泵)电磁阀得电或失电,摇动手动油泵即实现开、关蝶阀。

第四节 油、气、水系统

一、油系统

(一)水电站用油种类与供油对象

水电站中,调速器的操作、机组及辅助设备的润滑,以及电气设备的绝缘、消弧等,都要以油为介质来完成。水电站用油通常分为润滑油和绝缘油两大类。

1. 润滑油

润滑油分为透平油、机械油(俗称机油)、压缩机油、润滑脂(俗称黄油),其中透平油(又称汽轮机油)的用量最大。

在《透平油(汽轮机油)》(GB 11120)中,国产透平油有 $32^{\#}$、$46^{\#}$、$68^{\#}$ 和 $100^{\#}$ 四种牌号,牌号的数值表示油在 40 ℃时的运动黏度(单位:mm^2/s)。目前,水电站常用的国产透平油牌号有 $32^{\#}$ 和 $46^{\#}$ 两种,且通常选择防锈型的。透平油在设备中的主要作用是润滑、散热和液压操作,在机组轴承中的作用是润滑和散热,在调速系统以及进水阀、调压阀、液压操作阀中是传递能量的介质,实现液压操作。

2. 绝缘油

绝缘油主要用于水电站电气设备中,作用是绝缘、散热和消弧。水电站常用的绝缘油有变压器油、开关油、电缆油,其中变压器油的用量最大,用于变压器及电流、电压互感器,起到绝缘和散热作用。在 GB 2536 中绝缘油有 $10^{\#}$、$25^{\#}$、$45^{\#}$ 三种牌号。

水电站中以透平油和绝缘油的用量最大,其他油用量很少,因此本节主要介绍水电站的透平油和绝缘油。

(二)油系统的任务

油系统的任务如下:

(1)接收新油。接收新油包括接收新运送来的油和取样试验。水电站用油可以用油槽车或油桶运送,接收新油采用自流或压力输送的方式,视该电站储油罐的位置高程而定。

(2)储备净油。油库随时储存有合格的、足够的备用油,以便满足万一发生事故时需要全部换用净油,或者设备正常运行的损耗补充的需要。

(3)给设备充油。对新装机组、设备大修后或设备中排出劣质油后,需要充油。

(4)向运行设备添加油。

(5)从设备中排出污油。设备检修时,应将设备中的污油通过排油管用油泵或自流排到油库的运行油罐里。

(6)油的监督、维护和取样化验。对新油进行分析,鉴定是否符合国家规定标准;对运行油进行定期抽样化验,观察其变化情况,判断运行设备是否安全;新油、再生油、污油进入油库时,都要试验记录。

(7)油的净化处理。

(8)废油的收集及处理。

(三)油系统的组成

油系统是用管网将用油设备与储油设备、油处理设备连接成一个油务系统。其组成如下:

(1)油库:放置各种油槽及油池。

(2)油处理室:设有净油及输送设备,如油泵、滤油机、烘箱等。

(3)油化验室:设有化验仪器、设备、药物等。

(4)油再生设备:通常只设置吸附器。

（5）管网：将用油设备与油处理室等各部分连接起来组成油务系统。

（6）测量及控制元件：用以监视和控制用油设备的运行情况，如温度信号器、油位信号器等。

单机容量1 000 kW以下的小水电站不需要设置专门的油库和专门的油处理设备，一般只需设几个油桶即可。油桶的作用是供循环过滤用，有时也装一部分新油。单机容量大于1 000 kW的小型水电站，必要时，可考虑设滤油机一台。单机容量3 000 kW以上的水电站，可设置油库以及必要的油处理设备，交通方便的地方也可以不设，但应备有必要的油桶。也可考虑借用电力公司或县骨干电站的油库及油处理设备。

从小型水电站的实际运行情况来看，油系统可适当简化。复杂的管网意义不大，平时不使用易生锈，使用时要清洗，费时又费力，宜改为使用时用软管临时接上供、排油，方便又不占地方。新建的电站基本不设置绝缘油系统，需要换油时可临时用油罐车拉，也可用新型滤油机在线滤油。

（四）油的基本性质及其对运行的影响

1. 黏度

油品的黏度是评价其流动性的指标，对润滑作用有决定性意义。在运行中油的黏度会有所增加，对机组运行不利，如发现运行中汽轮机油的黏度增大或接近于标准的上限，要及时进行处理。

2. 闪点

闪点是一项安全指标，要求油在长期高温下运行安全可靠，一般说来，闪点越低，挥发性越大，安全性能越小。油在运行中如遇高温则会引起油的热裂解反应，油中高分子烃经裂解而产生低分子烃，低分子烃容易蒸发而使油的闪点下降。

3. 水分、透明度

透明度是对油品外观的直观鉴定，运行中的油在正常运行的情况下，油的外观应是透明的，但油系统中漏入水、气后，从外观看油质浑浊不清和乳化，将破坏油膜，影响油的润滑性能，严重者会引起机组的磨损；同时，漏入机组的水分，如长期与金属部件接触，金属表面将产生不同程度的锈蚀，锈蚀产物可引起调速系统的卡涩，甚至造成停机事故，也可引起油的老化。

4. 密度

油品密度与油品化学组成关系密切，若油中含有胶质和环烷酸越多则密度越大；运行中若油已逐步被氧化，则密度也有所增大；若油中混入水分、机械杂质，油品的密度也会有所增加。根据油品的密度可初步判断油品被污染的程度。

5. 倾点

倾点就是表示油品的低温流动性能。油品的倾点取决于其中石蜡的含量，含量越多，油品的倾点越高，在国家标准中，规定汽轮机油的倾点不低于－7 ℃。

6. 机械杂质（颗粒度）

机械杂质是指油中浸入不溶于油的颗粒状物质，如焊渣、氧化皮、金属销、砂粒、灰尘等。油中含有机械杂质，特别是坚硬的固体颗粒，可引起调速系统卡涩、机组转动部位（轴承、轴瓦）磨损，严重时可引起机组飞车等事故，而威胁机组安全运行。

7. 酸值

酸值是油的重要指标，是反映油老化程度的指标之一。运行中的油受温度、空气、压力以及各种杂质的影响，逐渐被氧化，形成各种有机酸，如甲酸、乙酸等低分子酸均比较活泼，特别有水存在时，其腐蚀性更强。

8. 抗乳化性能和破乳化度

抗乳化性能是指油品本身在含水的情况下抵抗油的水乳化液形成的能力，其能力的大小用破乳化度来表示。破乳化度是评定油品抗乳化性能的质量指标。运行中的汽轮机油因受温度、空气、水分等的影响，会逐渐老化，并引起油质乳化。油乳化后会破坏正常的油膜，增大摩擦，引起局部过热及锈蚀。严重乳化的油有可能沉积于调速循环系统中，致使运行油不能畅通流动，不及时处理会造成重大事故。

9. 析气性

评定油品析气能力通常是用空气释放值来表示的。若汽轮机油析气性能不好,可能会增加油的可压缩性,导致控制系统失灵,产生噪声和振动,严重时会损坏设备。

10. 泡沫特性

由于汽轮机油在油系统中采用强迫循环方式,空气激烈地搅动,油面上会产生泡沫和气泡,泡沫的生成可使油泵油压上不去,影响油的循环润滑,发生磨损,同时油压不稳。

11. 绝缘强度

在规定条件下,绝缘油能承受击穿电压的能力,叫绝缘强度。绝缘油的绝缘强度是电站电气设备选择绝缘油的一个参数,也是保障电气设备安全运行的一项重要指标。油劣化后其绝缘会明显下降,甚至造成电气设备击穿等重大事故。

(五)防止油的劣化与净化措施

1. 防止油劣化的措施

(1)将设备密封,保持呼吸器的性能良好,以防止水分混入。

(2)维持设备正常运行,冷却水供应正常,保持正常油膜,防止油和设备过热。

(3)减少油与空气接触,防止泡沫形成。

(4)加油时,注意不能让尘土、污物和水分落入油中。

(5)在轴承等处加绝缘垫,防止轴电流。

(6)在放出废油后、灌入新油前,应彻底清洗和擦净系统。

2. 净化措施

1)压力过滤

压力过滤是目前电站广泛使用的一种方法。它是把油加压使之通过能吸收水分并阻止脏物的过滤层,以达到使油净化的目的。在油泵作用下,脏油先经过预过滤器除去较大的杂质后,再送至滤床并强迫油渗透过滤纸。由于滤纸有毛细管作用,水分将被吸收并使杂质附于其上,过滤后的净油从另一边汇集并通过油管流出。压力滤油机的工作原理及滤床示意图如图 2-4-1 所示。压力滤油机实物图如图 2-4-2所示。

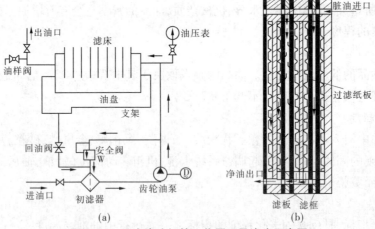

图 2-4-1　压力滤油机的工作原理及滤床示意图

2)真空分离

它是利用油和水的沸点不同,在真空罐内水分和气体形成减压蒸发,将油中的水分及气体分离出来,达到除水脱气的目的。真空滤油机的工作原理,是将污油加热到50~70 ℃,用油泵压向真空罐内并经过喷嘴扩散成雾状,由于油与水的沸点不同,而沸点又与压力有关,在一定温度和真空下,沸点将降低而使油中的水分与气体汽化,形成减压蒸发,油与水分及气体分离,再利用真空泵经油气分离挡板,将水蒸气及气体抽吸出来,如图 2-4-3 所示。

图 2-4-2　压力滤油机实物图

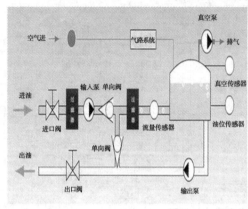

图 2-4-3　真空过滤工作原理图

(六)油系统图

水电站中常用的油品是透平油和绝缘油。由用油设备、油泵、储油罐、油处理设备、油化验设备、监视仪表和管路连成的系统称为油系统。油系统有绝缘油系统和透平油系统两类。

1.绝缘油系统图

比较大的水电站设有专门的绝缘油系统,图 2-4-4 为某水电站的绝缘油系统图,油处理室内各油槽用活接头和软管与不同的用油设备连接,便于供油、排油和油处理操作。绝缘油系统设有运行油槽和净油槽,新油槽担负接收新油、进行油的处理等任务,处理后的净油存入净油槽。净油槽担负向设备充油或添油的任务。担负油输送和处理的设备有齿轮油泵、压力滤油机和真空滤油机。此外,还备有油槽车,担负机组和其他设备所排污油的运输。

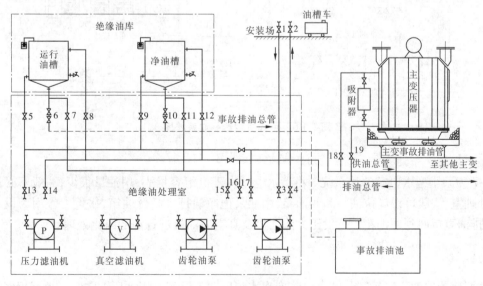

图 2-4-4　绝缘油系统图

2.透平油系统图

1）立式机组透平油系统图

图 2-4-5 为某立式轴流转桨式机组水电站的透平油系统图,油处理室内各油槽用活接头和软管与不同的用油设备连接,便于供油、排油和油处理操作。绝缘油系统设有运行油槽和净油槽各两个,新油槽担负接收新油、进行油的处理等任务,处理后的净油存入净油槽。净油槽担负向设备充油或添油的任务。担负油输送和处理的设备有齿轮油泵、压力滤油机和真空滤油机。由于机组添油频繁,还备有重力加油箱,及时补充机组的漏油。

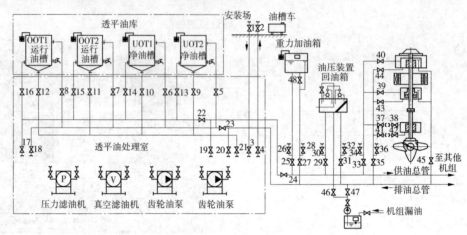

图 2-4-5 立式机组透平油系统图

2）卧式机组透平油系统图

卧式机组一般容量较小,用油量也较少,透平油系统仅设运行油槽和净油槽各一个,油泵、压力滤油机和真空滤油机各一台。透平油系统如图 2-4-6 所示。

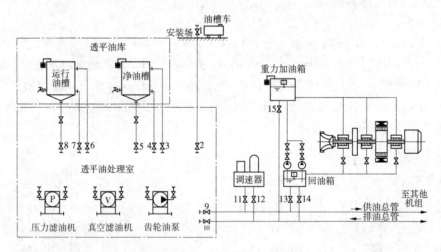

图 2-4-6 卧式机组透平油系统图

3）小型水电站透平油系统

图 2-4-7 为某小型水电站的油系统。小型水电站由于机组容量小,用油量很少,一般不必设油库和专门的油处理室,一般可设高位油箱和回油箱,用油泵把净油打入高位油箱,靠重力作用为设备充油或添油,设备排油直接回到回油箱。可设压力滤油机及真空滤油机进行油的净化处理。

二、气系统

水电站调速器的油压装置、制动系统、防冻吹冰和风动工具都要用到压缩空气。根据用气压力的要求,水电站的压缩空气系统通常有低压气系统和高压气系统。

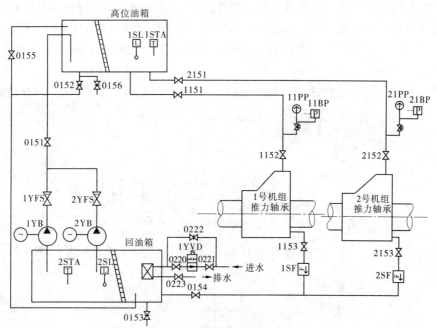

图 2-4-7　小型机组透平油系统图

(一)供气对象

1.低压气系统的主要供气对象

(1)机组停机时制动用气;

(2)水轮机主轴检修密封空气围带用气;

(3)机组调相运行时转轮室充气压水及补气,不调相运行的电站则无此项用气;

(4)水轮机尾水管强迫补气用气;

(5)风动工具和吹扫设备用气;

(6)蝶阀止水围带充气,当蝶阀用实心橡皮止水时则无此项用气;

(7)在寒冷地区,水工闸门和拦污栅前防冻吹冰用气。

2.高压气系统供气对象

(1)高压气系统供气对象主要为水轮机调节系统和主阀的油压装置用气。

(2)操作功在 10 000 N·m 及以下的调速器或高油压调速器时,不需要设高压空气系统。

(二)压缩空气系统的任务

压缩空气系统的任务,就是及时地供给用气设备所需要的气量,同时满足用气设备对压缩空气的气压、清洁和干燥的要求。为此,必须正确地选择压缩空气设备,合理地组织压缩空气系统并且实行自动控制。

(三)压缩空气系统的组成

压缩空气系统由空气压缩装置、储气罐、管道系统、测量控制元件、用气设备等组成。

(1)空气压缩装置,包括空气压缩机、电动机等。

(2)储气罐和气水分离器。

(3)供气管网,由干管、支管和管件组成。

(4)测量控制元件,包括各种类型的自动化元件,如压力继电器、温度信号器、电磁空气阀等。其主要作用是监测、控制、保证压缩空气系统的正常运行。

(5)用气设备,如油压装置压力油罐、制动风闸、风动工具等。

(四)低压压缩空气系统

低压压缩空气系统主要供给机组制动、主轴检修密封、风动工具和吹扫等用气,如图 2-4-8 所示为某卧式机组的低压压缩空气系统图,系统设两台空气压缩机,一台工作,一台备用。考虑到机组容量较小,合用一只储气罐,额定工作压力为0.8 MPa,储气罐容积为1.0 m³,选用排气量0.5 m³/min空压机,空压机运行由压力开关自动控制;当压力降至0.55 MPa时,工作空压机启动;当压力降至0.5 MPa时,备用空压机启动;当压力上升至0.8 MPa时,工作空压机停止工作。低压压缩空气系统为机组制动、主阀空气围带和风动工具提供压缩空气。

低压压缩空气系统的一个主要任务是提供机组制动用气,制动用气系统如图2-4-9所示。

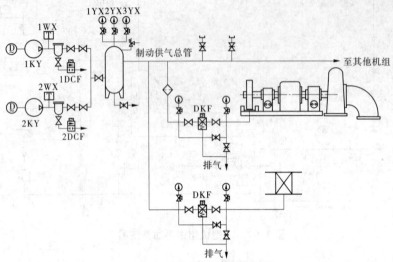

图2-4-8 低压压缩空气系统图

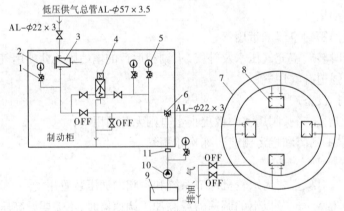

1—仪表三通阀;2—压力表;3—空气过滤器;4—电磁空气阀;5—电接点压力表;
6—高压三通阀;7—制动环管;8—制动闸;9—油箱;10—电动高压油泵;11—快换接头

图2-4-9 机组制动用气系统

(五)高压压缩空气系统

高压压缩空气系统主要供给机组调速器及主阀的油压装置用气。在油压装置中,压力油罐容积的30%～40%是透平油,其余70%～60%为压缩空气。用压缩空气和油共同形成压力,保证调速系统中所需要的工作压力。压缩空气具有弹性,可使压力油罐中的压力波动大为减少。依靠压缩空气所具有的良好弹性,来保证和维持调节系统所需的压力平稳,使压油槽中由于调节操作而造成油容积减少时仍能维持一定的压力。其工作压力一般为2.0～2.5 MPa,目前国内有达到4.0 MPa压力等级的。

油压装置运行中,压缩空气所有消耗,一部分溶解于油中被油吸收带走,另一部分从不严密处漏失,需要补充以维持一定比例的空气量。补气有手动操作,也有自动操作。

系统应装设气水分离器,以保证压入压油罐中的空气是清洁和干燥的,这样可防止压油罐中湿气凝结和锈蚀配压阀。

图2-4-10为某电站的高压压缩空气系统图,系统设两台空气压缩机,一台工作,一台备用;一只储气罐,额定工作压力为4.0 MPa,容积为1.0 m³。空压机生产率0.5 m³/min,空压机运行由压力开关自

动控制,当压力降至 3.0 MPa 时,工作空压机启动;当压力降至 2.8 MPa 时,备用空压机启动;当压力上升至 4.0 MPa 时,工作空压机停止工作;若压力升至 4.1 MPa,发报警信号,并开启安全阀。为了压缩空气清洁和干燥,在储气罐后设置气水分离器,并对储气罐与气水分离器底部的排污阀进行定期排污。油压装置中压力油罐设有自动补气装置,可自动为压力油罐补气。

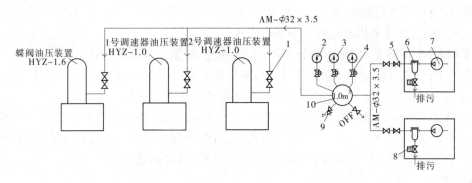

1—球阀;2—压力表;3—电接点压力表;4—三通旋塞;5—单向阀;
6—气水分离器;7—空气压缩机;8—电磁阀;9—安全阀;10—储气罐

图 2-4-10 高压压缩空气系统图

三、供水系统

水电站的水系统包括供水和排水系统,其中供水系统又包括技术供水、消防供水和生活供水。技术供水主要是向水轮发电机组及其辅助设备供应冷却用水、润滑用水,有时也包括水压操作用水。消防供水是为厂房、发电机、油库、主变压器等提供消防用水。

(一)技术供水

1.技术供水对象

技术供水系统是为满足水电站机电设备运行所需用水,由水源、水泵(采用水泵供水时)、水净化设备以及相应管网、阀件及控制元件等组成的系统。主要作用是冷却、润滑和操作。

(1)冷却用供水对象主要有发电机空气冷却器、机组的各轴承油冷却器、水冷式空气压缩机。

(2)润滑供水对象主要有水轮机橡胶轴承、水轮机主轴密封、深井泵轴承。

(3)操作动力供水对象主要有射流泵的工作动力源、高水头电站主阀的操作工作动力源。

2.技术供水对水温、水压和水质的要求

水电站的用水设备对技术供水系统主要有水量、水压、水温、水质四个方面的要求。

(1)水温。用水设备的进水温度应符合制造厂的要求,制造厂通常是以 25 ℃ 作计算依据的,所以当水电站所在地区的水温越过 25 ℃ 时,应向制造厂说明并提出特殊要求。一般冷却水最低温度不应低于 5 ℃。

(2)水压。为了保持需要的冷却水量和必要的流速,要求进入冷却器的水应有一定的水压。制造厂在设计冷却器时,一般按正常耐压 2 kg/cm² 计算,因此从冷却器的强度要求出发,冷却器的进口水压不应超过此值,如超过 2 kg/cm² 则应向制造厂说明并提出特殊要求。

(3)水质。为了避免水对冷却器管和水轮机轴颈的磨损、腐蚀、结垢和堵塞,对用作机组冷却和润滑的水质应有一定要求,尤其是润滑用水。

对冷却水质的要求:不含有漂浮物(杂草、碎木等)。悬浮物颗粒粒径宜小于 0.15 mm,粒径 0.025 mm 以上的泥沙含量应小于总含沙量的 5%。对多泥沙河流,在采取清除水草杂物及管路水流换向运行等有效措施后冷却器内流速不低于 1.5 m/s 时,允许总含沙量不大于 20 kg/cm³。为避免在管道及冷却器内形成水垢,冷却水应是软水,暂时硬度应小于 8°。

对水轮机导轴承润滑水质的要求:当水质不能满足用水设备对水质的要求时,应采取措施加以处理。

3.技术供水水源

技术供水水源分电站上游水库、下游尾水与其他水源等,其中上游水库取水分输水钢管或蜗壳取水和坝前取水。当电站的水头低于15 m时,从上游取水不能保证水压要求;当水头高于80 m时,减压供水不经济,此时应采用从下游尾水取水经水泵加压后供水的方式。当水电站所在河流的水质不符合要求时,可根据具体条件,采用地下水源或邻近山泉等。

4.技术供水方式

(1)自流供水:利用水电站的水头压力供水。通常适用范围为15~100 m水头。当水头大于40 m时,一般应设置减压装置或采用水轮机顶盖取水供水。

(2)水泵供水:水头小于15 m和大于120 m的水电站,一般采用水泵供水。

(3)混合供水:当水电站最大水头大于20 m,而最低水头又不能满足自流供水水压要求时,可考虑采用自流供水与水泵供水相结合的供水方式,水泵可兼供厂内生活用水。

对于水头高于100 m的水电站,是否采用自流供水方式,需进行技术经济比较:用自流供水所损失的电能和需用的设备、运行费用与水泵供水的设备、运行费用加以比较。但实际上由于自流供水简单,运行管理方便,不少水头超过100 m的小型水电站,也在采用自流减压供水。

(二)消防供水

水电站有许多易燃物,如油类、电器设备等。电站一旦失火,危及人身、设备安全。因此,水电站属于防火重点单位。常用水、砂土、化学灭火剂等灭火,其中水是最普通的灭火剂,用于厂房、厂区及油库等处。水电站的主要消火设置如下。

1.主厂房及厂区消火供水

水电站主厂房内部及厂区建筑物的消火,除设置必要的化学灭火剂外,主要依靠经过消火栓喷嘴射出的水柱消火。

主厂房内部至少应设两个消防栓,消防栓的设置必须保证厂内任何一个着火点都能受两股充实水柱控制。消防栓应沿厂房长度布置在发电机房的一侧。活接头安装在距地面1.2~1.3 m处。

主厂房外部也应设置消火干管,一般与厂内干管平行并相互连成环状。厂外干管还应延伸至其他生产用建筑,并布置相应的消防栓。

2.发电机消火供水

发电机在运行时可能由于定子线圈间短路,或接头开焊等事故而起火,则应立即采取灭火措施。发电机在灭磁后采用喷水灭火方式。根据规范规定,容量在12.5 MVA及以上的发电机应设水喷雾灭火装置,一般在定子线圈的上方与下方各布置灭火环管一根,每间隔100 mm左右钻一直径3 mm左右的小孔,发电机着火时,经过小孔向线圈喷水成雾状,水吸收热量汽化成蒸汽,阻隔空气使火窒息。

3.油系统消火供水

油系统的油库、油处理室、油化验室等部位是消火重点。油处理室及油化验室一般用化学灭火剂及砂土灭火。油桶容积超过50 m³时应装设水喷雾灭火装置,灭火时喷水成雾状包围储油罐,既降低温度窒息明火,又防止油罐爆炸。

(三)供水系统图

技术供水系统是由水源、水泵(采用水泵供水时)、水净化设备以及相应管网及监控元件等组成的系统,应保证用水设备所需要的水量、水压和水质等要求。管道系统包括供水总管、支管及阀门等管道配件,用于输水和配水;监控元件包括压力表、变送器、电动阀和示流信号装置、压力信号器等自动化元件,用于监视并控制供水设备的工作。

1.自流供水立式机组供水系统图

自流供水的取水方式有坝前取水、蜗壳取水和压力钢管取水等多种方式,这里介绍坝前取水、蜗壳取水和压力钢管取水的自流供水系统图。图2-4-11为坝前和蜗壳联合取水立式机组供水系统图。图2-4-12为压力钢管取水卧式机组供水系统图。

2.自流供水(压力管取水)卧式机组供水系统图

对于容量较大、带有空气冷却器的卧式机组来说,其技术供水系统的构成与立式机组没有多少差别,但与立式机组不同的是,各用户基本在同一高程上,水压更容易满足各用户的需要。另一方面,回水

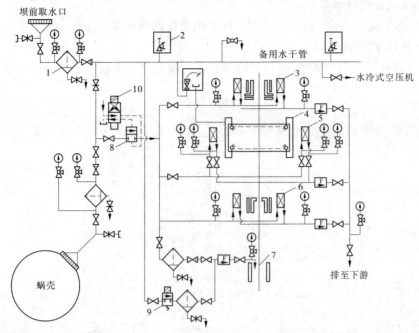

1—滤水器;2—主厂房消火栓;3—推力、上导轴承油冷却器;4—发电机灭火环管;5—发电机空气冷却器;
6—下导轴承油冷却器;7—水润滑水导轴承;8—技术供水总阀门;9—备用水电磁阀;10—主供水电磁阀

图 2-4-11　坝前取水与蜗壳取水立式机组供水系统图

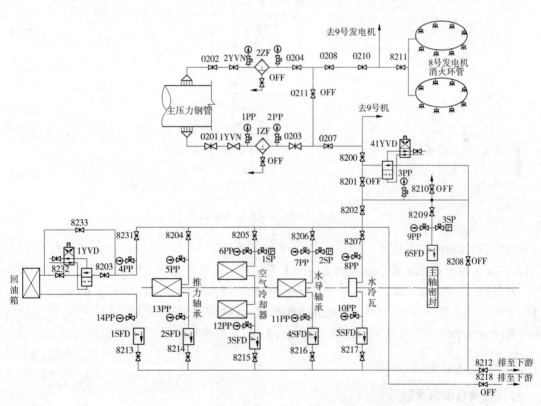

图 2-4-12　压力钢管取水卧式机组供水系统图

箱需要放在低于用户高程的位置,否则,会造成回水不畅。

容量很小的卧式机组的发电机一般不带空气冷却器,因此其需水量很小,技术供水系统更加简单。

图 2-4-12 是容量较大的带有空气冷却器的卧式机组的技术供水系统图。供水系统采取压力钢管取水的自流供水方式,技术供水的用户有发电机空冷器、各轴承冷却器、发动机灭火等。此外,还对回油箱进行冷却。

3. 水泵供水立式机组供水系统图

图 2-4-13 为某电站水泵单元供水系统图。该系统中设两台水泵,一台工作,一台备用,自动定时转换。从电站尾水池取水,经水泵加压后,分别供给发电机上导(与推力轴承合用)冷却器、空气冷却器、下导冷却器、水导冷却器以及主轴密封,经各冷却器及主轴密封用水后排至下游尾水池。

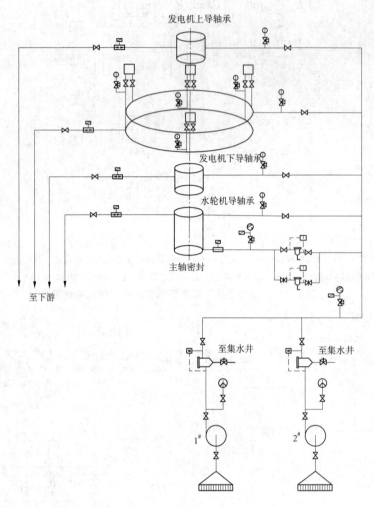

图 2-4-13　水泵单元供水系统图

4. 水泵供水消防供水系统图

图 2-4-14 为某电站水泵集中供水的消防供水系统图。该系统中设水泵与自动滤水器各两台,一台工作,一台备用,自动定时转换。系统从电站尾水池取水,经水泵加压与自动滤水器净化后送至消防水池,再从水池引一总管,分别供至两台发电机水喷雾灭火,两台主变压器水喷雾灭火、厂房各层、厂外建筑、油库及生活用水。为保证从尾水池取水的水质干净,在取水口设置拦污围栏。

四、排水系统

(一)水电站排水的类型

水电站的排水可分为生产用水排水、检修排水和渗漏排水三大类。

1. 生产用水排水

生产用水的排水包括发电机空气冷却器的冷却水、机组轴承冷却器的冷却水、操作用水等。这一类排水对象的排水量大,余压较高,一般可靠自流排至下游。

2. 检修排水

检修排水是将蜗壳及尾水管中的水排除,为机组检修创造条件。检修排水的特点是排水量大,所在

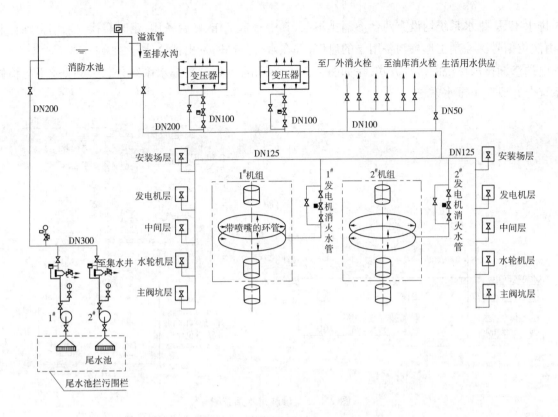

图 2-4-14　水泵集中消防供水系统图

位置低。通常比下游水位高的那部分水靠自流排至下游,而比下游水位低的那部分水用专设的检修排水泵排至下游。

3.渗漏排水

渗漏排水系统是将厂房内的生活用水、各种部件及伸缩缝与沉陷缝等凡不能自流排除的水及渗漏水,集中到集水井内,再用水泵排往下游。

渗漏排水包括以下内容:

(1)厂房水工建筑物的渗水;

(2)水轮机顶盖排水;

(3)压力钢管伸缩节漏水;

(4)空气冷却器的冷凝水;

(5)气水分离器和储气罐排污水;

(6)厂房和发电机消防排水;

(7)水泵及管路的渗漏水、结露水;

(8)其他排水。

渗漏排水的特征是排水量小,不集中,很难用计算方法预计,并且位置低,不能靠自流排至下游。因此,需要设置集水井将渗漏水收集起来,然后用水泵抽至下游。

(二)渗漏排水系统

通常将厂内各处的渗漏水通过管道和排水沟汇集到集水井里,待积累到一定量后用水泵抽至下游。有了集水井,渗漏排水泵不必连续运转,而是每隔一定时间启动一次。

在集水井中,工作水泵启动水位与停泵水位之间的容积,称为集水井有效容积,集水井的有效容积按容纳 30~60 min 的渗漏量来考虑。工作泵启动水位至备用泵启动水位的容积称为备用容积。

图 2-4-15 为独立进行渗漏排水的电站排水系统图,两种排水系统分别为采用卧式离心泵和深井泵

作为排水工具,排水系统均设有两台渗漏排水泵,其中一台工作,一台备用,定时转换。采用自动控制操作,由液位信号器控制工作泵与备用泵的启停,并在水位过高时发出报警信号。

电站渗漏排水系统的排水方式,除如图2-4-15所示的单独设置排水系统外,还可以采用与检修排水系统合并成一个排水系统。

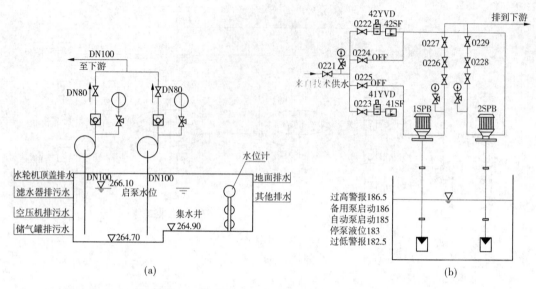

图 2-4-15　渗漏排水系统图

(三)检修排水系统

机组检修排水量的大小,为一台水轮机流道内的积水和检修期间上下游闸(阀)门的漏水。一般在蜗壳或压力钢管底部设有排水管和排水阀,经管道连接与尾水管相通。机组检修时先打开排水阀,将蜗壳或钢管内高于尾水位的存水自流排至尾水管,待水位降至与尾水位相近时,再关闭尾水闸门,利用检修水泵把余下的存水与闸(阀)漏水排至下游。

水电站常用的检修排水方式有以下三种。

1. 独立检修排水系统

独立检修排水系统如图2-4-16所示,大型水电站常采用这种方式。机组大修时,先打开机组的盘形阀,把机组中的积水经排水廊道排到集水井,然后用水泵排到水电站下游。系统设排水泵两台,其中至少有一台泵的流量大于上下游闸门总的漏水量。

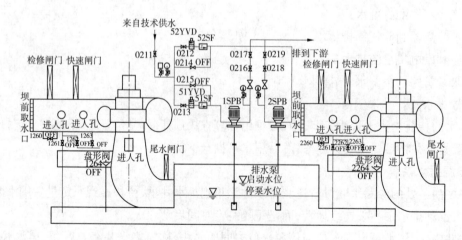

图 2-4-16　独立检修排水系统图

2.渗漏排水与检修排水合一的排水系统

图2-4-17所示为渗漏排水与检修排水合一的系统图，小型水电站常采用这种方式。检修排水与厂房渗漏排水合用同一组水泵。系统设两台深井泵，无机组检修时，系统的任务是排出渗漏水，一台水泵工作，另一台备用。机组检修时，关闭联络阀门2，由1号泵排除漏水，2号泵进行检修排水。

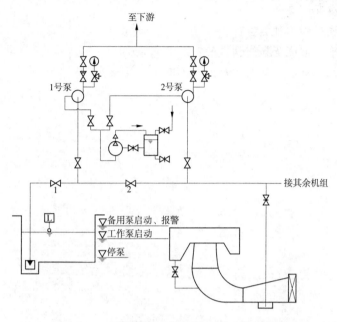

图2-4-17　渗漏排水与检修排水合一的系统图

3.采用移动式水泵直接排除存水

水泵平时放在仓库内，要进行检修排水时才临时安装水泵。水泵一般采用潜水泵，抽出的积水经软管排往下游。这种排水方式的优点是有利于厂房布置、设备利用率高，缺点是运转不够方便，操作比较麻烦。

思考题

1.水轮机的工作参数有哪些？各自含义是什么？

2.水轮机分为哪几种主要类型？各种类型水轮机的适用范围是什么？

3.什么是水轮机的最优工况？

4.水轮机特性曲线有哪几种？分别由哪些曲线构成？

5.水轮机空化有哪几种类型？各发生在什么部位？

6.水轮发电机组振动的原因有哪几种？

7.轴流式水轮机的主要过流部件有哪些？各自作用是什么？

8.混流式水轮机的主要过流部件有哪些？各自作用是什么？

9.水斗式水轮机的主要过流部件有哪些？各自作用是什么？

10.水轮机导水机构由哪些主要部件构成？

11.水轮发电机的型号如何表示？各符号含义是什么？

12.发电机的主要参数有哪些？

13.水轮发电机有哪几种通风冷却方式？

14.水轮发电机由哪些主要部件构成？各部件的作用是什么？

15.水轮发电机组有哪几种布置型式？

16.水轮机主阀的作用是什么？有哪几种类型？各适用于什么水电站？

17.主阀的操作方式有哪几种？

18. 水电站辅助设备包括哪几个系统？各系统的作用是什么？

19. 水电站用油劣化的原因是什么？如何净化处理？

20. 电站压缩空气有哪些用途？气系统由哪些设备构成？

21. 水电站技术供水有哪几种方式？

22. 技术供水对水质有何要求？

23. 水电站排水系统有哪几种类型？

24. 小型机组的透平油系统是如何构成的？

25. 卧式水轮发电机组有哪几种结构形式？各有何优缺点？

第三章　调速器基本知识

第一节　水轮机调节常识

一、水轮机调速器的作用

水轮发电机组把水能转变为电能供工业、农业、商业及人民生活等使用。用户在用电过程中除要求供电安全可靠外,对电能质量有十分严格的要求。按我国电力部门规定,电网的额定频率为 50 Hz,大电网允许的频率偏差为 ±0.2 Hz。这就要求发电机的频率应保持不变。

发电机的频率 f 与其转速 n 有下列关系:

$$f = \frac{Pn}{60} \tag{3-1-1}$$

式中对已选定的发电机,磁极对数 P 是一个固定值,所以频率 f 随着转速 n 变化。要保持频率不变,必须使转速保持不变。实际上,外界的用电随时可能变化,从而引起转速的变化。调速器的主要作用就是根据发电机负荷的增减,调节进入水轮机的流量,使水轮机的出力与外界的负荷相适应,使转速保持在额定值,从而保持频率不变或变动很小。

水轮机的流量调节方法主要有以下三种:

(1)混流式、轴流定桨式水轮机:采用多导叶式的导水机构,即靠导水机构来调节进入水轮机转轮的流量。

(2)转桨式水轮机:除有调节流量的多导叶式导水机构外,还设有按导叶开度和水头变化而改变转轮叶片转角的调节机构。这种调节流量的方式,可使水轮机按最优效率运行。这类水轮机有两套调节机构,可满足双重调节的要求。

(3)冲击式水轮机:流量调节机构利用装设在引水管道末端且靠近转轮水斗的喷嘴和喷针相对位置的改变,以调节冲向水轮机射流的大小。为防止调节时引起管道水锤,喷针的关闭速度绝不能太快。在喷嘴出口处装有可快速改变射流方向的折向器。

水轮机随着机组负荷的变化而相应地改变导叶开度(或针阀行程),使机组转速恢复并保持为额定值或某一预定值的过程称为水轮机调节。

进行水轮机调节的自动化装置是水轮机调速器。调速器自动测量水轮机的转速和外界负荷的变化,及时调整水轮机导水机构的开度,调节通过水轮机的流量,使水轮机在给定的转速下工作。

二、调速器的类型与规格

调速器分类方法较多,通常有以下几种分类方法:

(1)按操作方式可分为手动、电动和自动三类。具体采用哪一种调速器,一般视机组容量大小、负荷性质、是否并网运行等情况而定。

(2)按调节流量的方式可分为单调和双调两类。例如,混流式和轴流定桨式水轮机只采用改变导水叶开度的方法来调节流量叫单调;转叶式水轮机采用改变导水叶开度同时改变转轮叶片角度的方法来调节流量,叫双调。

(3)按工作机构动作方式的不同,可分为机械液压型、电气液压型、微机电液型调速器三大类。此外,还有小型机组用的水轮机操作器或电子负荷控制器。

①机械液压调速器,如 YT-6000 型机械液压调速器。

②电气液压调速器,如 YDT-6000 型电气液压调速器。

③微机电液调速器,如 YWT – 18000 微机自动调速器。

④操作器,包括液压操作器、弹簧操作器、电或手动调速器,如 TC – 1500 型弹簧储能操作器。它指简易的调速器,不对机组施加自动调节作用,仅能实现机组启动、停机,并网后能使机组带上预定负荷,以及接收事故信号后能使机组自动停机的装置。

⑤电子负荷控制器,几十千瓦或更小的微型机组上使用,是利用电子线路组成的能耗式调速器。

常用的水轮机调速器类型及型号如表 3-1-1 所示。

表 3-1-1 常用的水轮机调速器类型及型号

调速器类型		压力油罐式			通流式	操作器	
		大型	中型	小型	特小型	弹簧型	液压型
单调节调速器	机械液压型	T – 100	YT – 18000 YT – 30000	YT – 3000 YT – 6000 YT – 10000	TT – 750 TT – 1500 TT – 3000	TC – 1500 TC – 3000	YC – 3000 YC – 6000 YC – 10000
	电气液压型	DT – 80 DT – 100	YDT – 18000 YDT – 30000	YDT – 6000 YDT – 10000			
	(常规油压)微机电液型	WT – 80 WT – 100	YWT – 18000 YWT – 30000 YWT – 50000	YWT – 3000 YWT – 6000 YWT – 10000			
	(高油压)微机电液型		GYWT – 18000 GYWT – 30000 GYWT – 50000	GYWT — 3000 GYWT – 6000 GYWT – 10000			
双调节调速器	机械液压型	ST – 80 ST – 100					
	电气液压型	DST – 80 DST – 100					
	微机电液型	DZT – 80 DZT – 100					

注:大型调速器型号中的数字表示主配阀的公称直径,单位为 mm;中小型调速器型号中的数字表示操作功的大小,以前以 kg·m 为单位,现已以 N·m 为单位,以与国际接轨。

三、调速器型号表示

调速器型号要表示出调速器的动力特征、调节器特征、对象类别、产品类型及规格等关键特征与参数,规定用特征术语汉语拼音字头大写字母表示。

调速器型号由产品基本代号、规格代号、额定油压代号、制造厂及产品特征代号四部分组成,各部分用短横线分开,并按图 3-1-1 所示顺序排列:

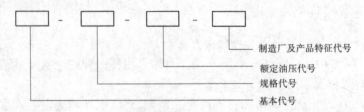

制造厂及产品特征代号
额定油压代号
规格代号
基本代号

图 3-1-1 调速器型号

调速器基本代号由五部分组成,自左至右依次用字母表示产品的动力特征、调节器特征、对象类别、产品类型和产品属性,如图 3-1-2 所示。

(一)动力特征

Y——有接力器及压力罐的调速器;

T——通流式调速器;

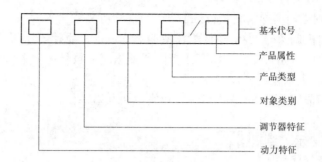

图 3-1-2　调速器基本代号

D——电动式调速器。

对不带有接力器和压力罐的调速器,此项省略。

（二）调节器特征

W——微机电液调速器。

对机械调速器,此项省略。

（三）对象类别

C——冲击式水轮机调速器;

Z——转桨式水轮机调速器。

对单调节水轮机调速器,此项省略。

（四）产品类型

T——调速器;

C——操作器;

F——负荷调节器。

（五）产品属性

D——电气液压调速器的电气柜;

J——电气液压调速器的机械柜。

对电气柜与机械柜为合体结构的电气液压调速器,此项省略。

（六）基本代号示例

YT——带有压力罐及接力器的机械液压调速器:

DT——电气液压调速器;

YWT——带有压力罐及接力器的微机型电气液压调速器;

WT——微机型电气液压调速器;

WZ——转桨式水轮机微机型电气液压调速器;

TT——通流式机械液压调速器;

TWT——通流式微机型机械液压调速器;

CT——冲击式水轮机机械液压调速器:

WCT——冲击式水轮机微机型电气液压调速器;

YC——带有压力罐及接力器的机械液压调速器;

DC——电动操作器;

DF——电子负荷调节器。

（七）规格代号

用数字表示产品的主要技术参数。

(1)对于带有接力器和压力罐的调速器,表示接力器容量(N·m)。

(2)对于不带有接力器和压力罐的单调节水轮机调速器,表示导叶主配压阀直径(mm)。

对于不带有接力器和压力罐的转桨式水轮机调速器,表示导叶主配压阀直径(mm)/轮叶主配压阀直径(mm);如果导叶和转叶主配压阀直径相同,转叶主配压阀可不表示。

一级液压放大系统则表示引导阀直径(mm)。

(3)对于冲击式水轮机调速器,表示喷针配压阀直径(mm)×喷针配压阀数量/折向器配压阀直径(mm)×折向器配压阀数量。如果喷针配压阀或折向器配压阀的数量为1个,则数量一项省略。

(4)对于电动操作器,表示输出容量(N·m)。

(5)对于电子负荷调节器,表示机组功率(kW)/发电机相数。

(八)额足油压代号

以额定油压 MPa 值表示。

(1)制造厂及产品特征代号。

(2)依次表示制造厂代号和产品特征代号,产品特征代号可采用字母或数字,制造厂代号和产品特征代号之间须留一空格。

这部分由各制造厂自行规定。如产品按统一设计图样生产,制造厂代号可以省略。

(九)型号示例

YT-6000-2.5:带有压力罐的机械液压调速器,接力器容量为6 000 N·m,额定油压为2.5 MPa。

DST-10000-4.0:电气液压、双调节调速器;接力器容量为10 000 N·m,额定油压为4.0 MPa。

YC-10000-4.0:带有压力罐的液压调速器,接力器容量为10 000 N·m,额定油压为4.0 MPa。

DC-6000:电动操作器,输出最大容量为6 000 N·m。

DF-18/1-××01:配用于机组功率为18 kW、发电机为单相的电子负荷调节器,为××制造厂01型产品。

WZT-100-4.0-××A:不带有压力罐及接力器的转桨式水轮机微机电液型调速器,导叶和轮叶主配压阀直径均为100 mm,额定油压为4.0 MPa,为××制造厂A型产品。

CT-16×2/25-4.0-××02:冲击式水轮机机械液压调速器,喷针配压阀直径为16 mm,喷针配压阀数量为2个,折向器配压阀直径为25 mm,折向器配压阀数量为1个,额定油压为4.0 MPa,为××制造厂02型产品。

WCT-10×4/25×4-4.0-××01:冲击式水轮机微机电液型调速器,喷针配压阀直径为10 mm,喷针配压阀数量为4个,折向器配压阀直径为25 mm,折向器配压阀数量为4个,额定油压为4.0 MPa,为××制造厂系列产品。

有的设备制造厂家还表示了调节器和伺服机构的特征,如天津科音自控设备有限公司规定的调速器型号中,把PCC类可编程智能调节器标识为"Z"、PMC类智能调节器标识为"W",把数字阀随动伺服系统标识为"F"等,型号如图3-1-3所示。

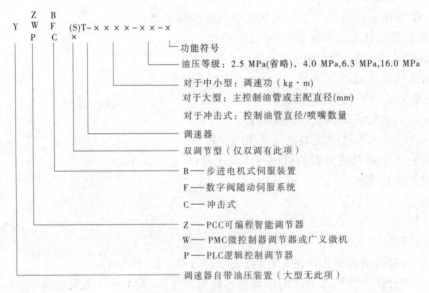

图 3-1-3　调速器型号

第二节　调速器的组成

一、调速器的组成

为分析方便,用方框形式代表调速系统中各组成元件,构成所谓的方框图。方框图并不代表实际生产过程,只是反映被调节参数与调节值之间的联系及整个调节系统的组成。

由图 3-2-1 可见,水轮发电机组和调速器组成了水轮机调节系统,而调速系统又由量测元件、计算决策元件、反馈与执行元件等组成。

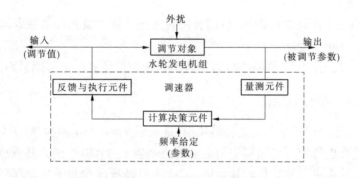

图 3-2-1　水轮机调节系统框图

(一)量测元件

量测元件用来测量水轮发电机组运行时任一瞬间的转速变化,将任一瞬间转速与额定转速进行比较,确定转速偏差的大小和方向。若转速偏差没有在允许的规定范围内,发出开大或关小导叶开度的命令。图 3-2-2 所示的水轮发电机组主轴即为量测元件,它能正确反映水轮发电机组的转速。

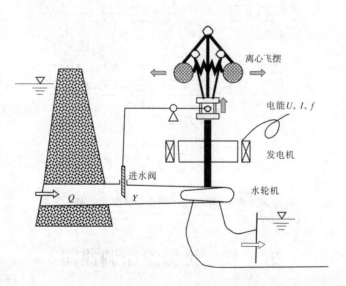

图 3-2-2　水轮机自动调节系统示意图

(二)计算决策元件

计算决策元件能够将被调节参数任一瞬间值与"参考输入值"进行比较,并计算出偏差的方向和大小,作出操作决策,发布操作命令。图 3-2-2 中所示的离心飞摆就是计算决策元件。水轮发电机组主轴通过皮带轮和皮带带动离心飞摆旋转,使离心飞摆转速随机组转速的变化而变化。而离心飞摆的重锤决定着套筒的位置高低。当机组以额定转速运行时,重锤刚好使套筒处于中间位置,此时机组出力与电网负荷平衡,转速不变。如果电网负荷减小,机组转速就上升,离心飞摆转速也随之上升,则重锤产生的离心力使弹簧拉长,重锤向外伸展,使套筒向上移动,带动连杆将阀门关小,进入水轮机转轮的水流流量相应减小,使机组输入能量与输出能量相平衡,转速维持在新的平衡状态下。反之,当电网负荷增加、机组转速下降时,则按照上述方法作相反的运动,同样可将机组转速维持在新的平衡状态下。由此可见,离心飞摆将被调节参数瞬间值转化为相应的离心力,与额定值(弹簧原设计的弹力)相比较,就能按其偏差的方向和大小确定重锤的位置,又通过连杆,确定套筒的位置。套筒移动时,阀门就随之启闭。故套筒的位移,实质上就是发布操作命令,使执行元件按照命令控制进入调节对象的能量。所以,离心飞摆确实能够完成计算决策和发布命令的任务,因而是一个计算决策元件。

（三）反馈与执行元件

图 3-2-2 中所示的进水阀就是所谓的执行元件,它按照计算决策元件的命令动作,对调节对象进行控制,执行开大或关小导叶开度命令。

水轮机调速器就是根据以上三种基本元件组成的自动调节装置的调节原理而制成的。

二、调速器的工作原理

水轮机调速器的工作原理基本上就是将转速信号(机组频率)与电网频率(给定频率)进行对比,根据其差值给予引导阀(在电气液压调速器中为电液转换装置)一个操作接力器开或关的信号(命令)来控制水轮机过水流量,从而调节水轮机转速。图 3-2-3 为机械液压调速系统原理简图,离心飞摆测量机组转速,并把转速变化信号转化为位移信号,由于离心飞摆的负载能力很小,要推动笨重的导水机构,必须采用放大装置,为此,引导阀和辅助接力器构成第一级液压放大装置,主配压阀和主接力器则构成了第二级液压放大装置,经放大后去改变导水机构的开度。同时从辅助接力器输出一信号到引导阀针塞杆,作为第一级液压放大装置的局部反馈;从主接力器输出一信号经缓冲器和调差机构到引导阀针塞杆,作为主反馈信号,使频率恢复到给定值。反馈的作用是降低过调量,使调节系统的工作稳定。

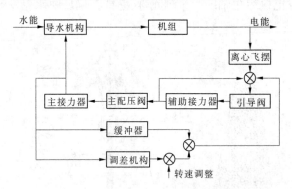

图 3-2-3　机械液压调速系统原理简图

第三节　机械液压调速器

一、机械液压调速器的组成

机械液压调速器的感知测量元件、决策元件与执行元件均为机械或机械液压元件,故称之为机械液压调速器。机械液压调速器的工作原理与主要功能部件构成如图 3-3-1 所示。

中小型机械液压调速器一般由以下几部分组成:

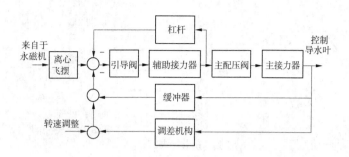

图 3-3-1　机械液压调速器的工作原理框图

（一）自动调节机构

（1）飞摆（离心飞摆）。用于水轮机转速感知与测量,把水轮机的转速变化转化为机械位移量。离心飞摆由钢带、重块和弹簧等构成,飞摆由与机组同步的飞摆电动机带动旋转,感知和测量机组转速,与给定机组转速比较,根据其偏差产生机械位移,发出调节指令。

（2）引导阀与辅助接力器。引导阀是一个信号综合元件,一方面要比较水轮机的实际转速与给定转速,另一方面,它又是一套机械液压放大元件,可以把飞摆产生的位移信号、液压控制信号,通过其液压控制作用放大飞摆产生的微小位移信号。引导阀由针塞和转动套等部件组成,转动套与飞摆相连,随机组转速变化产生位移,控制通向辅助接力器的液压油路。而辅助接力器接收来自于引导阀的信号,对主配压阀进行操作,由此完成对引导阀信号的第一级放大。

（3）主配压阀与主接力器。主配压阀是第二级液压放大元件,主配压阀的活塞与辅助接力器活塞联动,控制主接力器的液压油路,对主接力器进行控制,实现飞摆信号的第二级放大。

（4）硬反馈元件。包括残留不均衡机构及其传递杆件。在自动控制系统中,调节信号的反馈是保证达到调节目标、降低过调量并使调节系统的工作稳定的重要环节。硬反馈元件通过杆件等刚性机构及时将执行元件的动作结果传递给综合元件引导阀,经引导阀与给定值比较,当达到调节目标时,对执行元件发出停止指令。

（5）软反馈元件。包括缓冲器及其传递杆件。尽管调节系统通过硬反馈将调节系统执行信号反馈到引导阀,使调节系统达到目标值时及时停止调节进程,但却难以使引导阀回到原始位置。而且,由于机组的惯性等因素,仅靠硬反馈难以保证调节过程的稳定性。而软反馈环节利用缓冲器的暂态反馈特性是执行元件达到调节目标时及时停止动作,又利用缓冲器从动活塞的回复作用使引导阀针塞在调节完成后回到原先的位置。缓冲器的缓冲特性又配合了机组和调节系统的的惯性,使调节过程实现稳定。因此,软反馈对调节系统的稳定性起到至关重要的作用,缓冲器又称为调速器的镇定元件。

机械液压调速器的主要元件飞摆、引导阀、主配压阀、主接力器、缓冲器的结构原理如图 3-3-2 所示。

（二）辅助控制机构

调速器的主要辅助机构有转速调整机构和开度限制机构。

转速调整机构通过手轮或电机调整引导阀针塞的位置而改变机组转速。并网运行的机组可以通过转速调整机构改变机组负荷。

开度限制机构是设置在引导阀和辅助接力器之间的一套液压控制阀,相当于一道关卡,在水轮机调节过程中,当导水叶开度达到给定的开度限制值时,开度限制机构会通过辅助接力器中断向主接力器开启腔供油,停止主接力器继续开启。

（三）油压装置

油压装置是供给调速器操作所需压力油的储能设备。油压装置由压力油槽、集油箱、油泵、补气装置、安全阀和止回阀、仪表等组成,如图 3-3-3 所示。

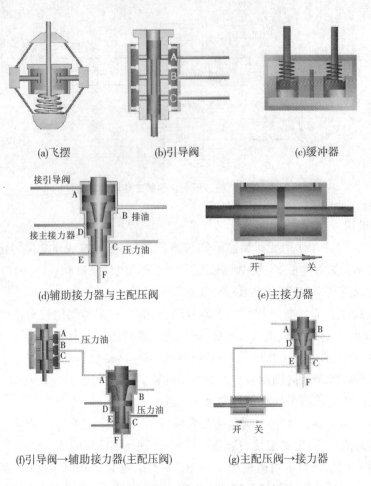

(a)飞摆　　　　　　　(b)引导阀　　　　　　　(c)缓冲器

(d)辅助接力器与主配压阀　　　　　　　(e)主接力器

(f)引导阀→辅助接力器(主配压阀)　　　　　(g)主配压阀→接力器

图 3-3-2　机械液压调速器的主要元件的结构原理

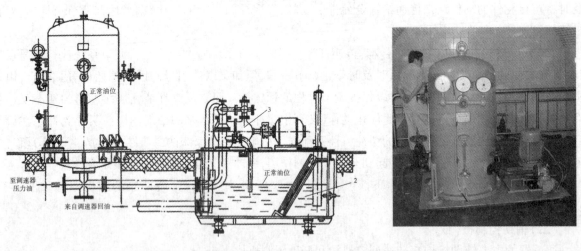

1—压力油箱;2—集油箱;3—油泵

图 3-3-3　油压装置

压力油罐是储备压力油的容器,其中约30%容积为透平油,其余约70%容积是压缩空气,利用空气的弹性使压力油罐在调速系统操作时保持在一定的压力范围内。因此,压力油罐需要有补气装置及时补充机组操作中损耗的空气量。

油泵担负向压力油罐供油的任务。调速系统操作时消耗大量的压力油,操作后的压力油回到集油箱中,通过油泵打入压力油罐中重复使用。油压装置的油泵多采用螺杆油泵,如图3-3-4所示。

为了保证压力油罐的安全,防止压力油罐的油倒流到集油箱,在油泵出口装有安全阀和止回阀。

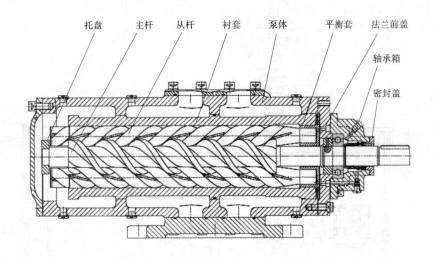

托盘　主杆　从杆　衬套　泵体　平衡套　法兰前盖

轴承箱

密封盖

图 3-3-4　螺杆油泵结构

二、机械液压调速器的工作原理

在上述机构中,飞摆为测速元件,将机组转速(频率)变化的方向与大小转换成直线运动的机械位移,从而控制下一级元件;配压阀和接力器等为放大元件,缓冲器等反馈元件是稳定调速系统工作的稳定元件;油压装置专门供应调速器调节控制所需要的高压油源;自动调节机构和控制机构是为了实现机组启动、停机、带负荷和减负荷、保持额定转速等运行要求而设置的,监视仪表用以反映调速器的工作情况;保护装置的作用是保证机组运行安全。

以图 3-3-5 所示 YT 型调速器为例说明调速器的自动调节原理。

调速器的自动调节过程包括导水叶开度调节过程、硬反馈作用过程和软反馈作用过程。

(一)导水叶开度调节过程

当机组带负荷运行时,若外界负荷突然减小,机组的转速会升高,此时,离心飞摆 1 的转速也会同步上升,离心飞摆重块 4 所受的离心力增大,重块外张,下支持块 7 上移,带动引导阀转动套 8 上移,开通引导阀中孔与下孔的通道,辅助接力器 35 上腔的油从引导阀下孔排出,使辅助接力器上腔压力小于下腔压力,则主配压阀阀体会同辅助接力器活塞 34 一起上移,接通压力油到主配压阀 37 关闭腔(左腔)的通路,主接力器活塞右移,关小导水叶开度,减少进入水轮机的流量,使机组停止加速,继而使转速降下来恢复到额定转速。由此可见,导水叶开度调节过程是实现机组转速调节的关键。

(二)硬反馈作用过程

没有反馈环节的调节即使达到调节目标也无法及时终止调节过程。而硬反馈是达到调节目标时终止调节继续执行的关键。硬反馈是通过辅助接力器活塞 34、硬反馈杆件 32、拉杆 11、杠杆 12 作用于引导阀针塞 9 而实现的。在转速上升、飞摆外张、引导阀转动套位置升高,导致辅助接力器阀体上移的同时,硬反馈机构通过杆件带动引导阀针塞(阀体)上移,回复至转动套的中间位置,中断辅助接力器上腔的排油通道,停止辅助接力器继续上移。由此可见,硬反馈作用是在调节过程进行的同时,把调节的结果告知调节器,一旦达到目标,及时停止调节动作,防止调节过程无制约地不断继续。

(三)软反馈作用过程

尽管通过硬反馈作用使引导阀回到了一个平衡位置,但这个位置并不是调节前的原始位置(针塞与转动套均高于原始位置),而且,主配压阀仍在继续向主接力器供压力油,主接力器仍在继续关小导水叶。如果没有其他环节的作用,主接力器将导水叶一直关到底。为了防止这样的结果,软反馈环节是不可缺少的。软反馈通过缓冲器、传递杆件、引导阀、辅助接力器共同作用,使辅助接力器活塞回中,带

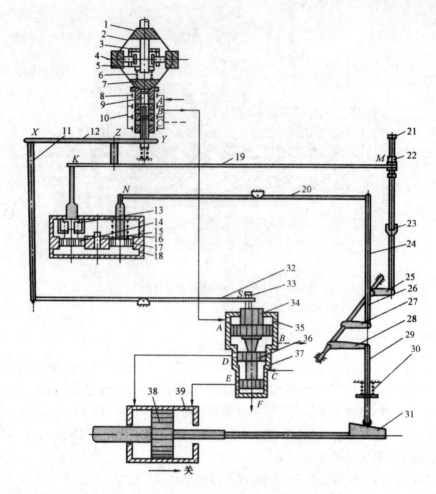

1—离心飞摆;2—钢带;3—限位架;4—重块;5—调节螺母;6、13、16—压缩弹簧;7—下支持块;

8—引导阀转动套;9—引导阀针塞;10—引导阀阀壳;11、24、29—拉杆;12、19、20、32—杠杆;

13、16—压缩弹簧;14—缓冲器从动活塞;15—节流阀;17—缓冲器主动活塞;18—缓冲器;21—手轮;

22—螺母;23—丝杆;25、27、28—拐臂;26—回复轴;30—弹簧;31—斜块;32—硬反馈杆件;

33—调节螺钉;34—辅助接力器活塞;35—辅助接力器;36—主配压阀阀体;37—主配压阀;

38—主接力器活塞;39—主接力器

图 3-3-5　YT 型调速器原理图

动主配压阀活塞回中,停止向主接力器供油,使主接力器停止动作停下来。软反馈的另一个作用是使引导阀在一个调节过程完成后回到原始位置。软反馈机构的工作过程是,当机组转速升高导致主接力器关闭时,主接力器的反馈斜块使反馈杆上移,通过传递杆件使缓冲器主动活塞 17 下移、从动活塞 14 上移,压缩弹簧 13 在其作用下带动杆件使引导阀针塞上移,压力油经引导阀中孔进入辅助接力器上腔,使辅助接力器活塞及主配压阀活塞回中。另一方面,缓冲器从动活塞在压缩弹簧 13 的作用下下移,活塞下腔的油经节流孔排至上腔,从动活塞回中的同时带动引导阀针塞回中。经过调节,机组转速回复到额定转速,飞摆也同步回复到额定转速,引导阀转动套回复到初始位置。至此,引导阀、辅助接力器、主配压阀、缓冲器全部回中,机组在一个新的导水叶开度下以额定转速运行,整个调节过程结束。由此可见,软反馈作用是保证调节达到目标时执行机构停止动作和调节系统主要控制机构回中的关键。

　　缓冲器的实际结构如图 3-3-6 所示。

　　图 3-3-5 为 YT 型调速器原理图,真实的机械液压调速器还包括转速调整结构、开度限制机构、操作电机、参数调整元件、传动机构和指示仪表等,图 3-3-7 为 YT 型调速器的结构系统图。

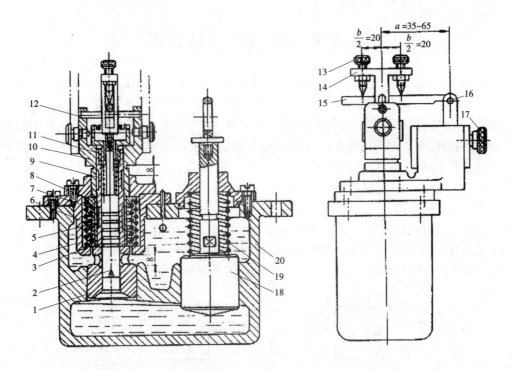

1—从动活塞;2—节流针塞;3—下弹簧座;4—弹簧盒;5—定距套;6—外弹簧;7—内弹簧;

8—上弹簧座;9—小弹簧;10—活塞吊架;11—螺套;12—销子;13—调节螺钉;14—针塞吊架;

15—托板;16—小轴;17—手钮;18—主动活塞;19—弹簧;20—壳体

图 3-3-6　缓冲器的实际结构

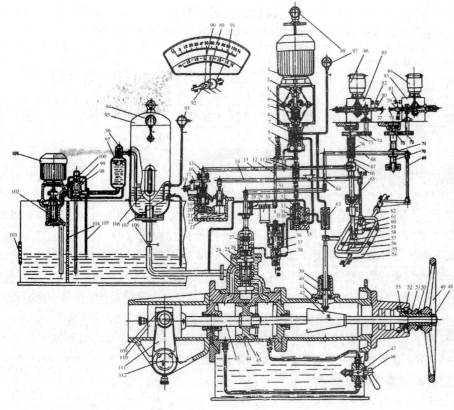

1、84、86—电动机;2—上支持块;
3—重块;4—调整螺母;5、9、10、
37、39、76—弹簧;6—引导阀座;
7—转动套;8—引导阀针塞;11、
12、13、14、29、31、64、65、68、
69—杠杆;15、28—调节螺钉;16—
销钉;17—托板;18—手钮;19—外
弹簧;20—内弹簧;21—节流针塞;
22—从动活塞;23—主动活塞;24—
主配压阀套;25—主配压阀活塞;
26—辅助接力器;27—限位螺母;30—
支座;32—上盖;33—开限阀针塞;
34—开限阀座;35—切换阀;36—线
圈;38—阀芯;40—反馈杆;41—滚
轮;42—反馈杆套;43—活塞杆;
44—接力活塞;45—密封环;46—
手柄;47—连通阀;48—螺帽;49、
77、78—手轮;50—轴承;51—滑环;
52—法兰;53、58、61—螺母;54—
轴;55—反馈框架;56—指针;57、
59—调整螺钉;60—连杆;62—滑轮;
63—滤油器;66—转速调整螺母;67、
70—螺杆;71—开限螺母;72、73、
74、75—齿轮;79、80—限位挡块;
81、82—限位开关;83、85—减速器;
87—压力表;88—转速表;89—转差
表指针;90—导水机构开度指针(黑);
91—限制开度指针(红);92—滑轮;
93—压力信号器;94—接点压力表;
95—压力油罐;96—止回阀;97—中
间油罐;98—阀座;99—补气阀;
100—安全阀;101—油泵电动机;
102—螺杆油泵;103—油位标尺;
104—滤网;105—吸气管;106—
油位标尺;107—回油阀;108—油阀;
109—滑块;110—十字头;111—臂
柄;112—调速轴

图 3-3-7　YT 型调速器的结构系统图

第四节 微机电液调速器

随着计算机技术的发展,微机电液调速器从最初的单片机、单板机微机调速器发展到现在的工业控制计算机(IPC)调速器、可编程控制器(PLC)调速器、可编程计算机控制器(PCC)调速器。与微机调速器的迅速发展同步,电液随动系统也相继经历了电液转换器、步进电机/伺服电机、比例伺服阀、数字阀等,其中电液转换器已基本为市场淘汰。目前,中小型微机电液调速器品种较多,本书主要介绍适合中小机组的高油压微机调速器。

一、微机调速器的基本原理

微机调速器同其他电气液压调速器一样,由电气部分、电气/机械转换和机械液压三部分构成。与一般电气液压调速器不同的是,其电气部分是有微型电子计算机的控制系统,故称微机调速器。如图3-4-1所示,微机部分作为调速器的核心——控制器,担负调速器信号的运算处理。

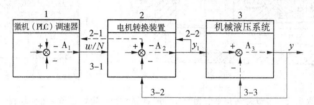

图 3-4-1 微机调速器构成框图

二、微机调速器的控制系统

微机调速器的控制部分(调节器)通常以工业型微机构成其硬件系统,常用的有工业控制计算机(简称工控机)IPC、可编程控制器 PLC 和可编程计算机控制器 PCC,如图3-4-2 所示。

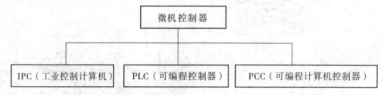

图 3-4-2 微机控制器类型

(一)以 IPC 为基础的微机调速器控制器

工业控制计算机(Industry Personal Computer)简称 IPC,与一般微机具有基本相同的组成单元,如CPU、存储器和人机接口等,不同的是,IPC 通常采用工业总线底板的方式,配备 I/O 卡、A/D 卡和 D/A卡、信号调理卡等。IPC 一般采用实时操作系统。此外,IPC 硬件设计具有比一般微机更好的可靠性、稳定性与抗干扰性。IPC 还具有一般微机的强大功能,能够使用高级语言编写控制程序。因此,采用 IPC作控制器的微机调速器功能强大,可靠性高。虽然 IPC 功能强大,界面友好,但 IPC 模式开发周期长、现场布线不够灵活、安装体积大和扩展性差,而且 IPC 模式主要是通过接口板转换各种信号,干扰也是一个很大的问题,而且体积较大,比较笨重,价格较高。

图3-4-3 为 IPC 微机调速器的电气柜,图3-4-4 是一台典型的工控机 IPC。在 IPC 微机调速器的电气柜中,一台 IPC 主机、一个 CRT 显示器占去了机柜相当大的位置,故 IPC 微机调速器的电气柜的体积较大。

(二)以 PLC 为基础的微机调速器控制器

可编程控制器(Program Logic Controller)简称 PLC,是一种比 IPC 结构简单的工业控制装置,其主要功能是替代传统的继电器的硬接点与硬接线方式实现逻辑控制。初期的 PLC 功能单一,随着 PLC 应用的日益广泛,其功能也日趋增强,现在的 PLC 不仅具备逻辑控制功能,还具备了数据运算、传送和处理的功能,还具有模拟量控制、位置控制和通信功能,已经成为现代工业控制的主要设备之一。

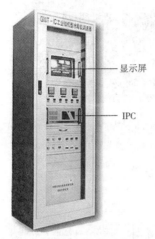

图 3-4-3　IPC 微机调速器的电气柜　　　　　　　　　图 3-4-4　工控机 IPC

PLC 由 CPU、电源和输入/输出部分构成,一般做成模块结构,根据功能要求将各模块组合到专用机架上。而小型的 PLC 把各部分集成为整体结构。

微机调速器控制器一般选用整体式 PLC,再配以测频模块、A/D 和 D/A 模块,组成微机控制器,如图 3-4-5 所示。

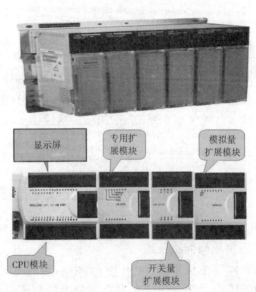

图 3-4-5　PLC 微机调速器电气液压柜

(三)以 PCC 为基础的微机调速器控制器

可编程计算机控制器(Program Mable Computer Controller)简称 PCC,作为一个全新的概念于 20 世纪 90 年代中期在工控界提出,它是一种不同于可编程控制器 PLC 及工业控制计算机 IPC 的新一代可编程计算机控制器,代表了当今工业控制技术的发展趋势。PCC 是在 PLC 的基础上发展起来的,它不但吸取了 PLC 的全部优点和 IPC 的长处,而且它自身的优势非常明显。PCC 中集成了 PLC、IPC 和大型计算机的各自优点,为工控界提供了高水平的控制平台。设计时能提供面向工业的专业化、标准化并符合软件及硬件的模块化的设计,PCC 能够方便地处理设计中的开关量、模拟量,能够灵活地进行回路调节,而且能够使用高级语言编程。此外,PCC 还采用一种多任务分时操作系统,将任务进行优先权分级,使整个系统运行效率高、实时性强。

在水轮机调速器中,使用小型 PCC 即可满足要求,其基本模块包括 CPU 模块、电源模块、通信模块、输入/输出模块和运行控制模块,如图 3-4-6 所示。PCC 的任务分层操作框图如图 3-4-7 所示。

· 101 ·

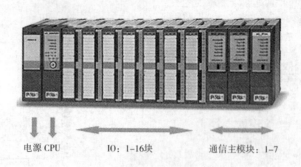

电源CPU　　　IO: 1–16块　　　通信主模块: 1–7

图 3-4-6　PCC 功能模块

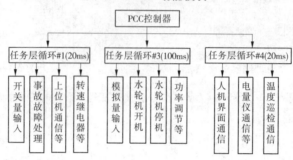

图 3-4-7　PCC 的任务分层操作框图

三、微机调速器伺服系统

微机调速器伺服系统的功能是将微机控制器输出的电气或数字信号转换为液压信号。伺服系统分电液伺服系统和数液伺服系统两类。电液伺服系统有电液伺服阀伺服系统、电液比例阀伺服系统、伺服电机伺服系统。数液伺服系统有步进电机伺服系统、电液数字阀伺服系统,如图 3-4-8 所示。

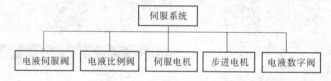

图 3-4-8　伺服系统类型

(一)电液伺服阀伺服系统

电液伺服阀的结构如图 3-4-9 所示,由上部的电磁部分和下部的液压放大部分构成。电磁部分由控制线圈、磁钢、导磁板、弹簧等组成,液压放大部分由随动活塞、控制阀芯和阀套等构成。当控制电流加入动圈后与磁钢等形成的磁场作用,使线圈连同阀芯产生位移,控制下部液压放大阀的油路,把电信号转换为液压信号。电液伺服阀系统功能如图 3-4-10 所示。

(二)电液比例阀伺服系统

如图 3-4-11 所示,电液比例阀是一个两端有线圈、中间有滑阀的电液控制机构。线圈输入正电流时一端的电磁铁工作,线圈输入负电流时另一端的电磁铁工作,两个电磁铁都不工作时,复位弹簧使阀芯保持在中间位置。阀芯的动作方向与电流的方向一致,滑阀的油路开口与电流的大小成比例,其功能是把电气量转换为液压量,故称电液比例方向阀。工作原理如图 3-4-12 所示。

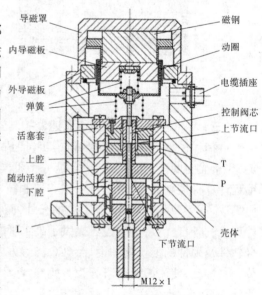

图 3-4-9　电液伺服阀

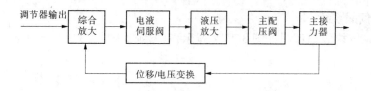

图 3-4-10　电液伺服系统原理图

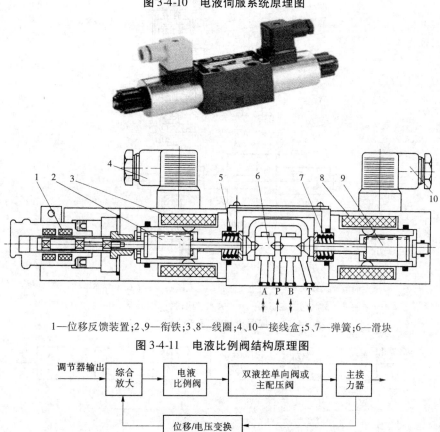

1—位移反馈装置;2、9—衔铁;3、8—线圈;4、10—接线盒;5、7—弹簧;6—滑块

图 3-4-11　电液比例阀结构原理图

图 3-4-12　电液比例阀伺服调节系统原理框图

　　由电液比例方向阀作为伺服机构控制主配压阀的调节系统如图 3-4-13 所示,系统构成除控制部分外,其他与电液伺服阀系统基本相同。

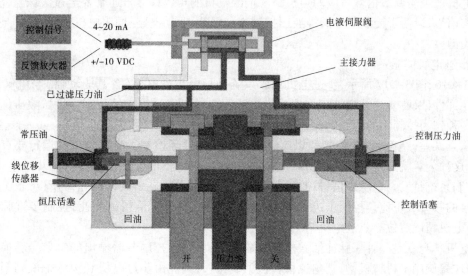

图 3-4-13　电液比例方向阀控制主配压阀系统原理图

（三）伺服电机伺服系统

伺服电机伺服系统构成原理图如图3-4-14所示,其系统框图如图3-4-15所示。

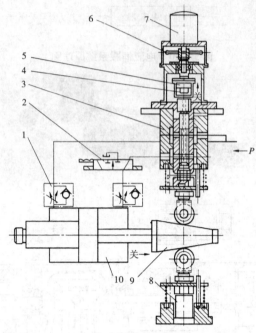

1—单向节流阀;2—紧急停机电磁阀;3—主配压阀;4—滚珠丝杆;5—螺母;
6—手轮;7—交流伺服电机;8—分段关闭结构;9—反馈锥体;10—主接力器

图3-4-14 伺服电机伺服系统构成原理图

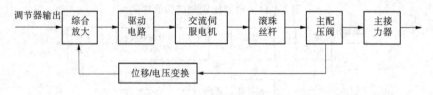

图3-4-15 伺服电机伺服系统框图

电机伺服系统是指由直流伺服电机或交流伺服电机构成的伺服系统,实现将电信号成比例转换为机械位移信号,去控制机械液压随动系统。伺服电机输入的信号必须是模拟信号,因此微机控制器输出的数字量信号要经D/A转换为模拟电压信号,再经驱动电路产生伺服电机转角位移的电流信号,才能驱动伺服电机产生与调节信号对应的角位移。伺服电机的角位移信号通常要经过滚珠丝杆和螺母等转换为线位移信号,以便于控制引导阀等液压控制阀。因此,驱动电路、伺服电机、滚珠丝杆是构成电机伺服系统的关键。

（四）步进电机伺服系统

如图3-4-16、图3-4-17所示,步进电机伺服系统是指由步进电机(含其驱动器)与电气(数字)—机械位移转换部件(又称步进式电液转换器或步进液压缸、数字缸)构成的数字—机械液压伺服系统。步进电机是一种作为控制用的特种电机,它的旋转是以固定的角度(称为步距角)一步一步运行的,其特点是没有积累误差(精度为100%),所以广泛应用于各种开环控制。步进电机的运行要有一电子装置进行驱动,这种装置就是步进电机驱动器,它是把控制系统发出的脉冲信号转化为步进电机的角位移,或者说,控制系统每发一个脉冲信号,通过驱动器就使步进电机旋转一步距角。所以,步进电机的转速与脉冲信号的频率成正比。控制步进脉冲信号的频率,可以对电机精确调速;控制步进脉冲信号的个数,可以对电机精确定位。步进电机结构如图3-4-18所示。

步进电机本身就是一种靠脉冲信号控制的数字电机,可以把调节器输出的电信号转换为角位移信号,再经滚珠螺旋副等机械机构,把角位移转换为线位移,因此由步进电机和滚珠螺旋副等构成的步进式数字/机械线位移机构,加上机械液压随动机构就构成了步进式电液转换器。

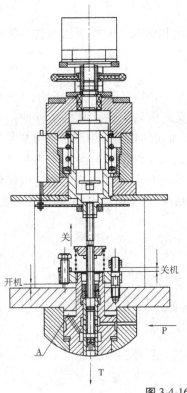

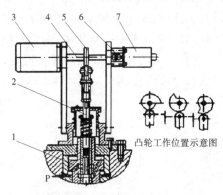

凸轮工作位置示意图

1——主配压阀活塞;2—引导针塞;3—步进电机;
4—传动轴;5—凸轮;6—联轴器;7—编码器

图 3-4-16   步进电机伺服系统构成原理图

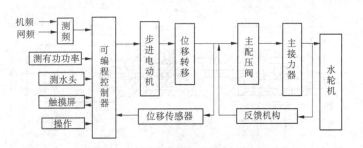

图 3-4-17   步进电机伺服系统框图

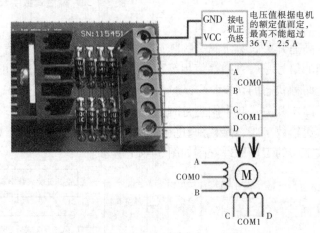

图 3-4-18   步进电机与步进电机驱动器

(五)电液伺服系统

用计算机的数字信息直接控制的液压阀,称为电液数字阀,简称数字阀。数字阀可直接与计算机接口,不需要数/模转换器。与比例阀、伺服阀相比,这种阀结构简单,工艺性好,价廉,抗污染能力强,重复性好,工作稳定可靠,功率小,故在机床、飞行器、注塑机、压铸机等领域得到了应用。由于它将计算机和液压技术紧密结合起来,因而其应用前景十分广阔。

用数字量进行控制的方法有很多,目前常用的是增量控制法和脉宽调制控制法两种。按相应的控制方式,可将数字阀分为增量式数字阀和脉宽调制式数字阀两类。

1. 增量式数字阀

增量式数字阀以脉冲量作为输入信号,其输出量与输入的数字式信号脉冲数成正比,步进电机的转速随输入的脉冲频率而变化;当输入反向脉冲时,步进电机将反向旋转。步进电机在脉冲信号的基础上,使每个采样周期的步数较前一采样周期增建若干步,以保证所需的幅值。由于步进电机是按增量控制方式进行工作的,所以它控制的阀称为增量式数字阀。增量式数字阀原理框图如图 3-4-19 所示。增量式数字阀的结构如图 3-4-20 所示,由步进电机、滚珠丝杠、滑阀和传感器等构成。步进电机作为伺服元件,滚珠丝杠作为角位移/线位移转换机构,滑阀作为液压控制阀,加上驱动电路、传感器等辅助单元,构成增量式数字液压控制阀。

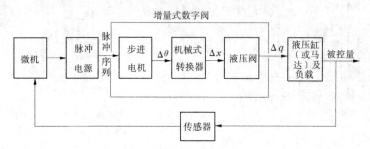

图 3-4-19　增量式数字阀原理框图

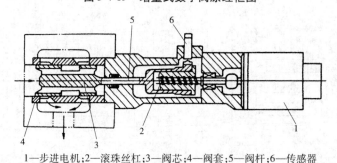

1—步进电机;2—滚珠丝杠;3—阀芯;4—阀套;5—阀杆;6—传感器

图 3-4-20　增量式数字阀的结构

2. 脉宽调制式数字阀

高速开关式数字阀又称脉宽调制式数字阀。其数字信号控制方式为(PWM)脉宽调制式,即控制液压阀的信号是一系列幅值相等,而在每一周期内宽度不同的电脉冲信号。通过脉冲点信号实现开启和截止两种状态的切换。

高压开关式数字阀运行时,数字驱动部分根据控制要求发出相应的脉冲信号,再经脉宽调制放大器放大送给数字阀,对数字阀进行控制,高压开关阀通过液压控制系统驱动液压缸等执行元件。脉宽调制式数字阀的工作原理框图如图 3-4-21 所示。

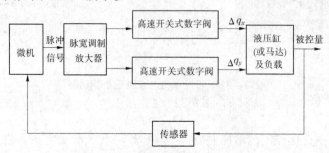

图 3-4-21　脉宽调制式数字阀原理框图

高压开关式数字阀有不同的类型,常用的有高压开关球阀、锥阀和直阀。

图3-4-22为二位三通数字高压开关球阀,它主要由左阀座4、右阀座6、球阀5、弹簧7、电磁铁8及操纵杆2等组成,以高速电磁铁作为驱动元件。常态时电磁铁断电,球阀在弹簧作用下压在左阀座上,进油口P与油口A接通,油口A与回油口T切断;当球阀接收到脉宽调制信号、电磁铁通电时,控制球阀压在右阀座上,P与A切断,A与T接通。通过阀体换向控制油路通断。球阀只能处于左、右两个位置,油路有三个通道,因此属于二位三通阀。

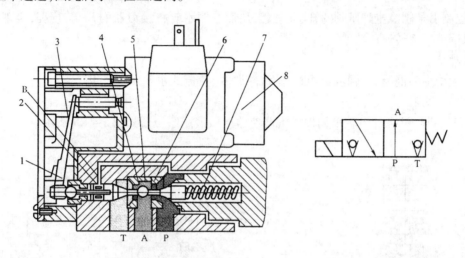

1—支点;2—操纵杆;3—杠杆;4—左阀座;5—球阀;6—右阀座;7—弹簧;8—电磁铁

图3-4-22 二位三通数字高压开关球阀结构原理图

图3-4-23为高压开关锥阀,以螺管电磁铁作为驱动元件,根据接收的脉宽调制信号控制锥阀的阀芯与阀套间的空口开度,以控制通过锥阀的流体的流量,进而控制液压执行元件。

图3-4-24为滑阀式脉宽调制数字伺服阀原理。滑阀两端各有一个电磁铁,脉冲信号电流轮流加在两个电磁铁上,控制阀芯按脉冲信号的频率作往复运动。

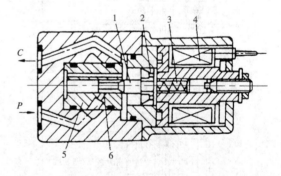

1—锥体;2—衔铁;3—弹簧;4—螺管电磁铁;5—阀套;6—阻尼孔

图3-4-23 二位二通锥阀式快速数字开关阀结构原理图

四、几种有代表性的微机调速器实例

(一)BW(S)T－PLC型无油电转可编程微机调速器(PLC－步进电机微机调速器)

1. 型号说明

型号BW(S)T－PLC中的B为步进电机,W为微机,S为双调节,T为调速器,PLC为可编程控制器。所以,型号BW(S)T－PLC表示该微机调速器为可编程步进电机微机双调微机调速器。

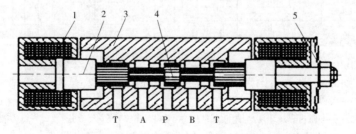

1—电磁铁;2—衔铁;3—阀体;4—阀芯;5—反馈弹簧

图3-4-24 滑阀式脉宽调制数字伺服阀

2.调节器

BW(S)T‐PLC 型无油电转可编程微机调速器所用的可编程控制器采用 32 位或 16 位的 CPU、嵌入式实时多任务操作系统、标准的模块化结构,可多处理器并行运行,速度快,扩展、升级容易,采用工程化编程语言,易于用户检修、维护,PLC 各模块可带电拔插。

3.伺服系统

BW(S)T‐PLC 型无油电转可编程微机调速器以步进电机或交流伺服电机构成的无油电转为电液转换机构,控制引导阀及主配压阀的开、关行程,从而控制水轮机接力器的开、关行程,实现水轮机导叶的开、关,以调节机组转速或功率。

4.适用对象

适用于大中小型混流式、轴流定桨式、轴流转桨式、贯流式水轮发电机组。

5.调速器系统图

BW(S)T‐PLC 型无油电转可编程微机调速器机械液压系统图如图 3-4-25 所示。

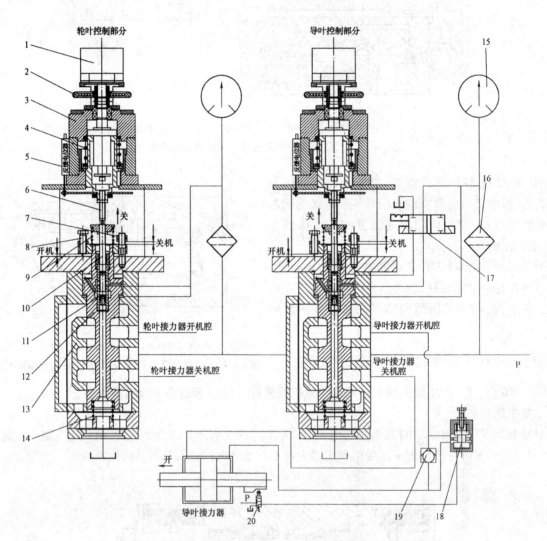

1—步进电机;2—手动手轮;3—滚珠自动;4—复中上弹簧;5—反馈电位器;6—零位调整螺杆;
7—关机时间调整螺杆;8—开机时间调整螺杆;9—复中下弹簧;10—引导阀活塞;
11—引导阀衬套;12—主配阀活塞;13—主配阀阀体;14—主配阀托簧;15—压力表;
16—双滤油器;17—紧急停机电磁阀;18—分段主阀;19—分段单向阀;20—分段先导阀

图 3-4-25　BW(S)T‐PLC 型无油电转可编程微机调速器机械液压系统图

（二）GLYWT－PLC系列全数字可编程微机调速器（PLC－数字阀微机调速器）

1. 型号说明

型号GLYWT－PLC中的G为高油压，L为逻辑阀（数字阀），Y为液压，W为微机，T为调速器，PLC为可编程控制器。所以，型号GLYWT－PLC表示该微机调速器为可编程高油压数字阀微机调速器。

2. 调节器

调节器采用可编程微机调速器所用的可编程控制器，采用32位或16位的CPU、嵌入式实时多任务操作系统、标准的模块化结构，可多处理器并行运行，速度快，扩展、升级容易，采用工程化编程语言，易于用户检修、维护，PLC各模块可带电拔插。

3. 伺服系统

电液转换环节采用数字球阀作为电液转换，液压系统采用标准化液压元件，简化了结构，提高了互换性、可维修性。数字阀抗油污能力强，耐高压，无渗漏，动作可靠，无须零点调整。

4. 特点

总体结构上，电气部分与机械液压系统和油压装置组合为一体。由高压储气罐及管路等组成的气系统，借用气囊式蓄能器即可完成压力油的储存，节省电站投资。

5. 适用对象

适用于中小型水轮发电机组的调节与控制。

6. 机械液压系统图

GLYWT－PLC全数字式可编程微机调速器机械液压系统图如图3-4-26所示。

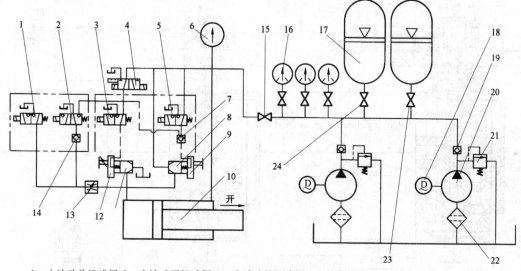

1—小波动关机球阀；2—小波动开机球阀；3—大波动关机球阀；4—紧急停机电磁阀；5—大波动开机球阀；
6—压力表；7—液控单向阀；8—开机插装阀；9—行程调节盖板（调节开机时间）；10—压差油缸（接力器）；
11—关机插装阀；12—行程调节盖板（调节关机时间）；13—节流阀（调节小波动开关时间）；
14—单向阀p(1)；15—截止阀；16—电接点压力表；17—蓄能器；18—电机；19—单向阀；20—油泵；
21—溢流阀；22—滤油器；23—截止阀p(2)；24—截止阀p(3)

图3-4-26　GLYWT－PLC全数字式可编程微机调速器机械液压系统图

（三）BLW(S)T－PLC系列伺服比例阀式可编程微机调速器（PLC－伺服比例阀微机调速器）

1. 型号说明

型号BLW(S)T－PLC中的B为伺服比例阀，L为逻辑阀（数字阀），W为微机，S为双调节，T为调速器，PLC为可编程控制器。所以，型号BLW(S)T－PLC表示该微机调速器为伺服比例阀＋数字阀可编程微机（双）调微机调速器。

2. 调节器

调节器采用可编程微机调速器所用的可编程控制器，采用32位或16位的CPU、嵌入式实时多任务操作系统、标准的模块化结构,可多处理器并行运行,速度快,扩展、升级容易,采用工程化编程语言,易于用户检修、维护,PLC各模块可带电拔插。

3．伺服系统

BLW(S)T-PLC系列伺服比例阀式可编程微机调速器在控制原理上与BW(S)T-PLC型调速器一样,唯独电液转换环节采用伺服比例阀+数字阀式冗余电液转换。正常时,以伺服比例阀为主,控制机组运行,当伺服比例阀故障时,则以数字阀为主控制机组运行,当伺服比例阀故障排除后即转为主用。两者切换无扰动。

4．特点

采用伺服比例阀+数字阀式冗余电液转换来提高电液转换的速动性。

5．机械液压系统图

BLW(S)T-PLC伺服比例阀式可编程微机调速器机械液压系统图如图3-4-27所示。

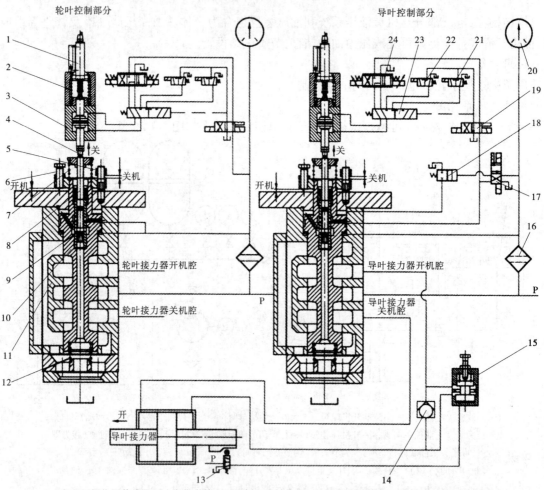

1—主配压阀位置传感器;2—定位弹簧;3—比例电液转换阀;4—中位调整螺杆;5—关机时间调整螺母;
6—关机时间调整螺杆;7—中位弹簧;8—中位活塞;9—中位阀衬套;10—主配阀活塞;
11—主配阀阀体;12—主配阀弹簧;13—分段先导阀;14—分段单向阀;15—分段主阀;16—双滤油器;
17—紧急停机电磁阀;18—紧急停机液动阀;19—伺服/脉冲电磁阀;20—压力表;21—脉冲开机球阀;
22—脉冲关机球阀;23—伺服/脉冲液动阀;24—伺服比例阀

图3-4-27　BLW(S)T-PLC伺服比例阀式可编程微机调速器机械液压系统图

(四)GKT中小型比例阀高油压可编程微机调速器(PLC-比例阀高油压微机调速器)

1．型号说明

型号GKT中的G为高油压,K为可编程控制器,T为调速器。所以,型号GKT表示该微机调速器为高油压可编程调速器。

2.调节器

调节器采用可编程微机调速器所用的可编程控制器,采用32位或16位的CPU、嵌入式实时多任务操作系统、标准的模块化结构,可多处理器并行运行,速度快,扩展、升级容易,采用工程化编程语言,易于用户检修、维护,PLC各模块可带电拔插。

3.伺服系统

采用高油压比例阀随动装置、高压油源等现代电液控制技术,具有优良的速动性及稳定性,工作可靠,自动化程度高。

4.特点

工作油压提高到16 MPa,减少了调速器的液压放大环节,结构简化;体积小,重量轻,用油少;电站布置方便。采用囊式蓄能器储能,胶囊内所充氮气与液压油不直接接触,油质不易劣化;胶囊密封极为可靠,氮气极少漏失,补气周期通常在一年以上。运行中无须经常补气、放气,且电站可省去相应的空压机。

5.机械液压系统图

GKT系列小型高油压调速器机械液压系统图如图3-4-28所示。

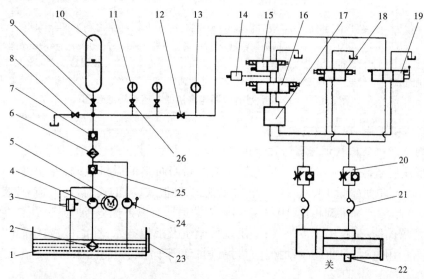

1—油箱;2—吸油滤油器;3—安全阀;4—油泵;5—电机;6—滤油器;7—单向阀;8—放油阀;
9—蓄能器截止阀;10—囊式蓄能器;11—电接点压力表;12—主供油阀;13—压力表;14—压力继电器;
15—手自动切换阀;16—比例换向阀;17—液压锁;18—紧急停机阀;19—手动切换阀;20—单向节流阀;
21—高压软管;22—反馈装置;23—液位计;24—手摇泵;25—单向阀;26—截止阀

图3-4-28 GKT系列小型高油压调速器机械液压系统图

(五)YKT系列中小型可编程微机调速器(PLC－步进电机中小型微机调速器)

1.型号说明

型号YKT中的Y为常规油压,K为可编程控制器,T为调速器。所以,型号YKT表示该微机调速器为常规油压可编程调速器。

2.调节器

PLC可编程控制器或PCC可编程计算机控制器。

3.伺服系统

采用步进电机作电气机械位移转换,性能优良,可靠性高。步进电机的控制位移信号(或手动控制位移信号)与接力器反馈位移信号在同一轴线上叠加后,通过杆件直接控制主配压阀,所构成的机械液压随动系统简洁直观,油管少,安装、调整、操作、维护均十分方便。

4.适用对象

适用于中小型机组及原YT系列机械液压调速器的改造。

5.机械液压系统图

YKT系列小型调速器机械液压系统原理图如图3-4-29所示。

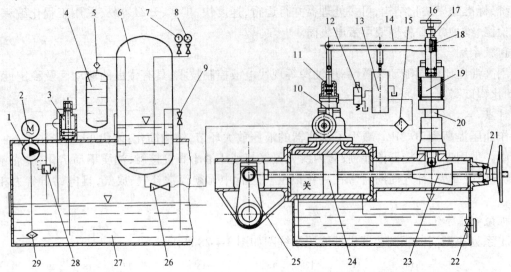

1—油泵;2—电动机;3—补气阀;4—中间油罐;5—单向阀;6—压力油罐;7—压力表;8—接点压力表;
9—放油阀;10—主配阀;11—开关机时间调整螺母;12—紧急停机电磁阀;13—引导阀;14—调节螺杆;
15—滤油器;16—手操旋钮;17—传动螺母;18—开度指示杆;19—步进电机;20—反馈轴;21—手轮操作机构;
22—两通阀;23—反馈锥体;24—接力器;25—拐臂;26—主供油阀;27—回油箱;28—安全阀;29—吸油滤油器

图3-4-29　YKT系列小型调速器机械液压系统原理图

(六)小型低压机组用DWT微机调速器

1.DWT系列低压机组微机调速器的适用范围

DWT系列低压机组微机调速器是一种为低压机组量身打造的微机电调,性能可靠,价格低廉。适用于机端电压400 V、单机容量1 000 kW以下的混流式、轴流式、冲击式、斜击式、轴伸贯流式等水轮发电机组。该系列产品与传统机调相比,DWT系列微机调速器有以下优势:油压高,用油少,布置方便、美观;采用囊式蓄能器储能,运行中不需补气;采用现代微机及液控技术,性能优良;运行可靠,维护简便,易于掌握;在没有厂用电时,可进行手动操作;可提供自动刹车用的控制油源。它是YT、TT系列机械调速器换代产品。

2.主要功能

DWT系列低压机组微机调速器自动测量机组和电网频率,实现机组空载及孤立运行时的频率调节,空载时机组频率自动跟踪电网频率,便于快速自动准同期。

DWT系列低压机组微机调速器具备自动及手动开停机、增减负荷的功能。自动开停机,并网后根据永态转差率自动调整机组出力,并可无条件、无扰动地进行自动和手动相互切换。

3.系统结构及特点

DWT调整器结构如图3-4-30所示。DWT系列低压机组微机调速器电控柜采用交流供电。电气控制部分采用可靠性极高的PLC,体积小,抗干扰能力强,能适应恶劣的工业环境。调节规律为PID智能控制,具有良好的稳定性及调节品质。机械液压部分的工作油压提高到16 MPa,减少了调速器的液压放大环节,结构简单,体积小,重量轻,用油少,电站布置方便。液压元器件标准化、专业化、国际化程度高,硬件资源丰富。

伺服系统采用了数字开关阀、高压油源等现代电液控制技术,具有优良的速动性及稳定性,工作可靠,自动化程度高。油压装置采用囊式蓄能器储能,胶囊内所充氮气与液压油不直接接触,油质不易劣化;胶囊密封极为可靠,氮气极少漏失,一般常年不需补气。需要补气时,可用随机提供的补气装置和瓶装氮气方便地进行,因此电站可省去相应的压缩空气系统及副厂房。

4.产品系列

DWT系列低压机组微机调速器分组合式和冲击式两大类,组合式适用于立式和卧式反击式水轮发

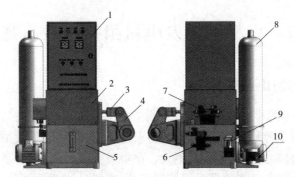

1—控制柜;2—防护罩;3—液压缸;4—拐臂支架;5—油箱;6—刹车阀组;
7—控制阀组;8—囊式蓄能器;9—手动泵(选配项);10—电机泵组

图 3-4-30　DWT 调速器结构

电机组,有 WZ(卧式左联)、WY(卧式右联)、LZ(立式左联)、LY(立式右联)等四种安装型式。冲击式单喷针冲击式、斜击式及双击式机组。规格型号如表 3-4-1、表 3-4-2 所示。

表 3-4-1　DWT 系列组合式调速器

产品型号	DWT - 150 - ××	DWT - 300 - ××	DWT - 600 - ××	DWT - 1000 - ××
操作功(kgf·m)	150	300	600	1 000

注:表中"××"的含义,对组合式调速器有 WZ(卧式左联)、WY(卧式右联)、LZ(立式左联)、LY(立式右联)等四种。

表 3-4-2　DWT 系列冲击式调速器

产品型号	DWT - 16 - CJ	DWT - 25 - CJ	DWT - 40 - CJ
蓄能器容积(L)	16	25	40

DWT 系列微机调速器安装型式如图 3-4-31 所示。

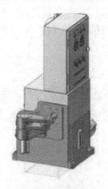
立式机组左侧联结

立式机组右侧联结

卧式机组左侧联结

卧式机组右侧联结

图 3-4-31　DWT 系列微机调速器安装型式

第五节　小型水轮发电机组用水轮机操作器

一、水轮机操作器的适用条件

单机容量在 500 kW 以下的小型水轮发电机组除在偏远无电网山区或孤岛独立运行外,一般情况下均并网运行。这类机组由于容量很小,并无调频要求,只要有并网和事故情况下紧急、安全关机功能即可。对于这类机组,使用自动调速器的意义不大。在很长一段时间内,为了节省建设投资,很多小电站广泛使用手动调速器和手动电动调速器进行控制调节,主要是这两种调速器结构简单,价格低廉,但这种简单调节器根本无法实现水电站的自动控制,而且可靠性和安全性都存在很大的问题,特别是事故情况下无法实现安全紧急停机。为了克服这种缺陷,采用弹簧储能或高压氮气储能、具有开机并网和紧急安全停机功能的储能型水轮机操作器应运而生。

水利部在《农村水电增效扩容改造项目机电设备选用指导意见》中指出了小型机组调速设备的选择原则:

(1)调速器必须保证机组在空载、孤网及并网运行工况下稳定运行。装机容量较小、无调频要求的小型并网电站,宜采用储能型水轮机操作器。

(2)具有手动及自动开停机、增减负荷及带负荷运行等功能;并网后能根据永态转差率与频差自动调整出力。可无条件、无扰动地进行自动和手动的相互切换。

(3)能采集并显示机频、网频、接力器开度、手动、自动等主要参数及运行状态,并能根据需要现地在线整定调速器的运行参数。

(4)电气故障时,能自动地切换为手动工况,并发出故障报警信号,同时保持当前负荷。手动工况时应不影响紧急停机的可靠动作。

(5)电源采用交、直流供电时应互为备用,其中之一故障时可自动转换并发出报警信号。电源转换不应引起导叶(或喷针)接力器行程的明显变化。

(6)宜采用较高压力等级的油压装置,优先采用气囊式蓄能器,以提高可靠性,并省去电站中压空气系统。

(7)机组如有黑启动要求,应设置纯手动操作装置。

符合上述要求的水轮机操作器有 TC 系列弹簧储能型水轮机操作器、YC 系列液压储能水轮机操作器、GC 系列高油压型水轮机操作器和 HPU 系列高压氮气罐储能型水轮机操作器等。

二、各种水轮机操作器的特点与工作原理

(一)TC 系列弹簧储能型水轮机操作器

1. 原理与特点

TC 型操作器由电机(或手摇)驱动,经传动机构和蓄能弹簧推动接力器活塞,使机组开机、停机、整步并网、增减负荷、稳定运行。TC 型水轮机操作器除自身无自动调节功能外,所有功能与小水电普遍采用的 YT 型自动调速器完全一样,而相对于油压突然消失时的自动调速器,TC 型操作器更为安全可靠。该设备与低压机组智能控制系统配用后,即具备自动整步并网及自动调频的功能,非常适合于以并网带基荷为主、偶尔要单机调频或参与调频运行的机组。此外,TC 型操作器还可解决农村水电站运行管理工作中一个普遍性的难题,那就是水轮机导水机构易变形损坏、水轮机效率下降损失严重的问题。由于农村电站水轮发电机组容量往往较小,一般在 500 kW 以下,导叶连杆机构多不设剪断销。当采用全手动关机遇木石卡阻时,运行人员多采用强力关闭办法,机组是停下来了,导叶却已变形,或者导叶拐臂断裂而被迫停机检修,这类故障次数越多,导水机构损坏越严重,水轮机不对称入流现象也越严重,机组效率下降的损失就越大,而 TC 型水轮机操作器当强力关至空载开度后,可确保强力再加不到受阻导叶上,可避免或大大减少导水机构的损坏。

TC 型水轮机操作器的基本结构与动作原理如图 3-5-1 所示。TC 型水轮机操作实物图如图 3-5-2 所示。操作器采用接力器式结构，水轮机开机通过操作手轮 5 采用或操作电机 15，经楔形块 7、滚轮体 6、连杆 3，带动活塞 1，在开机动作的同时，压缩弹簧 2 实现储能。当远方揿紧"停"按钮时，电磁控制机构失压，主保护结构——滚轮传动脱扣机构(9~13)迅即动作，压缩弹簧按"调保计算"要求推动活塞实现先快后慢自动关机操作。当机组接到各类事故信号信号(包括定子三相短路)时，滚轮传动脱扣机构均能失压脱扣，实现自动关机。关机时间可在 2~28 s 内整定。

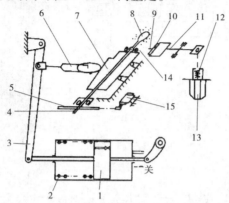

1—活塞;2—压缩弹簧;3—操作连杆;4—丝杠;5—操作手轮;6—滚轮体;7—楔形块;8—位置开关;
9—切换杆;10—不锈钢套;11—脱扣机构杠杆;12—脱扣机构回复弹簧;13—电磁铁;14—限位块;15—操作电机

图 3-5-1　TC 型水轮机操作器原理图

图 3-5-2　TC 型水轮机操作器实物图

2. 适用范围

TC 型水轮机操作器适合于操作功 6 000 N·m 以下的混流式、轴流式机组。

3. 型号系列与参数

TC-150：接力器名义工作容量 1 500 N·m。

TC-300：接力器名义工作容量 3 000 N·m。

TC-600：接力器名义工作容量 6 000 N·m。

(二)YC 系列水轮机液压操作器

1. 工作原理

水轮机液压操作器是一种机械液压式操作器，以液体(透平油)为介质，以压力油罐为蓄能装置。用油泵把透平油打入压力油罐进行蓄能，靠电磁阀组进行油路的控制进行正常开、停机和紧急停机操作，工作系统构成与原理如图 3-5-3 所示。

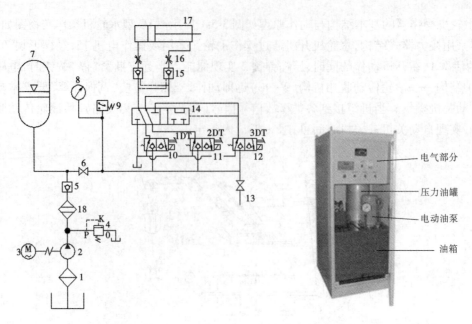

1—滤油器；2—油泵；3—电动机；4—溢流阀；5—单向节流阀；6—阀门；7—蓄能器(压力油罐)；
8—压力表；9—压力控制器；10—开机电磁换向阀；11—关机电磁换向阀；12—紧急停机电磁阀；
13—阀门；14—事故配压阀；15—单向节流阀；16—单向调速阀；17—接力器

图 3-5-3　YC 水轮机液压操作器原理图

蓄能器充油蓄能：当蓄能器 7 内的油压小于压力控制器 9 设定的最低压力时，接通电源启动油泵 2，压力油进入蓄能器 7，当蓄能器 7 的压力达到压力控制器 9 设定的最高压力时，压力控制器将自动切断油泵电动机 3 的电源，油泵 2 停止工作。

机组操作：当外部有电源时，使用电气开关进行开停机操作。开机时，手动电动开机电磁换向阀 10 的按钮，蓄能器 7 中的压力油经事故配压阀 14、单向节流阀 15 进入接力器 17 的开启腔，打开水轮机导水叶，使水轮机启动。关机时，手动电动关机电磁换向阀 11 的按钮，蓄能器 7 中的压力油经事故配压阀 14、单向节流阀 15 进入接力器 17 的开启腔，关闭水轮机导水叶，使水轮机停止运行。当无外部有电源而蓄能器内有压力油时，可切换到手动方式，通过阀门的切换进行开停机操作。

系统的压力通过溢流阀 4 的手柄进行调整，机组开启/关闭的速度可以通过单向调速阀 16 的手柄进行调整。机组增减负荷通过电磁换向阀 10、11 的开启/关闭按钮实现。

事故停机通过紧急停机电磁阀 12，实现机组强迫停机。

2. 适用范围

适用于不需要调频的小型低压水轮发电机组。

(三)GC 系列高油压型水轮机操作器

1. 特点

GC 系列高油压型水轮机操作器，采用先进而成熟的现代液压技术，可在与之配套的机组监控部分的控制下，实现开机、并网、增减负荷及带负荷运行；机组故障时，能可靠地实现紧急停机。该操作器结构简单、运行可靠、性能优良、操作维护方便。气囊式蓄能器的采用，省却了电站的高压气系统，既节省了投资，又方便了维护。在结构上，整个装置布置紧凑，体积小，重量轻，维护方便。装置与接力器之间采用软管连接的方式，使得柜体可布置在机旁任意位置，并便于移动。对无调频要求的水电站，是操作、控制水轮机的理想产品。

2. 结构与工作原理

高油压操作器主要由油压与蓄能机构、液压控制机构、执行机构和安全保证机构构成。其供油装置选高压油泵，可将液压系统的操作油压，提高到 $1.6 \times 10^7 \sim 3 \times 10^7$ Pa；控制装置对正常手动、远动控制与非正常控制，均由同一个三位四通电磁阀控制，还引入微处理机控制机组自动并网；在执行装置中，操

作油缸直接操纵调速环。本操作器全部采用标准液压元器件,并用标准的组合块叠加组装。其优点是:
体积小、重量轻、生产周期短、成本低,改善了漏油和跑气等问题,节约能源。在执行装置中,操作油缸直接
操纵调速环。操作器全部采用标准液压元器件,并用标准的组合块叠加组装。其结构如图3-5-4所示。

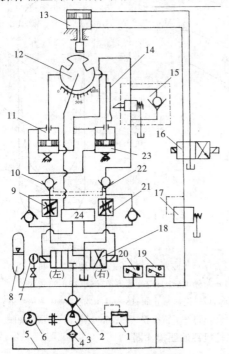

1—溢流阀;2—单向阀;3—高压油泵;4—滤油网;5—油箱;6—电动机;7—压力表;8—蓄能器;
9、21—单向调速阀;10、22—液控单向阀;11、23—操作油缸;12—调速环;13—锁锭;14—分段关闭装置;
15—单向减速阀;16—二位三通电磁阀;17—减压阀;18—三位四通电磁阀;19、20—压力继电器

图3-5-4　高油压储能型水轮机操作器的结构

工作原理:供油系统由高压油泵3、电动机6、滤油网4、油箱5、单向阀2、溢流阀1和蓄能器8组成。
电动机6带动油泵3向控制系统和蓄能器提供压力油。控制系统由三位四通电磁阀18、单向阀15及
21、液控单向阀10及22组成。执行机构由二位三通电磁阀16、减压阀17、分段关闭装置14、调速环12
和操作油缸11、23构成。机组的开启/关闭由电气驱动元件向三位四通电磁阀18供电,电磁阀18通过
单向调速阀9及21、液控单向阀10及22向操作油缸11及23的开启/关闭腔供压力油,操作油缸开启/
关闭。

(四)HPU系列高压氮气罐储能型水轮机操作器

1.HPU系列高压氮气罐储能型水轮机操作器特点

HPU采用成熟的现代液压技术,用油路块取代复杂的传统高压油管,与叠加式电磁阀组成高压控
制油路,直接推动导叶接力器。装置内无任何机械传动机构,避免了机械杠杆的死区及卡死现象,可靠
性和稳定性高。气囊式蓄能器的采用,省却了电站的高压气系统,既节省了投资,又方便了维护。在结
构上,整个装置布置紧凑,体积小,重量轻,维护方便。装置与接力器之间采用软管连接的方式,使得柜
体可布置在机旁任意位置,并便于移动。

HPU液压控制柜部分,在功能上相当于常规的电液调速器。液压控制柜正常工作压力为6.0~7.0
MPa,事故停机压力为5.5 MPa。蓄能器充油完毕后,调节正常开停机节流阀,使得正常开停机时间在规
定的范围内,一般在40~60 s;紧急关机时间在调保计算规定的范围,一般在4~7 s。液压控制柜采用
工作于脉冲状态的直流电磁阀,通过控制高压油路的通断,直接推动导叶接力器。控制信号来源于控制
模块。

2.结构与动作原理

HUP水轮机高油压操作器构成与工作原理如图3-5-5所示。

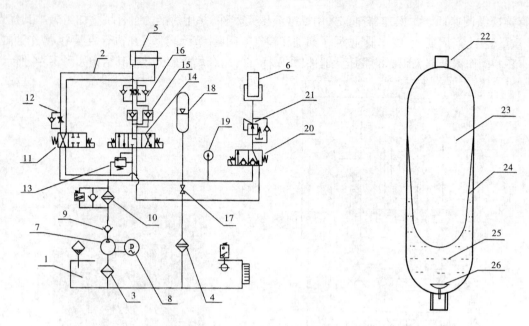

1—油箱;2—压力油管;3—吸油过滤器;4—回油过滤器;5—接力器油缸;6—刹车装置;7—齿轮油泵;
8—电动机;9—单向阀;10—管路油过滤器;11—紧停电磁阀;12—紧停节流阀;13—溢流阀;
14—开停机电磁阀;15—单向阀;16—开停机节流阀;17—高压截止阀;18—蓄能器;19—压力传感器;
20—刹车电磁阀;21—减压阀;22—充气阀;23—氮气;24—丁腈橡胶气囊;25—液压油;26—单向阀

图 3-5-5　HUP 水轮机高油压操作器

水轮机液压操作器包括液压系统和电控系统。液压系统由蓄能器 18、油箱 1、电磁阀组、齿轮油泵 7、油过滤器、接力器油缸 5 和连接它们的管路组成。

阀组包括开停机电磁阀 14、紧停电磁阀 11、刹车电磁阀 20 和节流阀,所述节流阀包括与紧停电磁阀相连接的紧停节流阀 12 和与开停机电磁阀相连接的开停机节流阀 16,压力油管 2 一端与紧停节流阀 12 和开停机节流阀 16 相连接,另一端与接力器油缸 5 连接。

电控系统包括油泵电动机 8 和油泵电动机控制电路。首先,油泵电动机 8 通过齿轮油泵 7 将油箱 1 中的液压油经吸油过滤器 3、单向阀 9、管路油过滤器 10 注入蓄能器 18,蓄能器 18 开始蓄能。

蓄能器 18 是一种油气隔离的压力容器,钢瓶内有一只丁腈橡胶材料的气囊 24,用来储存氮气 23,工作压力在 6~12 MPa。液压油 25 通过单向阀 26 进入钢瓶后,压缩橡胶气囊 24 内的高压氮气 23,从而储存能量。气囊 24 内所充氮气 23 与液压油 25 不直接接触,油气分开,油质不易劣化,且氮气 23 极少漏失,如果气体有少量泄露,可通过充气阀 22 进行补气。为操作器检修方便,在蓄能器的管路上设有一高压截止阀 17。在检修时,可将高压截止阀 17 打开,高压油经回油过滤器 4 泄放回油箱 1 中。在高压油路中还装有一压力传感器 19,用于检测油压,并将压力信号接入油泵控制回路,用以控制油泵电动机 8 的启停。为维护方便,装置与接力器之间采用压力软管连接的方式,使得装置可布置在水轮机旁任意位置,并便于移动。

机组的开停机是通过一组电磁配压阀进行的。当开停机电磁阀 14 接到开机命令时,开机油路接通,高压油经开停机节流阀 16 进入接力器油缸 5,推动活塞打开水轮机导叶。当开停机电磁阀 14 接到关机命令时,关机油路接通,压力油推动接力器活塞关闭水轮机导叶。当事故停机时,紧停电磁阀 11 动作,关机油路导通,高压油经紧停节流阀 12 进入接力器油缸 5,推动接力器活塞关闭水轮机导叶。当水轮机制动时,刹车电磁阀 20 油路导通,通过减压阀 21 对水轮机刹车装置 6 进行液压制动。

3. 产品结构

如图 3-5-6 所示,HPU 液压柜采用分布式结构,油箱与控制阀组等集中于一个封闭的柜体内,柜门上可以用钥匙锁住,避免了一些非运行人员的不适当操作使内部设置改变,从而导致液压柜的电磁阀等误动作的事故。在布置上,箱体采用上、中、下三层的结构,下层为整体的油箱,油箱面上的液位计可以直观地看到油箱的油位,液位发信器在低油位时可发出报警信号,卧式油泵置于箱体上,与油箱上的电机连成一体,提供系统的高压油。中层的阀块组和滤油器等形成控制回路,高压油通过软管对接力器进行控制。上层为油泵控制系统电气设备,完成油泵的自动启动和停止。

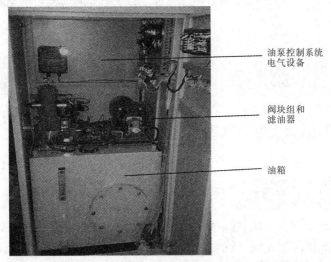

油泵控制系统电气设备

阀块组和滤油器

油箱

图 3-5-6　HPU 高压氮气囊储能水轮机操作器

思考题

1. 简述水轮机调速器的作用。

2. 水轮机调速器有哪几种类型?

3. 调速器由哪两大类元件组成?

4. 水轮机调速器是如何调节机组转速的?

5. 机械液压调速器由哪几部分结构组成?

6. 微机调速器一般由哪几部分结构组成?

7. 微机调速器的控制器有哪几种类型?

8. 微机调速器伺服系统有哪几种类型?

9. 电机伺服系统有哪几种类型?

10. 数字伺服系统有哪几种类型?

11. 水轮机操作器与水轮机自动调速器有何区别?

12. 目前常用的水轮机操作器有哪几种类型?

第四章　水电站电气主接线及一次设备

第一节　电力系统基本知识

一、电力系统及发电厂、变电站概述

电能是工农业生产不可缺少的动力,它广泛应用于生产和日常生活中。电能不能大量存储,其生产、输送、分配和消费必须在同一时刻完成,因此各个环节必须形成一个整体。电力系统的任务就是将电能从电厂生产出来,通过变电站升压,然后通过高压输电线路输送,再经过变电站降压,最终送到用户。

发电厂是将各种一次能源如水能、煤炭、核能、风能、太阳能、潮汐能等转换成电能的工厂。发电厂发出的电能要经过升压和降压后才能实现远距离输送到用户使用。变电站就是联系发电厂和用户的中间环节,起着变换和分配电能的作用。

(一)电力系统

由发电厂、变电站、输配电线路和用户所组成的有机整体称为电力系统。其中,由不同电压等级的输电线路、配电线路和变电站组成的部分称为电力网。

电力系统运行时必须满足以下几个方面要求。

1. 安全、可靠、连续地对用户供电,完成年发电计划

在实际运行中并非所有用户都不允许停电,按对供电可靠性的要求,用户分为一类、二类和三类用户。一类用户一旦停电会造成人身伤亡、设备产品报废、生产长时间不能恢复,或造成重大政治经济影响,如炼钢厂、医院手术室等。二类用户停电则会造成设备损坏、产生大量次品,正常工作受影响,如棉纺厂、造纸厂等。三类用户停电则影响不大,如居民生活用电等。所以运行中,三类用户允许停电,一、二类用户不允许停电,当供电不足或发生故障时,应保证一类用户的连续供电,尽量不使二类用户中断供电。

2. 保证电能质量

衡量电能质量的主要指标是电网频率和电压质量。频率质量指标为频率允许偏差;电压质量指标包括允许电压偏差、允许波形畸变率(谐波)、三相电压允许不平衡度以及允许电压波动和闪变。

我国电力系统的标准频率为 50 Hz。供电频率允许偏差:系统容量在 300 万 kW 及以上者为 ±0.2 Hz;系统容量在 300 万 kW 以下者为 ±0.5 Hz。

我国规定供电电压的允许偏差为:35 kV 及以上供电电压正、负偏差的绝对值和不超过 10%,20 kV 及以下三相供电电压的允许偏差为额定电压的 ±7%,220 V 单相供电电压允许偏差为 +7% ~ -10%。

公用电网谐波:用户注入电网的谐波电流允许值应保证各级电网谐波电压在限值范围内,所以国标规定 6 ~ 220 kV 各级公用电网电压(相电压)总谐波畸变率为:0.38 kV 为 5.0%,6 ~ 10 kV 为 4.0%,35 ~ 66 kV 为 3.0%,110 kV 为 2.0%。对 220 kV 电网及其供电的电力用户参照 110 kV 电网执行。

三相电压不平衡度:电网正常运行时,负序电压不平衡度不超过 2%,短时不超过 4%;接于公共连接点的每个用户引起该点负序电压不平衡度允许值一般为 1.3%,短时不超过 2.6%。

电压波动和闪变:在公共供电点的电压波动与电压等级、波动频度有关。电压波动频度为 10 ~ 100 次/h,35 kV 及下为 2.0%,35 kV 以上为 1.5%。闪变是灯光照度不稳定造成的视感,闪变次数小于 10 次/min,35 kV 及以下闪变干扰的允许值为 0.4%(波动负荷视载功率/公共接入点的短路容量),35 kV 以上为 0.1%。

电压的大小主要取决于无功功率的平衡,频率的大小主要取决于电力系统中有功功率的平衡,必须

通过调频、调压措施来保证电压和频率的稳定。波形的畸变主要是各种谐波成分的存在造成的,谐波的存在不仅会大大影响电动机的效率和正常运行,还可能使电力系统产生高次谐波共振而危及设备的安全运行。同时还将影响电子设备的正常工作,并对通信产生不良干扰。在实际电力系统中,应针对具体谐波成因采取相应的限制措施,以保证电能质量。

3. 保证电力系统运行的经济性

在电能生产和输送过程中,应尽量做到损耗少、效率高、成本低。具体说,提高运行经济性就是将生产每千瓦时电的能源消耗、生产每千瓦时电的厂用电以及供配每千瓦时电在电网中的电能损耗这三个指标降到最低。

电力系统运行的优越性:把多个电厂并联起来建立电力系统可充分发挥系统优越性。建成电力系统后实现了系统资源共享:可以提高系统运行的可靠性,保证供电质量;可提高设备的利用率,减少备用机组的总容量;可提高整个电力系统的经济性,充分利用自然资源,发挥各类电厂的特点;为使用高效率、大容量的机组创造了有利条件。

(二)发电厂

发电厂是将一次能源转换成电能的工厂。按所消耗一次能源不同,发电厂分为火电厂、水电厂、核电厂、风力发电厂、太阳能发电厂、潮汐发电厂、地热发电厂等,其中火电厂、水电厂、核电厂为我国电厂主要类型。

1. 火电厂

火电厂是将燃料(如煤、石油、天然气、油页岩等)的化学能转换成电能的工厂。能量的转换过程是:燃料的化学能—热能—机械能—电能。火电厂中的原动机大都为汽轮机,个别地方采用柴油机和燃气轮机。

汽轮发电机组启停较慢,且随着单机容量的提高,汽轮机进汽参数提高,因此火电厂在系统中主要承担基荷,其设备年利用时间一般在 5 000 h 及以上。火电厂生产要消耗有机燃料,生产成本较高,并且要向大气排放硫和碳的化合物,污染较严重。因此,一些小型火电厂因生产成本较高、污染较严重已陆续关闭。

2. 水电厂

水电厂是将水能变成电能的电厂。能量的转换过程是:水能—机械能—电能。根据集中水头的方式不同分为堤坝式、引水式和混合式水电站,此外,抽水蓄能电站和潮汐电站也是水能利用的重要形式。

水电项目一般集发电、航运、灌溉于一身。水电厂生产不消耗燃料,无污染,发电成本较低。水电机组能快速启动与停运,并能在运行中由空载到满载大幅度地改变负荷,可以起到调节作用。受丰水期和枯水期限制,水电厂设备利用小时数比火电厂低,调峰电站为 1 500 ~ 3 000 h,担任基荷的电站为 5 000 ~ 6 000 h。

3. 核电厂

核电厂是利用核裂变能转换为热能,再按火电厂发电方式来发电的工厂。核电厂一般使用的核燃料为铀 -235 的同位素,在核反应堆内,铀 -235 在中子撞击下使原子核裂变产生巨大能量,且要以热能的形式被高压水带至蒸汽发生器内,产生蒸汽再送到汽轮发电机组发电。核电厂不燃烧有机燃料,因此不向大气排放硫和氮的氧化物以及碳酸气,从而降低了环境污染。核电厂所需的原料极少,因为 1 g 铀 -235 所发出的电能约等于 2.7 t 标准煤所发的电能。

核电站启停操作烦琐并损耗大,故核电厂在电力系统中承担基荷,设备年利用小时数在 6 500 h 以上。核电厂要充分考虑核反应堆事故时的安全性,不应将其建在人口稠密和地震活动地区,但从人类生态环境角度考虑,核电厂仍然是电力工业的发展方向。

(三)变电站

变电站的作用是变换电压、传送电能,其主要设备有变压器、开关电器等,电力系统的变电站可分为发电厂的变电站和电力网的变电站两大类。

发电厂的变电站又称发电厂的升压站,其作用是将发电厂发出的电能经升压送入电力网。

电力网的变电站根据地位和作用分为枢纽变电站、区域变电站和配电变电站等。

(四)发电厂电气设备概述

发电厂电气部分的主要工作,是根据负荷变化,启、停和调整机组,为改变运行方式进行电路切换,随时监视主要设备的工作;周期性地检查、维护主要设备,定期检修设备并迅速消除故障。为此,发电厂中要装设一次设备和二次设备,以完成上述任务。

1. 一次设备

直接生产与输配电能的设备称为一次设备。它包括以下设备:

(1)生产和变换电能的设备。如生产电能的发电机,传送电能、变换电压的变压器,拖动各种厂用机械运转的电动机等。

(2)接通或断开电路的开关设备。如高压断路器、隔离开关、熔断器、重合器、低压自动空气开关、闸刀开关、接触器、磁力启动器、熔断器等。

(3)限制电流和防止过电压的设备。如限制短路电流的电抗器,补偿小接地短路电流、系统单相接地电容电流的消弧线圈,限制过电压的避雷器等。

(4)变换电路电气量,馈电给继电保护、监测装置并使之与一次高压隔离的设备。如电流互感器和电压互感器。

(5)连接一次设备的载流导体和绝缘设备。如母线、电缆、绝缘子等。

(6)接地装置。埋入地下的金属接地体(或连成接地网)。

电气一次设备的图形文字符号如表4-1-1所示。

表4-1-1 电气一次设备的图形文字符号

设备名称	图形符号	方案符号	用途
直流发电机		GD	将机械能转变成电能
交流发电机		G	将机械能转变成电能
直流电动机		MD	将电能转变成机械能
交流电动机		M	将电能转变成机械能
双绕组变压器 三绕组变压器 自耦变压器		TM	变换电能电压
电抗器		L	限制短路电流
分裂电抗器		TA	大电流转换成小电流
电流互感器 电压互感器		TV	高电压转换成低电压
高压断路器		QF	投、切高压电路
低压断路器		QF	投、切低压电路
隔离开关		QS	隔离电源
负荷开关		QL	投、切电路
接触器		KM	投、切低压电路
熔断器		FU	短路或过负荷保护
避雷器		F	过电压保护
终端电缆头		X	电缆接头
保护接地		PE	保护人身安全
接地		E	保护或工作接地

2. 二次设备

对一次设备进行监视测量、操作控制和保护的辅助设备称为二次设备。它包括以下设备：

（1）用来对电路电气参数进行监视测量的仪表。如电压表、电流表、功率表、功率因数表、故障录波装置等。

（2）用以迅速反映电气事故或不正常运行情况，并根据要求进行切除故障或作相应调节的设备。如各种继电器等继电保护装置、自动调节励磁装置、同期装置等自动装置、信号装置、控制开关等。

（3）用来连接二次设备的导体。如控制电缆、小母线等。

3. 电气设备的额定电压和额定电流

国家标准《标准电压》（GB/T 156—2007）中规定，我国电力网的额定电压等级有 0.22 kV、0.38 kV、3 kV、6 kV、10 kV、35 kV、66 kV、110 kV、220 kV、330 kV、500 kV、750 kV、1000 kV 等。其中，0.22 kV 为单相交流电，其余均为三相交流电。

一般城市或大工业企业配电采用 6 kV 或 10 kV 电压等级的电网。110 kV、220 kV、330 kV、500 kV 等高电压等级多用于远距离输电。为了使电气设备生产标准化，各种电气设备都规定有额定电压。当电气设备在额定电压（铭牌上所规定的电压）下长期工作时，其技术性能和经济性能最佳。

1）用电设备的额定电压

我国规定，用电设备的额定电压与同级电网的额定电压相等，见表 4-1-2 ～ 表 4-1-4。

表 4-1-2　第一类额定电压 （单位：V）

直流	交流	
	三相	单相
6		
12		
24		12
48	36	36

注：用于安全动力、照明、蓄电池及其他特殊设备。36 V 只用于潮湿环境局部照明。

表 4-1-3　第二类额定电压 （单位：V）

用电设备		发电机		变压器			
直流	三相交流	直流	三相交流	单相		三相	
110		115					
	(127)		(133)	(127)	(133)	(127)	(133)
220	220	127	230	230	220	230	220	230
	380	220	400	400	380		380	400
400							

注：广泛应用于电动机、工业、民用、照明、普通电器、动力及控制设备。括号内电压仅用于矿井下或安全要求较高的地方。

表 4-1-4　第三类额定电压 （单位：kV）

用电设备与电网额定电压	交流发电机	变压器	
		一次绕组	二次绕组
3	3.15	3、3.15	3.15、3.3
6	6.3	6、6.3	6.3、6.6

用电设备与电网额定电压		交流发电机	变压器	
			一次绕组	二次绕组
10	10.5	10、10.5	10.5、11	
	13.8	13.8		
	15.75	15.75		
	18	18		
	20	20		
35	35	35	38.5	
66	66	66	72.5	
110		110	121	
220		220	242	
330		330	363	
500		500	550	
750		750	825	
1 000		1 000	1 100	

注:表中所列均为线电压。水轮发电机允许用非标准额定电压。

如图 4-1-1 所示,设发电机在额定电压下工作,给电力网 AB – 供电,因为沿线有电压损失,所以负荷 1~5 点所受电压不同,线路首端电压大于末端电压,用电设备的额定电压只能力求接近于实际工作电压。为使生产标准化,通常采用线路首端电压和末端电压的算术平均值作为用电设备的额定电压,此电压即为电力网的额定电压,即用电设备的额定电压等于电力网的额定电压。

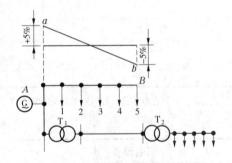

图 4-1-1　额定电压的解释图

2) 发电机的额定电压

发电机的额定电压一般取为电力网额定电压的 105% ,因为电力网的电压损失通常为 10% ,若首端电压比电力网的额定电压高 5% ,则末端电压比电力网的额定电压低 5% ,从而保证用电设备的工作电压偏移均不会超过允许范围,一般为 ±5% 。

通常 6.3 kV 多用于 50 MW 及以下的发电机,10.5 kV 用于 25 ~ 100 MW 的发电机,13.8 kV 用于 125 MW 的汽轮发电机和 72.5 MW 的水轮发电机,15.75 kV 用于 200 MW 的汽轮发电机和 225 MW 的水轮发电机,18 kV 用于 300 MW 的汽轮和水轮发电机。

3) 变压器的额定电压

升压变压器一般是与发电机电压母线或与发电机直接相连的,所以升压变压器一次绕组的额定电压与发电机的额定电压相同;而降压变压器的一次绕组为受电端,可以看作用电设备,所以降压变压器一次绕组的额定电压等于电力网的额定电压(厂用变压器例外)。变压器二次绕组的额定电压根据变压器短路电压的百分数来确定。短路电压百分数在 7.5 及以下的变压器,其二次绕组的额定电压取所在电网额定电压的 105% ;短路电压百分数在 7.5 以上的变压器,其二次绕组额定电压取所在电网额定电压的 110% 。

4) 额定电流

电气设备的额定电流(铭牌中的规定值)是指在规定的周围环境温度下,允许长期连续通过设备的最大电流,并且此时设备的绝缘和载流部分被长期加热达到的最高温度不超过所规定的长期发热允许的温度。

我国采用的基础环境温度如下：

电力变压器和电器(周围空气温度)	40 ℃
发电机(冷却空气温度)	35~40 ℃
裸导线、裸母线、绝缘导线(周围空气温度)	25 ℃

二、电力系统中性点运行方式

三相交流电的三相绕组接成星形接线时,它的公共点称为中性点,中性点引出的线称为中性线。中性点与地之间的连接方式称为中性点运行方式。

电力系统中性点接地属于工作接地,是保证电力系统安全可靠运行的重要条件。

我国对电力系统中性点运行方式规定如下:110 kV 及以上系统采用中性点直接接地方式;35 kV 及以下系统采用中性点不接地或经消弧线圈接地方式;380 V/220 V 配电系统采用中性点直接接地方式。

(一)中性点直接接地系统

若中性点直接接地,中性点电位便是零电位,无论哪一相故障,其他两相永远是相电压,不会变为线电压,这样每相绝缘就可按相电压考虑,不必按线电压考虑。这对 110 kV 及以上电力系统的经济意义是十分重大的,因为 110 kV 以上电力系统有数量极多的电气设备,这些设备的绝缘都只要按相电压考虑,设备生产制造的成本就大大下降,而且系统绝缘水平也只要按相电压考虑,所以从经济角度考虑,110 kV 及以上电力系统采用中性点直接接地方式,接地点数量可根据系统运行情况及接地短路电流情况确定。但是采用中性点直接接地方式后,运行中有一相接地时就构成单相接地短路,线路会自动跳闸,对供电可靠性就有影响,为此,在线路上一般都装有自动重合闸装置。线路接地等故障往往都是瞬时性的,例如飞鸟、树枝、刮风及其他小动物等引起线路故障,但很快线路又恢复正常,所以装了自动重合闸装置后,断路器自动跳闸马上又自动重合一次,往往就可立即恢复送电,据运行统计,重合闸重合成功率达 80% 以上,这样对改善供电可靠性就起了很大作用。

中性点直接接地系统因为发生接地时构成单相接地短路,短路电流很大,所以中性点直接接地系统又称大接地电流系统。

(二)中性点不接地系统

在电力系统中性点不接地系统中,当发生单相接地时,若不计元件对地的电容,则接地电流为零。实际上各元件对地都存在电容,特别是各相导体之间及相对地之间都存在沿全长均匀分布的电容,所以在不接地系统中发生单相接地时,会有电容电流存在,电容电流的大小决定于系统规模。一般在不接地系统中发生单相接地故障时,线路不会跳闸,不会影响送电,所以不接地系统最大的优点是供电可靠性相对较高。但不接地系统对绝缘水平的要求高,因为在不接地系统中发生单相接地后,健全相对地电压会升高到原来对地电压的$\sqrt{3}$倍,即 1.732 倍,所以系统的绝缘及电气设备绝缘都要按线电压考虑,在绝缘上的投资相应要增加。另外,系统网络规模比较大时,单相接地电容电流会很大,在接地点会产生很大的间歇电弧,会引起系统发生谐振过电压,损坏电气设备。所以,当系统接地电容电流大到一定数值时,需装消弧线圈,中性点经消弧线圈接地。

不接地系统因发生单相接地时电流是接地电容电流,相对来讲,电流较小,所以不接地系统又称小接地电流系统。

(三)中性点经消弧线圈接地系统

如上所述,在中性点不接地系统中,当电网规模较大且发生单相接地时,其接地电容电流会较大,会产生严重的间歇电弧,引发系统产生很高的谐振过电压。为避免发生这种情况,应采取措施。通常是采用中性点经消弧线圈接地方式。消弧线圈是带铁芯的电感线圈,用它补偿接地电容电流,达到减少接地电流、防止产生间歇电弧、避免发生谐振过电压、保护系统运行安全的目的。选择和装设消弧线圈时,一般采用过补偿方式。所谓过补偿方式,就是使电感电流大于电容电流,只有这样才能在运行线路减少,线路对地电容减少使电容电流减少的情况下也不会发生系统谐振。

一般在下列情况时,应装设消弧线圈,即中性点应经消弧线圈接地。即:电压为 20~66 kV 系统的接地电容电流大于 10 A 时,6~10 kV 系统的接地电容电流大于 30 A 时,6~10 kV 的发电机接地电容电流大于规定值时(6.3 kV 容量小于 50 MW 允许值为 4 A,10.5 kV 容量 50~100 MW 允许值为 3 A等)。

第二节　电气主接线

一、电气主接线的定义及应用

电气主接线是指将各电气一次设备(如发电机、变压器、断路器、隔离开关、互感器、电抗器、母线、电缆等)按其作用和生产顺序连接起来,并用国家统一的图形和文字符号表示的生产、输送、分配电能的电路。

因为电气设备每相结构一般都相同,所以电气主接线一般以单线图表示,即只表示电气设备一相的连接情况,局部三相配置不同的地方画成三线图,在电气主接线图上还应标出设备的型号和主要技术参数。

通常将整个电气装置的实际运行情况做成模拟主接线图,称为操作图,老电站一般贴在中控室墙上,在操作图上仅表示主接线中的主要电气设备,图中的开关电器对应的是实际运行的通断位置。当改变运行方式时,运行值班人员应根据操作电路图准确地进行倒闸操作,操作后在操作图上及时更改开关位置。当设备检修需挂接地线时,也应在操作图上按实际挂接地线的位置标出接地线标志。实行计算机监控的新电站则在上位机屏幕上显示模拟主接线图。

二、对电气主接线的基本要求

电气主接线是电气运行人员进行各种操作和事故处理的重要依据,它是电气部分的主体,它直接关系到全厂电气设备的选择、配电装置的布置、继电保护和自动装置的确定,直接影响电气部分投资的大小,直接关系电力系统的安全、稳定、灵活、经济运行,因此在拟定主接线时,必须结合具体情况,考虑综合因素,在满足国家经济政策的前提下,力争使其技术先进、安全可靠、经济合理。要做到:

(1)根据系统和用户的要求,保证电能质量和必要的供电可靠性;

(2)接线简单,操作简便,运行灵活,维护方便;

(3)技术先进,经济合理;

(4)具有将来发展和扩建可能性。

三、电气主接线的基本形式

发电厂、变电站的主接线形式指的是发电厂、变电站采用的电压等级、各级电压的进出线状况及其横向联络关系。在进出线确定后,据其有无横向联络,可将主接线分为有横向联络的接线与无横向联络的接线。据联络方式的不同,有横向联络的接线又分为有汇流主母线类的接线和无汇流主母线类的简易接线。有汇流主母线类的接线包括单母线、双母线接线,无汇流主母线的简易接线包括桥形接线和角形接线。

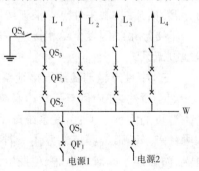

(一)有汇流主母线类的接线

1.单母线接线

1)不分段的单母线接线

图 4-2-1 为不分段的单母线接线,其汇流主母线 W 只有一条,在各支路中都装有断路器和隔离开关。

运行时全部断路器和隔离开关均投入。断路器用来接通和

图 4-2-1　不分段的单母线接线

切断正常电路,故障时切除故障部分,保证非故障部分正常运行。隔离开关的作用是在停电检修时隔离带电部分和检修部分,形成明显的断开点,保证检修工作的安全。当出线回路对侧有电源时,为了检修断路器的安全,出线断路器两侧均应装设隔离开关;而电源与断路器之间可不装设隔离开关,检修电源回路的断路器时可让电源停止工作进行,但为了试验的方便,也往往装设隔离开关。隔离开关无专门灭弧装置,不能作为操作电器。隔离开关和断路器在正常运行操作时必须严格遵守操作顺序,隔离开关必须"先合后开"或在等电位状态下进行操作。

如线路停电检修,操作步骤是:①打开断路器,并确定其确在断开位置;②打开负荷侧隔离开关;③打开母线侧隔离开关;④做好安全措施,如在有可能来电的各侧挂上接地线(110 kV 及以上电网常用带接地刀的隔离开关,则只要合上接地刀 QE)。

检修后给线路送电操作步骤是:①拆除安全措施(打开 QE)并检查该支路断路器确在断开位置;②合上母线侧隔离开关;③合上线路侧隔离开关 QS_3;④合上断路器。单母线接线的优点是结构简单、操作简便、不易误操作,投资省、占地小,易于扩建。

单母线接线的缺点是一旦汇流主母线 W 故障,将使全部支路停运,且停电时间很长,一般只适合于发电机容量较小、台数较多而负荷较近的小型电厂和 10~35 kV 出线回路数不多于 4 回的变电站。

2)分段的单母线接线

(1)用隔离开关分段的单母线接线。

为了避免单母线接线可能造成全厂停电的缺点,可用隔离开关分段,如图 4-2-2 所示。电源和引出线在母线各段上分配时应尽量使各分段的功率平衡。用隔离开关分段后运行的灵活性增加了,即正常时既可选择分段隔离开关 QS_1 打开运行,也可选择分段隔离开关 QS_1 合上运行。若选择分段隔离开关 QS_1 合上运行,则若 I 段母线发生故障,整个装置短时停电后,等分段隔离开关 QS_1 打开后,接在未发生故障的 II 段母线上的电源、负荷均可恢复运行;若正常时选择分段隔离开关 QS_1 打开运行,则一段母线故障时将不影响另一段母线的运行,均比不分段的单母线接线供电可靠性高。

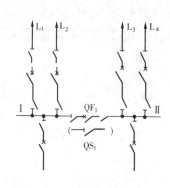

图 4-2-2　分段的单母线接线

(2)用断路器分段的单母线接线。

为进一步提高可靠性和灵活性,可用断路器代替隔离开关将母线进行分段,如图 4-2-2 所示。分段断路器 QF_1 装有继电保护装置,当某一分段母线发生故障时,分段断路器在继电保护作用下会自动跳开,非故障母线的正常供电不会受影响。母线检修也可分段进行,避免了全部停电。因为两段母线同时故障的概率几乎为零,则一类重要负荷可从不同分段上引接,保证其必需的供电可靠性。

用断路器分段的单母线接线广泛用于中小容量发电厂的 6~10 kV 接线和 6~110 kV 的变电站中。为保证供电可靠性,用于 6~10 kV 时每段容量不宜超过 25 MW,用于 35~60 kV 时出线回路数一般为 4~8 回,用于 110~220 kV 时回路数以 3~4 回为宜。

分段的单母线接线虽比不分段的单母线接线可靠性、灵活性高,但任一回路的断路器检修时,该回路仍必须停电。为了检修断路器时不中断供电,可加装旁路断路器和旁路母线。

3)加装旁路母线和旁路断路器

分段的和不分段的单母线接线均可加装旁路母线和旁路断路器,图 4-2-3(a)为带旁路母线的单母线分段接线,正常运行时旁路断路器 $1QF_p$ 和旁路隔离开关是打开的。当检修出线断路器 1QF 时,首先合上旁路断路器两侧的隔离开关,然后合上旁路断路器 $1QF_p$,向旁路母线 WB_p 充电,检查旁路母线完好后再接通旁路隔离开关 $1QS_p$,最后断开 1QF 及两侧的隔离开关,这样旁路断路器 $1QF_p$ 就替代 1QF 工作,出线 WL_1 并不中断供电;用 $2QF_p$ 也可代替右侧出线断路器工作。加装旁路母线和旁路断路器,会增加投资,为减少投资,可采用分段断路器兼作旁路断路器的接线,如图 4-2-3(b)所示。

带旁路母线的接线普遍应用在 35 kV 及以上的电气主接线中,一般用在电压 35 kV 而出线 8 回以

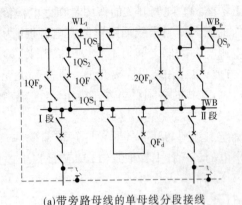
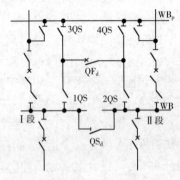

(a)带旁路母线的单母线分段接线　　　　(b)分段断路器兼作旁路断路器的单母线分段接线

图4-2-3　带旁路母线的单母线分段接线

上、110 kV 出线 6 回以上、220 kV 出线 4 回及以上的电压配电装置中。若采用 SF₆ 断路器或手车式开关柜或较易取得备用电源,则不需加设旁路系统。

2.双母线接线

图 4-2-4 所示为双母线单断路器接线,此接线具两组母线,两组母线间通过母联断路器 QF。连接起来,每一电源和出线都通过一台断路器、两组隔离开关分别接在两组母线上。

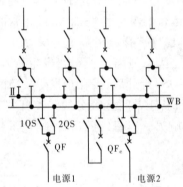

图 4-2-4　双母线单断路器接线

双母线单断路器接线可以有两种运行方式。一种方式是固定连接分段运行方式,即一些电源和出线固定连接在一组母线上,另一些电源和出线固定连接在另一组母线上,母联断路器 QF。合上,相当于单母线分段运行;另一种方式为一组母线工作,一组母线备用,全部电源和出线接于工作母线上,母联断路器断开,相当于单母线运行。前一种运行方式可靠性较高,克服了母线故障整个装置停电的缺点,但母线保护较复杂,所以双母线正常运行时一般都按单母线分段的方式运行。后一种运行方式一般在检修母线或某些设备时应用。采用双母线后,运行的可靠性和灵活性都大大提高了。它表现在可以轮流检修母线而无须中断对用户的供电。个别回路需要独立工作或进行试验时可将该回路分出单独接到一组母线上。但双母线接线倒闸操作较复杂,易误操作造成事故,且设备多,则配电装置复杂、经济性差。

为进一步缩小母线停运的影响,可采用分段的双母线接线,如图 4-2-5 所示。为了检修出线断路器时避免该回路短时停电,则可装设旁路母线,如图 4-2-6 所示。

(二)无汇流主母线类的简易接线

1.桥形接线

当只有 2 台变压器和 2 条线路时可采用桥形接线。该接线在 4 条电路中使用 3 个断路器,所用断路器数量较少,故较经济。根据桥的位置,桥形接线可分为内桥接线和外桥接线,如图 4-2-7 所示。

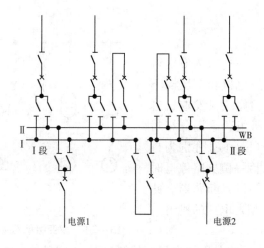

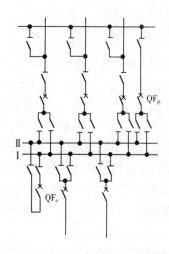

图 4-2-5　分段的双母线接线　　　　　　　图 4-2-6　带旁路母线的双母线接线

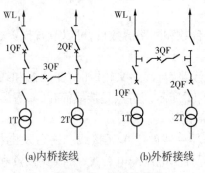

(a)内桥接线　　　　　(b)外桥接线

图 4-2-7　桥形接线图

1）内桥接线（图 4-2-7(a)）

内桥接线的特点是每条线路上都有一台断路器,因此线路的切除和投入较方便,当线路发生短路时仅停该线路,其他 3 个回路仍可继续工作;而当变压器 1T 故障时,断路器 1QF、3QF 都要断开,从而影响同组线路 WL$_1$ 的供电。该线路的变压器切除和投入较复杂,所以内桥接线适应于线路较长、在系统中担任基荷的电站。

2）外桥接线（图 4-2-7(b)）

外桥接线的特点是变压器故障时仅停变压器,不影响其他回路工作;而当线路 WL$_1$ 故障时,1QF、3QF 都要跳开,要影响变压器的工作。该接线方式切除、投入变压器易,而切除、投入线路难,所以适宜于线路较短、在系统中担任调峰作用的电站。桥形接线造价低,而且容易发展成单母线分段的接线,因此为了节省投资,负荷较小、出线回路数目不多的小变电站,可采用桥形接线作为过渡接线。

2.角形接线

角形接线结构是将各支路断路器连成一个环,然后将各支路接于环的顶点上,如图 4-2-8 所示,常用的角形接线有三角形接线和四角形接线。角形接线中断路器数目与回路数相同,比单母线分段和双母线接线均少用一个断路器,故较经济。任一断路器检修时,支路不中断供电,任一回路故障仅该回路断开,其余回路不受影响,其可靠性较高。但是任一台断路器检修的同时某一元件又发生故障,则可能出现非故回路停电,系统在此处被解开,甚至会导致系统瓦解,而且在开环和闭环两种工况下,流过设备的电流不同,给设备选择带来困难。此接线仅适合于容量不大的水电站。

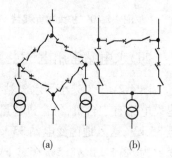

(a)　　　　　　(b)

图 4-2-8　角形接线

3.单元接线

单元接线是各元件只有纵向联系无任何横向联系的接线,又称为组式接线,包括发变组、变线组、发变线组。

1）发电机－变压器单元组接线

如图4-2-9为发电机－变压器单元接线。图4-2-9中（a）为发电机与双绕组变压器组成的单元接线，这种接线方式下发电机和变压器不可能单独工作，所以两者之间不装断路器。为便于检修或对发电机进行单独试验，一般装一组隔离开关，但20 MW以上机组若采用分相封闭母线，为简化结构，隔离开关可省去。图4-2-9中（b）、（c）分别为自耦变压器、发电机与三绕组变压器组成的单元接线，因一侧支路停运时另两侧支路还可以继续保持运行，因此在变压器三侧设置断路器。此种接线普遍应用于大型发电厂及不带近区负荷的中型发电厂的机组。

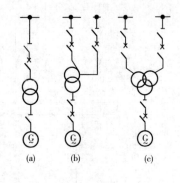

图4-2-9　发变组单元接线

2）扩大单元接线

变压器的故障率远小于发电机的故障概率，则在系统备用能力足够的情况下，小容量的发电机组可采用两或三台机组共用一台变压器的扩大单元接线形式，如图4-2-10所示，每台发电机出口均装设一组断路器，以便各机组独立开停。

扩大单元接线可以减少变压器台数和断路器数目，可以节省投资、减少占地。

（1）变压器－线路组单元接线。

当电厂只有一台变压器和一条线路，且线路又较短时，变压器和线路可直接相连共用一台断路器，构成变压器一组单元接线，如图4-2-11所示。特点是接线简化，布置紧凑，占地面积小。

（2）发电机－变压器－线路组单元接线。

图4-2-12所示为发电机－变压器－线路组单元接线。一台发电机对应一台变压器、一条线路，线路很短时适用，不需在发电厂内设置升高电压配电装置，可减少投资和占地，同时解除了厂内各高压支路的并联，可降低短路电流。但是若线路很长，则线路的故障率远大于发电机、变压器，采用此接线形式不适宜。

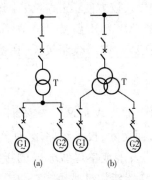

图4-2-10　扩大单元接线

图4-2-11　变线组单元接线

图4-2-12　发变线组单元接线

四、水电站常用电气主接线分析

图4-2-13为某小型水电站主接线图。地方工农业发展迅速，为保证地方用电，拟建设一水电站。建设电站有三台机，每台机容量为800 kW，总装机容量为3×800 kW，所发电能全部通过主变1T升压至35 kV，送入地区变电站35 kV侧，主变1T采用节能型三相铜线圈35 kV变压器，容量为3 150 kVA，变比为38.5±2×2.5%/6.3 kV，高压侧采用5挡分接开关调速，以保证电能质量。6.3 kV发电机电压配电装置采用单母线接线，接线简单，易布置，误操作概率小，符合电站机组多、单机容量小的特点。电站35 kV高压侧有两回出线，35 kV侧采用变压器一线路组单元接线，配电装置布置紧凑，占地小；厂变从6.3 kV母线上引接，供厂用负荷使用，以保证电厂正常运行。

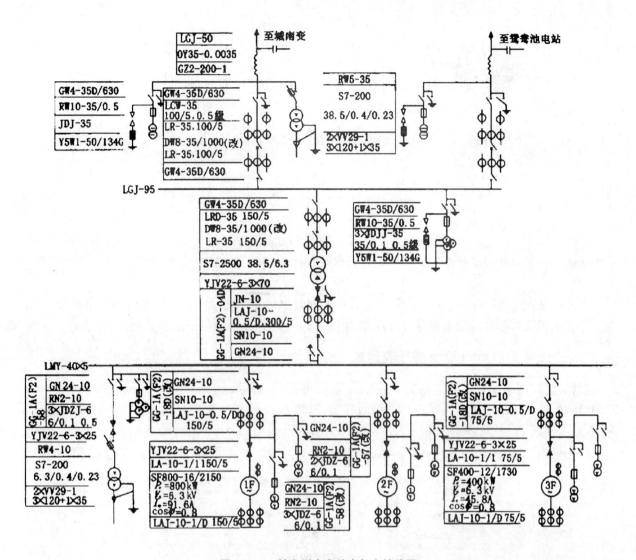

图 4-2-13　某小型水电站电气主接线图

第三节　变压器

一、变压器的作用

变压器是一种静止的电器,它通过线圈间的电磁感应作用,把一种电压的电能转换为同频率的另一种电压的电能,故称变压器。实际上,它在变压的同时还能改变电流,还可改变阻抗和相数。

变压器的主要部件是一个铁芯和套在铁芯上的两个绕组,图 4-3-1 为最简单的单相变压器。其铁芯是一个闭合的磁路,接电源的一个线圈叫原绕组(又称一次绕组或初绕组),另一个线圈接负载称为副绕组(又称二次绕组或次绕组)。若在副绕组两端接上一个灯泡作为它的负载,当原绕组与交流电源接通时,灯泡就会发光。这就是互感现象,变压器即按此理论制作。

当变压器的原绕组接入交流电源时,原绕组中就有交流电流 i_1 流过,此交变电流在铁芯中产生交变的主磁通 ϕ,由于原、副组绕在同一铁芯上,故铁芯中的主磁通同时穿过原、副绕组,分别在原绕组中感应出自感电动势 e_1,在副绕组中产生互感电动势 e_2,e_2 对负载来讲就相当于它的电源电动势了,因此副绕组与灯泡连接的回路中也就产生了电流 i_2,使灯泡发光。在不计电阻、铁耗和漏磁的理想状况如下:

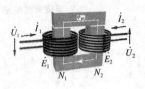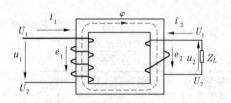

图 4-3-1　单相变压器

$$u_1 = -e_1 = n_1 \frac{\mathrm{d}\varphi}{\mathrm{d}t} \tag{4-3-1}$$

$$u_2 = -e_2 = n_2 \frac{\mathrm{d}\varphi}{\mathrm{d}t} \tag{4-3-2}$$

$$\frac{u_1}{u_2} = \frac{e_1}{e_2} = \frac{n_1}{n_2} = k \tag{4-3-3}$$

由此可见,变压器在改变电压高低、电流大小的同时也传递了能量。若忽略变压器内部损耗,可认为变压器输出功率与输入功率相等。简言之,变压器的主要作用是变换电压、传送电能。

二、变压器的表示符号及型号表达式

根据国标,变压器在电路中的文字符号为 T,图形符号为其型号表达式,以主接线图中主变 S9 - 3150/35 为例,S 代表三相变压器,9 代表设计序号,3150 代表额定容量为 3 150 kVA,35 代表额定电压为 35 kV。变压器型号的表示如图 4-3-2 所示。

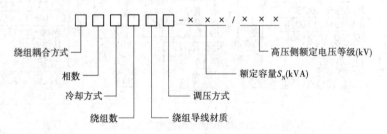

图 4-3-2　变压器型号描述

三、变压器的种类

变压器的种类很多,一般分为电力变压器和特种变压器两大类。电力变压器是电力系统中输配电的主要设备,容量从几十千伏安到几十万千伏安;电压等级从几百伏到 500 kV 以上。电力变压器的主要类型有以下几种。

(1)按变压器的用途可以分为升压变压器、降压变压器、配电变压器、联络变压器(连接几个不同电压等级的电力系统)、厂用变压器(供发电厂本身用电)。

(2)按变压器的绕组可以分为双绕组变压器、三绕组变压器、多绕组变压器、自耦变压器(单绕组)。

(3)按电源相数分类分为单相变压器、三相变压器、多相变压器。

(4)根据变压器冷却条件来分,有干式变压器(空气自冷)、油浸式变压器(油浸自冷、油浸风冷、油浸水冷、强迫油循环),还有氟化物变压器(蒸发冷却)。

(5)按调压方式分为无载调压变压器、有载调压变压器。

(6)按铁芯或线圈结构分为芯式变压器(插片铁芯、C 型铁芯、铁氧体铁芯)、壳式变压器(插片铁芯、C 型铁芯、铁氧体铁芯)、环型变压器、金属箔变压器。

四、变压器的结构

变压器一般由铁芯、绕组、油箱及其附件组成,如图4-3-3所示。

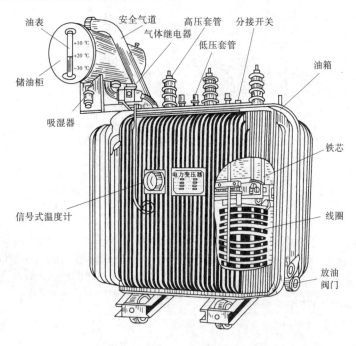

油表　安全气道　高压套管　分接开关
气体继电器　低压套管
+10℃
+20℃
-30℃
储油柜　　油箱
吸湿器
铁芯
电力变压器
线圈
信号式温度计
放油
阀门

图4-3-3　变压器外形及构造

水电站常用三相油浸式变压器,其细部结构如图4-3-4示,它利用电磁感应原理工作。将铁芯和绕组浸在盛满绝缘油的变压器油箱中,油箱侧壁有冷却用的管子(散热器或冷却器);由各种绝缘材料,如绝缘油、绝缘纸、酚醛压制品、环氧制品、绝缘漆、电瓷、布带、黄蜡管、黄蜡绸、木材等组成变压器的绝缘;设有由储油柜、油位计、净油器、吸湿器构成油保护装置,由安全气道、压力释放阀、瓦斯气体继电器等组成安全保护装置;温度计或温度信号器具安装在油箱盖上测温孔内测量变压器顶层油温;中小型变压器(容量在8 000 kVA及以下)采用油浸自冷方式冷却;当变压器容量超过10 000 kVA时,采用油浸风冷或强迫油循环水冷方式,并在变压器外面另装冷却风扇或油泵和水泵等冷却装置。

(一)油箱

油箱是油浸式变压器的外壳,器身就放置在灌满了变压器油的油箱内。油箱按变压器容量的大小,其结构基本上有两种型式:

(1)吊芯式油箱。由于中小型变压器,器身相对外壳较轻。当器身需要检修时,可以将箱盖打开,吊出器身,就可以进行详细的检查和必要的修理。

(2)吊壳式油箱。随着变压器单台容量的不断增大,它的体积迅速增大,质量也随之增加。目前大型电力变压器均采用铜导线,器身质量都在200 t以上,而总质量均在300 t以上。这样庞大的变压器,对起吊器身带来了很多困难。因此,大型电力变压器箱壳都做成吊箱壳式,如图4-3-5所示,当器身要进行检修时,就吊出较轻的箱壳。

(二)铁芯

铁芯构成变压器的主磁路,其结构如图4-3-6所示。为了提高导磁性能和减少铁损,一般用0.35 mm厚、表面涂有绝缘漆的硅钢片叠成,基本形式有芯式和壳式等。

(三)绕组(线圈)

绕组是变压器最基本的组成部分,如图4-3-7所示。它与铁芯一起构成了电力变压器的本体,是建立磁场和传输电能的电路部分。

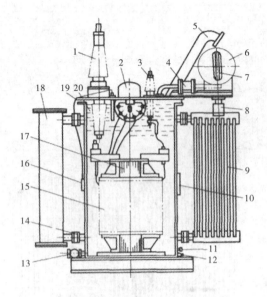

1—高压套管;2—分接开关;3—低压套管;4—气体继电器;5—安全气道(防爆管或释压阀);
6—储油柜;7—油位计;8—吸湿器;9—散热器;10—铭牌;11—接地螺栓;12—油样活门;
13—放油阀门;14—活门;15—绕组;16—信号温度计;17—铁芯;18—净油器;19—油箱;20—变压器油

图 4-3-4　油浸式变压器结构

图 4-3-5　吊壳式油箱

图 4-3-6　铁芯

图 4-3-7　绕组(线圈)

不同容量、不同电压等级的变压器,绕组形式也不一样。一般电力变压器中常采用同心和交叠两种结构形式,如图4-3-8所示。

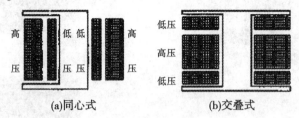

图4-3-8　绕组的结构形式

同心式绕组是把高压绕组与低压绕组套在同一个铁芯上,一般是将低压绕组放在里边,高压绕组套在外边,以便绝缘处理。同心式绕组结构简单、绕制方便,故被广泛采用。

交叠式绕组又叫交错式绕组,在同一铁芯上,高压绕组、低压绕组交替排列,绝缘较复杂、包扎工作量较大。它的优点是力学性能较好,引出线的布置和焊接比较方便、漏电抗较小,一般用于电压为35 kV 及以下的电炉变压器中。

把低压绕级布置在高压绕组的里边主要是从绝缘方面考虑的。理论上,不管高压绕组或低压绕组怎样布置,都能起变压作用。但因为变压器的铁芯是接地的,由于低压绕组靠近铁芯,从绝缘角度容易做到。如果将高压绕组靠近铁芯,则由于高压绕组电压很高,要达到绝缘要求,就需要很多的绝缘材料和较大的绝缘距离。这样不但增大了绕组的体积,而且浪费了绝缘材料。

再者,由于变压器的电压调节是靠改变高压绕组的抽头,即改变其匝数来实现的,因此把高压绕组安置在低压绕组的外边,引线也较容易。

(四)散热器或冷却器

变压器运行时,绕组损耗和铁芯损耗产生的热量必须散出,以免温升过高。较小容量的油浸式变压器,其油箱壁压成瓦楞型或在油箱外面加焊扁管以增加散热面积,如图4-3-4所示;较大容量的油浸式变压器,其油箱外面装设几组空气自冷的散热器;容量更大的油浸式变压器可在散热器上加风扇(油浸风冷)或用油泵使变压器油加速循环(强迫油循环风冷)。巨型变压器利用油泵使变压器油通过水冷却器冷却并循环(强迫油循环水冷),也可使绕组采用空心导线绕制,内通冷却水,油箱外壁不再装散热器(水内冷)。

(五)储油柜(又名油枕)

油枕的结构如图4-3-9所示,当变压器油的体积随着油的温度膨胀或减小时,油枕起着调节油量、保证变压器油箱内油面平稳的作用。如果没有油枕,油箱内的油面波动就会带来以下不利因素:

(1)油面降低时露出铁芯和线圈部分会影响散热和绝缘。

(2)随着油面波动空气从箱盖缝里排出和吸进,而由于上层油温很高,使油很快地氧化和受潮,油枕的油面比油箱的油面要小,这样,可以减少油和空气的接触面,防止油被过速地氧化和受潮。

(3)油枕的油在平时几乎不参加油箱内的循环,它的温度要比油箱内的上层油温的低得多,油的氧化过程也慢得多,因此有了油枕,可以防止油的过速氧化。

(六)呼吸器(吸湿器)

油枕内的绝缘油通过呼吸器与大气连通,如图4-3-10所示。

呼吸器的作用是提供变压器在温度变化时内部气体出入的通道,解除正常运行中因温度变化产生对油箱的压力。呼吸器内装有吸附剂硅胶,气体流过呼吸器时,硅胶吸收空气中的水分和杂质,以保持绝缘油的良好性能。

为了显示硅胶受潮情况,一般采用变色硅胶。变色硅胶原理是利用二氯化钴($CoCl_2$)所含结晶水数量不同而有几种不同颜色做成,二氯化钴含六个分子结晶水时呈粉红色,含有两个分子结晶水时呈紫红色,不含结晶水时呈蓝色。

图 4-3-9　油枕

图 4-3-10　呼吸器（吸湿器）

（七）套管

变压器绕组引出线由变压器套管引出至油箱的外面,套管使引出线与油箱盖之间绝缘,如图 4-3-11 所示。绝缘套管是变压器箱外的主要绝缘装置,变压器绕组的引出线必须穿过绝缘套管,使引出线之间及引出线与变压器外壳之间绝缘,同时起到固定引出线的作用。

图 4-3-11　套管

（八）分接开关

变压器高压绕组一般设有分接头（又叫抽头）,通过改变分接头的位置,可改变高压绕组的有效匝数,从而改变变压器变比,以调节变压器输出电压（见图 4-3-12）。调压分有载调压（带电切换分接开关）和无载调压（不带电切换分接开关）两种。

有载分接开关是在变压器带负载的情况下,用以切换一次或二次绕组的分接,以调节其输出电压的一种专用开关。它通常由驱动机构、选择器及切换开关三大部件或由驱动机构及选择开关两大部件组成。驱动机构包括电动机、手摇操作机构、制动器、计数器、位置指示器、控制小开关及一套复杂的传动齿轮,是供操作开关用的。选择器没有关合和开断负载电流的能力,是在带电压但不带负载电流的情况下选择分接头用的。选择器没有关合和开断负载电流的能力,是在带电压但不带负载电流的情况下选择分接头用的。切换开关有关合和开断负载电流的能力。

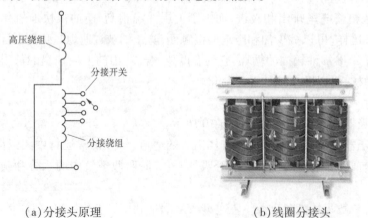

（a）分接头原理　　　（b）线圈分接头　　　（c）有载分接开关

图 4-3-12　变压器分接头与分接开关

变压器的调压有几种不同的接线方式,其中,利用中性点调压的接线原理如图 4-3-13 所示。

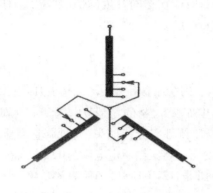

图 4-3-13　中性点分接头调压原理及变压器结构

(九)气体继电器

气体继电器(又名瓦斯继电器),其外壳用铸铁,安装在油箱和油枕的连接管中间,作为变压器内部故障的保护装置。变压器内部发生故障时,高温使油箱中的变压器油分解成气体,进入瓦斯继电器上部,若轻微故障则产生气体少,仅使瓦斯继电器上触点闭合称为轻瓦斯动作,发出预警信号(电铃响);严重故障时则产生气体多,使瓦斯继电器下触点也闭合称为重瓦斯动作,发出事故信号(响电喇叭并跳开变压器各侧断路器)。

(十)防爆管

防爆管又名安全气道,如图 4-3-14 所示。

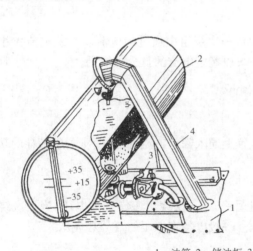

1—油箱;2—储油柜;3—气体继电器;4—安全气道

图 4-3-14　防爆管

防爆管装在油箱的上盖上,由一个喇叭形管子与大气相通。防爆管的作用是,当变压器内部发生故障时,将油里分解出来的气体及时排出,以防止变压器内部压力骤然增高,从而引起油箱爆炸或变形。防爆管的管口用薄膜玻璃板封住,为防止正常情况下变压器内部与大气流通。

五、变压器的技术参数

变压器在规定的使用环境和运行条件下,主要技术数据一般都标注在变压器的铭牌上,主要包括额定容量、额定电压、额定频率、绕组连接组以及额定性能数据(阻抗电压、空载电流、空载损耗和负载损耗)和总重。

（一）额定容量 S_n（kVA）

额定容量指铭牌规定的额定电压、额定电流下连续运行时能输送的容量（视在功率）。对于单相变压器 $S_n = U_{1n}I_{1n} = U_{2n}I_{2n}$，对于三相变压器 $S_n = \sqrt{3}\,U_{1n}I_{1n} = \sqrt{3}\,U_{2n}I_{2n}$。

在三相变压器中额定电流指的是线电流。

（二）额定电压 U_{1n}、U_{2n}（V）

原绕组额定电压 U_{1n} 指电源加到原绕组上的额定电压。副绕组额定电压 U_{2n} 指变压器原绕组加上额定电压 U_{1n} 后副绕组空载时两端的电压。在三相变压器中 U_{1n}、U_{2n} 指的均是线电压。一旦副绕组接上负载，电压会下降。为适应电网电压变化的需要，变压器高压侧都有分接抽头，通过调整高压绕组匝数来调节输出电压。例如 $121 \pm 2 \times 2.5\%/10.5$ kV，表示该变压器高压侧额定电压为 121 kV，分接头有五挡，中间挡为额定分接位置，电压是 121 kV，上面一挡是 $121(1 + 2.5\%)$ kV，再上面一挡是 $121(1 + 2 \times 2.5\%)$ kV，下面一挡是 $121(1 - 2.5\%)$ kV，再下面一挡是 $121(1 - 2 \times 2.5\%)$ kV，低压侧额定电压为 10.5 kV。

（三）额定电流 I_{1n}、I_{2n}（A）

原绕组额定电流 I_{1n} 是根据变压器额定容量和额定电压确定的，在设计时还必须考虑变压器长期工作和容许温升而规定最大电流值；副绕组额定电流 I_{2n} 是指副绕组在长期工作和容许温升下允许通过的最大电流值；在三相变压器中 I_{1n}、I_{2n} 指的均是线电流。

（四）空载损耗（kW）

当以额定频率的额定电压施加在一个绕组的端子上，其余绕组开路时变压器所吸取的有功功率。其与铁芯硅钢片性能、制造工艺及施加的电压有关。空载损耗近似等于铁损，占额定容量的 0.2% ~ 1%，而且随变压器容量的增大而下降。为减少空载损耗，改进设计结构的方向是采用优质铁磁材料，如优质硅钢片、激光化硅钢片或应用非晶态合金等。

（五）空载电流（$I_0\%$）

空载电流是指当变压器在额定电压下二次侧空载时，一次绕组中通过的电流。空载电流大小与电源电压和频率、线圈匝数、磁路材质及几何尺寸有关，一般以额定电流的百分数表示：

$$I_0\% = \frac{I_0}{I_n} \times 100\% \qquad\qquad (4\text{-}3\text{-}4)$$

（六）负载损耗（kW）

把变压器的二次绕组短路，在一次绕组额定分接位置上通入额定电流，此时变压器所消耗的功率叫负载损耗。

（七）阻抗电压（$U_k\%$）

阻抗电压也叫短路电压，即当把变压器的二次绕组短路，在一次绕组慢慢升高电压，当二次绕组的短路电流等于额定电流值时，此时一次侧所施加的电压。一般以额定电压的百分数表示。

（八）相数和频率、温升与冷却

三相开头以 S 表示，单相开头以 D 表示。中国国家标准频率 f 为 50 Hz。变压器绕组或上层油温与变压器周围环境的温度之差，称为绕组或上层油面的温升。油浸式变压器绕组温升限值为 65 ℃，油面温升为 55 ℃。

（九）绝缘水平

绝缘水平即绝缘等级标准。绝缘水平的表示方法举例如下：高压额定电压为 35 kV 级，低压额定电压为 10 kV 级的变压器绝缘水平表示为 LI200 AC85/LI75 AC35，其中 LI200 表示该变压器高压雷电冲击耐受电压为 200 kV，工频耐受电压为 85 kV，低压雷电冲击耐受电压为 75 kV，工频耐受电压为 35 kV。

（十）联结组标号

根据变压器一、二次绕组的相位关系，把变压器绕组连接成各种不同的组合，称为绕组的联结组。高低压绕组分别可以采用星形和三角形联结方法，分别用 Y(y) 和 D(d) 表示。Y 接有中性线的用 Yn(yn) 表示。

为了区别不同的联结组,常采用时钟表示法,即把高压侧线电压的相量作为时钟的长针,固定在 12 点上,低压侧线电压的相量作为时钟的短针,看短针指在哪一个数字上,就作为该联结组的标号。如 Dyn11 表示一次绕组是(三角形)联结,二次绕组是带有中性点的(星形)联结,组号为(11)点。如图 4-3-15 所示,表示 y 侧线电压相位超前 D 侧线电压相位 30°。

图 4-3-15　钟点表示法

三相变压器组别种类繁多,在我国为统一标准,规定五种标准组:Yyn0,Yd11,Ynd11,Yny0,Yy0。其中前三种最常用。

第四节　互感器

互感器是变换电压、电流的电气设备,它连接了一次、二次电气系统,其主要功能是向二次系统提供电压、电流信号以反映一次系统的工作状况,并将信号提供给继电保护装置,对一次系统进行监测保护。变换电压的为电压互感器,变换电流的为电流互感器。

如图 4-4-1 所示,电流互感器原绕组串接于电网,副绕组与测量仪表或继电器的电流线圈相串联。电压互感器原绕组并接于电网,副绕组与测量仪表或继电器的电压线圈相并联。互感器的副绕组必须可靠接地,当原、副绕组击穿时,降低了二次系统的对地电压,以保证人身安全,此为保护接地。

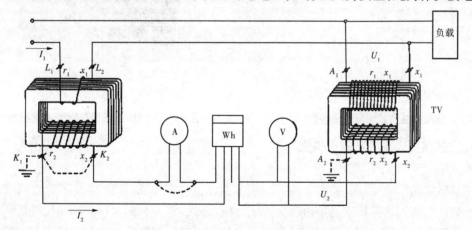

图 4-4-1　电压互感器和电流互感器的连接

L_1、L_2 与 K_1、K_2 表示电流互感器原副绕组的同名端,即 L_1 与 K_1 同名,L_2 与 K_2 同名,接功率型测量仪表和继电器及自动调节励磁装置时要正确接入同名端。

一、电流互感器

(一)电流互感器的作用及工作特性

1. 作用

(1)供电给测量仪表和继电器等,正确反映一次电气系统的各种运行情况。

(2)对低电压的二次系统与高电压的一次系统实施电气隔离,保证工作人员和设备的安全。

(3)将一次电气系统的大电流变换成统一标准的 5 A 或 1 A 的小电流,使测量仪表和继电器小型化、标准化,结构简单,价格便宜。

2. 工作特性

电流互感器串接于电网中,但其工作原理与单相变压器相似,$K_N \ll 1$,原边绕组匝数很少,且副边负载阻抗很小,其归算于原边的阻抗远小于电网负载阻抗,因此原边电流不因副边负载的变化而变化,电流互感器正常工作状态二次侧相当于短路运行。

电流互感器二次侧决不允许开路运行,因为一旦开路,无副边电流去磁,原边电流全部用来激磁,铁芯饱和,磁通平顶边缘部分出现很高的冲击波,如图4-4-2所示,危害设备绝缘及运行人员的安全。同时,磁通密度剧增使铁损剧增而造成电流互感器严重过热,振动也相应增加。

目前,有一种电流互感器二次开路保护器,用于各种CT二次侧的异常过电压保护(见图4-4-3)。保护器的基本元件是ZnO压敏电阻,它并联于CT二次被保护绕组两端,正常运行时压敏电阻两端的电压小于20 V。此时压敏电阻处于近似开路的高阻状态,通过它的电流称为泄漏电流,小于8 μA或5 μA,对该回路保护动作值和表计准确度的影响可以忽略不计。当二次回路开路或一次绕组出现异常过流时,在二次绕组中产生的电压远远高于正常运行电压(数值取决于CT本身参数和运行情况),此时并接的压敏电阻瞬间进入导通状态。由于ZnO压敏电阻的固有特性,过电压被有效地限制在选定值以下,进入稳定的短路状态,从而彻底避免了过电压危害。保护器能在过压产生的20 ms内可靠地将二次绕组短接并发光显示,能提供开路(或过压)信号与闭锁差动保护的接点。故障排除后,将其复位即可再次使用。

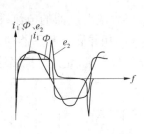

图4-4-2 电流互感器二次侧开路特性

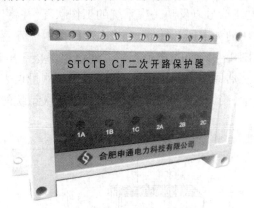

图4-4-3 电流互感器二次开路保护器

(二)电流互感器误差及准确度等级

1. 误差

电流互感器的实际变比与其铭牌上所标的额定变比之间有差别,此差别带来的电流互感器在测量电流时产生的计算值与实际值间的差值称为互感器的误差。它分为幅值误差和角误差。

电流互感器的幅值误差指互感器二次侧测出值按额定变比折算为一次测出值后与实际一次值之差对实际一次值的比值的百分数。互感器的角误差是指旋转180°的二次侧电流相量 I'_2 与一次侧电流相量 I'_1 的相角之差,以分(′)为单位,并规定二次侧相量超前一次侧相量为正误差,反之为负误差。

通常可从制造和使用两方面考虑减小电流互感器的误差。

制造上通过提高并稳定激磁阻抗,减少漏抗。如采用高导磁率的冷轧硅钢片、增大铁芯截面、缩短磁路长度和减少气隙等方法提高激磁阻抗,减少线圈电阻、选用合理的线圈结构与减少漏磁等减少内阻抗。按额定变比正确选择匝比。使用上则应使电流互感器的一次电流、二次负荷及功率因数在规定的范围内运行。即正确地选择互感器,使之运行在标准工况附近,以保证互感器的精度达到设计制造规范的最高等级。

2. 准确度等级

按照幅值误差百分数的大小来定义电流互感器准确度等级。如表4-4-1所示,0.2级用于实验室精密测量(对测量精度要求较高的大容量发电机、变压器、系统干线和500 kV宜用0.2级),0.5级用于电度计量,1级用于仪表指示,3级用于继电保护,D级专用于差动保护,因为D级电流互感器一次侧通过一定数值的短路电流时可保证误差不超过10%,满足一般选择暂态保护级(TP)的电流互感器。

表 4-4-1　电流互感器的误差极限及对应的运行工况

准确度级次	运行条件		误差极限值	
	一次电流百分数（%）	二次负载 $\cos\varphi=0.8$ 电阻变化范围	电流误差（%）	角误差（±）（′）
0.2	10	25～100	±0.50	20
	20		±0.35	15
	30		±0.20	10
0.5	10	25～100	±1.0	60
	20		±0.75	45
	100～120		±0.5	30
1.0	10	25～100	±2.0	120
	20		±1.5	90
	100～120		±1.0	60
3	50～120	50～100	+3.0	不规定
5P	50～120	50～100	+5.0	不规定
10P	50～120	50～100	+10	不规定

（三）电流互感器的分类与参数

1. 分类

按安装地点分,电流互感器分为户内型和户外型;按安装方式分,可分为穿墙式、支持式和装入式;按绝缘方式分,可分为油浸式、干式、浇注式;按一次绕组匝数分,可分为单匝式、复匝式。电流互感器的文字符号为 TA,图形符号为 $\phi\!\!\!\!+\!\!+$,国产型号表达式如图 4-4-4 所示,型式字母的含义如表 4-4-2 所示。

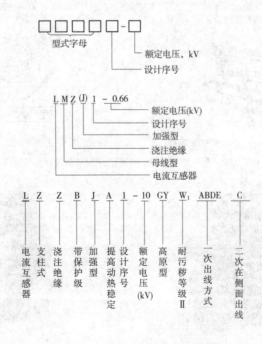

图 4-4-4　电流互感器型号描述

表 4-4-2　电流互感器的型号含义

第一个字母		第二个字母		第三个字母		第四个字母	
字母	含义	字母	含义	字母	含义	字母	含义
L	电流互感器	A B C D F J M Q R Y Z	穿墙式 支持式 瓷箱式 单匝式 复匝式 接地保护 母线式 线圈式 装入式 低压的 支柱式	C G J K L M P S W Z	瓷绝缘 改进的 树脂浇注 塑料外壳 电容式绝缘 母线式 中频的 速饱和的 户外式 浇注绝缘	B D J Q Z	保护级 差动保护 加大容量 加强型 浇注绝缘

一般 20 kV 及以下电压等级制成户内式,35 kV 及以上多制成户外式;穿墙式装在墙壁或金属结构的孔中可节约穿墙套管,支持式安装在平面或支柱上,装入式是套在 35 kV 及以下等级变压器或多油断路器的套管内的,其精度不高;干式用绝缘胶浸渍,适合低压户内的电流互感器;浇注式用环氧树脂浇注成型,如图 4-4-5 所示,35 kV 及以下用得较多;油浸式多为户外型;单匝式又分为贯穿型和母线型,贯穿型自身用单根铜管或铜杆作为一次绕组,而母线型本身无一次绕组,如图 4-4-5 所示,它就用互感器安装处的母线作为其一次绕组,通常装入式电流互感器就为母线型,一次电流较小时单匝式互感器误差较大,所以为减少误差,额定电流在 400 A 以下的均制成多匝式;高压电流互感器为多匝式,按绕组结构分为"8"字形和"U"字形,"8"字形线圈电场不均匀,一般只适用于 35～110 kV,"U"字形在 110 kV 及以上等级得到广泛应用,如图 4-4-6 所示。

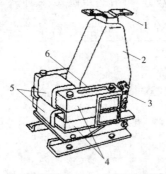

1——一次接线端子;2——次绕组(树脂浇注);
3—二次端子;4—铁芯;5—二次绕组;6—警告牌

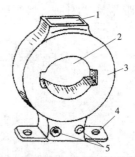

1—铭牌;2——次母线穿孔;3—铁芯,外绕二次接线
绕组,树脂浇注;4—安装板;5—二次接线端子

LQJ-10型电流互感器

LMZJ1-0.5型电流互感器

图 4-4-5　环氧树脂浇注式电流互感器

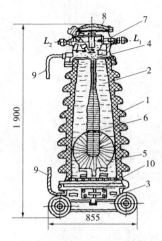 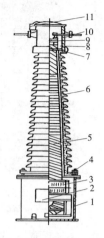

"8"字形绕组电流互感器　　　　　　"U"字形线圈电流互感器

1—瓷外壳；2—变压器油；3—小车；　　　　1—油箱；2—二次接线盒；3—环形铁芯；

4—扩张器；5—环形铁芯及二次绕组；　　　4—卡接装置；5—"U"字形一次绕组；6—瓷套；

6—次绕组；7—瓷套管；8——次绕组换接器；　7—均压保护；8—储油柜；9——次绕组换接装置；

9—放电间隙；10—二次绕组引出端　　　　　10——次绕组端子；11—呼吸器

图 4-4-6　高压电流互感器

2. 电流互感器的参数

(1) 额定电压。

电流互感器的额定电压 U_0 指一次绕组主绝缘所能长期承受的工作电压等级。高压电流互感器最低电压为 10 kV。

(2) 额定电流比，即标称变比。

(3) 二次负荷与二次容量。

同一台电流互感器对应于不同的准确度等级有不同的容量。二次容量是指对应某一准确级下，当一次电流为额定值时的二次侧额定容量 S_{2n}，即 $S_{2n} = I_{2n}^2 Z_{2n}$，由于电流互感器的二次电流为标准值(1 A 或 5 A)，所以额定容量给出的往往是对应准确级下的二次负载阻抗额定值。即接入电流互感器二次负载的阻抗小于阻抗额定值时，才能达到相应的准确级。

(4) 级次组合。

电流互感器的准确级是指在规定二次负荷范围内，一次电流为额定值时二次侧的最大电流误差百分数。每个电流互感器的二次侧设有两个或者两个以上的准确级，这不同的准确级就构成电流互感器的级次组合，用户根据用途不同选择所需的级次。在电流互感器的参数中，表示级次的是一个分数，分子为第一个准确度级次，分母为第二个准确度级次等。一般两个准确级的电流互感器由测量级和保护级组成。

(5) 10% 倍数。

电流互感器的保护级用于继电保护，它反映短路状态下的二次电流，其电流误差一般不应大于10%，也用 10% 倍数表示，即在短路情况下，电流互感器能满足最大的幅值误差不超过 10% 时所允许的一次电流对额定一次电流的倍数。传统型号中的保护级有 B、C、D 级，D 级电流互感器在额定二次负载下所应保证的 10% 倍数叫额定 10% 倍数。10% 倍数越大，互感器过电流性能越好。保护用互感器必须有足够大的 10% 倍数才能保证继电保护不误动。图 4-4-7 为 10% 倍数曲线，它指的是在 $f_i(\%) = -10\%$ 时，一次电流倍数 $n(= I_1/I_{1n})$ 与二次负载 $Z_2 f$ 的关系。

(6) 1 s 热稳定倍数 K_t。

代表 1 s 热稳固性电流 I_t 对一次额定电流工 I_{1n}(有效值)的倍数，即

$$I_t(1 \text{ s}) = K_t I_{1n} \qquad\qquad (4\text{-}4\text{-}1)$$

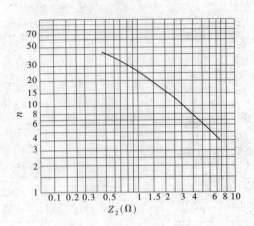

图 4-4-7   10% 倍数曲线

(7) 动稳固性倍数 k_d。

动稳固性倍数指动稳固性电流 i_{dw} 与一次额定电流峰值之比,即

$$i_{dw} = k_d(\sqrt{2}I_{1n}) \tag{4-4-2}$$

(四)电流互感器的接线形式

电流互感器的常见接线方式有:

(1) 一台电流互感器测相电流,如图 4-4-8(a)所示,适合于三相负荷对称系统。

(2) 三台电流互感器接成星形接线,如图 4-4-8(b)所示,用于相负荷不平衡度大的三相电流测量,监视负荷不对称情况。

(3) 两台电流互感器接成不完全星形接线,如图 4-4-8(c)所示,仍能测三相电流,适合于小接地短路电流系统。由于 $\dot{I}_a + \dot{I}_b + \dot{I}_c = 0$,则 $\dot{I}_b = -(\dot{I}_a + \dot{I}_c)$,图 4-4-8(c)中公共导线上的电流表所流电流即为 B 相电流。

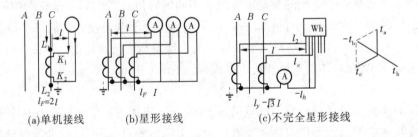

(a)单机接线   (b)星形接线   (c)不完全星形接线

图 4-4-8   电流互感器与测量仪表接线图

电流互感器接线时要注意极性,其原副绕组的极性通常是原边用 L_1、L_2 标出,副边用 K_1、K_2 标出,用减极性原则,即当原边电流从 L_1 流向 L_2 时,副边电流从 K_1 流回到 K_2。

二、电压互感器

(一)电压互感器的作用及工作状态

1. 作用

(1) 供电给测量仪表和继电器等,正确反映一次电气系统的各种运行情况。

(2) 对低电压的二次系统与高电压的一次系统实施电气隔离,保证工作人员和设备的安全。

由于互感器原、副边绕组除接地外无电路上的联系,因此二次系统的工作状态不影响一次电气系统,二次正常运行时处于小于 100 V 的低压下,便于维护、检修、调试。

(3) 将一次回路的高电压变换成统一标准的低电压值(100 V、$\frac{100}{\sqrt{3}}$ V、$\frac{100}{3}$ V),使测量仪表和继电器小型化、标准化,二次设备的绝缘水平可按低电压设计,从而结构简单,价格便宜。

(4)取得零序电压以反映小接地短路电流系统的单相接地故障。

电压互感器的辅助二次绕组接成开口三角形,其两端所测电压为三相对地电压之和,即对地的零序电压。

2. 工作特性

常用的电压互感器为电磁感应式,其工作原理与电力变压器相同,唯容量只有几十到几百伏安,且负荷通常是恒定的。电压互感器原边并接于电网,$K_N \gg 1$,且二次负载阻抗很大,因而正常工作时电压互感器二次侧接近于空载状态,一次电气系统电压不受二次侧负荷的影响。

电压互感器二次绕组匝数很少,阻抗很小,运行中一旦二次侧发生短路,短路电流将使绕组过热而烧毁,因此电压互感器二次要装设熔断器进行保护,不能短路运行。

(二)电压互感器的误差及准确度等级

1. 误差

与电流互感器相同,电压互感器误差也分为幅值误差和角误差。

电压互感器的幅值误差指互感器二次侧测出值 f_u。按额定变比折算为一次测出值 $K_u U_2$ 后与实际一次值 U_1 之差对实际一次值 U_1 的比值的百分数,即

$$f_u = \frac{K_u U_2 - U_1}{U_1} \times 100\% \tag{4-4-3}$$

$$K_u = \frac{U_{1n}}{U_{2n}} \approx \frac{N_1}{N_2} = K_N \tag{4-4-4}$$

式中　K_u——电压互感器额定变比。

互感器的角误差是指旋转 $180°$ 的二次侧电压相量 $-\dot{U}'_2$ 与一次侧电压相量 $\dot{U}'_1$ 的相角之差,以分(′)为单位,并规定 $-\dot{U}'_2$ 超前 $\dot{U}'_1$ 为正误差,反之为负误差。

例:$\dot{K}_u = K_u \angle 0°$——互感器额定变比复数形式

$K'_u \angle \delta_u^0$——互感器实际变比复数形式

式中　K'_u——互感器实际变比。

则此互感器的角误差为 δ_u^0。

减小互感器的误差,通常可从制造和使用两方面考虑,方法同电流互感器。

2. 准确度等级

与电流互感器相同,电压互感器的准确度等级也按幅值误差的百分数定,见表4-4-3。

表4-4-3　电压互感器的误差极限及对应的运行工况

准确度级次	运行条件		误差极限	
	一次电压变化范围	二次负载变化范围 $\cos\varphi = 0.8$	电压误差($\pm$)(%)	角误差($\pm$)(′)
0.2	$(0.85 \sim 1.15)U_{1n}$	$(0.25 \sim 1)S_{1n}$	0.2	10
0.5	同上	同上	0.5	20
1	同上	同上	1	40
3	同上	同上	3	不规定

0.2 级电压互感器用于实验室精密测量,0.5 级用于电度计量,1 级用于配电屏仪表指示,3 级用于继电保护和精度要求不高的自动装置。

（三）电压互感器的分类与参数

1.分类

按安装地点分,电压互感器分为户内型和户外型;按相数,可分为单相式、三相式;按结构性能,分为普通电磁式、串级式、电容分压式等种类。电压互感器的文字符号为TV,图形符号为⊗-或⊝,其型号表达式同电流互感器,字母含义具体见表4-4-4。

表4-4-4 电压互感器型号含义

第一个字母		第二个字母		第三个字母		第四个字母		第五个字母	
字母	含义	字母	含义	字母	含义	字母	含义	字母	含义
J	电压互感器	C D S	"串"级式 单相 三相	C G J R Z	"瓷"箱式 干式 油浸绝缘 电容分压式 浇注绝缘	J J	接地保护 油浸绝缘	W	户外式

电压互感器按其绝缘结构形式,可分为干式、浇注式、充气式、油浸式等几种;根据相数,可分为单相和三相;根据绕组数,可分为双绕组和三绕组。

1)干式电压互感器

相对于油式电压互感器,干式电压互感器因没有油,也就没有火灾、爆炸、污染等问题。其适用于500 V以下低压接线,如图4-4-9所示。

图4-4-9 干式电压互感器

2)浇注式电压互感器

浇注式电压互感器用于35 kV及以下电压等级,如图4-4-10所示。环氧树脂浇注体下部涂有半导体漆并与金属底板相连,以改善电场的不均匀性和电力线畸变的情况(见图4-4-11)。该型互感器优点是运行维护方便,但一旦损坏,不能检修,只有更新。

(a)JDZXW-10浇注式电压互感器　(b)JSZV16-10R户内三相浇注电压互感器　(c)JSZW-6、10浇注式电压互感器

图4-4-10 浇注式电压互感器

3)油浸式电压互感器

普通油浸式电压互感器的额定电压制成3～35 kV等级,铁芯和绕组均放于充满油的油箱内,绕组通过套管引出,如图4-4-12所示。

4)110 kV以上高压电压互感器

110 kV油浸式电压互感器为串级式全密封结构,由金属膨胀器、套管、器身、基座及其他部件组成(见图4-4-13)。铁芯采用优质硅钢片加工而成,叠成口字形,铁芯上柱套有平衡绕组、一次绕组,下柱套有平衡绕组、一次绕组、测量绕组、保护绕组及剩余电压绕组,器身经真空处理后由低介质损耗绝缘材料固定在用钢板焊成的基座上,装在充满变压器油的瓷箱内。一次绕组由上部接线,其余所有绕组出头均通过基座上的小套管引出,瓷箱顶部装有金属膨胀器,使变压器油与大气隔离,防止油受潮和老化,并可通过油位视察窗观测到膨胀器的工作状态。

1—一次接线端子;2—环氧浇注绝缘;
3—硅橡胶伞裙;4—一次绕组屏蔽;
5—二次绕组;6—一次绕组;
7—铁芯;8—底座衬板

图4-4-11　环氧浇注式电压互感器结构

图4-4-12　油浸式电压互感器

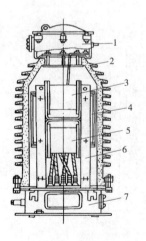  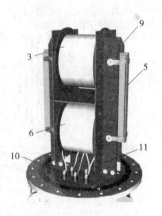

1—储油柜;2—瓷柜;3—上柱绕组;4—隔板;5—铁芯;6—下柱绕组;7—支持绝缘板;
8—底座;9—支撑电木板;10—低压套管;11—二次引出线

图4-4-13　110 kV串级式电压互感器

2.参数

1)额定电压

电压互感器的额定电压U_0指一次绕组主绝缘所能长期承受的工作电压级。此外,还有一次绕组额定电压U_{1n}和二次绕组额定电压U_{2n},对于单相式电压互感器可制成任意电压等级,额定值用相电压表示;三相式电压互感器只制成10 kV及以下电压等级,额定值用线电压表示。

2)额定容量、最大容量

同一台电压互感器对应于不同的准确度等级有不同的容量。额定容量是指对应于最高准确级的容量。最大容量是按电压互感器在最高工作电压下长期工作容许的发热条件规定的。

（四）电压互感器的接线形式

电压互感器的接线方式很多，如图4-4-14所示，较常见的如下。

（1）用一台单相电压互感器测线电压，如图4-4-14(a)所示，测相电压，如图4-4-14(b)所示。

（2）两台单相电压互感器接成V—V接线，如图4-4-14(c)所示，能测线电压和相对中性点电压。

（3）三台单相电压互感器接成$Y_0/Y_0/\triangle$接线，如图4-4-124(d)所示，这种单相电压互感器有两个二次绕组，主二次绕组接成星形，额定电压为$\frac{100}{\sqrt{3}}$ V，可测相电压、线电压、相对中性点电压；辅助二次绕组接成开口三角形，可测零序电压。辅助二次绕组额定电压为$\frac{100}{\sqrt{3}}$ V，用于小接地短路电流系统，当发生单相接地故障时，开口三角形引出端的电压约为100 V。

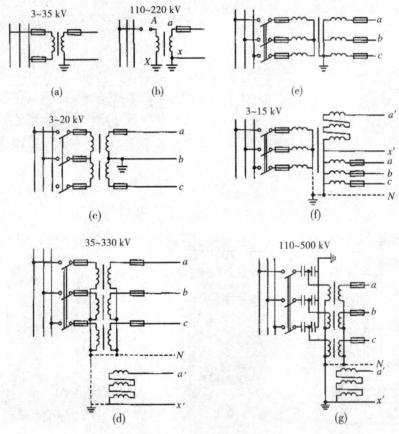

图4-4-14　电压互感器接线

（4）图4-4-14(e)为三相三柱式电压互感器的星形接线，因其一次绕组中性点不允许接地，故不能测相对地电压，目前已较少使用。

（5）三相五柱式电压互感器接线如图4-4-14(f)所示，一次及主二次绕组均接成星形，且中性点直接接地，辅助二次绕组接成开口三角形，相当于三台单相电压互感器接成$Y_0/Y_0/\triangle$接线。

（6）电容式电压互感器接线如图4-4-14(g)所示，作用同图4-4-14(d)，仅增加电容分压器。35 kV互感器原边装设熔断器，110 kV及以上电压熔断器制造较难且价格贵，故通常不设熔断器，仅设隔离开关。电容式电压互感器检修时需拔掉副边熔断器，以免其他低压串入副边后经电压互感器升压至原边后伤人。

第五节　高压断路器

一、高压断路器的作用、表示符号、型号表达式含义

高压断路器俗语称高压开关,它在正常时起控制作用,用来接通和断开电路;故障时起保护作用,在继电保护命令下跳闸,用来切断故障电流,以免故障范围蔓延。

断路器是电力系统中的控制设备,而电力系统的运行状态是多种多样的,并且其负荷状态也是经常变化的。因此,对断路器的总体要求是不论电力系统处在什么状态,不论遇到什么样的负荷情况,断路器都能有效地关合和断开所控制的线路与设备,起着控制作用;当线路与设备发生故障时,通过继电保护装置的作用,将故障部分切除,保证无故障部分正常运行,起着保护作用。断路器常断开的负荷有发电机、变压器、输配电线路、电容器组、高压电动机、电抗器、电缆线路等。由于断路器所断开的负荷不同,对其要求也不同。

根据国标其在电路中的文字符号为 QF,图形符号为，型号表达式如图 4-5-1 所示。

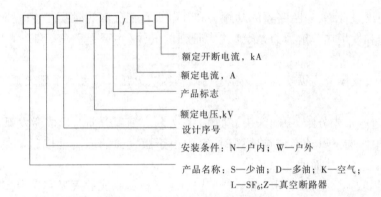

图 4-5-1　断路器型号描述

二、高压断路器的基本要求

(1)工作可靠性。在厂家规定的工作条件下能长期可靠地工作。

(2)具有足够的断路能力。短路时能可靠地断开动静触头,并将动静触头间的电弧可靠地熄灭,真正将电路断开,具有足够的热稳定和动稳定能力。

(3)具有尽可能短的切断时间。当系统发生短路时,要求高压断路器尽可能短时间地将故障切除,减少损害,提高系统运行的稳定性。

(4)能实现自动重合闸。为提高供电可靠性,线路保护多采用重合闸,当线路上发生瞬时性短路故障时,继电保护使断路器跳闸,经很短时间后断路器又自动重合闸。

(5)结构简单,价格低廉。在满足上述要求同时,还应达到结构简单、尺寸小、重量轻、价格低等经济性要求。

三、高压断路器的种类

(1)按灭弧介质的不同,断路器可划分为以下几种:

①油断路器。又分为多油断路器和少油断路器,它们都是用变压器油作为灭弧介质,其触头在油中开断、接通。

②六氟化硫(SF$_6$)断路器。利用 SF$_6$ 气体来吹灭电弧的断路器。

③真空断路器。在真空条件下灭弧的断路器,触头在真空中开断、接通。

④压缩空气断路器。利用高压力压缩空气来吹灭电弧的断路器。

⑤固体产气断路器。利用固体产气材料，在电弧高温作用下分解出的气体来熄灭电弧的断路器。

⑥磁吹断路器。在空气中由磁场将电弧吹入灭弧栅中，使之拉长、冷却而熄灭电弧的断路器。

（2）按断路器对地绝缘方式不同，可分为以下三种结构类型：

①绝缘子支柱型结构。这种结构类型的特点是灭弧室处于高电位，靠支柱绝缘子对地绝缘。它的主要优点是可以用串联若干个灭弧室和加高对地绝缘支柱绝缘子的方法组成更高电压等级的断路器。

②罐式型结构。这种结构类型的特点是灭弧室及触头系统装在接地的金属箱中，导电回路靠套管引出。它的优点是可以在进出线套管上装设电流互感器。其抗震强度大于支柱型结构。

③全封闭组合结构。这种结构类型的特点是把断路器、隔离开关、互感器、避雷器和连接引线全部封闭在接地的金属箱中，与出线回路的连接采用套管或专用气室。

（3）按其安装场所不同，从结构上可分为户内型和户外型两种。户内断路器又有悬挂式和手车式两种类型。

四、高压断路器的灭弧方式与原理

（一）绝缘油灭弧

油断路器的电弧熄灭过程是，当断路器的动触头和静触头互相分离的时候产生电弧，电弧高温使其附近的绝缘油蒸发气化和发生热分解，形成灭弧能力很强的气体（主要是氢气）和压力较高的气泡，使电弧很快熄灭。

油断路器的灭弧方式大体分为纵吹灭弧、横吹灭弧、横纵吹灭弧以及去离子栅灭弧等。

1. 纵吹灭弧

分闸时中间触头、定触头先分断，中间触头、动触头后分断。前者分断时形成激发弧，使灭弧上半室的活塞压紧，当动触头继续向下移动形成被吹弧时，室内由于激发弧的压力油以很高的速度自管中喷出，把被吹弧劈裂成很多细弧，从而使之冷却熄灭。

图4-5-2中示出了纵吹弧室的原理图。静触头1置于绝缘材料制成的灭弧室3中，动触头2从灭弧室的孔中穿过。所谓纵吹灭弧，是油流和气流与电弧平行的吹弧方式。具体过程如下。

1）封闭泡阶段

在该阶段，在电弧高温作用下，油被蒸发分解成气体，在电弧周围形成气泡。部分油从触头和灭弧室的狭缝中挤出，而大量的气体都拥挤在灭弧间的窄小空间中，故此时灭弧室中保持着几十个大气压的压力，如图4-5-2（b）所示。

在封闭泡阶段内，动触头移动的距离通常称为引弧距。

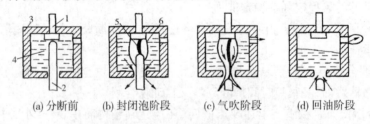

(a) 分断前　　(b) 封闭泡阶段　　(c) 气吹阶段　　(d) 回油阶段

1—静触头；2—动触头；3—灭弧室；4—油；5—电弧；6—气泡

图4-5-2　纵吹灭弧室原理图

2）气吹阶段

当触头离开灭弧室时，积聚在灭弧室中的高压气体和少量的油，经灭弧室喷口喷入油箱，如图4-5-2（c）所示。高速的气流将弧柱中的热量带走，使得电弧受到强烈的冷却、去游离而熄灭。

3）回油阶段

油气混合物从灭弧室喷出之后，电弧熄灭，灭弧室中气体仍继续向外排出。如此，灭弧室内压力不断降低，灭弧室外的油将逐步地回到灭弧室。只有当油全部回到灭弧室后，灭弧室才能恢复原有的灭弧能力。因此,要使断路器具有快速重合闸的功能(例如两次开断间隔不到 0.5 s),则必须尽量缩短回流时间。

2. 横吹灭弧

分闸时动静触头分开,产生电弧,电弧热量将油气化并分解,使消弧室中的压力急剧增高,此时气体收缩储存压力,当动触头继续运行喷口打开时,高压油和气喷出,横吹电弧,使电弧拉长、冷却熄灭。

图 4-5-3 示出了横吹灭弧室原理图,这种灭弧室的油、气出口位于触头的侧面,气流吹弧将垂直于电弧的走向,故称为横向吹弧。

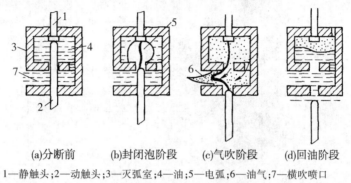

(a)分断前　　　(b)封闭泡阶段　　　(c)气吹阶段　　　(d)回油阶段

1—静触头;2—动触头;3—灭弧室;4—油;5—电弧;6—油气;7—横吹喷口

图 4-5-3　横吹灭弧室原理图

在封闭泡阶段,如图 4-5-3(b)所示,吹弧喷口基本上被动触杆堵住,灭弧室中的压力很高。在气吹阶段,如图 4-5-3(c)所示,动触头已行至灭弧室下部,喷口已被打开,高压气流将沿横向喷口喷出,形成强烈的去游离,使电弧熄灭。

3. 纵横吹灭弧

它是纵横吹结合进行灭弧的。横吹式灭弧室熄灭大电流能力强,熄灭小电流能力弱,其原因是小电流对气体的分解能力弱。为了弥补这种缺陷,采用了纵横吹灭弧室,如 DW8 – 35 型多油断路器和SN10 – 10型少油断路器均采用这种灭弧室。

(二)真空灭弧

1. 真空灭弧原理与灭弧室结构

真空灭弧室是用密封在真空中的一对触头来实现电力电路的接通与分断功能的真空器件,是利用高真空度绝缘介质。当其断开一定数值的电流时,动、定触头在瞬间,电流收缩到触头刚分离的某一点或某几点上,表现电极间的电阻剧烈增大和迅速提高,直至发生电极金属的蒸发,同时形成极高的电场强度,导致剧烈的场强发隙的击穿,产生了真空电弧,当工作电流接近零时,同时触头间距的增大,真空电离子体很快向四周扩散,电弧电流过零后,触头间隙的介质迅速由导电体变为绝缘时是电流被分断,开断结束。

真空开关管的基本结构如图 4-5-4 所示,由气密绝缘外壳、导电回路、屏蔽系统、波纹管等部分组成。

(1)气密绝缘系统。由玻壳(或陶瓷壳)及动、定端盖板和不锈钢波纹管组成气密绝缘系统,起气密绝缘作用。

(2)导电回路。主要由一对触头(电极),动、定触头座,动、定导电杆组成通与断开回路的作用。

(3)屏蔽系统。该部分通常由环绕触头四周的金属屏蔽筒构成,主要作用是防止在燃弧过程中产生的大量金属蒸气和液滴喷溅、污染绝缘外壳的内壁,造成管内绝缘下降。其次还可以改善管内电场分布,并吸收电弧能量,冷凝电弧生成物,提高真室开断电流的能力。

(4)波纹管。波纹管是由厚度为 0.1 ~ 0.2 mm 的不锈钢制成的薄壁元件,是弧室的一个重要的结构零件,它使动触头在真空状态下运动成为可能,是保证真空机械寿命的重要零件。真空灭弧室在安装、调整及使用过程中,应避免波纹管受过缩、过量的拉开,以确保波纹管的使用寿命。

真空开关管的真空处理是通过专门的抽气方式进行的,真空度一般达到 $1.33 \times 10^{-3} \sim 1.33 \times 10^{-7}$ Pa。

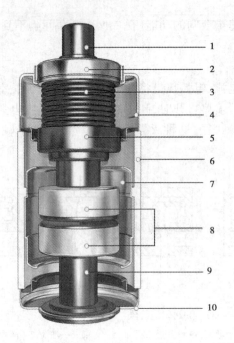

1—动导电杆;2—导向套;3—波纹管;4—动盖板;5—波纹管屏蔽罩;
6—瓷壳;7—屏蔽筒;8—触头系统;9—静导电杆;10—静盖板

图 4-5-4　真空灭弧管基本结构

2. 真空灭弧触头结构

触头的结构对真空开关的开断能力有很大的影响,例如对接盘式触头,极限开断电流能力仅能达到数千安,受阳极斑点的限制不能开断过大的电流。为了提高开端电流,采用横向磁场及纵向磁场的结构型式,开断电流可达到 40~50 kA。

1) 横向磁场触头结构

横向磁场触头结构见图 4-5-5(a)。横向磁场就是与弧柱轴线相垂直的磁场,它与电流的相互作用产生电动力使弧柱运动,能避免电极表面局部过热,抑制或推迟阳极斑点产生,这对提高极限开断能力有明显效果。磁场是靠触头中的电流流线产生的,上、下触头具有对称的螺旋线。当触头间形成电弧时,电流流经上、下螺旋线,在触头间(弧 E)产生的磁场为半径方向,在弧柱中的电流作用力作用下驱使电弧沿圆周方向运动,触头表面不断地旋转,因此电弧产生的热量能均匀地分散在较大范围的面积上,减轻局部过热现象。这类触头在 20 世纪 60 年代的真空开关产品中使用取得较好效果,使开断电流达到 30~40 kA。

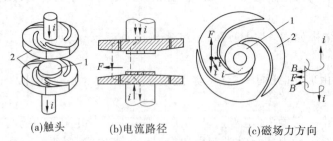

(a)触头　　　(b)电流路径　　　(c)磁场力方向

1—铜合金基弧触头;2—铜基触头;
i—电弧电流;i_1,i_2—电弧电流分量;F—横向磁场力;B—横向磁场

图 4-5-5　螺旋槽形横向磁场触头结构

横向磁场有阿基米德螺旋槽形和斜槽形两种,见图 4-5-5 和图 4-5-6。当电弧电经横向磁场触头时,由磁场 B 产生横向磁场力 F 来驱使真空电弧不断在触头表面运动,使电弧扩散,直至灭弧。

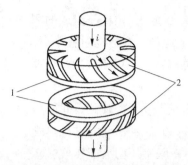

1—铜合金基弧触头;2—铜基触头;i—电弧电流

图 4-5-6　斜槽形横向磁场触头

2）纵向磁场

当电弧电流流经纵向磁场触头时,产生的真空电弧具有扩散型电弧的基本特性,然后再由扩散型电弧转变为聚型电弧,直至灭弧。

(1)单极型纵向磁场(见图 4-5-7)的动、静触头线圈完全相同,当电流流过触头及线圈时,其方向一致,电流在弧区内产生纵向磁场,在纵向磁场作用力用下进行灭弧,可以大大提高分断能力。

(2)多极型纵向磁场触头电弧电流的途径、大小以及纵向磁场极性表示在图 4-5-8 上。

可见 4 个磁力线的极性在对角的 1/2 区域是相同的,同时在轴中心上由于 A、B、C、D 磁场相互抵消而没有磁场,并不产生涡流效应,而在电弧电流到达峰值时能产生较大的纵向合力磁场,在电流为零时剩余磁场相当低。由此,纵向磁场对提高真空断分断能力是十分有效的。

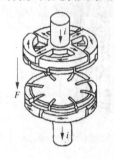

i—电弧路径;F—纵向磁场力

图 4-5-7　单极型纵向磁场触头

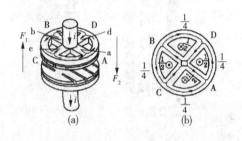

i—电弧电流;F_1、F_2—纵向磁场力;
A、B、C、D—磁场区;a、b、c、d—电弧电流路径

图 4-5-8　多极型纵向磁场触头

（三）六氟化硫气体灭弧

SF_6 气体的分解温度(2 000 K)比空气(主要是氮气,分解温度约 7 000 K)低,而需要的分解能(22.4 eV)比空气(9.7 eV)高,因此在分解时吸收的能量多,对弧柱的冷却作用强。即使在一个简单开断的灭弧室中,其灭弧能力也比空气大 100 倍。

为了加强 SF_6 气体的灭弧效果,灭弧室还采用了永磁式旋弧原理。为了使电弧迅速熄灭,开关在断电流过程中,动、静触头刚分离时便产生电弧,此时,由于永久磁铁的磁场作用,驱动电弧快速运动,使电弧拉长并不断与 SF_6 气体结合,被迅速游离和冷却,在电流过零时熄灭,双断口开距具有隔离断口的绝缘水平。永磁式旋弧原理,操作功小,熄弧能力强,触头烧伤轻,延长了电气寿命。

灭弧室整体安装在灭弧室瓷套内,是断路器的核心部件。它主要由瓷套、静触头、静主触头、静弧触头、喷口、气缸、动弧触头、中间触头、下支撑座、拉杆等零部件组成(见图 4-5-9)。其中吸附剂装在静触头支座的上部,拉杆与支柱瓷套内的绝缘拉杆相连,并最终连至拐臂箱内的传动轴。灭弧室瓷套由高强瓷制成,具有很高的强度和很好的气密性。

当断路器接到分闸后,以气缸、动弧触头、拉杆等组成的刚性运动部件在分闸弹簧的作用下向下运动。在运动过程中,静主触指先与动主触头(气缸)分离,电流转移至仍闭合的两个弧触头上,随后弧触头分离形成电弧。

在开断短路电流时,由于开断电流较大,故弧触头间的电弧能量大,弧区热气流流入热膨胀室,在热膨胀室内进行热交换,形成低温高压气体;此时,由于热膨胀室压力大于压气室压力,故单向阀关闭。当电流过零时,热膨胀室的高压气体吹向断口间,使电弧熄灭。在分闸过程中,压气室内的气压开始时被压缩,但达到一定的气压值时,底部的弹性释压阀打开,一边压气,一边放气,使机构不必要克服更多的压气反力,从而大大降低了操作功,见图4-5-10(b)。

在开断小电流时(通常在几千伏以下),由于电弧能量小,热膨胀室内产生的压力小,此时,压气室内的压力高于热膨胀室内的压力,单向阀打开,被压缩的气向断口处吹去。在电流过零时,这些具有一定压力的气体吹向断口使电弧熄灭,见图4-5-10(c)。

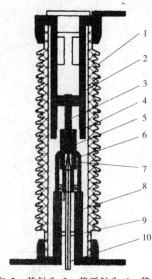

1—瓷套;2—静触头;3—静弧触头;4—静主触头;
5—喷口;6—气缸;7—动弧触头;8—中间触头;
9—下支撑座;10—拉杆

图 4-5-9　灭弧室结构图

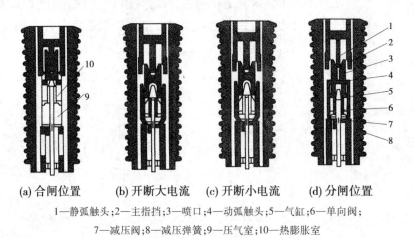

(a) 合闸位置　　(b) 开断大电流　(c) 开断小电流　(d) 分闸位置

1—静弧触头;2—主指挡;3—喷口;4—动弧触头;5—气缸;6—单向阀;
7—减压阀;8—减压弹簧;9—压气室;10—热膨胀室

图 4-5-10　灭弧原理

(四)压缩空气灭弧

气吹灭弧是利用压缩空气来熄灭电弧的。压缩空气作用于电弧,可以很好地冷却电弧,提高电弧区的压力,很快带走残余的游离气体,所以有较高的灭弧性能。按照气流吹弧的方向,它可以分为横吹和纵吹两类。横吹灭弧装置的绝缘件结构复杂,电流小时横吹过强,会引起很高的过电压,故已被淘汰。图4-5-11表示了纵吹(径向吹)的一种形式。压缩空气沿电弧径向吹入,然后通过动触头的喷口、内孔向大气排出,电弧的弧根能很快被吹离触头表面,因而触头接触表面不易烧损。因为压缩空气的压力与电弧本身无关,所以使用气吹灭弧时要注意熄灭小电流电弧时容易引起过电压。由于气吹灭弧的灭弧能力较强,故一般运用在高压电器中。

图4-5-12(a)、(b)、(c)表示了分闸过程中电弧的产生和拉长以及压缩空气吹弧、灭弧的整个过程。

(五)磁吹灭弧

电磁式磁吹断路器利用分断电流流过专门的磁吹线圈产生吹弧磁场将电弧熄灭,结构如图4-5-13所示。其原理是利用绝缘灭弧片和小弧角(装在灭弧片下端的U形钢片)将电弧分割,形成连续的螺管电弧,并产生强磁场,从而驱使电弧在灭弧片狭缝中迅速运动,直至熄灭。这种断路器三相装在一个手车式底架上,配用一个操动机构。合闸时,由动、静主触头快速接通导电回路;分闸时,电弧在动、静触头

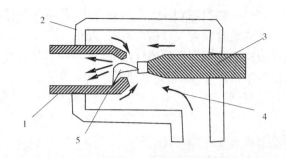

1—动触头;2—灭弧室瓷罩;3—静触头;4—压缩空气;5—电弧

图4-5-11　气吹灭弧装置

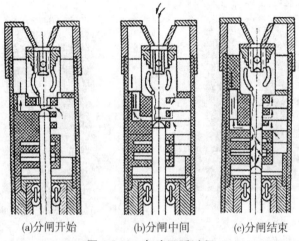

(a)分闸开始　　　(b)分闸中间　　　(c)分闸结束

图4-5-12　气吹灭弧过程

之间产生,在流经触头回路的电流磁场和压气皮囊产生的作用下,被转移到大弧角上。此时,在辅助系统的磁场驱动下,电弧继续迅速向上运动,当到达小弧角时,电弧被分割成相互串联的若干短弧,这些短弧在电流磁场和小弧角磁性的推拉作用下,很快进入狭缝,形成一个直径不断增大的螺管电弧。这种断路器结构较简单,体积较小,重量较轻,分断性能高。

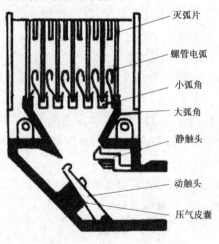

图4-5-13　瓷吹灭弧原理

五、常用的高压断路器

(一)油断路器

1.油断路器的种类

油断路器分多油断路器和少油断路器两大类。多油断路器中的油量多,油既作为灭弧的介质,又作为动、静触点间的绝缘介质和带电导体对地(外壳)的绝缘介质,故称为多油断路器。多油断路器体积庞大,检修困难,造成爆炸和火灾的危险性较大,现在应用已经很少。

少油断路器带有用瓷或环氧树脂玻璃制成的绝缘油箱,油箱中的油仅作为灭弧介质和触点断开后的绝缘介质,不作对地绝缘,油量用得较少,故称为少油断路器。少油断路器克服了多油断路器体积大、油量多的缺点,曾被广泛应用。但目前,有被其他类型断路器取代的趋势。鉴于多油断路器已经较少应用,下面仅介绍少油断路器。

2.少油断路器的型号及应用范围

我国生产的少油断路器分户内与户外两种类型。20 kV 及以下电压等级的少油断路器多为户内式,35 kV 以上的则多为户外式。目前,国产的少油断路器型号有 SN10 – 10 Ⅰ、Ⅱ、Ⅲ系列,SN10 – 35,SW – 110(220)系列,如图4-5-14 所示。

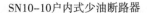

SN10–10户内式少油断路器　　　　　　SW2–60户外式少油断路器

图4-5-14　少油断路器实物图片

下面以 SN10 – 10 Ⅰ、Ⅱ、Ⅲ系列为例,说明少油断路器的特点和适用范围。

1)SN10 – 10 Ⅰ型

其额定电压为 10 kV,最高工作电压为 11.5 kV,额定电流为 630 A 和 1 000 A。所配用的操动机构为 CD10 – Ⅰ型直流电磁式机构或配用 CT8 – Ⅰ型交、直流弹簧蓄能式机构。

2)SN10 – 10 Ⅱ型

其额定电压为 10 kV,最高工作电压为 11.5 kV,额定电流为 1 000 A。所配用的操动机构为 CD10 – Ⅱ型直流电磁式机构或配用 CT8 – Ⅱ型交、直流弹簧蓄能式机构。

3)SN10 – Ⅲ型

其额定电压为 10 kV,最高工作电压为 11.5 kV,额定电流为 1 250 A 和 3 000 A。所配用的操动机构为:额定电流为 1 250 A 的断路器配用 CD10 – Ⅱ型,额定电流为 3 000 A 的断路器配用 CD10 – Ⅲ型。

3.SN10 – 10 系列少油断路器的结构

SN10 – 10 型少油断路器采用分离 – 装配式总体布置,三相各自独立,共用一套传动机构和一台操动机构。Ⅰ、Ⅱ、Ⅲ型结构基本相似,唯有Ⅲ型 3 000 A 断路器箱体采用双筒结构,由主筒和副筒组成。图 4-5-15 是 SN10 – 10 Ⅰ、Ⅱ型外形图,图 4-5-16 是 SN10 – 10Ⅲ型外形图。图 4-5-17 ~ 图 4-5-19 为 SN10 – 10 Ⅰ、Ⅱ、Ⅲ型结构图。

断路器由导电系统、绝缘系统、灭弧系统、操动系统四部分组成。

导电部分由上出线座5、静触座 7 和静触指 13、导电杆20、下出线座18、滚动触头 19 等组成,见图 4-5-17。导电系统的作用是传导电流,当断路器通过正常负荷电流时,能满足动稳定和热稳定要求。

绝缘系统包括对地绝缘、相间绝缘和断口绝缘三部分。对地绝缘由支持绝缘子30 和绝缘拉杆29 承担;相间绝缘由空气承担;断口绝缘主要由动、静触头分离后形成的油间隙和灭弧室15 承担(见图 4-5-17)。

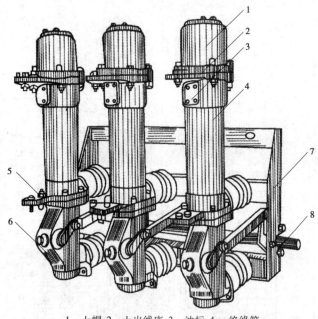

1—上帽;2—上出线座;3—油标;4—绝缘筒;
5—下出线座;6—基座;7—框架;8—主轴

图 4-5-15　SN10-10Ⅰ、Ⅱ型外形图

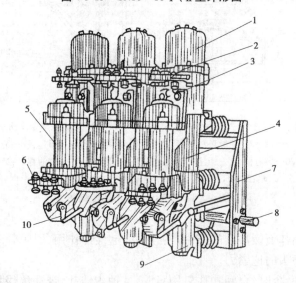

1—上帽;2—上出线座;3—油标;4—主筒;5—副筒;6—下出线座;
7—框架;8—主轴;9—主基座;10—副基座

图 4-5-16　SN10-10Ⅲ型外形图

绝缘系统的作用是:在最高工作电压和规定的试验电压下,不致产生相对地和相间闪络,以及不产生电晕放电。SN10-10型少油断路器的绝缘结构决定其外形尺寸。

灭弧系统的性能决定断路器的性能优劣,决定断路器的分、合闸能力,是断路器的核心部分。

操动系统在由球墨铸成的基座22内(见图4-5-17),装有转轴、拐臂和连扳组成的变直机构,将四连杆机构的旋转运动,变位导电杆的直线运动。当断路器分闸时,操动机构通过转轴27、绝缘拉杆29和基座22内的变直机构,使导电杆20上下运动,以实现分、合闸。图4-5-20和图4-5-21为操动机构传动过程原理图。在此利用图4-5-20来说明其合闸、分闸过程。

当操动机构接到合闸命令时,通过传动拉杆和拐臂,把力传到主轴4上,主轴4转动,通过绝缘拉杆5使油箱基座上的转轴9转动,且由变直机构将转动变为导电杆11向上的直线运动,最后插入静触头中,使断路器合闸。同时,框架上的分闸弹簧1拉伸蓄能,合闸缓冲弹簧压缩蓄能。最后由操动机构扣

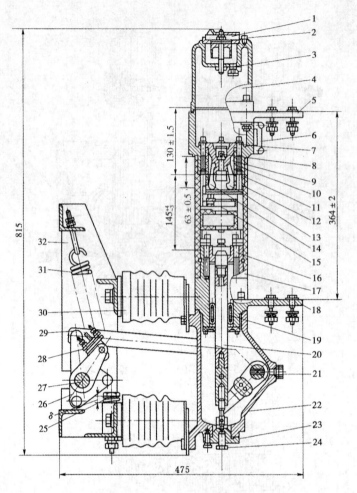

1—帽盖;2—注油螺丝;3—活门;4—上帽;5—上出线座;6—油位指示器;7—静触座;8—逆止阀;9—弹簧片;
10—绝缘套管;11、16—压圈;12—绝缘环;13—静触指;14—弧触指;15—灭弧室;17—绝缘筒;18—下出线座;
19—滚动触头;20—导电杆;21—螺栓;22—基座;23—油阻尼器;24—放油螺钉;25—合闸缓冲器;
26—轴承座;27—转轴;28—分闸限位器;29—绝缘拉杆;30—绝缘子;31—分闸弹簧;32—框架

图 4-5-17　SN10－10 I 型结构图

住,保持在合闸位置。合闸弹簧缓冲器的作用是:合闸时起缓冲作用,以吸收动作部分的动能;开断大电流时,帮助分闸弹簧克服触头的抱紧力。

当操动机构接到分闸命令时,合闸扣住机构释放,主轴 4 转动,带动绝缘拉杆 5 及主转轴 9,使导电杆向下运动而分闸,当分闸快到中点时,油缓冲器的塞杆正好插入导电杆尾端的孔中,油缓冲器开始起作用,使导电杆的运动速度逐渐减慢,不致产生过大的冲击。最后由分闸弹簧的预拉力使主轴拐臂的滚子紧靠在分闸限位缓冲器上,从而使断路器保持在最后的分闸位置上。

除上述所介绍的四部分外,还需说明的是:

(1)基座 22 下部装有放油螺钉 24 和油阻尼器 23,油阻尼器 23 是当断路器分闸时起油缓冲作用。合闸缓冲器 25 起合闸缓冲作用,调整分闸弹簧 31 和合闸缓冲弹簧的压力,可使分、合闸速度达到规程要求。

(2)导电杆 20 和下出线座 18 之间装有滚动触头 19,滚动触头 19 的作用是在弹簧作用下与导电杆及出线座间紧密接触,保证载流能力和动、热稳定性。

(3)静触座 7 中间装有一个逆止阀 8,起单相阀作用,防止开断时电弧烧坏静触座 7 表面。

(4)Ⅲ型 3 000 A 断路器副筒与主筒并联,副筒没有灭弧室,故合闸时主筒触头先接通,而分闸时副筒触头先分开,这样,在分、合闸过程中副筒内没有电弧产生,故动、静触头也无耐弧合金。副筒仅作为并联载流回路,其中绝缘油主要用作断口绝缘与散热。

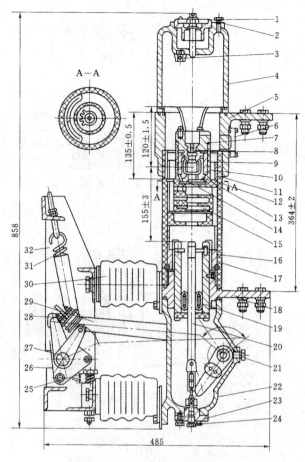

图 4-5-18　SN10 – 10Ⅱ型结构图

（图中 1~32 标注与图 4-5-17 的标注相同）

（5）上出线座 5 上装有油位指示器 6。

（6）油气分离器位于帽盖 1 中。当断路器开断时，从弧道排出的高压油气冲入上帽的缓冲空间立即膨胀，并通过一个 $\phi3.5$ mm 的斜孔进入小室，并沿着小内壁切线方向旋转，使油和气分开。油通过活门流过箱体内，少量气体通过分离器顶盖排气孔逸出。这种分离器为惯性膨胀式，分离是利用油的惯性大、气体惯性小的原理，分离效果好，排出油气少。

4. SW2 型少油断路器的结构

SW2 型少油断路器是以 60 kV 为基本灭弧单元，更高的电压级则由几个基本灭弧单元区单元组装而成，因此采用多断口积木式结构。60 kV 级断路器每相一个断口；110 kV 级每相两个断口，组成 Y 形单柱；220 kV 级每相四个断口，组成两个 Y 形单柱，两个单柱之间用拉杆连接组成一相。相与相间用机械传动拉杆连接。

SW2 型断路器由底座、瓷瓶、提升杆、传动机构箱、灭弧单元、均压电容器等组成。其传动过程是操动机构的能量通过水平拉杆，经底座中的外拐臂、内拐臂使提升杆做上、下运动。提升杆经传动机构箱中的变直机构，带动灭弧室中的触头进行合闸或分闸操作。

（二）真空断路器

真空断路器因其灭弧介质和灭弧后触头间隙的绝缘介质都是高真空而得名；其具有体积小、重量轻、适用于频繁操作、灭弧不用检修的优点，在配电网中应用较为普及。真空断路器 V31 – 12 是 3~10 kV，50 Hz 三相交流系统中的户内配电装置，可供工矿企业、发电厂、变电站作为电器设备的保护和控制之用，特别适用于要求无油化、少检修及频繁操作的使用场所，断路器可配置在中置柜、双层柜、固定柜中作为控制和保护高压电气设备用。

真空断路器在 3~35 kV 配电系统中已得到了广泛的应用，技术上也逐渐成熟，其开断电流已达到

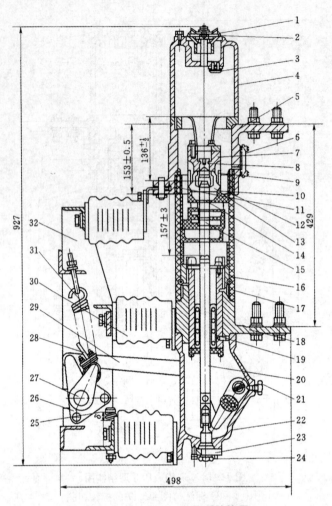

图 4-5-19　SN10 - 10Ⅲ型结构图

（图中 1～32 标注与图 4-5-17 的标注相同）

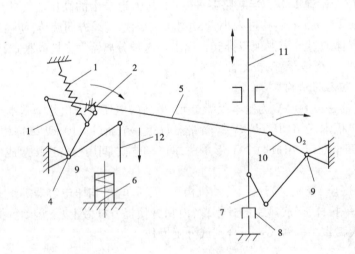

1—分闸弹簧;2—分闸限位器;3—拐臂;4—主轴;5—绝缘拉杆;6—合闸缓冲弹簧;
7—连杆;8—油缓冲器;9—转轴;10—摇臂;11—导电杆;12—垂直拉杆

图 4-5-20　SN10 - 10Ⅰ、Ⅱ及 SN10 - 10Ⅲ/1250 操动机构传动示意图

50 kA,额定电流达到 2 500 A,应用发展的潜力仍然很大。利用多断口串接的原理,可以将真空开关的
技术应用到更高电压等级中。户内真空断路器的外形与结构如图 4-5-22 所示。

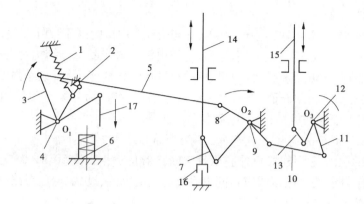

1—合闸弹簧；2—分闸限位器；3—拐臂；4—主轴；5—绝缘拉杆；6—合闸弹簧缓冲器；
7—连杆；8—主摇臂；9—主转轴；10—副筒拉杆；11—副摇臂；12—副转轴；13—连杆；
14—主导电杆；15—副导电杆；16—油缓冲器；17—垂直连杆

图 4-5-21　SN10 - 10 Ⅲ $/{}_{3000}^{2000}$ 操动机构传动示意图

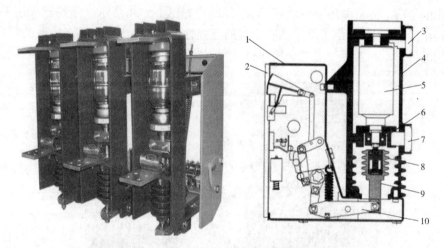

1—操动机构外壳；2—面板；3—上出线座；4—绝缘筒；5—真空灭弧室；
6—导电夹；7—下出线座；8—触头弹簧；9—绝缘拉杆；10—传动拐臂

图 4-5-22　VS1 - 12 真空户内断路器外形与结构

1. 真空断路器的型号和应用范围

1）ZW□ - 40.5 型系列户外高压真空断路器

ZW□ - 40.5 型系列户外高压真空断路器系三相交流 50 Hz、额定电压为 40.5 kV 的户外高压电器。附装弹簧操动机构或电磁操动机构，可以远控电动分闸、合闸，也可就地手动蓄能手动分闸、合闸。设计性能符合国家标准《交流高压断路器》(GB 1984—1989) 的要求，并满足国际电工委员会标准《高压交流断路器》(IEC - 56) 的要求。ZW□ - 40.5 型真空断路器，主要用于户外 35 kV 输变电系统的控制与保护，也适用于城乡配电网络及工矿企业的正常操作与短路保护。该新产品总体结构为瓷瓶支柱式。上瓷瓶内装真空灭弧室，下瓷瓶为支柱瓷瓶。适用于频繁操作的场所，并具有密封性好、抗老化、耐高压、不燃烧、无爆炸、使用寿命长、安装维护方便等特点。

2）ZN28 - 12 系列真空断路器

ZN28 - 12 系列真空断路器为额定电压 12 kV、三相交流 50 Hz 的高压户内开关设备。该产品总体结构为开关本体与操作机构一体安装或开关本体与操作机构分离安装两种形式。一体式结构即为 ZN28 - 12 基本型；分体式结构为 ZN28A - 12 型，适应于各种固定式开关柜，如 GG - 1A(Z) XGN2A10 (Z) 等。该产品可配用 CD17、CD10A 型直流电磁操动机构和 CT17、CT19 型弹簧蓄能式操动机构。ZN28 - 12 系列有户内手车式和户内分离式。

3) ZW8 - 12 系列真空断路器

ZW8 - 12 系列真空断路器为额定电压 12 kV、三相交流 50 Hz 的高压户外开关设备,主要用来开断农网、城网和小型电力系统的负荷电流、过载电流、短路电流。该产品总体结构为三相共箱式,三相真空灭弧室置于金属箱内,利用 SMC 绝缘材料相间绝缘及对地绝缘,性能可靠,绝缘强度高。ZW8A - 12 是由 ZW8 - 12 断路器与隔离开关组合而成的,称为组合断路器,可作为分段开关使用。本系列产品的操动机构为 CT23 型弹簧蓄能操动机构,分为电动和手动两种。

4) W32 - 12、ZW32 - 12G 系列柱式户外高压真空断路器

ZW32 - 12、ZW32 - 12G 系列柱式户外高压真空断路器是三相交流 50 Hz、额定电压 12 kV 的户外高压开关设备,适用于开断、关合城市或农村配电系统的负荷电流、过载电流、短路电流。

2. 真空断路器的结构与工作原理

1) 户内真空短路器

户内真空断路器有手车式和分体式两种类型。

ZN28 - 12C 系列真空断路器为手车式,主要配用高压金属铠装中置式开关柜,该产品是三相交流 50 Hz、额定电压为 12 kV 户内装置,可供工矿企业发电厂及变电站作电气设施的保护和控制之用,并适用于频繁操作的场所。外形如图 4-5-23 所示,总体结构如图 4-5-24 所示。断路器采用手车式。断路器是安装在可抽出的手车上的,由于手车柜有很好的互换性,因此可以大大提高供电的可靠性,这个坏了可以换上备用的手车。一般手车有三个工作位:运行位、试验位、检修位。

图 4-5-23 ZN28 - 12C 系列真空断路器外形

检修位置:就是把断路器拉出柜外,可以方便检修。

试验位置:把断路器拉到断路器可动作,但断路器与一次系统是脱离的,且是安全脱离的,就是一次触头间能保证安全距离的位置,二次插头还插在插座上,只要一合操作电源,就可以试验二次回路和断路器动作是否正常。

工作位置(热备用):开关柜所有元器件都处于工作状态,只是断路器没有合闸;这种状态叫热备用,马上需要合闸的线路应放在热备用,自动合闸的也需要放在热备用,现场按钮操作启动的电机开关也需要放在热备用(对现场操作人员来说,这台电机已送电,只是还没启动)。

手车式真空断路器采用一体化结构,由真空灭弧室、绝缘支持、操作机构和传动机构等组成。断路器采用电机蓄能弹簧操作机构,具有电动关合、电动开断、手动蓄能、手动开断和过电流自动脱扣开断等功能。

ZN12 - 40.5 为分体式户内真空三相交流断路器,断路器的机构与灭弧室系统设计成一体,专用的西门子公司 3AF 型弹簧操动机构,采用两用电动机进行交直流蓄能操作,也可用于手动操作。外形与结构如图 4-5-25 所示。

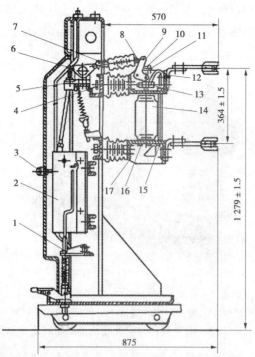

1—联锁机构;2—操动机构;3—脱扣按钮;4—螺栓;5—开距调整片;6—转轴;7—触头弹簧;

8—超行程调整螺栓;9—拐臂;10—导杆;11—导向板;12—动支架;13—导电夹紧固螺栓;

14—真空灭弧室;15—螺栓;16—灭弧室固定螺栓;17—静支架

手车宽690 mm 时,相间中心距(230±2)mm;

手车宽850 mm 时,相间中心距(250±2)mm

图 4-5-24　ZN28-12C 系列真空断路器结构

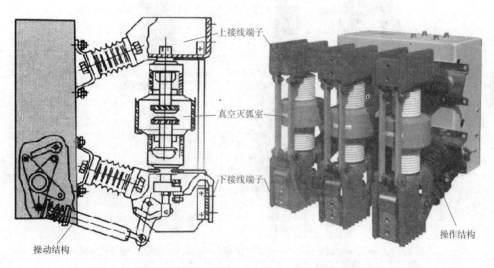

图 4-5-25　ZN12-40.5 户内真空断路器结构

2)户外柱上真空断路器

　　ZW32-12/630-25 型户外柱上高压真空断路器,外形结构如图4-5-26所示,是额定电压为 12 kV、50 Hz 三相交流的户外配电设备。主要用于配电网开断、关合电力系统中的负荷电流、过载电流及短路电流。适用于变电站及工矿企业配电系统中作保护和控制之用,更适用于农村电网及频繁操作的场所,特别适用于城网、农网改造的需要。主要用于城网和农网的配电系统中,作为分、合负荷电流、过载电流及短路电流之用。是取代油浸式断路器实现无油化的理想产品。外绝缘采用硅橡胶材料,绝缘可靠,防污秽能力强。真空断路器配用弹簧蓄能操作机构,可手动操作、电动操作和遥控分合闸操作。可在断路器侧边加装隔离开关,形成户外高压真空断路器—户外高压隔离开关组合电器,增加了可见隔离断口,并具有可靠的联锁操作。根据用户要求,可与相应的控制器配合组成交流高压真空自动重合器、自动分段器,自备操作电源,是实现配电网自动化的理想设备。采用高压电压互感器结构外置、内置均可。

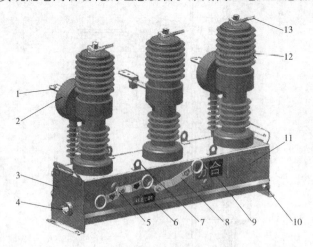

1—下出线座;2—电流互感器;3—箱体;4—连锁轴;5—分合闸操作手柄;6—蓄能标志牌;7—吊环;
8—蓄能操作手柄;9—分合标志牌;10—接地螺母;11—铭牌;12—极柱部分;13—上出线端子

图 4-5-26　ZW32－12 系列户外交流高压真空断路器外形及结构

ZW32－12 系列户外交流高压真空断路器的灭弧机构如图 4-5-27 所示。断路器的户外柱上安装位置如图 4-5-28 所示。

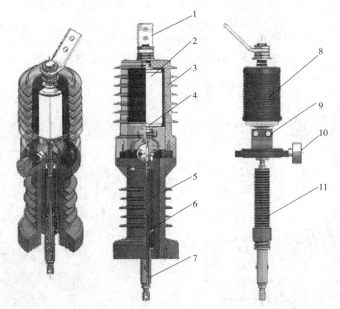

1—上出线座;2—真空灭弧室;3—上支柱绝缘筒;4—导电夹;5—下支柱绝缘筒;
6—触头弹簧;7—连接杆;8—波纹套;9—软连接;10—法兰;11—绝缘拉杆

图 4-5-27　真空灭弧室结构

3.分界断路器

分界断路器是集真空断路器、分界断路器、分段四大开关于一体的多功能智能化装置产品,主要配置由真空分界断路器本体、控制器、外置电压互感器(注:配网自动化环网线路中可选双侧 PT)三大部分组成,产品广泛用于 10 kV 城市、农村配电网架空环网线路中作分段隔离开关、联络开关,可实行环网线路负荷调配的自动化开关装置,在大用户供电的分支线路中可作为分界开关(俗称"看门狗"),馈线架空配电网络作分界断路器分段器之用,真空分界断路器具有远程管理模式、保护控制功能及通信功能。能可靠判断、检测界内毫安级零序电流及相间短路故障电流,实现自动切除单相接地故障和相间短

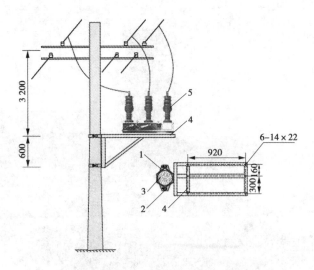

1—抱箍;2—安全螺栓;3—水泥电线杆;4—安装架;5—断路器

图4-5-28　柱上真空断路器安装图

路故障。因此,分界断路器称为配网的"看门狗"。

分界断路器具有自动切除单相接地故障、自动隔离相间短路故障、自动隔离故障线路和快速定位故障点的功能。自动切除单相接地故障,当用户支线发生单相接地故障时,分界断路器自动分闸,变电站及馈线上的其他分支用户感受不到故障的发生。自动隔离相间短路故障,当用户支线发生相间短路故障时,分界断路器先于变电站出线保护开关跳闸。自动隔离故障线路,不会波及馈线上的其他分支用户停电。快速定位故障点,当用户支线故障造成分界断路器保护动作后,仅责任用户停电,由其主动报送故障信息,电力公司可迅速派员到场排查。分界断路器如配有通信模块,则自动将信息报送到电力管理中心。监控用户负荷,分界断路器可配置有线或无线通信附件,将监测数据传送到电力管理中心,实现对用户负荷的远方实时数据监控。远方操作功能,用户可以通过手机短信或计算机后台方式操作真空分界断路器分闸。

ZW20－12型户外交流户外智能分界真空断路器("看门狗")为额定电压12 kV、三相交流50 Hz的户外高压开关设备。ZW20型户外高压分界开关主要由ZW20－12型真空断路器本体、FDR控制器、外置电压互感器三大部分构成,三者通过航空插座及户外密封控制电缆进行电气连接。

ZW20－12型真空断路器的安装方式如图4-5-29所示,其外形如图4-5-30所示,结构见图4-5-31。

(三)六氟化硫断路器

1.SF_6断路器的分类

1)按外形结构分类

SF_6断路器按外形结构分为两类:

(1)瓷柱式SF_6断路器,使用比较普遍。

(2)落地罐式SF_6断路器。

2)按灭弧方式分类

按灭弧方式分主要有三类:

(1)压气式SF_6断路器。压气式SF_6断路器又分两类:①双压式灭弧室;②单压式灭弧室。

(2)旋弧式SF_6断路器。

(3)气自吹式SF_6断路器。

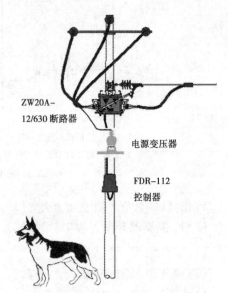

ZW20A－12/630断路器

电源变压器

FDR－112控制器

图4-5-29　配网"看门狗"分界断路器安装方式

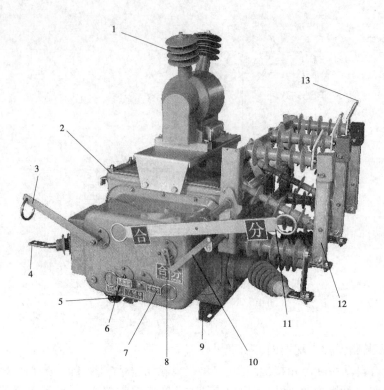

1—电压互感器;2—不锈钢喷塑箱体;3—手动蓄能手柄;4—下接线板;5—控制接线航插;
6—蓄能指针;7—手动分合手柄;8—断路器分合指针;9—安装槽钢;10—断路器-隔离刀机械联锁;
11—隔离刀操作手柄;12—隔离刀;13—上接线板

图 4-5-30 分界真空断路器外形

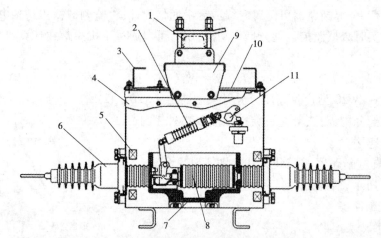

1—固定横担;2—绝缘拉杆;3—防爆装置;4—外壳;5—(A、C 相/零序)电流组合互感器;
6—进出线套管;7—绝缘盒;8—真空灭弧室;9—起吊装置;10—上盖;11—主轴

图 4-5-31 分界真外断路器结构

3)按动、静触头开距变化分类

按 SF$_6$ 断路器开断过程中动、静触头开距变化分为两类:

(1)定开距 SF$_6$ 断路器。

(2)变开距 SF$_6$ 断路器。

4)按使用场合分类

按使用场合分为三类:

(1)户内式。

（2）户外式。

（3）手车式（用于高压开关柜）。

六氟化硫断路器已经广泛应用于发电厂、变电站及工矿企业等发、配电系统，由于应用场合不同和应用电压不同，产生了不同类型、不同电压等级的六氟化硫断路器。图 4-5-32 列举了几种不同类型的 SF_6 断路器。

LN2–10 户内手车式

LN2–40.5 户内手车式

LW3–12 户外式

LW35–40.5 户外柱上式

LW36–126 户外立柱式

LW54–252 户外落地罐式

图 4-5-32　六氟化硫断路器实物图片

2. SF_6 断路器的结构

这里介绍有代表性的几种断路器。

1）LN2 - 10 户内手车式 SF_6 断路器

（1）结构。

LN2 - 10 户内手车式 SF_6 断路器的形状与外部结构见图 4-5-33，由接线端子、灭弧室、操作结构和小车组成。

（2）灭弧原理。

LN2 - 10 型低压六氟化硫断路器的内绝缘采用的是六氟化硫气体。其灭弧原理采用了旋弧纵吹式和压气式相配合的高效灭弧方式。当电弧从弧触指转移到环形电极上时，电弧电流通过环形电极流过

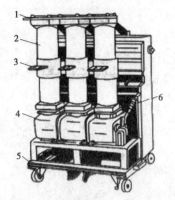

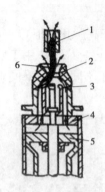

1—上接线端子；2—绝缘筒（内为气缸、触头等）；
3—下接线端子；4—操作结构；5—小车；6—断路弹簧

图4-5-33　LN2-10SF$_6$断路器

1—静触头；2—绝缘喷嘴；3—动触头；
4—气缸；5—压气活塞；6—电弧

图4-5-34　LN2-10灭弧室结构

线圈产生磁场，磁场和电弧电流相互作用使电弧旋转，同时加热气体，并使得其压力升高，从而在喷口形成高速气流，将电弧冷却。

（3）特点与操作形式。

手车式LN2-10断路器为柱式三相结构，三相通过底部的箱体和上部三个绝缘子固定于手车架上。弹簧操作机构是通过边杆带动大转轴旋转，从而带动三相各自的摇臂及三相各自的小轴使三相导电杆及活塞变成垂直的上运动，实现分、合闸。分闸力来自于大轴上的分闸弹簧。

2）LW3-10户外式SF$_6$断路器

LW-10是10 kV户外式SF$_6$断路器，LW3-10系列分Ⅰ、Ⅱ、Ⅲ型，这种户外高压六氟化硫断路器主要用于中小型变电站10 kV侧出口断路器或主开关，也适用于单台10 kV高压开关设备的控制和保护。

（1）外形与结构。

由操作机构箱、断路器本体、手动蓄能手柄和手动合闸拉环等构成。见图4-5-35。

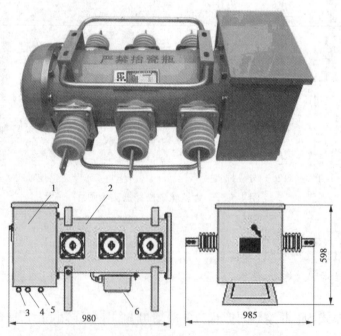

1—操作机构箱；2—断路器本体；3—手动蓄能手柄；4—手动合闸拉环；
5—手动分闸拉环；6—压力表

图4-5-35　LW3-10六氟化硫户外断路器　（单位：mm）

断路器本体采用三相共箱式结构,见图4-5-36。三相导电回路对称分布,断路器有一根主轴贯穿箱中,一端伸出体外与安装在端部的操动机构相连接,主轴上装有三个绝缘拐臂,当主轴转动时,通过传动机构使动触头进行分闸、合闸。在断路器的进相均装有10 kV套管式电流互感器,二次线圈直接与操动机构的过流脱扣器相连接,当出现过流和断路故障时,可使断路器自动分闸。

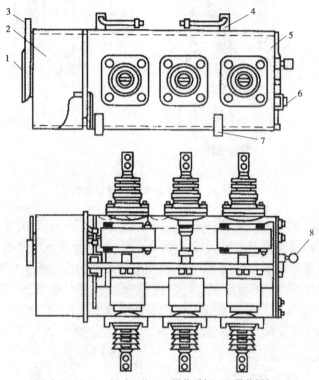

1—分合指示板;2—操动机构;3—操作手柄;4—吊装螺杆;
5—断路器本体;6—充放气接头;7—固定板;8—压力表

图 4-5-36　LW3 – 10 外形结构

图4-5-37是LW3 – 10型断路器的内部结构图,由动、静触头,磁吹线圈,圆筒电极,电流互感器等部件组成。每相导电回路由两个导电杆分别通过瓷套管引出箱体,两导电杆在箱内的一端分别与静触头和动触杆相接触,在静触头前方有一个金属制成的圆筒电极,电极的外侧是磁吹线圈。

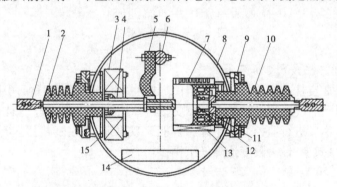

1—接线端子;2—左瓷瓶装配;3—电流互感器;4—动触头;5—拨叉;
6—主轴;7—磁吹线圈;8—外壳;9—密封圈;10—右瓷瓶装配;
11—静触头;12—触指座;13—圆筒电极;14—吸附剂;15—折叠触头

图 4-5-37　LW3 – 10 型断路器内部结构

(2)灭弧原理。

LW3 – 10采用旋弧式灭弧方式,旋弧式灭弧断路器是利用电弧在磁场中作旋转运动,使电弧冷却而熄火的灭弧方式。而电弧所在的磁场往往又是利用被开断电流自身产生的。从这个意义上讲,有时

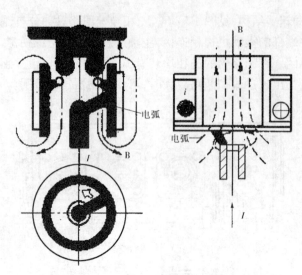

图 4-5-38　径向旋弧和轴向旋弧

也把它作为一种自能灭弧的方式。根据磁场与电弧运动方式的不同,又可分为径向旋弧和轴向旋弧两种(见图4-5-38)。前者电弧轴线与动触头轴线近乎垂直,而后者则近乎平行,但都必须具备电弧电流与磁场有正交分量这个基本原则,否则就得不到驱使电弧运动的力。图4-5-39为径内旋弧灭弧室的原理图解。无论哪种旋弧结构,其驱弧线圈在开关合闸位置多半都是被短接的,在分闸过程中才被接入。因此,旋弧灭弧室的一个非常关键的问题是如何使驱弧线圈尽快有电流流过以建立起驱弧磁场,且磁场与电流间应具有相交差。

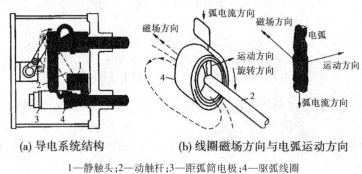

(a) 导电系统结构　　　　(b) 线圈磁场方向与电弧运动方向

1—静触头;2—动触杆;3—距弧筒电极;4—驱弧线圈

图 4-5-39　旋弧灭弧室

3) LW36 – 126 户外立柱式 SF_6 断路器

断路器采用三相瓷瓶支柱式结构,为户外设计。共用一个弹簧操动机构,居中布置,三相联动,故外观新颖精致。断路器以 SF_6 气体为绝缘和灭弧介质,运行时断路器三级 SF_6 气体应连通,并采用指针式密度继电器对此压力和密度进行监控。由于采用自能灭弧原理,且在断路器运行系统中进行了优化设计,故有效地提高了机械效率,最大限度地降低了操作功。

(1)外形与结构。

LW36 – 126 型户外自能式高压 SF_6 断路器的整体结构如图 4-5-40 所示。三个极柱安装在共同的基座上,控制柜居中吊装在基座下面,柜内有弹簧操动机构和控制单元,机构的输出杆与中相拐臂相连。分闸系统装载基座 A 相一侧,其输出杆与 A 相拐臂相连。分闸系统主要装有分闸弹簧与分闸限位器。

基座:基座起到支撑三极性并连接控制柜的作用,是由钢板弯制而成,在盖上相应的盖板后,能满足《高压开关设备和控制设备设计标准的通用技术要求》的 IP2X 的防护等级。基座正面可观察到压力表和铭牌,背面有 3 个安装手孔。基座内装有三相 SF_6 气体充气管路和指针式密度继电器。在未接极柱充气阀时,充气管内的气体处于密封状态,压力表显示的数值为管路内的压力。压力表下方有 1 个三通接头,其中空着的接头为断路器的充气接头。

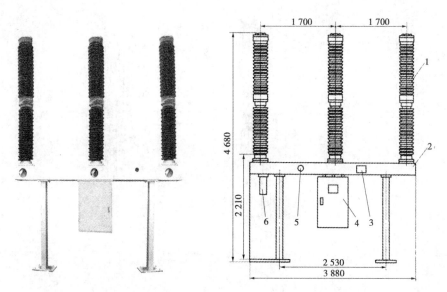

1—极柱;2—基座;3—铭牌;4—控制柜;5—指针式密度继电器;6—分闸系统

图 4-5-40　断路器整体结构图(正面)　(单位:mm)

指针式 SF₆ 密度继电器(压力表)用于对设备内的 SF₆ 气体的密度进行监视并发出控制信号,具有温度补偿功能。当环境温度变化而引起 SF₆ 气体压力变化时,控制器不会动作。只有当 SF₆ 气体泄漏引起气体压力变化时,控制器才会发出报警反闭锁信号。

控制柜通过 6 个 M16 的螺栓连接在基座上,机构输出轴与 B 相拐臂连接处、二次线出口处皆有防潮、防尘的密封装置。

极柱:每一个极柱作为一气密单元。极柱自上而下分为上出线板、灭弧室、下出线板、支柱瓷套、绝缘拉杆、拐臂箱、机构操作轴几部分组成,如图 4-5-41 所示,现分述如下。

①上、下出线板。

上、下出线板为线路一次接线用,下出线板在正反两面皆有出线(正面为控制柜上带分闸、合闸指示或基座上有压力表的一面),上出线板其出线方向可根据用户需要进行安装。若用户没有要求,上出线板安装在正面的一侧。上、下出线板的接线孔尺寸按 3 150 A 和 1 250 A 两种接线方式。

②灭弧室。

灭弧室整体安装在灭弧室瓷套内,是断路器的核心部件。它主要由瓷套、静触头、静主触头、静弧触头、喷口、气缸、动弧触头、中间触头、下支撑座、拉杆等零部件组成(见图 4-5-42)。其中吸附剂装在静触头支座的上部,拉杆与支柱瓷套内的绝缘拉杆相连,并最终连至拐臂箱内的传动轴。灭弧室瓷套由高强瓷制成,具有很高的强度和很好的气密性。

长期载流回路是由上接线板、静触头座、静主触头、气缸、中间触头、下支撑座、下接线极组成。在开断电流的过程中,电弧回路内由装在触头座上的静弧触头和装在气缸上的动弧触头流过,在开断过程中起引导电弧的作用。气缸的热膨胀室下部装有单向阀,空气室下部装有回气阀和释压装置。

③支柱瓷套。

支柱瓷套起支撑灭弧室和对地绝缘的作用。瓷套内装有绝缘拉杆,起对地绝缘和机械传动的作用。支柱瓷套也由优质高强瓷制成,具有很高的强度和很好的气密性。

④拐臂箱。

拐臂箱的作用是将操动机构的输出动作传递到绝缘拉杆,并最终传递到灭弧室运动部件单元,完成断路器的分闸、合闸动作。拐臂箱上装有自封阀,用于连接基座内的充气管道。在充气管未接时,整个极柱处于密封状态。拐臂箱壳体由高强度高气密性的铝合金铸造而成,在其上面设计有定位孔,可以方便地将极柱固定在分闸位置。

(2)灭弧原理。

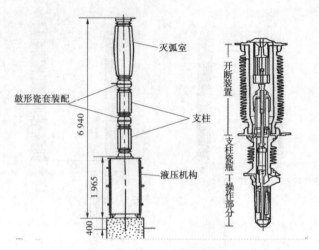

图 4-5-41　LW36 – 126 型 SF₆ 断路器极柱　（单位:mm）

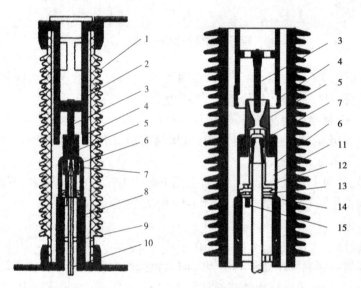

1—瓷套;2—静触头;3—静弧触头;4—静主触头;5—喷口;6—气缸;7—动弧触头;8—中间触头;
9—下支撑座;10—拉杆;11—热膨胀室;12—单向阀;13—辅助压气室;14—减压阀;15—减压弹簧

图 4-5-42　灭弧室结构图

　　当断路器接到分闸后,以气缸、动弧触头、拉杆等组成的刚性运动部件在分闸弹簧的作用下向下运动。在运动过程中,静主触指先与动主触头(气缸)分离,电流转移至仍闭合的两个弧触头上,随后弧触头分离形成电弧。

　　在开断短路电流时,由于开断电流较大,故弧触头间的电弧能量大,弧区热气流流入热膨胀室,在热膨胀室内进行热交换,形成低温高压气体,此时,由于热膨胀室压力大于压气室压力,故单向阀关闭。当电流过零时,热膨胀室的高压气体吹向断口间使电弧熄灭。在分闸过程中,压气室内的气压开始时被压缩,但达到一定的气压值时,底部的弹性释压阀打开,一边压气,一边放气,使机构不必要克服更多的压气反力,从而大大降低了操作功,见图 4-5-43(b)。

　　在开断小电流时(通常在几千伏以下),由于电弧能量小,热膨胀室内产生的压力小,此时,压气室内的压力高于热膨胀室内的压力,单向阀打开,被压缩的气向断口处吹去。在电流过零时,这些具有一定压力的气体吹向断口使电弧熄灭,见图 4-5-43(c)。

　　4)LW54 – 252 户外落地罐式 SF₆ 断路器

　　(1)总体结构。

　　LW54 – 252/Y4000 – 50 型罐式 SF₆ 断路器采用了箱式多油断路器的优点,将断路器与互感器装在

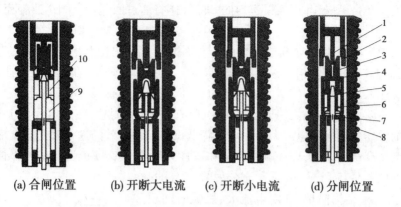

(a) 合闸位置　　(b) 开断大电流　　(c) 开断小电流　　(d) 分闸位置

1—静弧触头；2—主指挡；3—喷口；4—动弧触头；5—气缸；6—单向阀；
7—减压阀；8—减压弹簧；9—压气室；10—热膨胀室

图 4-5-43　灭弧原理

一起，结构紧凑，抗地震和防污能力强。LW54-252 型罐式 SF₆ 断路器为三相分装式。单相由基座、绝缘瓷套管、电流互感器和装有单断口灭弧室的壳体组成。每相配有液压机构和一台控制柜，可以单独操作，并能通过电气控制进行三相操作。断路器采用双向纵吹式灭弧室，分闸时，通过拐臂箱传动机构，带动气缸及动触头运动（见图 4-5-44）。灭弧室充有额定气压为 0.6 MPa（表压）（20 ℃）的 SF₆ 气体。

基本组成：三个垂直瓷瓶单元，每一单元有一个气吹式灭弧室；液压操作机构（弹簧操作机构）及其单箱控制设备；一个支架及支持结构。每个灭弧室通过与三个灭弧室共连的管子填充 SF₆ 气体。

断路器采用新开发的灭弧室，配备新的液压操动机构，实现了小型化，与我国原有同类产品相比较，显著地提高了产品的电气和机械性能。2003 年 8 月通过国家机械工业联合会与国家电力公司联合组织的国家级鉴定，鉴定结论为"产品结构紧凑，操作功效、开断性能好，噪声低，产品技术性能指标达到国内同类产品的先进水平"。产品可配自主研发液压操动机构或 HMB4 型液压弹簧操动机构。

1—接线端子；2—上均压环；3—出线瓷套管；4—下均压环；5—拐臂箱；6—机构箱；
7—基座；8—灭弧室；9—静触头；10—盆式绝缘子；11—壳体；12—电流互感器

图 4-5-44　LW54-252 型罐式 SF₆ 断路器的外形与单相结构

（2）灭弧原理。

该产品采用自能式灭弧，灭弧室采用热膨胀＋辅助压气灭弧技术（俗称双室结构），兼顾了热膨胀式和压气式的优点。

压气式灭弧室即单压式，SF₆ 气体只有一种压力，灭弧室需要的压力是分闸过程中由触杆带动气缸（又叫压气罩），将气缸内的 SF₆ 气体压缩而建立的。当动触杆运动至喷口打开时，气缸内的高压力 SF₆ 气体经喷口吹电弧，使之熄灭。吹弧能量来源于操动机构。因此，压气式 SF₆ 断路器对所配操动机构的分闸功率要求较大。在合闸操作时,灭弧室内的 SF_6 气体将通过回气单向阀迅速补充到气缸中,为下一次分闸做好准备。

压气 + 热膨胀增压的灭弧原理基本承袭了压气式原理,其结构特点是:压气活塞直径比传统的压气式要小一些,使用短喷口,并配以相应偏低的速度特性。其灭弧原理是:在大电流阶段电流堵塞喷口,被电弧加热的气体反流入压气缸中,使压气缸中压力增高,当电弧电流变小,弧区压力下降,喷口开放时,压气缸中的高压气体吹向电弧,使之熄灭。这种灭弧室结构相对简单,在一定程度上利用了电弧能量,操动机构要克服的反压力随开断电流大小而变。降低操作功最有效的途径就是压气活塞的减小。

灭弧室设计为 2 套触头系统,即主触头系统和弧触头系统,提高了断路器的可靠性及寿命。

灭弧室结构如图 4-5-45 所示,灭弧室充分发挥气流的吹弧效果,灭弧室体积小、结构简单、开断电流大、燃弧时间短、开断电容或电感电流无重燃或无复燃,过电压低,电气寿命长,50 kA 满容量连续开断可达 19 次,累计开断电流可达 4 200 kA。累计开断电流 3 000 kA 以后,在 0.3 MPa 气压下每个断口还可耐受工频电压 250 kV 达 1 min,将六氟化硫气体减至零表压仍可耐受工频电压 166.4 kV 5 min。

(3)操作机构。

由于采用自能灭弧方式,减少了断路器的操作功,使断路器可采用气动操作系统或液压操作系统。液压操作机构用电动油泵对蝶形弹簧蓄能,操作时由液压完成分合闸。

图 4-5-46 与图 4-5-47 所示为罐式断路器配用的 HMB4 型液压弹簧操动机构,该操作机构由电动机油泵、差动式工作缸、工作缸活塞、高压油蓄油腔、分合闸电磁阀组成液压操作系统,并由蓄能活塞、盘形蓄能弹簧组成弹簧蓄能系统。操作系统兼顾了弹簧蓄能和液压操作机构的优点。

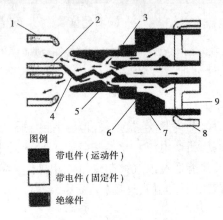

图例

■ 带电件(运动件)

□ 带电件(固定件)

■ 绝缘件

1—静主触头;2—静弧触头;3—动主触头;
4—电弧;5—喷嘴;6—动弧触头;7—气缸;
8—中间触指;9—活塞

图 4-5-45 灭弧室结构

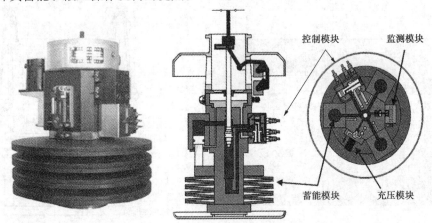

图 4-5-46 HMB4 液压弹簧操作结构外形与结构

HMB4 液压弹簧操作结构是在 AHMA 液压弹簧操作机构的基础上改进的,结构基本相同,由液压操作系统、辅助控制系统和弹簧蓄能系统构成。操作功能有液压蓄能、合闸操作和分闸操作三种主要功能。

①蓄能。

当液压泵电源接通时,液压泵将低压油箱内的液压油打入高压蓄油腔,推动蓄能活塞向上移动,带动蓄能提升杆及弹簧托盘,使盘形蓄能弹簧压缩,实现盘形弹簧蓄能。

②合闸。

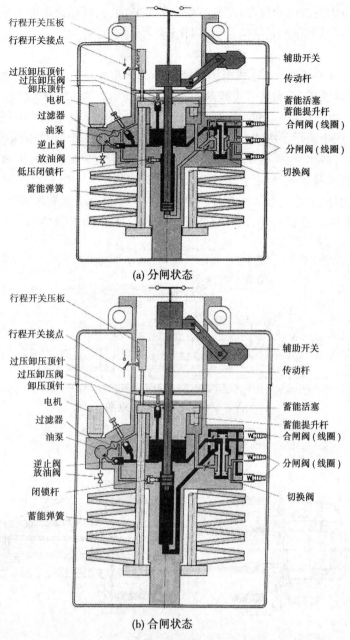

行程开关压板
行程开关接点
过压卸压顶针
过压卸压阀
卸压顶针
电机
过滤器
油泵
逆止阀
放油阀
低压闭锁杆
蓄能弹簧

辅助开关
传动杆
蓄能活塞
蓄能提升杆
合闸阀(线圈)
分闸阀(线圈)
切换阀

(a) 分闸状态

行程开关压板
行程开关接点
过压卸压顶针
过压卸压阀
卸压顶针
电机
过滤器
油泵
逆止阀
放油阀
闭锁杆
蓄能弹簧

辅助开关
传动杆
蓄能活塞
蓄能提升杆
合闸阀(线圈)
分闸阀(线圈)
切换阀

(b) 合闸状态

图 4-5-47　液压弹簧操作机构

合闸电磁铁线圈通电,合闸阀打开,使工作活塞上下腔均充高压油,但工作活塞为差压式,会向上运动,带动传动杆向上,使开关合闸。

③分闸。分闸电磁铁线圈通电,分闸阀打开,工作活塞合闸腔高压油排放,工作活塞向下运动,带动传动杆向下,使开关分闸。

蓄能弹簧在完成一次蓄能后,能保证完成 O—C—O 操作,即自动重合闸操作。

(四)压缩空气断路器

1.压缩空气断路器的特点

空气断路器是一种利用压缩空气来灭弧并用压缩空气为操作能源的电器。其工作时,高速气流吹弧对弧柱产生强烈的散热和冷却作用,使弧柱热电离,并迅速减弱以至消失。电弧熄灭后,电弧间隙即由新鲜的压缩空气补充,介电强度迅速恢复。

压缩空气断路器自20世纪40年代问世以来,在20世纪50、60年代迅速发展,广泛用于高压和超高压的电力系统中。其主要特点是:①动作快,开断时间短,20世纪70年代已使用一周波断路器。这在很大程度上提高了电力系统的稳定性;②具有较高的开断能力,可以满足电力系统所提出的较高额定参数和性能要求;③可以采用积木式结构,可系列化;④无火灾危险。

2.灭弧原理

气吹灭弧原理如图4-5-48所示,是利用压缩空气来熄灭电弧的。压缩空气作用于电弧,可以很好地冷却电弧,提高电弧区的压力,很快带走残余的游离气体,所以有较高的灭弧性能。按照气流吹弧的方向,它可以分为横吹和纵吹两类。横吹灭弧装置的绝缘件结构复杂,电流小时横吹过强会引起很高的过电压,故已被淘汰。图中表示了纵吹(径向吹)的一种形式。压缩空气沿电弧径向吹入,然后通过动触头的喷口、内孔向大气排出,电弧的弧根能很快被吹离触头表面,因而触头接触表面不易烧损。因为压缩空气的压力与电弧本身无关,所以使用气吹灭弧时要注意熄灭小电流电弧时容易引起过电压。由于气吹灭弧的灭弧能力较强,故一般运用在高压电器中。为了保证灭弧效果和灭弧操作,实际的灭弧室结构较复杂,除灭弧罩和动、静触头外,还有缓冲机构和触头操作结构,具体结构如图4-5-49所示。

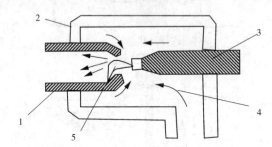

1—动触头;2—灭弧室瓷罩;3—静触头;4—压缩空气;5—电弧

图4-5-48　气吹灭弧原理图

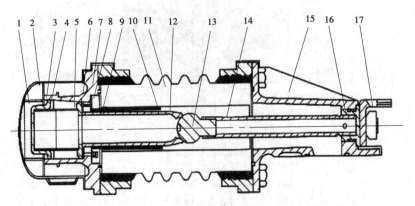

1—网罩;2—外罩;3—挡圈;4—缓冲垫;5—触头弹簧;6—弹簧座;7—法兰盘;
8—固定圈;9—导电管;10—弹簧;11—灭弧室瓷瓶;12—动触头;13—静触头;
14—静触头杆;15—风道接头;16—套筒;17—隔离开关静触头

图4-5-49　空气断路器灭弧室结构

3.空气断路器结构

图4-5-50所示的空气断路器是包括断路器和隔离开关的综合一体化高压开关电器,外部结构由储气缸、操作机构、灭弧室、隔离开关、转动瓷瓶、支持瓷瓶和操作系统构成。

其内部结构和辅助装置如图4-5-51所示。

4.分闸操作与灭弧过程

按下主断路器分闸按键开关,分闸线圈得电,分闸阀打开,储气缸内的压缩空气经起动阀进入主阀,主阀左移,储风缸内大量的压缩空气经支持瓷瓶进入灭弧室,推动主动触头左移,电弧被吹入空心的动触头,冷却、拉长,进而熄灭。

进入延时阀的压缩空气经一定时间延时后,推动延时阀阀门上移,压缩空气进入传动风缸工作活塞的左侧,推动工作活塞右移,驱动传动杠杆带动控制轴、转动瓷瓶转动,隔离开关分闸。

1—灭弧室;2—支持瓷瓶;3—储气罐;4—隔离开关;5—转动瓷瓶;6—操作机构

图 4-5-50 空气断路器外形与外部结构

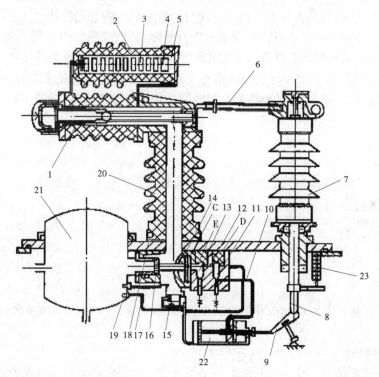

1—灭弧室;2—非线性电阻瓷瓶;3—非线性电阻;4—干燥剂;5—弹簧;6—隔离开关;
7—转动瓷瓶;8—控制轴;9—传动杠杆;10—气管;11—合闸阀杆;12—启动阀;
13—分闸阀杆;14—主阀活塞;15—延时阀;16—阀门;17—气管;18—主阀;
19—塞门;20—支持瓷瓶;21—储气缸;22—传动风缸;23—辅助开关

图 4-5-51 TDZIA－10/25 型空气断路器结构

六、高压断路器的操作机构

每台高压断路器都要配操作机构,因为操作机构是传动断路器触头的辅助设备,通过它才能使断路器分闸、合闸。

操作机构按其合闸动力所用能量的不同分为手动式、电磁式、弹簧式、液压式、气动式等。

手动式靠手力合闸,借助弹簧力分闸,具有自由脱扣机构,适合于额定开断电流小于6.3 kA的断路器,不能实现自动重合闸,目前较少使用。

电磁式利用电磁铁将电能转换为机械能作为合闸动力,结构简单、工作可靠,广泛用于6~35 kV断路器。

弹簧式分为螺旋弹簧蓄能操作机构和平面蜗卷弹簧蓄能操作机构,它们均靠储存弹性势能来合闸,弹性势能的储存方式有电动机储存和手动储存两种。其结构复杂,蓄能时耗用功率小,成套性强。

液压式利用压缩气体(氮气)作能源,以液压油传递能量,推动活塞做功,使断路器分、合闸。具有压力高、出力大、体积小、动作快且准确等优点,广泛用于110 kV以上SF$_6$断路器和少油断路器。

气动式用压缩空气使断路器分闸,借助弹簧力使断路器合闸。其结构简单、动作可靠,应用越来越广。

断路器能否可靠分、合闸与操作机构有很大关系,因此操作机构应满足下列要求:

(1)合闸。在各种规定的使用条件下均能可靠地关合电路,以及获得所需的关合速度。

(2)维持合闸。断路器在合闸完毕后,操作机构应使动触头可靠地维持在合闸位置,在短路电动力及外界振动等原因作用下均不分闸。

(3)分闸。接到分闸命令后应快速分闸,且机构分闸时应具较小的脱扣功,使断路器能容易地快速分闸。此外,无论何种操作机构,均必须能自由脱扣,即在合闸过程中的任何位置都可以脱扣分闸。

(4)复位。分闸完毕后,操作机构各部件应能自动恢复到准备合闸位置。

(5)防止跳跃。断路器在关合电路过程中若遇到故障,会在继电保护作用下立即分闸,此时合闸命令未解除断路器又会再合,若此故障为永久性故障,则继电保护又会使断路器分闸,如此来回分、合会使断路器损坏,这是不允许的,因此要求操作机构有防跳措施,以避免再次或多次分、合故障电路。不同类型的操作机构所适用的场合不同,各种类型的断路器配置的操作机构也有所不同。

七、断路器的技术参数

(一)额定电压
额定电压指断路器在长期正常工作时具有最大经济效益的正常工作电压。

(二)最大工作电压
规定220 kV及以下,断路器最高工作电压为额定电压的1.15倍;330 kV及以上,断路器最高工作电压为额定电压的1.1倍,如此设置是因为线路首端电压高于额定电压,首端断路器可能在高于额定电压情形下长期运行。

(三)额定电流
额定电流指设计规范规定的标准环境温度下,断路器的发热不超过其绝缘允许所能长期通过的工作电流。

(四)额定开断电流
额定开断电流指断路器工作在电网额定电压下所能可靠开断的最大短路电流的有效值。

(五)额定断流容量
额定断流容量表征断路器的切断能力。其为5倍的额定电压与额定开断电流的乘积。

(六)动稳固性电流
动稳固性电流表征断路器的机械结构在其切断短路电流时所能承受最大电动力冲击的能力。具体指断路器在合闸状态或关合瞬间允许通过的短路电流最大峰值。

(七)t s热稳固电流
t s热稳固电流表征断路器通过短路电流时承受短时发热的能力。具体指断路器在某一规定时间内允许通过的最大电流。

(八)分闸时间
分闸时间指发出分闸命令起至断路器开断三相电弧完全熄灭时所经过的时间。它为断路器固有分闸时间和电弧熄灭时间之和,一般为 0.06 ~ 0.12 s。国标规定,分闸时间在 0.06 s 以内的为快速断路器,分闸时间在 0.06 ~ 0.12 s 间的为中速断路器,分闸时间在 0.12 s 以上的为低速断路器。

(九)合闸时间

合闸时间指发出合闸命令起至断路器接通时止所经过的时间。

第六节　高压隔离开关

一、高压隔离开关的作用、表示符号、型号表达式含义

高压隔离开关(俗称刀闸)能造成明显的空气断开点,但没有专门的灭弧装置,其型号表达式如图 4-6-1 所示。它的主要用途是隔离电源,把高压装置中需要检修的部分和其他带电部分隔离开来,以保证检修工作的安全。

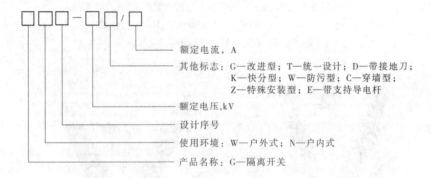

图 4-6-1　隔离开关型号描述

它可以用来通过隔离开关实现倒闸操作,改变系统运行方式,如双母线倒母线操作;也可以用隔离开关来切合小电流电路,如电压互感器和避雷器回路,无故障母线及直连在母线上的设备的电容电流,励磁电流不超过 2 A 的空载变压器和电容电流不超过 5 A 的空载线路等。

二、高压隔离开关的分类

隔离开关按极数可分为单极式和三极式,单极式隔离开关可通过相间连杆实现三相联动操作;按每极的绝缘支柱数目又可分为单柱式、双柱式和三柱式,各电压等级都有可选设备;按动、静触刀构造不同可分为转动式、插入式;按安装场所不同可分为户内型和户外型,户内型隔离开关主要产品为 GN 系列,适用于 10 ~ 35 kV 电压等级,有 GN$_6$ - 10、GN$_8$ - 10、GN$_{19}$ - 10、GN$_{22}$ - 10、GN$_{24}$ - 10 等。图 4-6-2 为 GN$_8$ - 10/600 型隔离开关,它为三极式,由底座、转轴、拉杆绝缘子、支柱绝缘子、触刀、静触座等组成,每相刀闸由两片槽形铜片组成,可增加散热面积,提高刀闸的机械强度和动稳定性。隔离开关触头的接触压力靠两端的弹簧维持。每相刀闸中间装有拉杆绝缘子,它与转轴相连,操动机构即通过转轴拉动拉杆绝缘子使隔离开关分、合闸。

GN$_{19}$ - 10/1000、GN$_{19}$ - 10/1250、GN$_{19}$ - 10C/1000、GN$_{19}$ - 10/1250 型在刀闸接触处装有磁锁压板,磁锁作用是使动触刀被锁在静触座中,不致因所受电动力过大而出现带负荷跳闸事故,触头动、热稳定性好。GN$_{19}$ - 10X 系列还装有高压带电显示装置,可正确显示回路是否带电及实现带电状态下的强制闭锁,GN$_{19}$ - 10XT 为提示性,GN$_{19}$ - 10XQ 为强制性。

图 4-6-3 为 GW$_5$ 型户外隔离开关,它为转动式,动触头水平转动实现分、合闸。户外型还常用带接地刀的隔离开关(地刀作用同安全措施中的接地线)。

按结构分,可分为:

(1)V 型隔离开关,如图 4-6-4 所示。其特点是其结构简单、重量轻、占空间小,安装方式灵活多样,广泛地应用在我国 35 ~ 110 kV 的输变电网路中。GW$_5$ 系列隔离开关是由 35 kV、60 kV 和 110 kV 三个

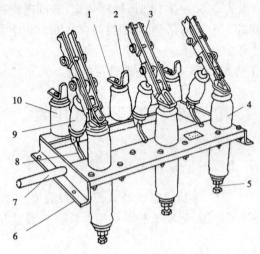

1—上接线端子;2—静触头;3—刀闸;4—套管绝缘子;5—下接线端子;
6—框架;7—转轴;8—拐臂;9—拉杆绝缘子;10—支柱绝缘子

图 4-6-2　GN₈－10/600 型隔离开关

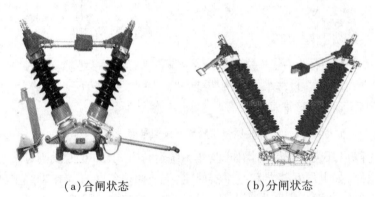

（a）合闸状态　　　　　　（b）分闸状态

图 4-6-3　GW₅ 型户外隔离开关

电压等级组成的系列产品。

产品配用的机构有 CS17 型、CS17G 型和 CS1－XG 型,如图 4-6-5 所示。

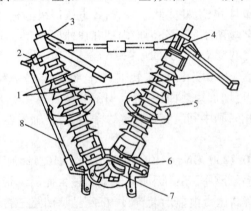

1—主刀闸底座;2—接地静触头;3—出线座;4—导电带;
5—绝缘子;6—轴承座;7—伞齿轮;8—接地刀闸

图 4-6-4　GW₅110D V 型隔离开关

（2）二柱型隔离开关,如图 4-6-6 所示。隔离开关是双柱水平回转式结构,每极两个绝缘支柱带着导电闸刀反向回转 90°,形成一个水平断口。本系列隔离开关的特点有:①接地端通过软连接过渡,导

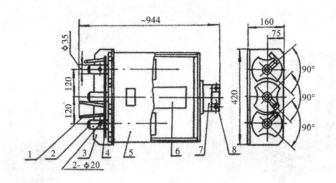

1—手柄；2—轴；3—底座；4—联锁板；5—盖；6—辅助开关；7—电缆夹管；8—电缆头

图4-6-5 V型隔离开关配用的操作结构

电可靠、维修方便；②触头元件用久后可更换新件，保养容易；③接地开关采用外合布置，确保合闸过程中接地刀对另一带电端的可靠绝缘距离。

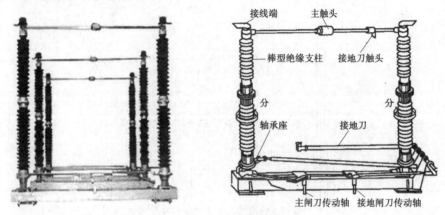

图4-6-6 二柱型隔离开关

（3）三柱型隔离开关，如图4-6-7所示。

三柱型隔离开关导电闸刀和触头系统分别装在三个支持用支柱绝缘子上，分闸时形成了双断口，断口间距离较大，其运动系统是由中间操作绝缘子旋转使主导电系统回转完成的，由于分闸后中间不带电，因此分闸后不占相间距离，其相间距离较小，同时，三柱水平回转式隔离开关与其他结构型式隔离开关相比，两端支柱绝缘子仅承受母线拉力，中间支柱绝缘子承受扭转力矩，对支柱瓷瓶的强度要求不高，易于向高电压方向发展。

（4）剪刀型隔离开关，如图4-6-8所示。

剪刀型隔离开关的静触头悬挂在母线上，分闸后形成垂直的绝缘断口。在变电站中作母线隔离开关，具有占地面积小的优点，而且断口清晰可见，便于运行监视。

三、高压隔离开关的操作机构

隔离开关的操作机构可分为手力式和动力式两类。手力式操作机构型号为CS，又分杠杆式和涡轮式，杠杆式适用于额定电流3 000 A以下的户内或户外隔离开关，涡轮式适合于额定电流大于3 000 A的户内式重型隔离开关。图4-6-9为CS_6型手动杠杆式。动力式操动机构包括电动式（CJ系列，见图4-6-10）、压缩空气式（CQ系列）和电动液压式（CY系列），电动式适用于户内重型隔离开关和户外110 kV以上的隔离开关，压缩空气式和电动液压式适用于户外110 kV以上的GW_4和GW_7等系列隔离开关。

四、高压隔离开关的注意事项

高压断路器与隔离开关间、隔离开关主刀和接地刀间互相要实现连锁，见图4-6-11，检修时，先打开

图 4-6-7　三柱型隔离开关

图 4-6-8　剪刀型隔离开关

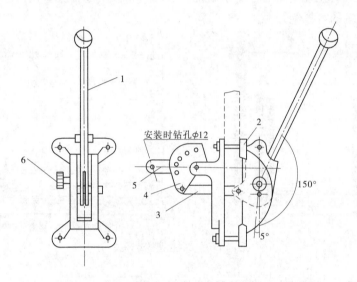

1—手柄;2—底座;3—板片;4—扇形板;5—杠杆;6—定位器

图 4-6-9　CS$_6$ 型手动杠杆式

断路器 QF,然后打开负荷侧隔离开关 2QS,再打开电源侧隔离开关 1QS;然后分别合上接地刀 1QSe、2QSe;检修完毕后,则先打开 2QSe、1QSe(拆除安全措施),然后进行送电操作,先合电源侧隔离开关 1QS,再合上负荷侧隔离开关 2QS,最后合上断路器 QF。

图 4-6-10　CJ 型手电动操作结构

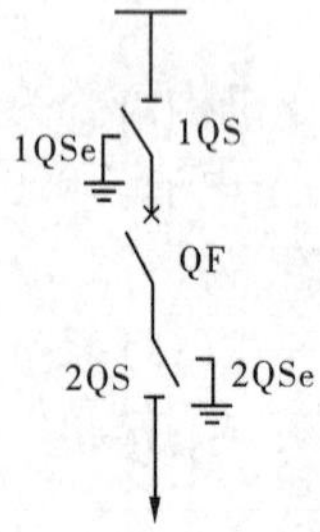

图 4-6-11　电气接线图

隔离开关分合闸注意事项：

（1）无论分闸或合闸，均应在不带负荷或负荷在允许范围内才能进行。

（2）合闸刀过程中发现电弧严禁将隔离开关打开而应果断合到底，开始时应该慢而谨慎，在触头转动过半时，应果断用力，但不可用力过猛，以免合过了头及损坏瓷瓶，随后检查动触杆位置是否适应；另外，即便合错了，也严禁再将刀闸拉开，只有用开关将这一回路断开后才可将误合的隔离开关拉开。

（3）误拉隔离开关时，若在刀闸未断开以前应迅速将其合上；已拉开的应迅速拉开，严禁再合上。如果是单极隔离开关，操作一相后发现误拉，对其他两相则不允许继续操作。

五、高压隔离开关的技术参数

（一）额定电压

额定电压指隔离开关在长期正常工作时承受的工作电压，与安装点电网额定电压等级对应。

（二）最大工作电压

最大工作电压指由于电网电压波动，隔离开关绝缘所能承受的最高电压。

（三）额定电流

额定电流指设计规范规定的标准环境温度下，隔离开关的发热不超过其绝缘允许所能长期通过的工作电流。

（四）热稳定电流

热稳定电流指隔离开关在某一规定时间内允许通过的最大电流。它表征了隔离开关通过短路电流时承受短时发热的能力。

（五）极限通过峰值电流

极限通过峰值电流表征隔离开关的机械结构在其通过短路电流时所能承受最大电动力冲击的能力。具体指隔离开关允许通过的短路电流最大峰值。

此外，隔离开关的技术参数还包括分合闸时间，对地及断口间的额定短时工频耐受电压、雷电冲击耐受电压、操作冲击耐受电压等。

第七节　高压熔断器

一、高压熔断器的作用、表示符号、型号表达式含义

当电路中出现过载或短路时，高压熔断器熔断，起到保护作用，常用于保护高压输电线路、电压互感器和电力变压器，其文字符号为FU，图形符号为 ⫯，国产型号表达式如图4-7-1所示。

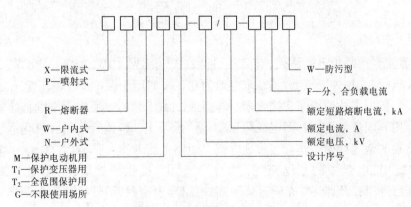

图4-7-1　高压熔断器型号描述

二、高压熔断器的分类

高压熔断器电压等级有 3 kV、6 kV、10 kV、35 kV、110 kV，按安装地点不同分为户内式和户外式，按动作性能分固定式和自动跌落式，按工作特性分限流型和非限流型（限流型指短路电流未达到冲击短路电流值以前已经完成汽化、发弧、熄弧，非限流型指当短路电流第一次或第几次过零时才熄弧）。

户内高压熔断器主要产品为 RN 系列，有 RN$_1$、RN$_2$、RN$_3$、RN$_4$、RN$_5$、RN$_6$、XRN 等，其中 RN$_1$、RN$_3$ 系列户内高压限流熔断器用于 3~35 kV 线路和电气设备的保护；RN$_2$、RN$_6$ 系列，电流为 0.5 A 的用于保护 3~35 kV 的电压互感器；XRN 为新型产品，用于保护多种电气设备，见图 4-7-2。图 4-7-3 为 RN$_1$、RN$_2$型熔断器外型，主要由熔管、静触座、支柱绝缘子和底架等组成。

图 4-7-2　XRN 系列高压熔断器外形

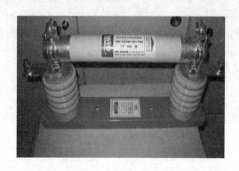

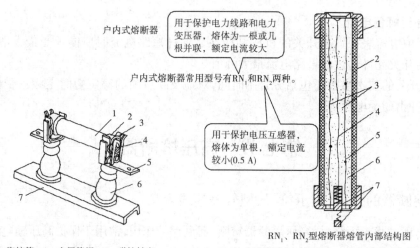

户内式熔断器

用于保护电力线路和电力变压器，熔体为一根或几根并联，额定电流较大

户内式熔断器常用型号有RN$_1$和RN$_2$两种。

用于保护电压互感器，熔体为单根，额定电流较小(0.5 A)

RN$_1$、RN$_2$型熔断器熔管内部结构图

1—瓷熔管；2—金属管帽；3—弹性触座；
4—熔断器指示；5—接线端子；6—瓷绝缘子；7—底座

1—金属管帽；2—瓷管；3—工作熔体；4—指示熔体；
5—锡球；6—石英砂填料；7—熔断器指示器

图 4-7-3　RN$_1$、RN$_2$ 型熔断器

户外型熔断器主要产品为 RW 系列，有 RW$_4$、RW$_5$、RW$_7$、RW$_9$、RW$_{10}$、RW$_{11}$、PRWG、RXWO 型等，其中 RW$_{10}$-35、RXWO-35 型为限流型，其额定电流为 0.5 A 的用于保护户外电压互感器，熔断器由熔体管、瓷套、紧固法兰、棒形支柱绝缘子和接线端帽等组成。用压装的方法将两端的接线端帽和熔体管固定在瓷套内，然后用紧固法兰把瓷套固定在棒形支柱绝缘子上。熔体管采用含氧化硅较高的原料做灭弧介质，应用小直径的金属线做熔丝。当过载电流以短路电流通过熔体管时，熔丝立即熔断，电弧发生在几条并联的窄缝中，电弧中的金属蒸气渗入石英砂中，被强烈游离，迅速把电弧熄灭。结构见图 4-7-4，其熔管内有特制的熔体，并充满石英砂，两端用铜帽密封，熔管再装配在两端用橡胶密封的瓷套内，瓷套和棒形支柱绝缘子用抱箍固定。两端接线帽上有接线螺钉，供用户接线使用。图 4-7-5 为 RW 型跌落式熔断器（俗语称为鸭嘴型），它无限流作用，所以过电压较低，在开断电流时会排出大量的游离气体，并发出很大的响声，故一般只用于户外。

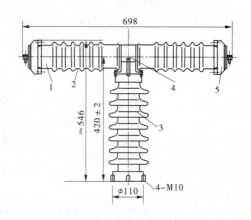

1—熔体管;2—瓷套;3—棒式支柱绝缘子;4—紧固法兰;5—接线端帽

图 4-7-4 RXWO-35 限流型熔断器

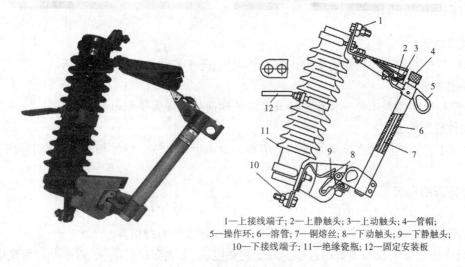

1—上接线端子;2—上静触头;3—上动触头;4—管帽;
5—操作环;6—溶管;7—铜熔丝;8—下动触头;9—下静触头;
10—下接线端子;11—绝缘瓷瓶;12—固定安装板

图 4-7-5 RW 型跌落式熔断器

同样,RW_7-10、RW_5-35、RW_9-10、$RW_{10}-10$、$RW_{11}-10$、RW_7-10、$PRWG_1-10F(W)$ 等跌落式熔断器也用于户外 10 kV、35 kV 配电线路及变压器的过载和短路保护。跌落式熔断器及拉负荷跌落式熔断器是户外高压保护电器。它装置在配电变压器高压侧或配电线支干线路上,用作变压器和线路的短路、过载保护及分、合负荷电流。跌落式熔断器由绝缘支架和熔丝管两部分组成,静触头安装在绝缘支架两端,动触头安装在熔丝管两端,熔丝管由内层的消弧管和外层的酚醛纸管或环氧玻璃布管组成。拉负荷跌落式熔断器增强弹性辅助触头及灭弧罩,用以分、合负荷电流。跌落式熔断器在正常运行时,熔丝管借助熔丝张紧后形成闭合位置。当系统发生故障时,故障电流时熔丝迅速熔断,并形成电弧,消弧管受电弧灼热,分解出大量的气体,使管内形成很高压力,并沿管道形成纵吹,电弧被迅速拉长而熄灭。熔丝熔断后,下部动触头失去张力而下翻,锁紧机械,释放熔丝管,熔丝管跌落,形成明显的开断位置。当需要拉负荷时,用绝缘杆拉开动触头,此时主动、静动触头仍然接触,继续用绝缘杆拉动触头,辅助触头也分离,在辅助触头之间产生电弧,电弧在灭罩狭缝中被拉长,同时灭弧罩产生气体,在电流过零时,将电弧熄灭。

三、高压熔断器的保护特性

熔断器的保护特性又称为安秒特性,反映熔体熔断电流和熔断时间的关系曲线,见图 4-7-6,它具有反时限特性,即过载电流小时,熔断时间长;过载电流大时,熔断时间短。

I_0 为最小熔断电流。在理论上,熔体通过 I_0 时,熔断时间为无穷大,即不应熔断。而通过熔体的电流大于 I_0 很多时,熔断时间迅速降低至最小值(0.01 s 以下)。熔断器的保护特性不稳定,在许多情况

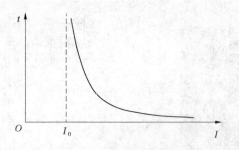

图 4-7-6　熔断器的保护特性

下需要通过实测确定。

熔断器的保护特性曲线是选择熔断器的主要依据,为保证电路中熔断器能实现选择性熔断,缩小停电范围,上一级熔断器的熔断时间一般取为下一级熔断器的 3 倍左右。

四、高压熔断器的技术参数

(一)额定电压

额定电压指熔断器能够长期承受的正常工作电压,等于安装点电网额定电压。

(二)额定电流

额定电流指熔断器壳体部分和载流部分允许长期通过的最大工作电流。

(三)熔件额定电流

熔件额定电流指熔件允许长期通过而不熔断的最大工作电流。熔件额定电流应不大于熔断器额定电流。

(四)额定开断电流

额定开断电流指熔断器所能断开的最大短路电流,它表征了熔断器熄弧能力的大小。当要熔断器开断的电流超过此电流时,可能会由于电弧不能熄灭而导致熔断器损坏。

此外,高压熔断器的技术参数还包括工频干耐受电压、工频湿耐受电压、雷电冲击耐受电压等。

第八节　高压负荷开关

一、负荷开关的功能与作用

高压负荷开关是专门用于接通和断开负荷电流的开关设备。它与隔离开关的区别是,隔离开关无任何灭弧能力,只能在没有负荷电流的情况下分、合电路;它又不同于断路器,断路器不仅可以断开负荷电流,还可以断开短路电流。高压负荷开关是一种功能介于高压断路器和高压隔离开关之间的电器,它具有简单的灭弧装置,因此能通断一定的负荷电流和过负荷电流,但一般不能断开短路电流。

负荷开关及组合电器,适用于三相交流 10 kV、50 Hz 的电力系统中,或与成套配电设备及环网开关柜、组合式变电站等配套使用,广泛用于域网建设改造工程、工矿企业、高层建筑和公共设施等,可作为环网供电或终端,起着电能的分配、控制和保护的作用。

在大多数情况下,负荷开关与高压熔断器串联组合使用,由熔断器切断过载及短路电流,负荷开关接通和断开负荷电流。负荷开关用于 35 kV 及以下功率较小和对保护性能要求不高的场所。高压负荷开关的文字符号为 QL,图形符号为 。

负荷开关的型号及表示方式如图 4-8-1 所示。由图中可以看出,负荷开关的表示方法不尽相同。有的除表示基本型式与基本参数外,还附带表示了额定动稳定电流、操作结构型式等。

例如,型号为 FN3 - 10R/400A 的负荷开关的含义是:F 表示负荷开关,N 表示户内式;3 表示设计序列号;10 表示适用电压 10 kV;R 表示带熔断器;400 A 表示额定电流 400 A。

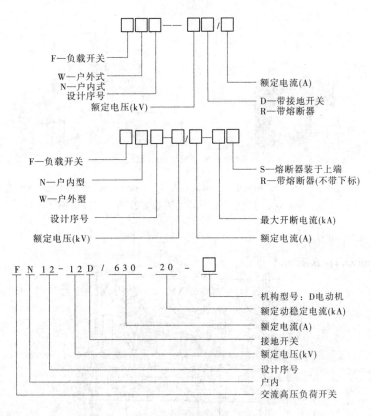

图 4-8-1　负荷开关型号与表示方式

高压负荷开关的型号表示方法还不太统一,有的表示方法添加了代表负荷开关灭弧类型的符号,例如,压气式负荷开关表示为 FKN,F 代表负荷开关,K 表示压缩空气,N 表示户内;真空式负荷开关表示为 FZN、FZW,Z 表示真空灭弧;六氟化硫负荷开关表示为 FLN、FLW,L 表示 SF₆ 气体灭弧。

二、负荷开关的类型与工作原理

高压负荷开关一般按所使用的灭弧方式不同进行分类,常见种类有压气式负荷开关、产气式负荷开关、压缩空气负荷开关、真空负荷开关、六氟化硫负荷开关等。这里重点介绍最常用的产气式灭弧、压气式灭弧、真空灭弧和六氟化硫气体灭弧的高压负荷开关。

(一)固体产气式高压负荷开关

产气式高压负荷开关利用开断电弧本身的能量使弧室的产气材料产生气体来吹灭电弧,属于自能式灭弧,其结构较为简单,适用于 35 kV 及以下的产品。

1. 灭弧机制

产气式负荷开关灭弧室有喷嘴式与板式两种形式。喷嘴式灭弧室的构造与灭弧原理如图 4-8-2 所示,灭弧室的静触头处的喷嘴,其材料为高温产气材料,当遇到由电弧产生的高温时,材料表面将气化,在瞬间产生大量气体,并在短时间内聚集在喷嘴狭小的空间内,产生很大的气压,起到了有效的灭弧作用,即产气灭弧。产气灭弧作用大小与开断电流的大小成近似正比例关系,即开断电流越大,产生的温度越高,喷嘴产生的气体越多,气体压强越高,产生灭弧作用越大。

作为灭弧产气的材料要求在某高温下有良好的产气性能、在电弧热作用下不易碳化、耐老化、有较高的机械强度。常用的产气材料有红钢纸、氨基塑料、缩醛树脂、聚酰胺和脲醛树脂等。

2. 产气式负荷开关结构

产气式负荷开关的基本结构主要由产气喷嘴、灭弧室、弧触刀、保持触头操作机构等组成。此外,还有支持绝缘子、热脱扣器等辅助元器件。带熔断器的负荷开关带有高压熔断器,除开断工作电流外,也可以断开短路电流。图 4-8-3 所示为带熔断器的 FN₇ – 12 – R 型负荷开关。图 4-8-4 为带熔断器和接地

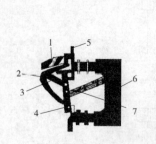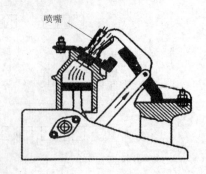

1—灭弧室;2—弧触刀;3—随动销;4—隔离闸刀;5—保持触头;6—开关主轴;7—绝缘拉杆

图4-8-2　产气式负荷开关灭弧室改造与灭弧原理

刀闸的 FN$_5$ – 10RD 型负荷开关。

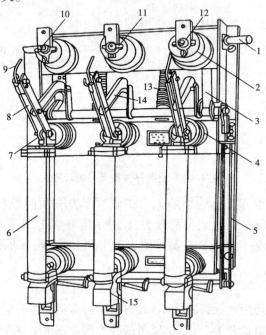

1—主轴;2—上绝缘子兼气缸;3—连杆;4—下绝缘子;5—框架;6—RN$_1$ 型高压熔断器;7—下触座;8—闸刀;

9—弧动触头;10—绝缘喷嘴;11—主静触头;12—上触座;13—断路弹簧;14—绝缘拉杆;15—热脱扣器

图4-8-3　FN$_7$ – 12 – R 型产气式负荷开关结构

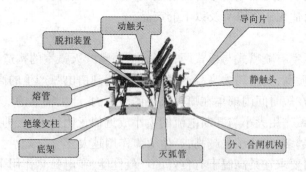

图4-8-4　FN$_5$ – 10RD 产气式负荷开关构成

3. 操作机构

CS6 – 1 手动操作机构配套 FN$_5$、FN$_7$、GN$_{19}$系列产品,为额定电压 12 kV,三相交流 50 Hz 的户内装置,作为有电压而无负载的情况下分、合电路之用。导电部分由触刀、静触头、触座(或导电杆)组成。每相触刀中间均连有拉杆绝缘子,拉杆绝缘子与安装在底座上的主轴相连。主轴通过手柄与连杆和CS6-1型手力机构相连在一起连动,见图4-8-5。

CS8-5型手动操作机构使用范围:FKN-12,FKRN-12,FN$_{12}$-12型负荷开关,为专业挂墙式操作机构,安装方便,见图4-8-6。

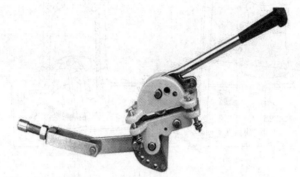

图4-8-5 负荷开关手动操作机构

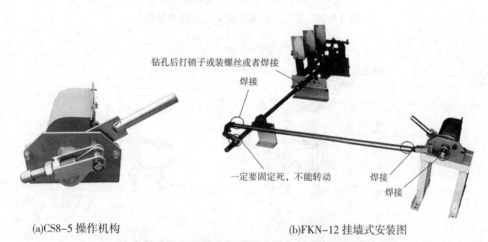

(a)CS8-5操作机构　　　　　　　(b)FKN-12挂墙式安装图

图4-8-6 CS8-5操作机构与FKN-12负荷开关的连接

(二)压气式高压负荷开关

利用开断过程中活塞的压气吹灭电弧,其结构也较为简单,适用于35 kV及以下产品。

1.工作原理

如图4-8-7所示,压气式高压负荷开关的工作过程是:分闸时,在分闸弹簧的作用下,主轴顺时针旋转,一方面通过曲柄滑块机构使活塞向上移动,将气体压缩;另一方面通过两套四连杆机构组成的传动系统,使主闸刀先打开,然后推动灭弧闸刀使弧触头打开,气缸中的压缩空气通过喷口吹灭电弧。合闸时,通过主轴及传动系统,使主闸刀和灭弧闸刀同时顺时针旋转,弧触头先闭合;主轴继续转动,使主触头随后闭合。在合闸过程中,分闸弹簧同时蓄能。由于负荷开关不能开断短路电流,故常与限流式高压熔断器组合在一起使用,利用限流熔断器的限流功能,不仅完成开断电路的任务并且可显著减轻短路电流所引起的热和电动力的作用。

2.结构

直动式结构的压气式负荷开关如图4-8-8所示,整体结构由导电装置、支柱绝缘子、框架、自动脱扣结构和操作传动结构组成,灭弧系统主要由气缸、活塞、喷口、主触头、灭弧闸刀、分闸弹簧及其他操作机构构成。

3.产品实例

FKN12-12系列户内高压压气式负荷开关是一种直动式压气式负荷开关,结构如图4-8-9所示。所有导电体固定在一个绝缘框架中,绝缘体是用高强度、不燃烧的不饱和聚酯SMC材料制造,具有技术

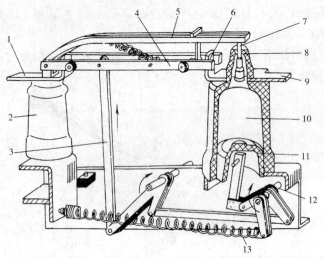

1—进线;2—瓷瓶;3—绝缘拉杆;4—主闸刀;5—灭弧闸刀;6—主触头;
7—触头;8—喷口;9—出线;10—气缸;11—活塞;12—主轴;13—分闸弹簧

图 4-8-7 压气式负荷开关灭弧原理与结构

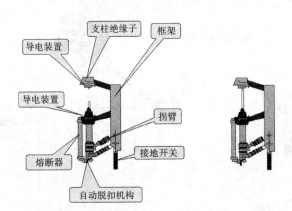

图 4-8-8 直动式压气型高压负荷开关总体结构

参数高、动作可靠等特点,电寿命长,转移电流高,稳定性可靠,操作方便,绝缘水平高,系列化强,在主体结构完全相同的情况下,可分为负荷开关、负荷开关—熔断器组合电器、三工位隔离开关。其中负荷开关又可分为带接地开关和不带接地开关两种,操作机构有手动机构和电动机构。

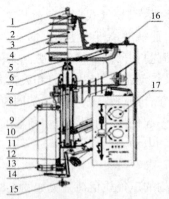

1—上出线;2—上触头座;3—静触头;4—静触头罩;5—金属隔板;6—喷口;
7—下触头座;8—活塞杆;9、13—熔断器夹;10—熔断管;11—操作传动机构;
12—接地开关;14—脱扣板;15—下接线板;16—金属框架;17—操作孔

图 4-8-9 FKN12-12 压气式负荷开关的结构

4.压气式负荷开关的分闸过程的灭弧原理

上绝缘支持件为钟形绝缘罩,使母线与开关完全隔开,电弧被限制在钟形绝缘罩内,进一步提高了安全性。当开关分闸操作时,动触杆中的空气被压缩,从顶端的耐电弧喷口喷出,把电弧吹灭。高速气流使得断口间介质绝缘强度很快恢复,有效防止了电弧重燃。

(三)真空式高压负荷开关

利用真空介质灭弧,电寿命长,相对价格较高,适用于 220 kV 及以下的产品。

1.灭弧原理

真空断路器是利用真空(真空度为 10.4 mm 汞柱以下)具有良好的绝缘性能和耐弧性能等特点,将断路器触头部分安装在真空的外壳内而制成的断路器。真空断路器具有体积小、重量轻、噪声小、易安装、维护方便等优点。尤其适用于频繁操作的电路中。真空灭弧室中电弧的点燃是由于真空断路器刚分瞬间,触头表面蒸发金属蒸气,并被游离而形成电弧造成的。真空灭弧室中电弧弧柱压差很大,质量密度差也很大,因而弧柱的金属蒸气(带电质点)将迅速向触头外扩散,加剧了去游离作用,加上电弧弧柱被拉长、拉细,从而得到更好的冷却,电弧迅速熄灭,介质绝缘强度很快得到恢复,从而阻止电弧在交流电流自然过零后重燃。真空灭弧管结构如图 4-8-10 所示。

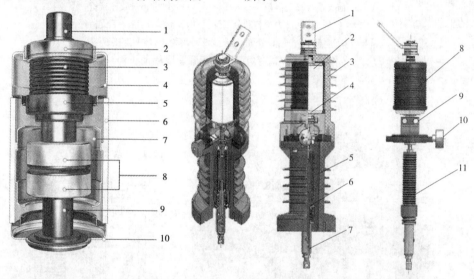

1—动导电杆;2—导向套;3—波纹管;4—动盖板;
5—波纹管屏蔽罩;6—瓷壳;7—屏蔽筒;
8—触头系统;9—静导电杆;10—静盖板

1—上出线座;2—真空灭弧室;3—上支柱绝缘筒;
4—导电夹;5—下支柱绝缘筒;6—触头弹簧;7—连接杆;
8—波纹管;9—软连接;10—法兰;11—绝缘拉杆

图 4-8-10 真空灭弧管结构

2.真空负荷开关结构

真空负荷开关灭弧室及辅助机构如图 4-8-11 所示。

3.产品实例:FZRN21-12 真空负荷开关

FZRN21-12 真空负荷开关包括 FZN21-12D/T630-20 型户内高压真空负荷开关(见图 4-8-12)及 FZN21-12DR/T125-31.5 型户内高压真空负荷开关-熔断器组合电器,它适用于工矿企业、住宅小区、高层建筑和学校、公园等配电系统,作为交流三相 12 kV、50 Hz 的环网供电和终端的配电设备,可开断和关合额定负载电流,关合额定短路电流,也可以开断变压器空载电流、一定距离的架空线路、电缆线路和电容器组的电容电流。负荷开关-熔断器组合电器柜可一次性开断额定短路电流。在电力系统中作为配电设备的保护、电能的分配和控制之用。可配装具有关合能力的接地开关和弹操机构(可电动,也可手动)并具有远控能力。

(四)SF₆式高压负荷开关

利用 SF_6 气体灭弧,其开断电流大,开断电容电流性能好,但结构较为复杂,适用于 35 kV 及以上产品。

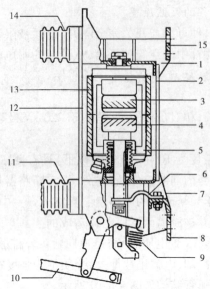

1—上支架;2—前支撑杆;3—静触头;4—动触头;5—波纹管;6—软连接;7—下支架;
8—下接线端子;9—接触压力弹簧和分闸弹簧;10—操作杆;11—下支持绝缘子;
12—后支撑杆;13—陶瓷外壳;14—上支持绝缘子;15—上接线端子

图 4-8-11 真空负荷开关灭弧室及辅助机构

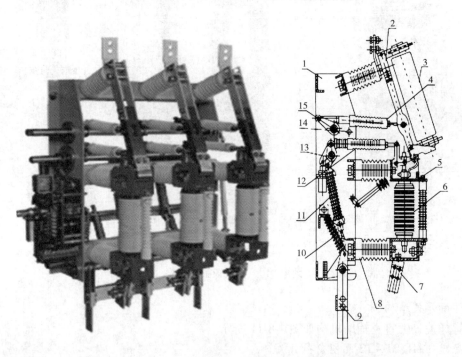

1—柜架;2—隔离开关;3—熔断器;4—绝缘拉杆;5—上支架;6—真空灭弧室;
7—接地刀静触头;8—绝缘子;9—接地开关;10—接地弹簧;11—分闸弹簧;12—绝缘拉杆;
13—主轴;14—脱机机构;15—副轴;16—联动拉杆;17—操动机构

图 4-8-12 FZRN21-12 真空负荷开关外形与结构

1. 灭弧原理

SF$_6$ 气体的分解温度(2 000 K)比空气(主要是氮气,分解温度约 7 000 K)低,而需要的分解能(22.4 eV)比空气(9.7 eV)高,因此在分解时吸收的能量多,对弧柱的冷却作用强。即使在一个简单开断的灭弧室中,其灭弧能力也比空气大 100 倍。

六氟化硫高压负荷开关多采用自能灭弧或永磁式旋弧灭弧。

自能断路器灭弧原理是以热膨胀为主,压气为辅。采用小直径的实心的静弧触头及细而长的喷口来增大热膨胀效应,同时热膨胀室和压气室分开,两者之间有单向阀相通,压气室底部还设有释压阀。当开断大电流时,弧区热气体流入热膨胀室,变成低温高压气体。由于压差,使热膨胀室的单向阀关闭。当电流过零时,热膨胀室的高压气体吹向断口间使电弧熄灭。压气室压力到一定气压值时释压阀开启,一边压气,一边放气,机构不必再提供更多的压气功;当开断小电流时,由于电弧能量小,热膨胀室压力也小,压气室气体将通过单向阀进入热膨胀室,然后吹向喷口熄弧。这种灭弧室降低操作功的效果最好。

永磁式旋弧原理:SF_6 气体具有良好的灭弧性能,为了使电弧迅速熄灭,开关在断电流过程中,动静触头刚分离时便产生电弧,此时,由于永久磁铁的磁场作用,驱动电弧快速运动,使电弧拉长并不断与 SF_6 气体结合,被迅速游离和冷却,在电流过零时熄灭,双断口开距具有隔离断口的绝缘水平。永磁式旋弧原理,操作功小,熄弧能力强,触头烧伤轻,延长了电气寿命。

2.产品实例:FLN36 – 12D 型六氟化硫户内型负荷开关

图 4-8-13 ~ 图 4-8-15 所示为 FLN36 – 12D 型六氟化硫户内型负荷开关的外形及工作原理,SF_6 负荷开关由开关主体和机构箱两大部分组成。开关主体是由上下两件环氧树脂壳体密封而成,主回路和接地回路置于充满 SF_6 气体的气室中,开关主体正前方安装操作机构,操作机构输出拐臂带动主体中的主轴,完成主回路及接地回路的合、分闸动作。

图 4-8-13　FLN36 – 12 型负荷开关外形

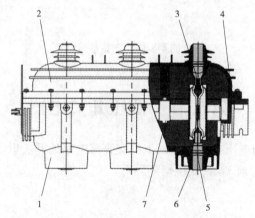

1—下壳体;2—上壳体;3—上静触头;4—密封圈;
5—下静触头;6—动触头;7—主轴

图 4-8-14　FLN36 – 12 型负荷开关的总体结构

1) 灭弧室特点

FLN36 – 12 型负荷开关采用双断口、旋转式动触头,有以下 3 种状态:合闸、分闸、接地。动静触头置于加强结构的模铸环氧树脂外壳中,开关充六氟化硫气体后是永久密封的。

2) 操作机构

FLN36 – 12 配 A 型操动机构,简称出线开关。具有三位置互锁功能;可手动或电动使主开关分断或关合;可以通过按钮或脱扣装置操作使主开关跳闸;可手动使接地开关分断或关合;具有主开关和接地开关的机械位置指示以及熔断器熔断时的机械指示。

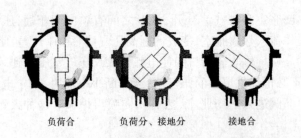

负荷合　　　　　负荷分、接地分　　　　接地合

图 4-8-15　FLN36－12 型负荷开关的灭弧室结构及灭弧原理

3）适用场合

适用于 10 kV 的配电系统。开关垂直或水平安装不限,在环网柜内典型的安装方式是在电缆室和母线室之间置一钢隔板水平安装。

3. 操作机构

操作机构分为 K 型及 A 型两种:K 型为双功能单弹簧操作机构,用于负荷开关分合操作的,利用操作杆或电机独立地进行分合闸操作;A 型为双功能双弹簧操作机构,用于负荷开关－熔断器组合电器的分合操作。它可以用手动、分励脱扣线圈或熔断器撞针撞击等去进行分闸操作。

4. 产品系列

产品系列如图 4-8-16 所示。

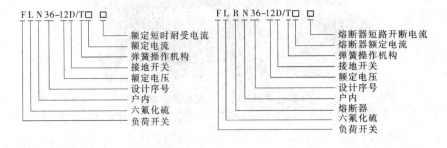

图 4-8-16　产品系列

第九节　低压开关电器

低压开关电器通常指通断电压在 500 V 以下的交直流电路的开关电器,它包括刀开关、自动空气开关(低压断路器)、接触器、磁力启动器、低压熔断器等。

一、刀开关

(一)刀开关的作用、表示符号、型号表达式含义

刀开关是一种最简单的低压开关,它只能手动操作,所以适合于不频繁地通断的电路。为了能在短路或过负荷时自动切断电路,刀开关必须与熔断器配合使用。刀开关的文字符号为 QS,图形符号为 ⌐,国产型号表达式如图 4-9-1 所示。

(二)分类

按极数分,刀开关有单极、双极、三极;按灭弧结构可分为带灭弧罩的和不带灭弧罩的,不带灭弧罩的只能当作隔离器,配合低压断路器使用,相当于高压中的隔离开关;按操作方式可分为直接手柄操作和用杠杆操作的;按用途分为单投的和双投的;按接线方式可分为板前接线和板后接线。不同规格的刀开关采用同一型号的操作机构,操作机构具有明显的分合指示和可靠的定位装置。

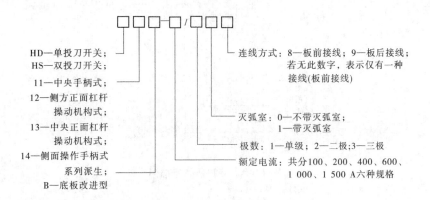

HD—单投刀开关；
HS—双投刀开关；
11—中央手柄式；
12—侧方正面杠杆
操动机构式；
13—中央正面杠杆
操动机构式；
14—侧面操作手柄式
系列派生；
B—底板改进型

连线方式：8—板前接线；9—板后接线；
若无此数字，表示仅有一种
接线(板前接线)

灭弧室：0—不带灭弧室；
1—带灭弧室

极数：1—单级；2—二极；3—三极

额定电流：共分100、200、400、600、
1 000、1 500 A六种规格

图 4-9-1　刀开关型号描述

实用中，刀开关常常和各种熔断器配合组成各种负荷开关，刀开关起操作作用，熔断器起保护作用。图 4-9-2 分别为刀开关、铁壳开关、胶盖瓷底开关、熔断器式刀开关。

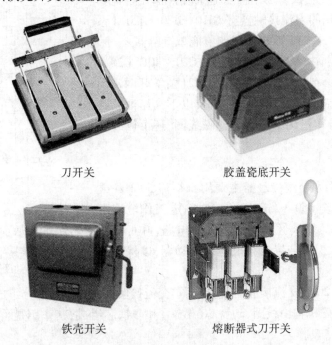

刀开关　　　　　　　　　胶盖瓷底开关

铁壳开关　　　　　　　　熔断器式刀开关

图 4-9-2　刀开关、铁壳开关、胶盖瓷底开关、熔断器式刀开关

二、接触器

（一）接触器的作用、表示符号、型号表达式含义

接触器是用来远距离通断负荷电路的低压开关，广泛用于频繁启动和控制电动机的电路。接触器的文字符号为 KM，图形符号线圈为，常开主触头为，国产型号表达式如图 4-9-3 所示。

（二）种类、结构、原理

接触器分交流接触器（CJ 系列）和直流接触器（CZ 系列）。在工程中常用交流接触器。

交流接触器主要由四部分组成：①电磁系统，包括吸引线圈、动铁芯和静铁芯；②触头系统，包括三副主触头和两个常开、两个常闭辅助触头，它和动铁芯是连在一起互相联动的；③灭弧装置，一般容量较大的交流接触器（20 A 以上）都设有灭弧装置，以便迅速切断电弧，免于烧坏主触头；④绝缘外壳及附件：各种弹簧、传动机构、短路环、接线柱等。交流接触器的触点由银钨合金制成，具有良好的导电性和耐高温烧蚀性。交流接触器是用按钮控制电磁线圈的，电流很小，控制安全可靠，电磁力动作迅速，可以

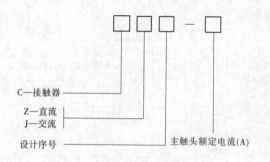

图 4-9-3 接触器型号描述

C—接触器
Z—直流
J—交流
设计序号
主触头额定电流(A)

频繁操作。

图 4-9-4 为接触器简单结构图。接触器简单工作原理为：电磁铁线圈通电,衔铁被吸向铁芯,触头通断情况发生变化;当线圈失电或电压不够,衔铁释放,触头通断情况恢复到如图 4-9-4 所示位置。常用的交流接触器有 CJ10、CJ20、CJ20LJ 系列等,CJ20LJ 是在 CJ20 基础上改进而成的节能型接触器。

常用的直流接触器有 CZO 和 C218 系列,C20－40C、C20－40D(无辅助触头),C20－40C/22、C20－40D/22(两常开两常闭辅助触头)型主要供远距离瞬时通断 35 kV 及以下高压油断路器和真空断路器电磁操作机构中的直流电磁线圈,还可供线路自动重合闸用。

（三）实用举例

CJ10、CJ20、CJ40 系列交流接触器主要用于交流 50 Hz(或 60 Hz)、额定工作电压至 660 V(或 1 140 V)额定工作电流至 630 A 的电力系统中供远距离频繁接通和分断电路,并可与适当的热继电器或电子式保护装置组合成电磁启动器,以保护可能发生过载的电路。

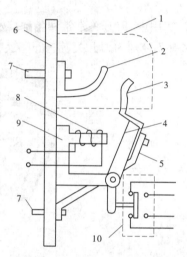

1—灭弧罩;2—静触头;3—动触头;4—衔铁;
5—连接导板;6—绝缘底板;7—接线柱;
8—电磁铁线圈;9—铁芯;10—辅助触点

图 4-9-4 接触器简单结构示意图

图 4-9-5 为 CJ10－20 型交流接触器的结构图,交流接触器由以下四部分组成:

(1)电磁机构。电磁机构由线圈、动铁芯(衔铁)和静铁芯组成,其作用是将电磁能转换成机械能,产生电磁吸力,带动触点动作。

(2)触点系统。包括主触点和辅助触点。主触点用于通断主电路,通常为三对常开触点。助触点用于控制电路,起电气联锁作用,故又称联锁触点,一般常开、常闭各两对。

(3)灭弧装置。容量在 10 A 以上的接触器都有灭弧装置,对于小容量的接触器,常采用双断口触点灭弧、电动力灭弧、相间弧板隔弧及陶土灭弧罩灭弧。对于大容量的接触器,采用纵缝灭弧罩及栅片灭弧。

(4)其他部件。包括反作用弹簧、缓冲弹簧、触点压力弹簧、传动机构及外壳等。

图 4-9-6 为 CJ 10－20 A 交流接触器外形。

电磁式接触器的工作原理如下:线圈通电后,在铁芯中产生磁通及电磁吸力。此电磁吸力克服弹簧反力使衔铁吸合,带动触点机构动作,常闭触点打开,常开触点闭合,互锁或接通线路。线圈失电或线圈两端电压显著降低时,电磁吸力小于弹簧反力,使得衔铁释放,触点机构复位,断开线路或解除互锁。

用接触器点动控制电动机,见图 4-9-7,合上 QS_1,按下启动按钮 SB_1,接触器线圈 KM_1 得电起励,则 KM_1 的三对常开主触点闭合,电动机开始转动;若要使电动机停转,只要松开 SB_1,使线圈 KM_1 失电,则 KM_1 的三对常开主触点恢复到断开状态,电动机停转。图中 FU 起短路和过载保护作用。用交流接触器控制电动机启停的实际接线如图 4-9-8 所示。

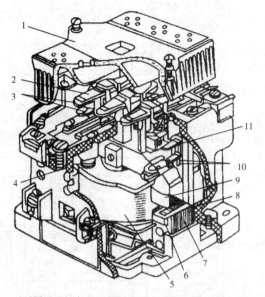

1—灭弧罩;2—触点压力弹簧片;3—主触点;4—反作用弹簧;

5—线圈;6—短路环;7—静铁芯;8—弹簧;9—动铁芯;

10—辅助常开触点;11—辅助常闭触点

图 4-9-5　CJ10 - 20 型交流接触器结构　　　　　图 4-9-6　CJ10 - 20 A 交流接触器外形

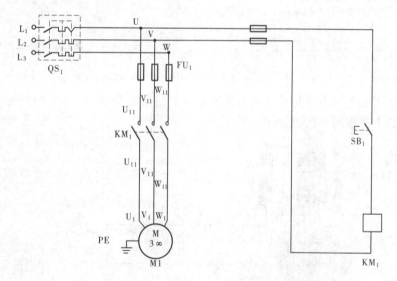

图 4-9-7　接触器点动控制电动机的电路

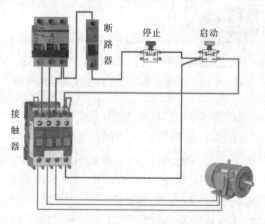

图 4-9-8　用接触器控制电动机实际接线图

三、磁力启动器

磁力启动器由交流接触器和热继电器组成,磁力启动器具有接触器的一切特点,另还具有热继电器所特有的过载保护功能,因此磁力启动器主要用于远距离控制交流电动机的启停或可逆运转,并兼有失压和过载保护作用。其型号表达式如图 4-9-9 所示。磁力启动器工作原理如图 4-9-10 所示。

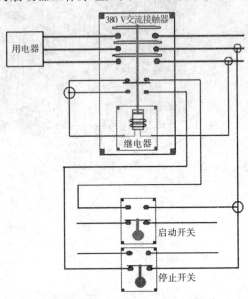

图 4-9-10 磁力启动器工作原理图

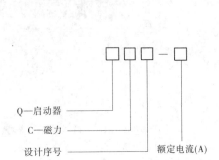

图 4-9-9 磁力启动器型号描述

由于电动机长时间过载,绕组超过允许温升时,将会加剧绕组绝缘的老化,缩短电动机的使用年限,严重时会将电动机烧毁。热继电器是一种具有延时动作的过载保护器件,可保护电动机,以防其过载。热继电器在保护线路中的作用与接线如图 4-9-11 所示。

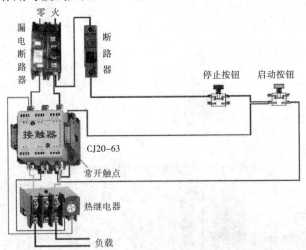

图 4-9-11 热继电器在控制保护线路中的作用

热继电器的结构与工作原理如图 4-9-12 所示,热继电器主要由热元件、双金属片和触点组成,热元件由发热电阻丝做成。双金属片由两种热膨胀系数不同的金属粘压而成,当双金属片受热时,会出现弯曲变形。使用时,把热元件串接于电动机的主电路中,而常闭触点串接于电动机的控制电路中。当电动机正常运行时,热元件产生的热量虽能使双金属片弯曲,但还不足以使热继电器的触点动作。当电动机过载时,双金属片弯曲位移增大,推动导板使常闭触点断开,从而切断电动机控制电路以起保护作用。热继电器动作后一般不能自动复位,要等双金属片冷却后按下复位按钮复位。热继电器动作电流的调节可以借助旋转凸轮于不同位置来实现。

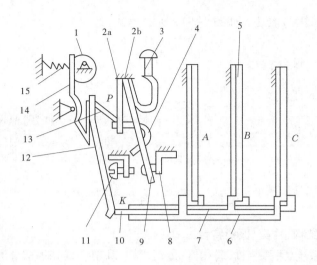

1—电流调节凸轮;2a,2b—簧片;3—复位按钮;4—弓簧;5—主双金属片;
6—外导板;7—内导板;8—常闭接点;9—动触点;10—杠杆;
11—复位调节螺钉;12—补偿金属片;13—推杆;14—连杆;15—压簧

图 4-9-12　JR16 型热继电器的结构原理图

　　热继电器的文字符号为 FR,热元件图形符号为 ⊏⊐,热继电器常闭触点图形符号为 ⊣。

　　热继电器按相数分为单相、两相、三相式,按保护分为不带断相保护和带断相保护两种。我国目前生产的热继电器主要为 JR 系列,图 4-9-13 为 JR16 系列热继电器的动作原理。

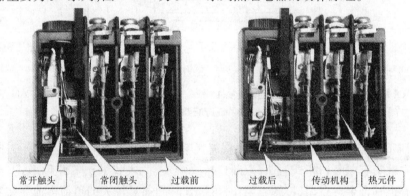

| 常开触头 | 常闭触头 | 过载前 | 过载后 | 传动机构 | 热元件 |

图 4-9-13　JR16 型热继电器及其动作原理

　　根据 JR16 型热继电器的结构原理图,它主要由双金属片、加热元件、动作机构、触点系统、整定调整装置及手动复位装置等组成。双金属片作为温度检测元件,由膨胀系数不同的两种金属片压焊而成,它被加热元件加热后,因两层金属片伸长率不同而弯曲。加热元件串接在电动机定子绕组中,在电动机正常运行时,热元件产生的热量不会使触点系统动作;当电动机过载,流过热元件的电流增大,经过一定的时间,热元件产生的热量使双金属片的弯曲程度超过一定值,通过导板推动热继电器的触点动作(常开触点闭合,常闭触点断开)。通常用其串接在接触器线圈电路的常闭触点来切断线圈电流,使电动机主电路失电。故障排除后,按手动复位按钮,热继电器触点复位,可以重新接通控制电路。

　　热继电器动作前后触头的变化如图 4-9-12 所示。

四、低压断路器(名自动空气开关)

(一)低压断路器的作用、表示符号、型号表达式含义

　　低压断路器又名自动空气开关或自动开关。它适用于不频繁地通断电路或启停电动机,并能起过载、短路和失压保护作用,它是低压交直流电路中性能最完善的低压开关电器。低压断路器的文字符号

为 Q,图形符号为 $\not\downarrow$,国产型号表达式如图 4-9-14 所示。

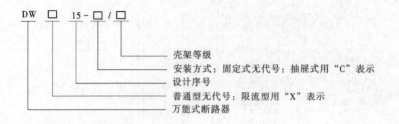

图 4-9-14　低压断路器型号描述

(二)低压断路器的结构、种类、保护特性

低压断路器由触头系统、灭弧装置、脱扣器、传动机构、基架和外壳等部分组成。

其工作原理如图 4-9-15 所示。

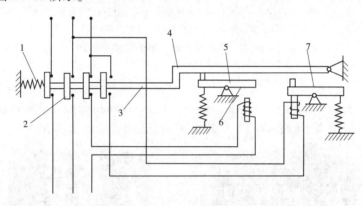

1—释放弹簧;2—主触点手动闭合;3—连杆装置;4—锁钩;5—过流脱扣器;6—衔铁释放;7—欠压脱扣器

图 4-9-15　低压断路器原理图

如图 4-9-15 所示,低压断路器具由接触系统、灭弧系统和脱扣系统构成。

接触系统的主触头有单断口指式触头、双断口桥式触头、插入式触头等几种形式。主触头的动、静触头的接触处焊有银基合金触点,其接触电阻小,可以长时间通过较大的负荷电流。在容量较大的低压断路器中,还常将指式触头做成两挡或三挡,形成主触头、副触头和弧触头并联的形式。

灭弧系统用于迅速灭弧,低压断路器中的灭弧装置一般为栅片式灭罩,灭弧室的绝缘壁一般用钢板纸压制或用陶土烧制。

脱扣器一般有过电流脱扣器、失压脱扣器、分励脱扣器、过负载延时热脱扣器、复合脱扣器(由过电流瞬时脱扣器和过负载延时热脱扣器组成),它用来感受电路中不正常现象,图 4-9-15 为低压断路器的脱扣器。如以失压脱扣器为例,当 BC 相间失压,失压脱扣电磁铁与失压脱扣器衔铁脱扣,在反作用弹簧作用下,通过传递元件将力传递给自由脱扣电磁铁,使之脱扣,主触头在左边弹簧作用下弹回,电路切断;传动机构承担力的传递、变换,它包括自由脱扣机构、主轴和脱扣轴等,触头系统用于通断电路,低压断路器的主触头在正常情况下可以接通分断负荷电流,在故障情况下还必须可分断故障电流。

低压断路器投入运行时,操作手柄已经使主触头闭合,自由脱扣机构将主触头锁定在闭合位置,各类脱扣器进入运行状态。分励脱扣器用于远距离操作低压断路器分闸控制,它的电磁线圈并联在低压断路器的电源侧;电磁脱扣器与被保护电路串联,起短路保护作用;热脱扣器与被保护电路串联,起过载保护作用;失压脱扣器并联在断路器的电源侧,可起到欠压及零压保护的作用;分励脱扣器用于远距离操作低压断路器分闸控制。

系统和瞬动过电流脱扣器是低压断路器的保护机构。低压断路器设有过流脱扣、欠压脱扣机构。

接触系统如图4-9-16所示。每相触头系统由主触头和弧触头组成,通过绝缘底座安装在断路器底架上,1 000 A、1 600 A 每相一组,2 500 A 每相两组并联,4 000 A 每相三组并联,但母线厚度各有不同。触头的传动采用四连杆机构,断路器动作时,来自主轴的闭合力矩,使触头系统绕 O 点转动而闭合,闭合时先弧后主,断开时则反之。

过流脱扣系统如图4-9-17所示。触头系统利用平行导体流过的电流获得电动力补偿提高了断路器的通断能力,当出现短路电流时导体间产生电动斥力来增加压力,此时快速电磁铁 9 动作而拉动连杆 7,使连杆 4 越过死区,触头即被打开,并由 O_1 支点轴销推动绝缘臂 8 释放自由脱扣机构,因而起到快速断开的作用。

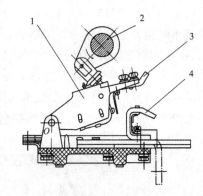

1—触头系统;2—主轴;3—动弧触头;4—静弧触头
图 4-9-16　接触系统

如图 4-9-17 所示,欠压脱扣系统的工作原理与过流脱扣系统基本相同。低压断路器的保护特性是由它们所装的脱扣器型式决定的。热脱扣器具有反时限保护特性,即断路器动作时间与过电流值的大小成反比。电磁脱扣器具有瞬时动作的保护特性,即只要过电流达到一定数值,断路器将瞬时动作;同时装有以上两种脱扣器的断路器一般配置过载长延时和短路瞬时动作的特性;还有些低压断路器具有三段保护特性,即过载长延时、短路短延时、特大短路瞬时动作,这样可以充分利用电气设备的允许过载能力,尽可能地缩小故障停电的范围。

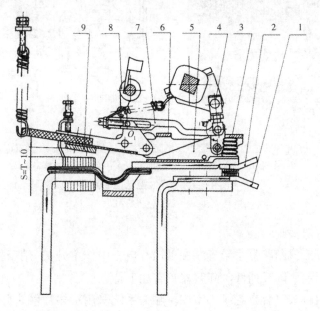

1—静触头;2—动触头;3—弹簧;4、7—连杆;5、6—支架;8—绝缘臂;9—快速电磁铁
图 4-9-17　触头系统和过电流脱扣器

(三)DW₁₅型与DW₁₇型万能低压断路器

低压断路器按结构型式不同,分为万能式和塑料外壳式两类。DZ 系列塑料外壳式断路器额定电流较小且等级较少,DW 系列万能式断路器额定电流大且等级较多。

1. DW₁₅型低压断路器

DW₁₅-1000～4000 型断路器该断路器主要用于交流 50 Hz、额定电流为 630～4 000 A、额定电压自380～1 140 V(其中额定电流为 1 000～4 000 A 的额定电压为 380 V)的配电网络中,用来分配电能、保护线路及电源设备免受过载、欠电压和断路器故障的危害。也能在交流 50 Hz、380 V 电网中用来保护电动机的过载、欠电压和短路。在正常条件下,断路器可作为线路不频繁转换及电动机不频繁启动之用。由于断路器还具有三段保护特性,可以对电网作选择性保护。对于抽屉式断路器,由于主电路和二次回路采用了插接式结构,省略了固定式断路器所需的隔离开关。具有一机二用的特点。操作与维护方便,提高了配电系统的安全性、连续性和可靠性。

DW$_{15}$型低压断路器如图4-9-18所示,由底架、侧板、横梁组成框架,每相触头系统安装在底架上,上面装灭弧室,操作机构在断路器右前方,通过主轴与触头系统相连,电动操作机构通过方轴与机构连成一体装于断路器下部,作为断路器的蓄能或直接闭合之用,对预蓄能方式,蓄能后的闭合由释能电磁铁承担,在左侧板上方装有防回跳机构,以防止断路器在断开时弹跳。各种过电流脱扣器按不同要求装在断路器下方,欠电压和分励脱扣器装在左侧,通过脱扣轴与放大机构相连,以减少断路器的脱扣力。断路器面板上有显示断路器工作位置的指示牌"1"、"0"和"蓄能"等指示,还有闭合、断开操作用的按钮"1"(按下)、"0"(按下);电动操作控制部位装在断路器左侧板上;辅助触头在断路器的左上方。

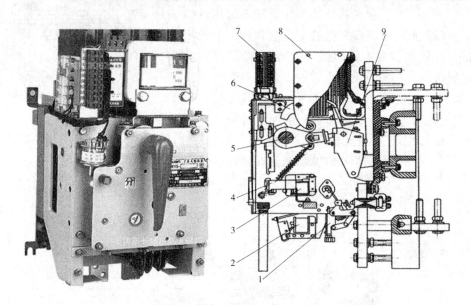

1—热电磁式过电流脱扣器;2—分励脱扣器;3—欠压脱扣器;4—热继电器;
5—主轴;6—防回跳结构;7—辅助触头;8—灭弧罩;9—接触系统

图4-9-18 DW$_{15}$型低压断路器

2. DW$_{17}$型低压断路器

DW$_{17}$系列智能型万能式断路器主要安装在低压配电柜中作主开关,用于控制和保护配电网络。外形与结构如图4-9-19所示。该系列低压断路器具有如下特点:

(1)触头系统:每相触头安装在绝缘小室内。触头系统采用了多片触头并联形式的结构,减小了触头系统的惯性,保证了断路器的高分断能力。

(2)操作机构:操作方式有手动操作、直接电动操作和预蓄能操作。断路器的过电流脱扣器由瞬时脱扣器、长延时脱扣器和短延时脱扣器组成。用户可根据使用要求进行组合,实现一段、二段或三段保护。安装在断路器中央,与主电路隔离;断路器由弹簧蓄能机构进行闭合操作,闭合速度快。操作机构兼有电动及手动蓄能、闭合、断开。

(四)低压断路器的主要技术参数

低压断路器的主要技术参数有额定电压(对多相电路是指相间的电压值)、额定绝缘电
压(断路器的最大额定工作电压)、额定电流(壳架等级额定电流用尺寸和结构相同的框架或塑料外壳中能装入的最大脱扣器额定电流表示)、额定短路电流分断能力(断路器在规定条件下所能分断的最大短路电流值)。

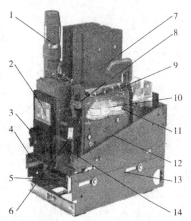

1—电动机;2—铭牌;3—手柄;4—辅助开关;5—bs 脱扣器;6—SU 控制装置;7—灭弧罩;
8—A1 - 1 - 6 接线端子;9—A3 接线端子;10—欠压(r)脱扣器;11—分励(a)脱扣器;
12—侧面机构;13—轴屉座;14—正面操作机构

图 4-9-19　DW₁₇系列低压断路器

第十节　导体与绝缘子

一、导体

在发电厂、变电站及输电线路中,由于电压等级及要求的不同,所使用的载流导体各种各样。如在输电线路中采用钢芯铝绞线,而钢芯铝绞线根据电压等级和跨越挡距的不同又分为普通型、轻型和加强型,有防腐要求的又有轻防、中防和重防之分。配电装置中常使用硬母线,按材料可分为硬铜母线、硬铝母线;按截面形状分为矩形母线、圆管形母线及槽形母线,一般电压等级高采用圆管形母线,电压等级低采用矩形母线,对于 10 kV 级的大容量母线则采用槽形结构。在不宜安装母线的地方,如有腐蚀的环境、大城市中心、地形狭窄的地方则常采用电缆。

二、硬母线

按所使用的材料不同,硬母线分为硬铜母线、硬铝母线和铝合金母线等;按截面形状不同,硬母线又分为矩形、圆管形和槽形等结构。

铜的电阻率低、强度大、抗腐蚀性强,是很好的导电材料,但我国铜储量不多,价高,所以硬铜母线用在持续工作电流大或有腐蚀的环境。铝的电阻率为铜的 1.7 ~ 2 倍,密度只有铜的 30% ,性能比铜低,但其储量丰富,价廉,所以一般常采用硬铝母线或铝合金母线。

矩形导体散热条件较好,便于固定和连接,但集肤效应较大。为避免集肤效应系数过大,单条矩形截面最大不超过 1 250 mm²。当工作电流超过最大截面单条导体允许载流量时,可将 2 ~ 4 条矩形导体并列使用,但多条导体并列的允许电流并不成比例增加,故一般避免采用 4 条矩形导体并列使用。矩形导体一般只用于 35 kV 及以下、电流在 4 000 A 及以下的配电装置中。槽形导体机械强度好、载流量大、集肤效应系数较小,一般用于 4 000 ~ 8 000 A 的配电装置中。圆管形导体集肤效应系数小,机械强度高,管内可以通风、通水冷却,因此可用于 8 000 A 以上的大电流配电装置中,同时圆管形导体表面光滑,电晕放电电压高,故可用于 110 kV 及以上的配电装置中。

小型水电站中常用矩形母线。其型号表达式如图 4-10-1 所示。

图 4-10-2 为矩形导体常见的三种布置方式。图 4-10-2(a)矩形竖放,散热较好,载流量大,但机械强度低;图 4-10-2(b)平放,散热差,载流量小,但机械强度高;图 4-10-2(c)三相母线垂直布置,它虽比图 4-10-2(a)、(b)水平布置易观察,但配电装置的高度有所增加。对于手车式高压开关柜,为了减少柜

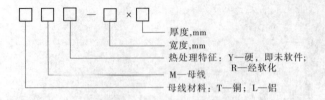

厚度,mm
宽度,mm
热处理特征：Y—硬,即未软件；
　　　　　　R—经软化
M—母线
母线材料：T—铜；L—铝

图 4-10-1 矩形母线型号描述

体尺寸,母线还采用三角形布置。总之,母线的布置方式应根据载流量的大小、短路电流水平和配电装置的具体情况而定。

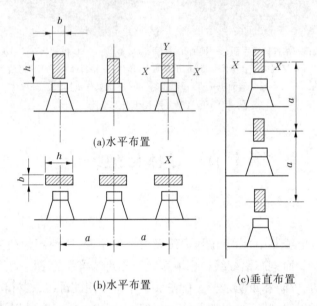

(a)水平布置

(b)水平布置　　(c)垂直布置

图 4-10-2 矩形导体的布置方式

矩形母线是用母线金具固定在支持绝缘子上的,为避免母线热胀冷缩对支持绝缘子产生较大的附加作用力,当矩形母线长度在 20～30 m 时,母线间应加装伸缩补偿器,以消除由于温度变化引起的危险应力。补偿器由厚度为 0.2～0.5 mm 的薄片叠成,叠成后的截面应尽量不小于所连母线截面的 1.25 倍,材料与母线相同。当母线厚度小于 8 mm 时,可直接利用母线本身弯曲的办法使其得以伸缩。

为了便于识别相序,交流母线 A(U)相漆成黄色,B(V)相漆成绿色,C(W)相漆成红色。着色后还可增加母线热辐射能力,提高其载流量,并能防止氧化腐蚀。

三、电力电缆

电力电缆是传送和分配电能的一种非裸露的特殊导线,具有防腐、防潮、防损伤、不易发生故障、布置紧凑等优点,但其具散热差、载流量小、有色金属利用率低、价格贵,一旦发生故障查找和修复较困难等缺点。电力电缆多用于水电站、变电站中厂用电设备和直流设备的连接,单机容量较小的水电站中发电机、变压器与配电装置间的连接,城市的地下电网,工矿企业内部的供电,以及过江、过海峡的水下输电线。电缆型号表达式见图 4-10-3。

电缆由导线、绝缘层和保护层三部分组成,如图 4-10-4、图 4-10-5 所示。导线材料可用铝或铜,一般用铝,系由经过退火处理的多股细单线绞合而成。电缆按芯数分为单芯、双芯、三芯和四芯几种,三相交流系统用三芯,单相交流系统或直流系统用双芯,380 V/220 V 系统采用四芯。绝缘层用来保证各线芯之间以及线芯与大地间的绝缘,按材料和绝缘方式分为油浸纸绝缘、橡皮绝缘和塑料绝缘(包括聚氯乙烯、聚乙烯、交联聚乙烯)等。现在常用的是交联聚乙烯电缆。保护层分为内护层和外护层。内护层保护绝缘层不与空气、水分和其他物体接触,它有铅包、铝包和聚氯乙烯包三种。外护层用来保护内护层不受外界机械损伤和化学腐蚀,它一般由防腐层、内衬垫层、铠装层和外被层组成。裸钢带铠装用得较多。

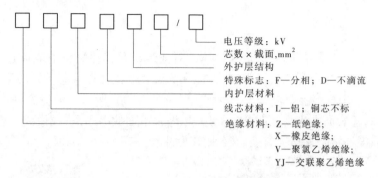

電壓等級：kV
芯數 × 截面，mm²
外護層結構
特殊標志：F—分相；D—不滴流
內護層材料
線芯材料：L—鋁；銅芯不標
絕緣材料：Z—紙絕緣；
　　　　　　X—橡皮絕緣；
　　　　　　V—聚氯乙烯絕緣；
　　　　　　YJ—交聯聚乙烯絕緣

图 4-10-3　电力电缆型号描述

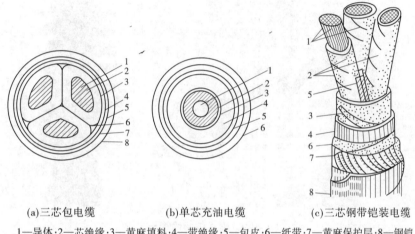

(a)三芯包电缆　　　(b)单芯充油电缆　　　(c)三芯钢带铠装电缆
1—导体;2—芯绝缘;3—黄麻填料;4—带绝缘;5—包皮;6—纸带;7—黄麻保护层;8—钢铠

图 4-10-4　电缆结构图

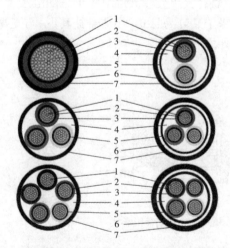

1—导体;2—耐火层;3—绝缘层;4—填充;5—钢带;6—护套层;7—外护层

图 4-10-5　耐火电缆结构

　　为防潮气侵入电缆端部,造成绝缘下降,电缆线路中必须配置各种中间连接盒和终端接头附件(又名电缆头)。中间连接盒用于两段电缆互连,电缆头用于电缆与设备连接。在实际工程中,电缆附件由于电场分布复杂,而且需要在现场施工,工艺条件差,因此成为电缆线路中的薄弱环节,所以必须在设计、制造、安装施工和使用维护中充分重视。

　　电力电缆的品种繁多,中低压型(一般指 35 kV 及以下)的有黏性浸渍纸绝缘电缆、不滴流电缆、聚氯乙烯电缆、聚乙烯电缆、交联聚乙烯电缆、天然橡皮绝缘电缆、丁基橡皮电缆、乙丙橡皮电缆等,高压型(一般指 110 kV 及以上)的有自容式充油电缆、钢管充油电缆、聚乙烯电缆和交联聚乙烯电缆等。

四、绝缘子

绝缘子是用来固定和支持裸导体,保证裸导体的对地绝缘及其在短路电流通过时的动稳固性。因此,要求绝缘子有足够的绝缘强度和机械强度,并能在高温、潮湿、污秽等恶劣环境下安全运行。

绝缘子通常是以电瓷作为绝缘体,故又称为瓷瓶,如图 4-10-6 所示。为提高绝缘子的绝缘强度,常采用瓷表面涂一层釉;瓷表面做成高低凹凸的裙边,以增长沿面放电距离;或做成一层层伞形,以阻断雨水。绝缘子的机械强度通常是靠增大有效直径来实现的。

图 4-10-6　输电线与绝缘子

绝缘子分为支持绝缘子和穿墙套管两类。支持绝缘子是配电装置中母线的绝缘支持物,又称支柱绝缘子,按支持方式不同支持绝缘子又分为悬式(导体悬挂其下)与支撑式两种,如图 4-10-7 所示;按安装地点支持绝缘子又有户内、户外之分。

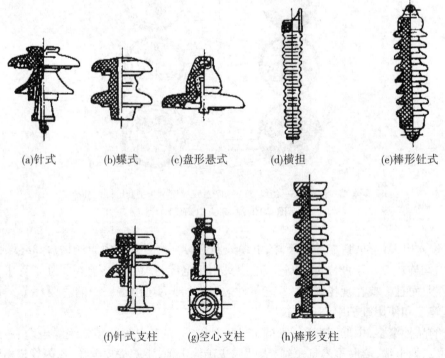

(a)针式　　　(b)蝶式　　　(c)盘形悬式　　　(d)横担　　　(e)棒形针式

(f)针式支柱　　　(g)空心支柱　　　(h)棒形支柱

图 4-10-7　支持绝缘子的基本类型

户内支持绝缘子主要由瓷件、铸铁底座和铸铁帽用水泥胶合剂胶装组成。户外支持绝缘子现多采用棒式结构,它具有轻、小、易维护、不易老化、不易击穿的特点,并可多件叠装用于更高电压等级。

套管绝缘子又称穿墙套管,它用于高压配电装置带电导体穿过与其电位不同的隔板或墙壁处,起绝缘与支撑作用。套管绝缘子主要由空心瓷壳、金属法兰和载流芯柱三部分组成,瓷壳中部用水泥胶合剂固定着法兰盘,如图4-10-8所示。载流芯柱有铜、铝两种,还有小水电不常用的不带载流芯柱的母线式套管。铜、铝载流芯柱为圆形或矩形截面,可与配电装置的母线直接相连,便于安装维护,使用广泛。

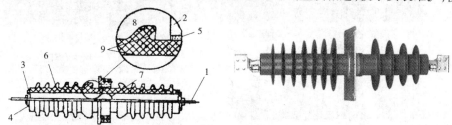

1—载流导体;2—法兰;3—水泥胶合剂;4—帽;5—固定开口销;
6—瓷套;7—弹簧片;8—大裙;9—导电层

图4-10-8　CWB-35/400型套管绝缘子

第十一节　防雷保护与接地装置

一、防雷保护

(一)雷电破坏的基本形式

雷电破坏有三种基本形式:直击雷、感应雷和雷电侵入波。

(1)直击雷。雷电直接击中建筑物或其他物体,对其放电,强大的雷电流通过这些物体入地,产生破坏性很大的热效应和机械效应,造成建筑物、电气设备及其他被击中的物体损坏。当击中人畜时造成人畜死亡。

(2)感应雷。雷电放电时能量很强,电压可达上百万伏,电流可达数万安培。强大的雷电流由于静电感应和电磁感应会使周围的物体产生危险的过电压,造成设备损坏,人畜伤亡。

(3)雷电侵入波。输电线路上遭受直击雷或发生感应雷,雷电波便沿着输电线侵入变、配电所或用户。强大的高电位雷电波如不采取防范措施将造成变、配电所及用户电气设备损坏,甚至造成人员伤亡事故。

(二)防雷装置(避雷针、避雷线、避雷带、避雷网、避雷器)

由于雷击电力系统或雷电感应而引起的过电压,称为大气过电压,也叫外部过电压。大气过电压的幅值,取决于雷电参数和防雷措施,与电网的额定电压没有直接关系,大气过电压对电气设备的绝缘威胁很大,为了保证电力系统安全经济运行,必须有一定的防雷保护措施。

为了对大气过电压采取合理的防护措施,必须了解雷电放电的发展过程,掌握雷电的有关参数。

电力系统的导线或其他电气设备受到雷直击时,被击物将有很大的雷电流流过,造成过电压,这时的过电压称为直击雷过电压。雷没有直接击中电力系统中的导线或其他电气设备时,由于雷电放电,电磁场剧烈改变,此时电力系统的导线或电气设备将感应出过电压,这种过电压称为感应雷过电压。

直击雷过电压和感应雷过电压均要防护,应采用下列防雷装置来防雷。

1.避雷针

为了防止设备遭受直接雷击,通常采用避雷针或避雷线。避雷针(线)高于被保护设备,其作用是将雷电吸引到避雷针本身,将雷电流引入大地,从而保护了设备免遭雷击。

避雷针一般用于保护发电厂和变电站。如图4-11-1所示,避雷针由接闪器(避雷针顶端1~2m长的镀锌钢管或焊接钢管)、支持构架(水泥杆、钢结构支柱、门性构架、建筑物顶部)、引下线(经过防腐处理的圆钢或扁钢)和接地体(埋入地下的各种型钢,包括钢管、角钢、扁钢和圆钢)三部分组成。避雷针的保护是有一定范围的,避雷针的保护范围可以根据模拟试验和运行经验来确定。由于雷电路径会受到很多偶然因素的影响,因此要保证被保护设备绝对不受雷击是不现实的,一般保护范围是指具有0.1%左右雷击概率的空间范围而言,此雷击概率是可以接受的。

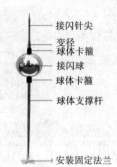

图 4-11-1　避雷针示意图

单支避雷针的保护范围如图 4-11-2 所示,像一个锥形帐篷。在高度为 h_x 水平面上的保护半径按下式计算:

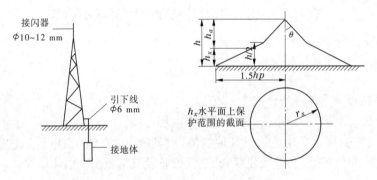

图 4-11-2　单根避雷针保护范围

当 $h_x \geqslant \dfrac{h}{2}$ 时 $\left. \begin{array}{l} r_x = (h - h_x)p \\[2mm] \end{array} \right\}$

当 $h_x < \dfrac{h}{2}$ 时 $\qquad r_x = (1.5h - 2h_x)p$ (4-11-1)

式中　h——避雷针高度,m;

$\quad p$——高度影响系数,当 $h \leqslant 30$ m 时,$p = 1$,当 30 m $< h \leqslant 120$ m 时,$p = \dfrac{5.5}{\sqrt{h}}$。

两支等高避雷针的保护范围如图 4-11-3 所示,两支避雷针外侧的保护范围可按单支避雷针的计算来确定;两支避雷针间的保护范围应按通过两针顶点及保护范围上部边缘最低点 O 的圆弧来确定。O 点的高度 h_0 按下式计算:

$$h_0 = h - \frac{D}{7p} \tag{4-11-2}$$

式中　D——两避雷针间的距离,m。

两避雷针间高度为 h_x 的水平面上的保护范围在 O—O' 截面中高度为 h_0 的水平面上,保护范围的一侧宽度 b_x 可按下式计算:

$$b_x = 1.5(h_0 - h_x) \tag{4-11-3}$$

一般两避雷针间的距离与针高之比 $\dfrac{D}{h}$ 不宜大于 5。

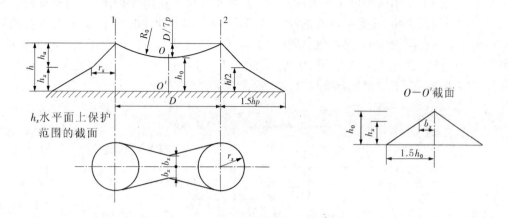

图 4-11-3　两支等高避雷针保护范围

2. 避雷线

避雷线是由悬挂在被保护物上空的镀锌钢绞线(接闪器,截面不得小于 35 mm²)、接地引下线和接地体组成。避雷线的保护原理与避雷针基本相同,但因其对雷云与大地之间电场畸变的影响比避雷针小,所以避雷线的引雷作用和保护宽度也比避雷针小。避雷线主要用于输电线路的防雷保护。但近年来也用于保护发电厂和变电站,如有的国家采用避雷线构成架空地网保护 500 kV 变电站。

单根避雷线的保护范围如图 4-11-4 所示。由避雷线向下作与其垂直面成 25°的斜面,构成保护空间的上部;在 $h/2$(h 为避雷线悬挂高度)处转折,与地面上离避雷线投影水平距离为 h 的直线相连的平面,构成保护空间的下部,合起来呈屋脊式。

单根避雷线的一侧,在高度为 h_x 平面上的保护宽度 r_x。按下式计算:

当 $h_x \geqslant \dfrac{h}{2}$ 时　　　　　　　　$r_x = 0.47(h - h_x)p$

当 $h_x < \dfrac{h}{2}$ 时　　　　　　　　$r_x = (h - 1.53 h_x)p$

$$\left.\begin{array}{l} r_x = 0.47(h - h_x)p \\ r_x = (h - 1.53 h_x)p \end{array}\right\} \tag{4-11-4}$$

两条平行架设的等高避雷线的保护范围如图 4-11-5 所示。

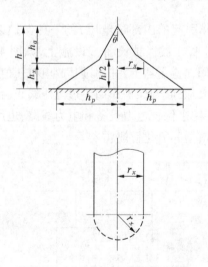

图 4-11-4　单根避雷线保护范围

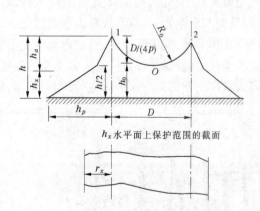

图 4-11-5　双根避雷线保护范围

在两根避雷线的外侧的保护范围按单根线方法确定;而两避雷线内侧(两线中间)保护范围的横截面,是由通过两避雷线 1 和 2 及保护范围上部边缘最低点 O 的圆弧来确定,O 点的高度 $h_0 = h - \dfrac{D}{4p}$(h 为避雷线悬挂高度,D 为两避雷线的水平间距,p 为高度影响系数)。

在架空输电线路上多用保护角 α 来表示避雷线的保护程度。所谓保护角,是指避雷线的铅垂线与边导线和避雷线连线的夹角,如图 4-11-6 所示。显然 α 越小,雷击导线的概率越小,对导线的屏蔽保护越可靠。在高压输电线路设计中,保护角一般取 20°～30°,即可认为导线已处于避雷线的保护范围内。220～330 kV 为双避雷线线路,一般采用 20°左右;500 kV 一般不大于 15°;山区宜采用较小的保护角。杆塔上两根避雷线的间距不应超过导线与避雷线垂直距离的 5 倍。

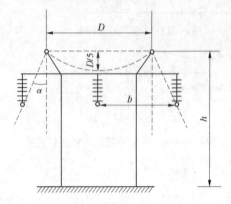

图 4-11-6　输电线路保护角示意图

3. 避雷带和避雷网

据测雷击建筑物时最可能遭到雷击的地方是屋脊、屋檐及房屋两侧的山墙;若为平顶屋面,则为屋顶四边缘及四角处。所以,在建筑物的这些容易受雷击的部位安装避雷带(接闪器),并通过接地引下线与埋入地中的接地体相连,就能起到防雷保护的效果。采用避雷带保护时,屋面上任何一点距避雷带的距离不应大于 10 m。若屋顶面宽度超过 20 m 时,应增加避雷带或用避雷带纵横连接构成避雷网(网状接闪器),则保护效果会更好。避雷带多采用截面不小于 12 mm×4 mm 的镀锌扁钢或直径不小于 8 mm 的镀锌圆钢。而由避雷带构成的避雷网,其网络尺寸有 <5 m×5 m(或 <6 m×4 m)、<10 m×10 m(或 <12 m×8 m)及 <12 m×20 m(或 <24 m×16 m)几种。对于钢筋混凝土建筑物,也可利用建筑物自身各部分混凝土内的钢筋,按防雷保护规范要求相互连接构成其防雷装置。

由此不难看出,避雷带、避雷网与避雷针及避雷线一样可用于直击雷防护。

4. 避雷器

避雷器是用来限制沿线路侵入的雷电过电压(或因操作引起的内部过电压)的一种保护设备。其保护原理与避雷针等不同,避雷器实质上是一种放电器,并联在被保护设备或设施上,如图 4-11-7 所示,正常时装置与地绝缘,一旦沿线路入侵的雷电过电压作用在避雷器上,并超过其放电电压值,装置与地间由绝缘变成导通,并击穿放电,将雷电流或过电压引入大地,起到保护作用。过电压终止后,避雷器迅速恢复不通状态,被保护设备恢复正常工作。避雷器主要用来保护电力设备和电力线路,也用作防止高电压侵入室内。避雷器有保护间隙、管型避雷器、阀型避雷器和氧化锌避雷器等。

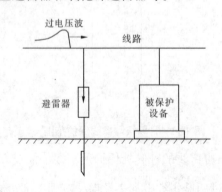

图 4-11-7　避雷器与设备并联

1）简单保护间隙和管型避雷器

保护间隙是一种最简单的限制过电压的设备。它结构简单、价廉、容易制作；但灭弧能力低，只能用于熄灭中性点不接地系统中较小的单相接地电容电流，因此在我国多用于 3～10 kV 及以下的配电网中。如图 4-11-8 所示为常用的角型保护间隙与电气设备的并联接线。保护间隙由两个电极组成，为使被保护设备得到可靠的保护，要求保护间隙的伏秒特性的上限低于被保护设备伏秒特性的下限，并有一定的裕度。当雷电波侵入时，间隙先击穿，将工作母线接地，雷电流引入大地，避免了被保护设备的电压升高，从而保护了设备。间隙击穿后电弧在角形棒间上升拉长，电弧电流较小时可以自行熄弧，电弧电流大到几十安以上时就不可能自行熄弧；雷电过电压时，单相、两相或三相间隙都可能击穿接地，造成接地故障、两相或三相间短路故障，以致线路电源断路器保护动作分闸。

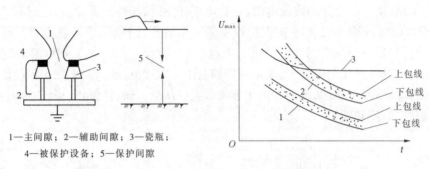

1—主间隙；2—辅助间隙；3—瓷瓶；
4—被保护设备；5—保护间隙

图 4-11-8　角型保护间隙结构及接线

保护间隙与主间隙间的电场是不均匀电场。在这种电场中，当放电时间减少时，放电电压增加较快，即其伏秒特性较陡，且分散性也较大。如图 4-11-8 所示，曲线 2 是被保护设备的伏秒特性的下包线，曲线 1 是保护间隙的伏秒特性上包线，为了能使间隙对设备起到保护作用，要求曲线 1 低于曲线 2，且两者之间需有一定距离。如果被保护设备的伏秒特性较平坦，这时保护间隙的伏秒特性与其配合就比较困难，故不宜用它来保护变压器、电缆等具有较平坦伏秒特性的电气设备。

管型避雷器也称排气式避雷器，实质上是具有较高熄弧能力的保护间隙。它伏秒特性太陡，分散性大，难以和被保护设备的绝缘相配合。放电间隙击穿后，使工作母线直接接地，形成幅值很高的冲击截波，危及变压器的匝间绝缘；另外，运行维护较麻烦。所以，目前管型避雷器只用于输电线路个别地段的防雷保护，如发变电站进线段和线路（大跨距、交叉挡距）等处保护。其原理结构如图 4-11-9 所示。它有两个串联的间隙，一个是装在产气管里面的内间隙 S_1，一个是在外部的空气间隙 S_2。S_2 的作用是保证线路正常运行时消弧管与工作母线隔离，避免产气管被流过管子的工频泄漏电流所烧坏。

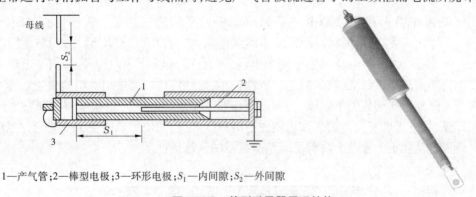

1—产气管；2—棒型电极；3—环形电极；S_1—内间隙；S_2—外间隙

图 4-11-9　管型避雷器原理结构

内间隙由一个棒电极对环形电极组成。产气管由在电弧下能够产生气体的纤维、塑料或橡胶等材料制成。当有雷电冲击波时，间隙 S_1、S_2 均被击穿，使雷电流经 S_2、环形电极 3、S_1 棒型电极 2、接地装置入地。冲击电流过后又有工频续流通过，其值为管型避雷器安装处的短路电流。工频续流电弧的高温，使管内产生大量气体，此高压气体从环形电极 3 端部 I 孔口中急速喷出，造成对弧柱的强烈纵吹，使工频续流在1~3个周波内的过零时刻熄灭。与此同时,动作指示器从环状电极端部孔口中也被弹出,标志避雷器已动作。

管型避雷器的灭弧能力与工频续流的大小有关,续流过小,易产气不足,不能吹灭电弧;续流过大,产气过多,压力过大,易使产气管爆炸,所以管型避雷器熄灭续流能力有上、下限。故选用管型避雷器应根据安装地点的运行条件,使单相接地短路电流在熄弧电流的允许范围内。

2)阀型避雷器

阀型避雷器由多个火花间隙与阀片电阻串联组成,如图4-11-10所示。阀型避雷器的火花间隙具有较平坦的伏秒特性,且低于被保护设备的冲击耐压强度。阀片电阻是非线性电阻,其电阻值与流过的电流有关,电流愈大,电阻愈小。阀型避雷器的基本工作原理是:在电力系统正常工作时,间隙将阀片电阻与工作母线电压隔离;当系统中出现过电压,且幅值超过间隙的放电电压时,火花间隙被击穿,冲击电流通过阀片流入大地,由于阀片是非线性电阻,在雷电流作用时,阀片呈低阻值,这时阀片上产生的压降(称为残压)将受到限制,若使残压低于被保护设备的冲击耐压,则被保护设备得到了保护。当过电压消失后,在工作电压作用下间隙中仍有工频电弧电流(工频续流)通过,但工频续流受到阀片电阻的限制,其值甚小,而此时的非线性电阻增大,就进一步抑制了工频续流,使间隙能在工频续流第一次经过零值时将电弧切断,间隙恢复绝缘,系统正常工作不受影响。从上可知,被保护设备的冲击耐压值,必须高于避雷器的冲击放电电压和残压。

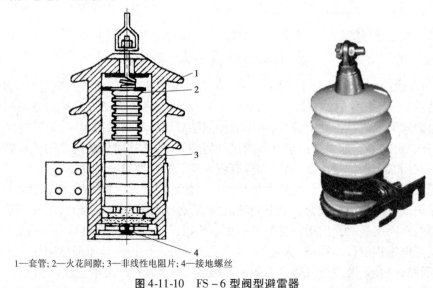

1—套管;2—火花间隙;3—非线性电阻片;4—接地螺丝

图4-11-10 FS－6型阀型避雷器

实际的阀型避雷器中火花间隙是由一系列单个平板型间隙组成的,单个平板型间隙结构如图4-11-11所示。间隙的电极由黄铜材料冲压成小圆盘形状,中间以云母垫圈隔开,间隙之间的距离为0.5~1.0 mm。由于间隙之间的电场接近于均匀电场,而且在过电压作用下云母垫圈与电极之间的空气缝隙还会发生局部预游离,因此间隙的放电分散性较小,伏秒特性较为平坦。将阀型避雷器中的火花间隙做成由多个短间隙串联而成的串联体,将有助于切断工频续流。因为工频续流电弧被短间隙电极分割成许多段短弧,靠电极的复合与散热作用使去游离程度提高,并使短弧能在工频续流过零后不易重燃,而被熄灭,所以这就在很大程度上改善了阀型避雷器的伏秒特性。

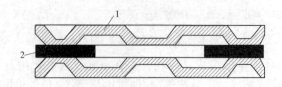

1—黄铜电极;2—云母片

图4-11-11 单个平板型间隙

实际阀型避雷器中的非线性电阻也是由多个圆形非线性电阻片串联而成的,每片非线性电阻称为阀片,阀片常由碳化硅(SiC)添加一部分氧化铝(Al_2O_3)用黏合剂压制后经高温焙烧而成。阀片的电阻值随流过电流的变化而呈现出非线性变化。

阀型避雷器可分为普通型和磁吹型两类。普通型的阀型避雷器熄弧完全依靠间隙的自然熄弧能力,没有采用强迫熄弧措施。由于其阀片的热容量有限,不能承受较长持续时间内过电压的冲击电流,故此类避雷器通常不容许在内过电压作用下动作,目前这种避雷器只使用于 220 kV 及其以下系统中,作为限制大气过电压用。其中 FS 型普通阀型避雷器的火花间隙没有分路电阻,并且阀片较小,多适用于保护配电变压器和电缆头等;而 FZ 型普通阀型避雷器火花间隙有分路电阻,阀片较大,用于保护大型变电站的电气设备和变压器。

磁吹型阀型避雷器在普通阀型避雷器的基础上发展而来,它采用了灭弧性能较强的磁吹火花间隙和通流容量较大的高温阀片电阻,利用磁吹电弧来强迫工频续流熄弧,其单个间隙的熄弧能力较高,能够在较高的恢复电压下,切断较大的工频续流,故其串联间隙数和阀片的数目都较少,其冲击放电电压和残压较低,保护性能较好。同时此类避雷器阀片热容量也较大,能允许通过内过电压作用下的冲击电流,故它可用作限制内过电压的备用措施。它有 FCZ 和 FCD 两种类型,其中 FCD 型是专用于保护旋转电机的磁吹避雷器,而 FCZ 型则用于 330 kV 及以上超高压变电站电气设备的雷电冲击过电压保护及兼作内过电压后备保护。

3)氧化锌避雷器

氧化锌避雷器又称金属氧化物避雷器,是 20 世纪 70 年代初期出现的一种新型避雷器。其阀片以氧化锌为主要材料,附以少量精选过的金属氧化物(氧化铋、氧化钴、氧化锰和氧化锑等),经高温烧结而成。氧比锌阀片具有很理想的非线性伏安特性,氧化锌电阻阀片的伏安特性如图 4-11-12 所示。

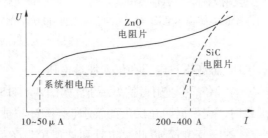

图 4-11-12　氧化锌电阻阀片伏安特性

在图 4-11-12 中,同时还给出了碳化硅电阻阀片的伏安特性。在正常线路电压下,氧化锌电阻阀片特性曲线对应的电流为 10 ~ 50 μA,而碳化硅电阻阀片特性曲线对应的电流为 200 ~ 400 A。因此,在正常线路电压的作用下,氧化锌电阻阀片中的电流很小,可以忽略不计,此时它实际上相当于一个绝缘体,所以氧化锌避雷器可以通过其阀片自身在线路正常电压下所呈现出的高电阻来有效地抑制工频续流,而不必像阀型避雷器那样将碳化硅阀片串联火花间隙。

ZnO 避雷器除有较理想的非线性伏安特性外,其主要优点为:

(1)无间隙(少数 ZnO 避雷器有间隙)。在工作电压作用下,氧化锌电阻阀片相当一绝缘体。因为工作电压不会使阀片烧坏,所以可以不用串联间隙来隔离工作电压,避免了火花间隙放电有时延的弊端,改善了避雷器动作限压响应特性,特别利于抑制波头较陡入侵波。

(2)无续流。当作用在 ZnO 阀片上的电压超过某一值(起始动作电压)时将导通,导通后在 ZnO 阀片上的残压与流过它的电流大小基本无关,为一定值,这是由于 ZnO 阀片具有良好的非线性。当作用的电压降至起始动作电压以下时,氧化锌电阻阀片终止"导通",又相当于一绝缘体,因此不存在工频续流,使之所泄放的能量大大减少,从而可以承受多次雷击,工作寿命长。

(3)通流容量大。氧化锌避雷器通流容量大,耐操作波的能力强,故可用来限制内过电压,也可使用于直流输电系统。

(4)降低电气设备所受到的过电压。虽然 10 kA 雷电流下的残压值,氧化锌避雷器与普通阀型避雷器相当,但后者只有在串联间隙放电后才可将电流泄放,而前者在整个过电压过程中都有电流流过,因此降低了作用在电气设备上的过电压。

此外,由于氧化锌避雷器无间隙、无续流,故其体积小,重量轻,结构简单,运行维护方便,使用寿命也长,造价也低,因而得到广泛使用。

20 世纪 80 年代,为消除氧化锌避雷器易受潮的隐患及裙套易爆裂的危险,研制出了无此危险且体积小、重量轻、耐污性能好、散热特性优良、制造工艺简单的复合外套氧化锌避雷器。它可用于雷电活动强、土壤电阻率高、降低杆塔接地电阻有困难的输电线路上,能提高线路的耐雷水平,降低线路遭受雷击跳闸的事故率。图 4-11-13 为复合外套 ZnO 避雷器整体结构示意图,图 4-11-14 为 HY5WS – 17/50 氧化锌避雷器。

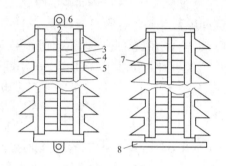

1—硅橡胶裙套;2—金属端头;3—ZnO 阀片;4—高分子填充材料;
5—环氧玻璃钢芯棒;6—吊环;7—环氧玻璃钢筒;8—法兰

图 4-11-13　复合外套 ZnO 避雷器整体结构示意图

图 4-11-14　HY5WS – 17/50 氧化锌避雷器

(三)水电站防雷保护

水电站雷害主要有直击雷过电压、感应雷过电压和侵入波过电压。

为了防止雷直击于水电站的电气设备,可以用避雷针保护,如图 4-11-15 所示,使所有被保护设备和建筑物处于避害针的保护范围之内。先根据防止反击的要求(避雷针与被保护设备或构架之间的空气间隙 S_k 被击穿称为反击),决定针的安装位置,以此决定针和被保护设备的水平距离,后根据已定的水平距离和被保护设备的高度决定针的高度。

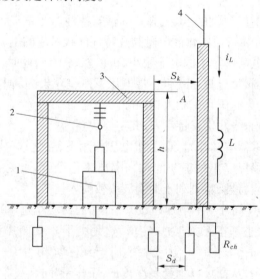

1—变压器;2—母线;3—配电构架;4—避雷针

图 4-11-15　独立避雷针与配电构架距离

水电站主厂房、主控制室和配电装置一般不装设直击雷保护装置(防反击和继电保护误动),仅将其屋顶金属结构接地。屋外配电装置(包括架空母线和母线廊道等)、油处理室、露天油罐、主变压器修理间、易燃材料仓库等地应用避雷针保护,35 kV 及以下配电装置绝缘水平低,故其构架或房顶不宜装避雷针;变压器门型构架上也不应装设避雷针、避雷线。

为了防止避雷针与被保护设备或构架之间的空气间隙 S_k 被击穿而造成反击事故,要求 S_k 大于一定距离,一般不应小于 5 m;同样,为防止避雷针与被保护设备接地装置间在土壤中的间隙 S_d 被击穿,一般 S_d 不小于 3 m。

独立避雷针宜设独立的接地装置。独立避雷针不应设在经常通行的地方,距道路不应小于 3 m。

为防止感应过电压对电气设备的危害,水电站一般采取将各种配电装置尽量远离独立避雷针或较高建筑物、降低接地电阻值、对架空引出的无屏蔽的发电机电压母线上装设电容器等措施来防护。

为防止雷电侵入波过电压对水电站的危害,首先可在母线上装设避雷器,以限制侵入波过电压的幅值,但阀型避雷器的通流容量较小,因此还应该采用进线段保护(在进线段装设 1 ~ 2 km 的避雷线和装设管型避雷器),将由输电线路侵入到水电站的雷电波限制到允许的范围内,以避免引起避雷器的损坏或爆炸。实际工程中 35 kV 线路终端杆通过电缆进入电站 35 kV 开关室的母线,在电缆两端即终端杆和母线上分别需装设避雷器。

三绕组变压器低压绕组对地电容较小,若低压绕组开路运行时高压或中压绕组有雷电波入侵,则开路的低压绕组上静电感应分量可达到很高的数值,将危及低压绕组绝缘,为限制这种过电压,只要在低压绕组任一相的直接出口处加装一组避雷器即可。中压绕组也有开路运行的可能,但其绝缘水平较高,一般不装避雷器。分级绝缘(中性点绝缘水平低于相线端)的变压器需要在中性点加装避雷器以保护中性点绝缘。

此外,6 ~ 10 kV 开关柜真空开关旁需并联避雷器(或称过电压吸收装置如 TBP – B – 7.6P/131),以防过电压。

二、接地装置

(一)概述

所谓接地,就是把设备的某一部分通过接地装置同大地紧密连接在一起,与大地保持等电位。到目前为止,接地仍然是应用最广泛的并且无法用其他方法替代的电气安全措施之一。无论是发电厂还是用户,都采用不同方式、不同用途的接地措施来保障设备的正常运行或是它们的安全。

接地主要可分为三种。

1. 工作接地

工作接地是指为了保证电气设备在系统正常运行和发生事故情况下能可靠工作而进行的接地。例如 380/220 V 低压配电网络中的配电变压器中性点接地就是工作接地,这种配电变压器假如中性点不接地,那当配电系统中一相导线断线,其他两相导线电压就会升高 $\sqrt{3}$ 倍,即 220 V 升高为 380 V,这样就会损坏用电设备。还有双极直流输电系统的中点接地也是工作接地。工作接地要求的接地电阻一般为 0.5 ~ 5 Ω。

2. 保护接地

保护接地是指为了保证人身安全和设备安全,将电气设备在正常运行时不带电的金属外壳、配电装置的构架和线路杆塔等加以接地。这样可防止电气设备绝缘损坏或其他原因使外壳等金属部分带电时发生人身触电事故。另外,电流互感器、电压互感器二次绕组接地也属于保护接地。万一高压窜到低压就构成接地短路,使高压断路器跳闸,这样可避免二次设备损坏和发生人身伤亡事故。高压设备保护接地要求的接地电阻为 1 ~ 10 Ω。

3. 防雷接地

防雷接地指针对防雷保护的需要而设置的接地,比如杆塔的接地、高层建筑物的接地、避雷装置的接地等,目的是将雷电流安全地导入大地,并减少雷电流通过接地装置时的地电位升高。架空输电线路杆塔的接地电阻一般不超过 10 ~ 30 Ω,避雷器的接地电阻一般不超过 5 Ω。

(二)接地装置(工频接地电阻、冲击接地电阻、避雷带、避雷网、避雷器)

无论是工作接地还是保护接地,都是经过接地装置与大地连接。接地是由接地装置实现的,接地装置包括接地体与接地线。

接地体是埋设于大地并直接与大地土壤接触的金属导体,一般埋于地表面下 0.5 ~ 1 m 处,接地体的作用是减少接地电阻。接地体分为自然接地体和人工接地体,用作自然接地体的通常有水管、与大地有可靠连接的建筑物的金属结构、敷设在地下的电缆金属外皮以及在地下的各金属管道(但易燃易爆物的管道除外),有条件时应充分利用自然接地体。用作人工接地体的有钢管、角钢、扁钢和圆钢等,分垂直安装与水平安装两种方式。水平人工接地体多用宽度为 20 ~ 40 mm、厚度不小于 4 mm 的扁钢,或者用直径不小于 6 mm 的圆钢。垂直人工接地体多用角钢(20 mm × 20 mm × 3 mm ~ 50 mm × 50 mm × 5 mm)或钢管,长度约为 2.5 m。

用来连接接地体和接地设备间的金属连接线,称为接地线。

接地装置的接地电阻,是工频电流从接地体向大地散流时,土壤呈现的电阻和接地线上的电阻的总和,一般可不考虑接地线和接地体(电阻很小),故接地电阻即为电流在土壤中的散流电阻,其数值与大地的结构和电阻率直接有关,还与接地体的形状和几何尺寸有关,可由下式决定:

$$R_{jd} = \frac{U_{id}}{I_{id}}$$

式中 U_{id}——接地电压,即电气设备装置的接地部分与大地零电位之间的电位差。

在接地装置的设计和施工中,应使接触电位差和跨步电位差在允许值内,以保证工作人员的安全。

一般情况下,有效接地系统(中性点直接接地或经过低电阻接地)接地装置的接地电阻应符合 $R_{id} \leqslant \frac{2\ 000}{I_{jd}}$,即当接地短路电流 I_{jd} 经过接地装置流入大地时,接地网的电位升高不超过 2 000 V。则当接地电流超过 4 000 A 时,接地装置的接地电阻值在一年四季内不应超过 0.5 Ω;非有效接地系统(中性点不接地或经过消弧线圈接地、经过高电阻接地)内,高、低压电气设备共用接地装置应符合 $R_{id} \leqslant \frac{120}{I_{jd}}$,但不应大于 4 Ω;仅用于高压电气设备的接地装置应符合 $R_{id} \leqslant \frac{250}{I_{jd}}$,但不应大于 10 Ω。

(三)水电站接地装置

水电站的接地装置,除利用自然接地体外,敷设以水平接地体为主的人工环形接地网,以将站内的设备与接地体相连,同时使站内的地表电位分布均匀,接地网面积大体与水电站的面积相同。

人工环形接地网的外缘应闭合,如图 4-11-16 所示,外缘各角应做成圆弧形,圆弧的半径不宜小于均压带间距的一半。接地网内应敷设水平均压带。接地网的埋设深度不宜小于 0.6 m,有条件的埋设 1 m 以下。北方冻土区应埋设在冻土层以下。

接地网可采用长孔网(见图 4-11-16(a))或方孔网(见图 4-11-16(b)),但方孔网的均压,特别是在冲击电流作用下的均压效果要好得多。

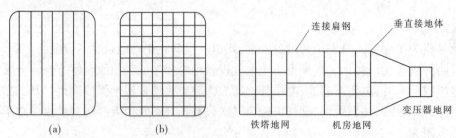

(a)   (b)   铁塔地网   机房地网

图 4-11-16 环形人工接地网形式

接地网的均压带可采用等距或不等距布置。

35 kV 以上接地网边缘经常有人出入的走道处,应铺设砾石、沥青路面或做成帽檐式均压带。

水电站电气装置中下列部位应专门敷设接地线接地:

(1)发电机座或外壳、出线柜、中性点柜的金属底座和外壳、封闭母线的外壳。

(2)110 kV 及以上的钢筋混凝土构件支座上电气设备的金属外壳。

(3)直接接地的变压器中性点。

(4)变压器等的接地端子。

(5)GIS 的接地端子。

(6)避雷器、避雷针、避雷线等的接地端子。

（四）接地电阻测量

接地电阻值满足规定要求才能安全可靠地起到接地作用,因此需测量接地电阻值。测量接地电阻的方法很多,目前用得最普遍的是用接地电阻测量仪测量。图 4-11-17 是 ZC – 8 型接地电阻测量仪外形。其内部主要元件是手摇发电机、电流互感器、可变电阻及零指示器等。另外,附有接地探测针 2 支（电位探测针、电流探测计）、导线 3 根（其中 5 m 长一根用于接地极,20 m 长一根用于电位探测针,40 m 长一根用于电流探测针接线）。

按图 4-11-18 所示接线图接线。沿被测接地极 E′,将电位探测针 P′和电流探测针 C′依直线彼此相距 20 m 插入地中。电位探测针 P′要插在接地极 E′和电流探测针 C′之间;用仪表所附的导线分别将 E′、P′、C′连接到仪表相应的端子 E、P、C 上;将仪表放置于水平位置,调整零指示器,使零指示器指针指到中心线上;将"倍率标度"置于最大倍数,慢慢转动手摇发电机的手柄,同时旋动"测量标度盘",使零指示器的指针指在中心线上。在零指示器指针接近中心线时,加快发电机手柄转速,并调整"测量标度盘"使指针指于中心线;如果"测量标度盘"的读数小于"1",应将"倍率标度"置于较小倍数,然后再重新测量;当零指示器指针完全平衡指在中心线上后,将此时"测量标度盘"的读数乘以倍率标度即为所测的接地电阻值。

图 4-11-17　ZC – 8 型接地电阻测量仪

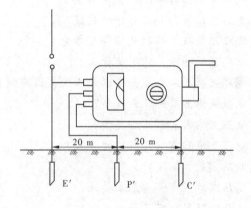

图 4-11-18　接地电阻测量接线

使用 ZC – 8 接地电阻测量仪测量接地电阻时应注意:假如"零指示器"的灵敏度过高,可调整电位探测针 P′插入土壤中的深浅;若其灵敏度不够,可沿电位探测针 P′和电流探测针 C′之间的土壤注水,使其湿润;在测量时必须将接地装置线路与被保护的设备断开,以保证测量准确;如果接地极 E′和电流探测针 C′之间的距离大于 20 m,电位探测针 P′的位置插在 E′、C′之间直线外几米,则测量误差可以不计。但当 E′、C′之间距离小于 20 m 时,则电位探针 P′一定要正确插在 E′、C′直线中间;当用 0 ~ 1/10/100 Ω 规格的接地电阻测量仪测量小于 1 Ω 的接地电阻时,应将仪表上 E′的连接片打开,然后分别用导线连接到被测接地体上,以消除测量时连接导线的电阻造成附加测量误差。

除 ZC – 8 接地电阻测量仪外,还有 ZC – 29、JD – 1、L – 9 型等接地电阻测量仪,使用方法应参照其详细的产品说明书。

（五）降低接地电阻的措施

接地电阻中流散电阻大小与土壤电阻有直接关系。土壤电阻率愈低,流散电阻也就愈小,接地电阻就愈小。所以遇到电阻率较高的土壤,如砂质、岩石以及长期冰冻的土壤,装设人工接地体时,要达到设计要求的接地电阻值,往往要采取措施,常用的方法有:

(1)对土壤进行混合或浸渍处理。在接地体周围土壤中适当混入一些木炭粉、炭黑等以提高土壤的导电率,或用降阻剂浸渍接地体周围土壤,对降低接地电阻也有明显效果。

(2)改换接地体周围部分土壤。将接地体周围换成电阻率较低的土壤,如黏土、黑土、木炭粉土等。

(3)增加接地体埋设深度。当碰到地表面岩石或高电阻率土壤下部就是低电阻率土壤时,可将接地体采用钻孔深埋或开挖深埋至低电阻率的土壤中。

(4)外引式接地。当接地处土壤电阻率很大而在距接地处不太远的地方有导电良好的土壤或有不冰冻的湖泊、河流时,可将接地体引至该低电阻率地带后按规定做好接地。

思考题

1. 电力系统由哪几部分构成?
2. 电力系统运行必须保证哪些基本要求?
3. 发电厂的一次电气设备包括哪些设备?
4. 发电厂的二次电气设备包括哪些设备?
5. 简述我国规定的三类额定电压的范围。
6. 发电机和变压器的额定电压规定值是多少?
7. 电力系统中性点运行方式有哪几种类型? 各适用什么情况?
8. 什么是发电厂或变电站的电气主接线?
9. 发电厂的主接线有哪两大类方式? 它们各包括哪几种接线类型?
10. 电力变压器有哪几种主要类型?
11. 电力变压器由哪几部分所构成?
12. 变压器的技术参数包括哪几部分?
13. 互感器的功能与作用是什么?
14. 电压互感器和电流互感器的二次接线有何要求?
15. 电流互感器有哪几种类型?
16. 电压互感器有哪几种类型?
17. 电压互感器有哪几种接线方式?
18. 断路器的作用是什么?
19. 高压断路器有哪些基本要求?
20. 高压断路器有哪几种基本类型?
21. 高压断路器的灭弧方式的灭弧方式(灭弧介质)有哪几种类型?
22. 目前常用的高压断路器有哪几种类型?
23. 高压断路器一般由哪几部分功能部件构成?
24. 高压断路器的操作机构有哪几种主要类型?
25. 断路器的技术参数包括哪些基本内容?
26. 高压隔离开关的主要是什么?
27. 高压隔离开关有哪几种主要类型?
28. 高压隔离开关的主要技术参数有哪些?
29. 高压熔断器的作用是什么?
30. 高压熔断器有哪几种主要类型?
31. 高压负荷开关的主要是什么?
32. 负荷开关与断路器和隔离开关有何区别?

33. 高压负荷开关有哪几种类型？

34. 高压负荷开关由哪几部分功能部件构成？

35. 低压开关有哪几类？

36. 交流接触器、磁力启动器和低压断路器各有什么用途？

37. 高压电缆有哪几部分构成？各部分作用是什么？

38. 绝缘子的功用是什么？分几种类型？

39. 雷电破坏的基本形式有哪几种？

40. 防雷装置有哪几种？各有什么用途？

41. 常用的避雷器有哪几种类型？各有何特点？

42. 水电站如何进行防雷保护？

43. 水电站如何进行防雷接地？

44. 如何测量接地电阻？

45. 降低接地电阻有哪些措施？

第五章 水电站电气二次设备

第一节 电气二次系统的基本知识

电力系统是生产、变换、输送、分配和使用电能的各种电力设备按照一定的技术与经济要求有机组成的一个联合系统。一般将电能通过的设备称为电力系统的一次设备,如发电机、变压器、断路器、母线、输电线路、补偿电容器、电动机及其他用电设备等。对一次设备的运行状态进行测量、控制、保护和自动调节的设备,称为电力系统的二次设备。连接这些二次设备、实现不同功能的电路接线,称为二次接线、二次回路或二次系统。

二次接线图是用国家规定的图形符号和文字符号,表示二次设备与一次设备之间、不同二次设备之间的连接关系的图纸。常用符号见本书附录。

电气二次系统根据实现的功能不同,可分为测量计量系统、控制信号系统、继电保护、自动装置和中央信号系统等子系统。自动装置又可进一步分为备用电源自动投入装置、输电线路自动重合闸装置、同期系统、自动按频率减负荷装置和自动调节励磁系统等。

一、测量计量系统简介

水电站的测量系统,对发电系统的有关运行参数进行在线测量,供运行人员了解和掌握电气设备及动力设备的工作情况,以及电能的输送和分配情况,以便及时调节、控制设备的运行状态,分析和处理事故。通过对电气测量结果进行分析,值班人员能够及时发现系统的异常或故障情况,从而作出相应的处理,将异常或故障消除在萌芽状态。仪表测得的数据可作为计算经济指标的依据。因此,测量系统对保证电能质量、保证安全经济运行,具有重要作用。

值班人员监盘的主要任务之一就是时刻监视测量系统显示终端(各种表计或显示屏)的指示数值及其变化情况,并对指示数值及其变化情况进行分析,判断设备的运行状况,必要时进行相应的处理。

水电站常见的电气量有电压、电流、有功功率、无功功率、功率因数和频率等。电气量测量和电能计量应符合 DL/T 5137 的规定要求,测量二次接线应符合 SL 438 的规定。

水电站常见的非电气量有上下游水位、机组流量及各种温度、压力等。非电量检测方式和检测装置配置应符合 DL/T 5081 的规定。

二、控制信号系统

运行中电气设备的工作状态,要用信号加以显示。发生故障时,除保护装置作出相应的反应外,还要发出各种灯光和音响信号,及时告知值班人员,迅速正确地判断这些故障和不正常工作状态的性质与地点,以便及时进行处理。

用来反映故障和不正常工作状态的信号,通常由灯光信号和音响信号两部分组成。前者表明故障和不正常工作状态的性质与地点,后者用来引起值班人员的注意。灯光信号是由保护装置或其他装置启动,并通过装设在各控制屏上的各种信号灯或光字牌(又称示字信号灯)来实现;音响信号则由音响信号装置启动发声器具(蜂鸣器或警铃)来实现。音响信号装置设在中央控制室内,通常为全厂性公用设备。

电站计算机监控系统可实现对全厂设备运行状态的安全监视、事件自动顺序记录和语音报警。事故或故障时人机界面应自动推出事故画面。

按照信号的用途不同,水电站的信号有位置信号、事故信号和预告信号。

（一）位置信号

位置信号是用来指示设备的运行状态的信号。在水电站中包括开关电器的通、断位置状态,调节装置调整到极限位置状态和机组所处的状态(准备启动状态、发电状态或调相状态)等的状态信号,所以位置信号又称为状态信号。

（二）事故信号

事故信号是设备发生故障时,由继电保护或自动装置动作,使断路器跳闸的同时所发出的信号。通常是使相应的信号灯发光、发出音响信号。为了与预告信号相区别,事故信号用蜂鸣器(电笛)作为音响器具。

（三）预告信号

预告信号又称为警告信号。它是在机组等主要元件及其他设备处于不正常工作状态时发出的信号。它可以帮助值班人员及时发现不正常工作状态,以便采取适当的措施加以处理,防止故障的扩大。

中央信号指事故信号和预告信号。

三、继电保护

（一）电力系统故障和不正常运行状态

电能不便于大量储存,发电、供电、用电在同一时间进行。因此,电能的生产量应每时每刻与电能的消费量保持平衡,如果出现不平衡状态称为不正常运行状态。例如,因负荷潮流超过电力设备的额定上限造成的电流升高(又称过负荷),系统中出现功率缺额而引起的频率降低,发电机突然甩负荷引起的发电机频率升高等,都属于不正常运行状态。这些不正常运行状态若不及时处理,就有可能发展成故障。

电力系统中发电机、变压器、输电线路等电气设备在运行过程中都可能会因为各种自然的、设备本身或人为的原因而发生故障或异常情况。电力系统的故障(异常)原因大致可分为以下几种:

（1）自然方面的原因。如雷击、大风、大雪和大气污染等原因导致电气设备闪络放电、短路,输电线路倒杆、断线等。

（2）设备本身的原因。如设备本身存在缺陷,设备在使用过程中绝缘老化等。

（3）人为的原因。如误操作、安装调试不当以及运行过程中维护不良等。

电气元件最常见的故障是各种形式(单相接地、两相短路、三相短路等)的短路。在发生短路时会对系统造成极大的危害:

（1）数值较大的短路电流通过故障点,引燃电弧,使故障元件损坏或烧毁。

（2）短路电流流过一些非故障元件(如发电机、变压器、母线等),由于发热和电动力的作用,引起它们的损坏或缩短使用寿命。

（3）故障点附近的电压大大下降,使用户的正常工作遭到破坏或者产生废品。

（4）破坏电力系统中各发电厂之间并列运行的稳定性,引起系统振荡,甚至使系统瓦解。

（二）继电保护任务和作用

（1）当电力系统发生故障时,自动、迅速、有选择性地将故障元件从电力系统中切除,使故障元件免于继续遭到破坏,并保证其他无故障元件迅速恢复正常运行。

（2）反映电气元件的不正常运行状态,并根据不正常运行情况的类型和电气元件的维护条件,发出信号,由运行人员进行处理或自动进行调整。反映不正常运行状态的继电保护装置允许带有一定的延时动作。

（3）继电保护装置还可以和电力系统中其他自动装置配合,在条件允许时,采取预定措施,缩短事故停电时间,尽快恢复供电,从而提高电力系统运行的可靠性。

综上所述,继电保护在电力系统中的主要作用是通过预防事故或者缩小事故范围来提高系统运行的可靠性。继电保护装置是电力系统中重要的组成部分,是保证电力系统安全和可靠运行的重要技术措施之一。在现代化的电力系统中,如果没有继电保护装置,就无法维持电力系统的正常运行。

（三）对继电保护装置的基本要求

电力系统各电气元件之间通常用断路器互相连接,每台断路器都装有相应的继电保护装置,当发生故障时可以向断路器发出跳闸脉冲,切除故障部分,其余部分仍能正常运行。为了完成继电保护的任务,对继电保护装置有如下四个基本要求:

(1)可靠性。可靠性包括安全性和信赖性,是对继电保护性能的最根本要求。所谓安全性,是要求继电保护在不需要它动作时可靠不动作,即不发生误动作。所谓信赖性,是要求继电保护在规定的保护范围内发生了应该动作的故障时应可靠动作,切除故障部分或发出信号,即不发生拒绝动作。

(2)选择性。继电保护的选择性,是指保护装置动作时,应在可能最小的区间内将故障从电力系统中断开,最大限度地保证系统中无故障部分仍能继续安全运行。它包含两种意思:其一是指应由装在故障元件区段内的断路器上的继电保护装置动作切除故障;其二是当电力系统的保护装置或断路器拒动时,仍应保证在停电范围最小的原则下切除故障。

在电力系统中,为了使故障能可靠地被切除,一个电气元件通常装有多套保护装置,人们将这些保护分别称为主保护和后备保护,现分述如下:

主保护:反映被保护元件上的故障,并能在较短时间内将故障切除的保护。

后备保护:在主保护不能动作时,该保护动作将故障切除。根据保护范围和装置的不同有近后备和远后备两种方式。近后备保护和主保护一起装在所要保护的电气元件上,只当本元件主保护拒绝动作时,它才动作,将所保护元件上的故障切除;远后备保护装在不同元件上,当相邻电气元件上发生故障,相邻电气元件主保护和近后备保护拒绝动作时,远后备动作将故障切除。

(3)迅速性。继电保护的迅速性是指尽可能快地切除故障,以减少设备及用户在大短路电流、低电压下运行的时间,降低设备的损坏程度,提高电力系统并列运行的稳定性。

(4)灵敏性。继电保护的灵敏性,是指对于其保护范围内发生故障或不正常运行状态的反应能力。满足灵敏性要求的保护装置应该是在事先规定的保护范围内部故障时,在系统任意的运行条件下,不论短路点的位置、短路的类型如何,以及短路点是否有过渡电阻,当发生短路时都能敏锐感觉、正确反应。灵敏性通常用灵敏系数来表示,不同的继电保护对灵敏系数有不同的要求。

上述四个基本要求,贯穿整个继电保护内容的始终。在实际整定计算中要注意四个基本要求间的统一和矛盾。如为了提高可靠性和选择性,就可能影响到迅速性;而过分强调迅速性,就不能百分百地保证可靠性和灵敏性,需要多重保护配合。

（四）继电保护的基本原理

继电保护要完成在系统中的作用,首先必须能够区分系统的正常运行状态、不正常运行状态及故障运行状态。系统在不同的运行状态时,电气参数会发生变化,继电保护正是根据系统的这个特点来判断系统是否发生故障,从而决定是否应该动作的。

一般继电保护装置由测量比较元件、逻辑判断元件和执行输出元件三部分组成,如图5-1-1所示。

相应输入量 —→ 测量比较元件 —→ 逻辑判断元件 —→ 执行输出元件 —→ 跳闸或信号

图 5-1-1 继电保护装置的组成方框图

1.测量比较元件

测量比较元件测量通过被保护的电力元件的物理参量,并与给定的值进行比较,根据比较的结果,给出"是"、"非"、"0"或"1"性质的一组逻辑信号,从而判断保护装置是否应该启动。根据需要继电保护装置往往有一个或者多个测量比较元件。常用的测量比较元件有:被测电气量超过给定值动作的过量继电器,如过电流继电器、过电压继电器、高周波继电器等;被测电气量低于给定值动作的欠量继电器,如低电压继电器、阻抗继电器、低周波继电器等;被测电压、电流之间相位角满足一定值而动作的功率方向继电器等。

2.逻辑判断元件

逻辑判断元件根据测量比较元件输出逻辑信号的性质、先后顺序、持续时间等,使保护装置按一定的逻辑关系判定故障的类型和范围,最后确定是否应该使断路器跳闸、发出信号或不动作,并将对应的指令传给执行输出部分。

3.执行输出元件

执行输出元件根据逻辑判断部分传来的指令,发出跳开断路器的跳闸脉冲及相应的动作信息、发出警报或不动作。

(五)继电保护原理举例

继电保护装置随着电子、计算机技术不断发展,目前继电保护装置一般均采用微机保护装置,为了较清晰了解继电保护工作原理,以电磁型继电保护为例加以说明。

1.电磁型继电器的结构和工作原理

电磁型继电器按其结构可分为螺管绕组式、吸引衔铁式和转动舌片式,如图5-1-2所示。通常电磁型电流和电压继电器均采用转动舌片式结构,时间继电器采用螺管绕组式结构,中间继电器和信号继电器采用吸引衔铁式结构。

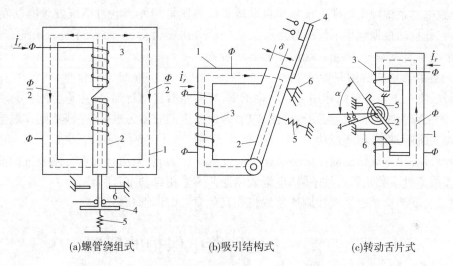

(a)螺管绕组式   (b)吸引结构式   (c)转动舌片式

1—电磁铁;2—可动衔铁;3—绕组;4—触点;5—反作用弹簧;6—止挡

图5-1-2　电磁型继电器原理结构图

当绕组3通入电流I_r时,产生磁通Φ,磁通Φ经过铁芯、空气隙和衔铁构成回路。衔铁(或舌片)在磁场中被磁化,产生电磁力和电磁转矩,当电流I_r足够大时,衔铁被吸引移动(或舌片转动),使继电器动触点和静触点闭合,称为继电器动作。由于止挡的作用,衔铁只能在预定的范围内移动。

2.过电流保护举例

电流速断保护的单相原理接线如图5-1-3所示。

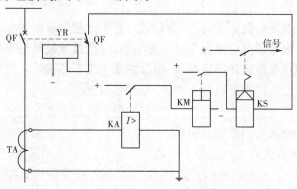

图5-1-3　电流速断保护原理接线图

电流继电器 KA 接于电流互感器 TA 的二次侧,当流过它的电流大于 KA 的动作电流时,电流继电器 KA 动作,启动中间继电器 KM,KM 触点闭合后,经信号继电器 KS 线圈、断路器辅助触点 QF 接通跳闸线圈 YR,使断路器跳闸,切断故障线路,同时信号继电器 KS 发出报警信号。

四、自动装置

为了保证电力系统安全可靠稳定运行,在电力系统中设置有各种各样的自动装置。常见的自动装置有备用电源自动投入装置、按频率自动减负荷装置、输电线路自动重合闸装置、同步装置、自动调整励磁装置和调速装置等。

(一)备用电源自动投入装置

为了保证重要电力用户的供电可靠性,要求实行双回线路供电,其中一回线路运行,另一回线路备用。当运行线路因故障自动跳闸后,备用电源自动投入装置启动,将备用电源自动投入,保证对用户连续供电。

(二)按频率自动减负荷装置

当电力系统发生有功功率缺额时,频率会自动下降。若有功功率缺额较大,频率下降到一定程度时,可能会导致电力系统频率崩溃。按频率自动减负荷装置是一种当电力系统发生有功功率缺额而导致频率下降时,能自动根据频率下降的程度分级切除部分次要负荷,从而保持电力系统有功功率平衡,维持频率稳定在一定范围内,防止系统崩溃的自动装置。

(三)输电线路自动重合闸装置

当线路因故障在继电保护的作用下自动跳闸后,将断路器自动合闸,称为重合闸。自动重合闸动作后,若所发生的故障为瞬时性故障,则重合闸成功;若所发生的故障为永久性故障,则在继电保护的作用下断路器将再次跳闸,重合闸不成功。

运行经验表明,架空线路的故障大多数是瞬时性故障。因此,采用自动重合闸装置能够提高供电的可靠性。电缆故障大多数是永久性故障,电缆线路通常不采用自动重合闸装置。

同步装置、自动调整励磁装置和调速装置将在其他章节中详细介绍。

第二节　水电站继电保护的配置

水电站主要设备的保护是通过几组保护装置相互配合,反映其故障和异常。

一、发电机保护

发电机常见的故障类型主要有定子绕组匝间短路、相间短路、单相接地、过电流、过电压、转子绕组一点接地、失去励磁等;发电机常见的不正常工作状态有定子绕组过负荷、励磁绕组过负荷等。为此,一般发电机配置有:

(1)纵联差动保护:保护发电机定子绕组相间短路。

(2)横联差动保护:保护发电机定子绕组匝间短路,适用于定子绕组为双 Y 形接线的机组。

(3)定子接地保护:监视零序过电流或用于绝缘监测,发出接地故障信号。

(4)过电流保护:保护发电机组外部短路时,引起的发电机定子绕组过电流。

(5)过电压保护:保护发电机定子绕组可能过电压而进行保护。

(6)过负荷保护:保护发电机过负荷运行时,引起的发电机定子绕组过电流。

(7)失磁保护:对发电机失去励磁进行保护。

(8)励磁回路一点接地或两点接地短路。励磁回路一点接地时,由于没有构成电流通路,对发电机没有直接危害,但若再发生另一点接地,就造成两点接地短路,从而使转子绕组被短接,不但会烧毁转子绕组,而且由于部分绕组短接会破坏磁路的对称性,从而引起发电机的强烈振动,尤其是凸极式转子的水轮发电机,其危害更大。

二、电力变压器保护

变压器的故障可以分为油箱内的故障和油箱外的故障。油箱内的故障指的是变压器油箱内各侧绕组之间发生的相间短路、同相部分绕组中发生的匝间短路以及大电流系统侧的单相接地短路等。油箱外的故障指的是变压器绕组引出端绝缘套管及引出短线上的故障,主要有各种相间短路和接地短路。比较常见的故障有变压器绕组引出端绝缘套管及引出短线上各种相间短路和接地短路,而变压器油箱内各侧绕组之间发生相间短路的情况则比较少。

变压器的不正常运行状态主要有:负荷长时间超过额定容量引起的过负荷,油箱漏油造成的油面降低,变压器温度升高或油箱压力升高或冷却系统故障等。

变压器一般配置以下保护装置:

(1)瓦斯保护:轻微故障,在油箱内形成少量瓦斯气体或油面下降,使轻瓦斯保护动作,作用于信号;严重事故时,产生大量瓦斯气体,使重瓦斯保护动作,作用于跳闸,即跳开变压器各侧断路器。

(2)纵联差动保护或电流速断保护:用于变压器绕组或引出线短路,电网侧绕组接地短路以及绕组匝间短路。

(3)过电流保护:防止外部相间短路,并作为瓦斯保护和差动保护的后备保护。

(4)零序电流保护:防止中性点直接接地系统,外部接地短路。

(5)过负荷保护:防御对称过负荷故障。

三、线路保护

(一)相间短路故障

对1~10 kV线路,当单电源时设过电流保护,当双电源时,设电流速断保护和过电流保护;对35~66 kV线路,当单电源时设电流、电压速断保护和过电流保护,对双电源还可采用距离保护;对110~330 kV线路,当单电源时采用电流、电压保护和距离保护,对双电源时还可采用高频保护;对于双回路馈线,还可采用横联差动保护。

(二)接地故障

对35 kV以下中性点不直接接地系统,采用单相接地保护(绝缘监察装置)、电流保护和功率方向保护;对110 kV线路,设零序电流保护或接地距离保护,辅以零序电流保护。

四、母线保护

当需要时亦可装设母线差动保护。

第三节　发电机的继电保护

发电机是电站的主要电气设备,在电站中占十分重要的地位。它的安全运行对电力系统稳定可靠运行起着决定性的作用。然而,在发电机运行过程中,可能出现各种故障和不正常工作状态。为保证系统其余部分的正常运行,在发电机上应装设继电保护装置。

中小型水轮发电机,通常设有以下继电保护:①纵联差动保护;②过电流保护;③过电压保护;④定子绕组接地保护;⑤励磁回路一点接地或两点接地短路。

一、发电机纵联差动保护

纵联差动保护,简称差动保护,是发电机定子绕组及其引出线相间短路的主保护。发电机纵联差动保护的工作原理是利用发电机中性点侧电流与相同相的发电机出线端的电流之差,在发电机正常运行时、保护范围外发生相间短路故障时与保护范围内发生相间短路故障时的不同来实现的。

发电机差动保护工作原理如图5-3-1所示。

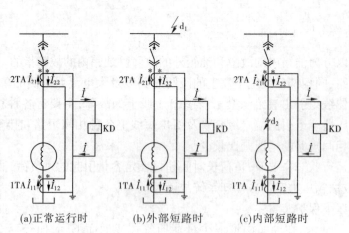

(a)正常运行时　　　(b)外部短路时　　　(c)内部短路时

图 5-3-1　发电机差动保护工作原理图

（一）发电机正常运行或外部故障

如图 5-3-1（a）所示，当发电机正常运行时，流过发电机中性点侧电流互感器 1TA 一次线圈的电流 i_{11} 与流过其相同相的出线端电流互感器 2TA 一次线圈的电流 i_{21}，时刻保持大小相等且相位相同。当两侧电流互感器变比等各项参数完全相同，且假设为理想电流互感器时，电流互感器 1TA 和 2TA 二次线圈所产生的感应电流 i_{12} 和 i_{22} 也时刻保持大小相等且相位相同。此时，流过差动继电器 KD 的电流为：

$$i = i_{22} - i_{12} = 0 \tag{5-3-1}$$

差动继电器 KD 不动作，即差动保护不动作。

如图 5-3-1（b）所示，发电机外部发生短路故障时，一次线圈的电流虽然比正常运行时大大增加，但仍时刻保持大小相等且相位相同。二次线圈所产生的感应电流仍然时刻保持大小相等且相位相同。理想情况下，流过差动继电器 KD 的电流为零，差动继电器 KD 不动作，即差动保护不动作。

（二）发电机内部发生短路故障

如图 5-3-1（c）所示，当发电机内部发生短路故障（如 d_2 点短路）时，流过发电机中性点侧电流互感器 1TA 一次线圈的电流 i_{11} 与流过其相同相的出线端电流互感器 2TA 一次线圈的电流 i_{21} 不仅大小不再相等，而且相位也不再相同。此时，电流互感器 1TA 和 2TA 二次线圈所产生的感应电流 i_{12} 和 i_{22} 大小也不再相等，且相位也不再相同。此时，流过差动继电器 KD 的电流为：

$$i = i_{22} - i_{12} \neq 0 \tag{5-3-2}$$

差动继电器有电流流过，KD 动作，即差动保护动作。

上述分析是假设在理想情况下进行的。实际上，由于两侧电流互感器特性不可能完全一样，也不可能是理想的电流互感器。因此，即使在流过两侧电流互感器一次线圈电流完全一致的情况下，在它们的二次线圈产生的感应电流也不可能完全一样。在差动保护实际整定计算中要考虑由各种原因引起的不平衡电流。

差动保护的保护范围：用于差动保护的两组电流互感器之间的范围。如图 5-3-1 中 1TA 与 2TA 之间的范围。

发电机差动保护的接线特点：一般采用三相星形接线方式。发电机两侧相同相的电流接入同一只差动继电器，共有三只差动继电器。另外，还应装设差动回路断线保护，当差动回路断线时，及时提醒电气值班人员采取措施。差动保护的动作结果：作用于发电机断路器和灭磁开关瞬时跳闸，并宜动作于停机。

二、过电流及过负荷保护

为防御发电机定子绕组及其引出线相间短路事故而采用的过电流保护原理接线图如图 5-3-2 所示。由图可知，该电流保护装设在中性点侧电流互感器的二次侧（若发电机中性点侧无引出线，则在发电机引出线的端部装设)。电流互感器和电流继电器采用星形接线。当在发电机过电流保护范围内发生相间短路时,三相中有两相出现短路电流。由于短路电流比正常负荷电流大得多,电流互感器 TA 的二次侧电流大大增大,当流经电流继电器 1～3KC 的电流超过电流继电器的整定电流时,继电器(两个)动作,其动合触点闭合,启动时间继电器 KT,经一定时间延时,KT 的动合触点闭合,启动信号继电器 KS,并经连接片 XB 去启动出口中间继电器 KOU。信号继电器动作后,发相应动作信号和点亮光字牌;出口中间继电器动作后,其三组动合触点同时闭合,分别执行下列任务:

(1)接通发电机出口断路器 QF 的跳闸线圈 Y_{off},使 QF 跳闸。

(2)去关闭水门。

(3)去跳发电机的灭磁开关,进行灭磁。

连接片 XB 的作用是方便保护的投入和退出。该图中若采用 GL 型过电流继电器,可取消电路中的时间继电器。

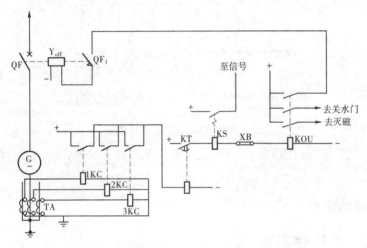

图 5-3-2　发电机过电流保护原理接线图

三、过电压保护装置

当发电机负荷大减而导叶未关小或突然甩负荷而跳闸时,由于调速器动作迟缓及转子惯性大,转速可能大大超过额定转速而飞逸,发电机因转速上升,端电压也上升,产生过电压,发电机产生的过电压可达额定电压的 1.8～2.0 倍。对定子绕组的绝缘威胁很大,故需装设过电压保护,发电机过电压保护原理接线图如图 5-3-3 所示。

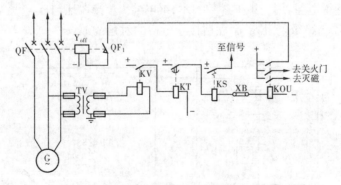

图 5-3-3　发电机过电压保护原理接线图

当发电机电压升高后,电压互感器 TV 的二次侧电压也升高。当电压超过过电压继电器 KV 动作电压整定值时,过电压继电器 KV 动作,其动合触点闭合,启动时间继电器 KT,经一定的延时后,KT 辅助触头闭合,去启动信号继电器并通过连接片启动保护出口中间继电器 KOU,通过中间继电器完成相应的保护功能(同过电流保护)。

四、单相接地保护

发电机单相接地,由接在发电机母线电压互感器开口三角形上的电压继电器监视。接地监视装置原理接线如图5-3-4所示。正常运行时,若不考虑电压互感器误差,开口三角形侧无电压输出,但由于电压互感器存在误差,因此正常运行时,开口三角形侧有不平衡电压输出;发生单相接地故障时,开口三角形侧有零序电压输出,过电压继电器动作,发出信号或跳闸。

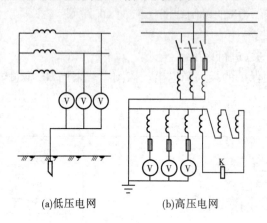

(a)低压电网   (b)高压电网

图5-3-4   接地监视装置原理图

当保护动作于跳闸且零序电压取自发电机机端电压互感器二次侧开口三角形绕组时需要有互感器一次侧断线的闭锁措施。

五、励磁回路接地保护

(一)励磁回路一点接地检查装置

图5-3-5为用两只相同电压表 PV_1、PV_2 检测励磁回路一点接地的检测电路。正常运行时,电压表读数相等,等于励磁电压的一半;励磁绕组一点接地,PV_1、PV_2 读数不等,读数较小者即为接地侧。应该看到,励磁绕组中部接地时,PV_1、PV_2 读数仍相等,因此该检测装置存在死区。

(二)直流电桥式发电机励磁回路一点接地保护

图5-3-6为直流电桥原理构成的励磁回路一点接地保护的原理接线。外接电阻 R_1 和 R_2 构成电桥的两臂,励磁绕组电阻构成电桥的另外两臂。R_y 为励磁绕组对地的绝缘电阻,用一集中参数表示,继电器 KA 接在地与 a 点之间,相当于把继电器与绝缘电阻 R_y 串联后接于电桥的对角线上。

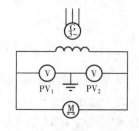

图5-3-5   励磁回路一点接地 定期检测装置

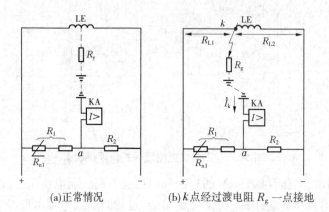

(a)正常情况   (b) k 点经过渡电阻 R_g 一点接地

图5-3-6   直流电桥原理构成的励磁回路一点接地保护原理接线图

正常运行时,调节电阻 R_1 和 R_2,使流过继电器 KA 的不平衡电流最小,并使继电器的动作电流大于这一不平衡电流,保证正常运行时保护不动作。

当励磁绕组 k 点经过渡电阻 R_g 一点接地发生一点接地时,电桥平衡遭到破坏,此时,电流继电器 KA 有电流通过,电流的大小与 k 点的位置和过渡电阻 R_g 的大小有关,当流过的电流大于继电器 KA 的动作电流时,继电器动作。

当励磁绕组的正端或负端发生接地故障时,这种保护装置的灵敏度很高;可当故障点发生在励磁绕组中点附近时,即使无过渡电阻,保护装置也不能动作,所以存在死区,为此在电桥 R_1 的臂上串联一非线性电阻 R_{g1} 来消除电桥式一点接地保护的缺陷。

第四节　变压器的继电保护

发电厂的变压器分为主变压器和厂用变压器两种。中小型水电站主变压器电压等级通常在 110 kV 及以下,一般是三相油浸式电力变压器。本节主要介绍主变压器的继电保护。

一、变压器的故障和异常运行情况

油浸式电力变压器的故障通常分为油箱内部故障和油箱外部故障两大类。

(一)变压器油箱内部故障

变压器油箱内部故障主要有绕组的相间短路、绕组匝间短路、单相接地和铁芯故障等。严重的内部短路故障所产生的短路电流很大,对变压器的危害极大。短路电流产生的强大的电动力和热效应,不仅会破坏变压器的绝缘,还可能损坏铁芯和绕组,甚至可能引起变压器爆炸或引发火灾等恶性事故。

变压器内部发生严重故障时,应瞬时停止变压器运行;内部发生轻微故障(如铁芯局部硅钢片片间绝缘损坏,内部轻微放电等)时应发出报警信号。

(二)变压器油箱外部故障

变压器油箱外部故障主要有变压器引出线间的相间短路、单相接地和变压器绝缘套管闪络、破碎等。此外,因相邻设备发生短路引起的变压器过电流,在变压器保护配置时也应列入变压器外部故障类型来考虑。

变压器在运行过程中可能发生的异常情况主要有以下几种:

(1)变压器过负荷。变压器超过额定容量运行的情况称为变压器的过负荷。短时间的过负荷是允许的,但长时间的过负荷运行会使变压器的绝缘加速老化,进而发展成其他故障。

(2)变压器油位下降。油浸式电力变压器内部充满了变压器油,变压器油作为变压器内部的绝缘介质和冷却介质。变压器在运行过程中,可能由于漏油等原因引起油位下降。当变压器油位下降到一定程度时,绕组和铁芯就可能裸露在空气中。

(3)变压器温度升高。变压器因通风不畅、长时间过负荷或冷却系统故障等原因可能引起温度升高。温度升高会导致绝缘材料加速老化,进而发展成其他故障。

二、变压器的保护配置

下面介绍中小型水电站主变压器常见的保护配置情况。

(一)变压器油箱内部故障

针对变压器内部故障的程度和故障类型的不同应配置合适的保护。当变压器内部发生严重故障时,保护应瞬时停止变压器运行;当内部发生轻微故障时,保护应发出报警信号。

变压器内部严重故障,不仅需要设置主保护,还需要设置后备保护。

1.主保护

主保护用于反映变压器内部的绕组相间短路、严重的匝间短路、单相接地短路和铁芯严重损坏等故障。主保护包括:反映变压器内部产生气体的速度和油流速度的重瓦斯保护,反映电流变化的电流速断保护或纵联差动保护。

主保护作用于变压器各侧断路器瞬时跳闸。

容量为800 kVA及以上的油浸式电力变压器,均应装设瓦斯保护。容量为2 000 kVA及以上的变压器,反映电流变化的主保护一般采用纵联差动保护;容量为2 000 kVA以下的小型变压器,反映电流变化的主保护一般采用电流速断保护,但当灵敏度不能满足要求时,应采用纵联差动保护。

2.后备保护

后备保护作用于变压器各侧断路器延时跳闸。作为后备保护,只有当主保护拒动时才应动作,因此后备保护的动作时间比主保护延时一个时间级差。反映变压器内部严重故障的后备保护一般采用过电流保护(普通的过电流保护或复合电压启动过电流保护)。

对于变压器内部发生的轻微故障,如铁芯局部硅钢片片间绝缘损坏、绕组轻微的匝间短路和变压器内部轻微放电等,对于容量为800 kVA及以上的油浸式电力变压器,一般都设置有瓦斯继电器,这种情况下,由根据变压器内部的气体数量决定是否动作的轻瓦斯保护来反映。保护动作于信号。

变压器的纵联差动保护、过电流保护的原理同发电机,不再赘述。仅介绍变压器瓦斯保护的基本原理。

瓦斯保护是大中型油浸式电力变压器的主保护。在油浸式电力变压器的油箱内发生短路故障时,由于短路电流所产生的电弧将使绝缘物质和变压器油受热分解而产生气体,因此利用能反映气体变化情况的瓦斯继电器组成瓦斯保护装置,作为变压器内部故障的保护。瓦斯保护的主要元件是瓦斯继电器,它装设在变压器的油箱与油枕之间的连通管上,如图5-4-1所示。为了使油箱内产生的气体能够顺畅地通过瓦斯继电器排往油枕,变压器安装应取1%~1.5%的倾斜度。此外,变压器在制造时,连通管对油箱上盖已有1.5%~2%的坡度。

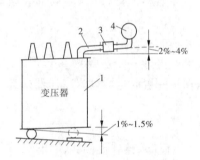

(a)瓦斯继电器在变压器上的安装

1—变压器油箱;2—连通管;
3—瓦斯继电器;4—油枕;

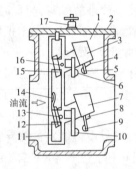

(b)FJ₃-80型瓦斯继电器的结构示意图

1—容器;2—盖;3—上油杯;4—永久磁铁;5—上动触点;
6—上静触点;7—下油杯;8—永久磁铁;9—下动触点;10—下静触点;
11—支架;12—下油杯平衡锤;13—下油杯转轴;14—挡板;
15—上油杯平衡锤;16—上油杯转轴;17—放气阀

图5-4-1 瓦斯继电器安装示意图

瓦斯继电器型式多样,但结构上都有一个共同特点,就是都具有两对灵敏的触点,其中一对触点在变压器内部出现轻微故障时动作,接通信号回路,被称作轻瓦斯保护;另一对触点在变压器内部出现严重短路故障时动作,一般接通跳闸回路,使变压器各侧断路器跳开,此时称为重瓦斯动作。

瓦斯保护装置原理接线如图5-4-2所示。瓦斯继电器KS的上触点为轻瓦斯触点,动作于信号;下触点为重瓦斯触点,动作于跳闸。变压器正常工作时,瓦斯继电器的上下油杯中都充满油,油杯因平衡锤的作用使其触点都断开。当油箱出现漏油或内部发生轻微故障瓦斯气体使油面下降时,因上油杯内有剩油,其重力矩大于平衡锤的力矩,使上触点接通,发出报警信号,这就是轻瓦斯动作信号。当变压器油箱内部发生严重故障时,故障产生的气体很多,带动油流迅猛地由变压器油箱通过连通管进入油枕,油流经过瓦斯继电器时,冲击挡板,使下油杯降落,下触点接通,直接动作于跳闸。这就是重瓦斯动作。当变压器发生严重故障时,由于挡板在油流冲击下的偏转可能不稳,会使重瓦斯触点抖动,影响可靠跳闸。因此,出口中间继电器 KCO 采用电流线圈进行自保持,动作后由断路器的辅助触点来解除出口回路的自保持。此外,为防止变压器换油或进行试验时引起重瓦斯保护误动跳闸,可利用切换片 XB 将跳闸回路切换到信号回路。

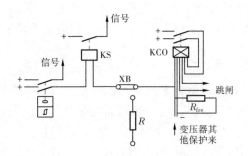

图 5-4-2　变压器瓦斯保护原理图

轻瓦斯保护的动作值采用气体容积表示。通常气体容积的整定范围为 $250 \sim 350 \text{ cm}^3$。对于容量在 10 MVA 以上的变压器,整定值多采用 250 cm^3。气体容积的调整可通过改变重锤位置来实现。

重瓦斯保护的动作值采用油流流速表示。一般整定范围在 $0.6 \sim 1.5 \text{ m/s}$。在整定流速时均以导油管中的油速为准,而不依据继电器处的流速。QJ1-80 型瓦斯继电器进行油流流速的调整时,可先松动调节螺杆,再改变弹簧的长度即可。根据运行经验,管中油流速度整定为 $0.6 \sim 1.5 \text{ m/s}$ 时,保护反映变压器内部故障是相当灵敏的。但是,在变压器外部故障时,由于穿越性故障电流的影响,在导油管中油流速度为 $0.4 \sim 0.5 \text{ m/s}$。因此,为了防止穿越性故障时瓦斯保护误动,可将油流速度整定在 1 m/s 左右。

瓦斯保护的主要优点是能反映变压器油箱内各种故障,灵敏度高,结构简单,动作迅速,800 kVA 及其以上的油浸式变压器均以瓦斯保护作为变压器内部故障及油面降低的保护。但它的缺点是不能反映变压器油箱外故障如变压器引出端上的故障或变压器与断路器之间连接导线的故障。因此,瓦斯保护不能作为变压器唯一的主保护,须与差动保护配合共同作为变压器的主保护。

(二)变压器油箱外故障

针对变压器引出线间的相间短路、变压器接于中性点直接接地电网中的单相接地短路等需要停止变压器运行的故障,一般也要设置主保护和后备保护。

反映变压器油箱外部故障的主保护与通过电流变化来反映变压器内部故障的主保护共用同一套保护。

反映变压器外部严重故障和油箱内部严重故障的后备保护采用同一套保护。该保护也作为相邻设备主保护的后备保护。

对于变压器的绝缘套管闪络、破碎等故障,一般不设置专门的保护,由电气值班人员通过巡视检查发现。但当绝缘套管闪络、破碎等导致引出线相间短路时,上述保护会动作。

(三)变压器过负荷的保护配置

变压器过负荷保护由一只过电流继电器和一只时间继电器构成,作用于延时发信号。过负荷通常是三相对称的,因此过负荷保护一般采用单相式接线方式。

(四)变压器温度升高的保护配置

变压器在运行中,由于过负荷、冷却系统故障等原因会导致温度升高。一般由设置在变压器本体的带有触点的温度计来反映变压器的温度。当温度升高到一定程度时,温度计内的触点闭合,接通相关的报警系统。

第五节　同步装置

发电机与电力系统之间的并列操作过程称为并列操作(或同步操作),简称并车,进行同步操作的设备称同步装置。水轮发电机组的同步方式主要有准同步和自同步两类。按操作的自动化程度分为手动、半自动和自动三种。准同步是指发电机先加入励磁,达到同步条件后再进行合闸;自同步是发电机先不加励磁,当转速达到额定转速时就合闸,然后再加入励磁拉入同步。

并列操作是水电站一项重要的操作。并列操作必须准确无误,否则,可能在发电机定子绕组中产生很大的冲击电流,同时产生很大的冲击电磁力矩,非同步并列可能使发电机遭到严重损坏。

一、同步点的选择

为了实现与系统的并列运行,水电站中必须有一部分断路器由同步装置来进行同步并列操作,这些用于同步并列的断路器,即称为同步点。当一个断路器两侧有可能出现非同一系统电源时,则这个断路器就应该是同步点。同步点的选择应根据水电站电气主接线与电力系统连接的具体情况和水电站的电气设计要求进行确定,一般原则如下:

(1)发电机出口的所有断路器都应该是同步点。因为各发电机的并列操作一般都是在各自的断路器上进行的。发电机与变压器间不设断路器的发电机—变压器单元接线,其同步点应设在变压器高压侧断路器上。

(2)三绕组变压器或自耦变压器与电源连接的各侧断路器均应作为同步点,任一侧断路器因故断开后,便可用该断路器进行并列操作。低压侧与母线连接的双绕组变压器,一般选一侧断路器作为同步点,以便在变压器投入运行时进行并列操作。

(3)线路断路器当对侧有电源时一般应为同步点。

(4)母线分段断路器、母联断路器和旁路断路器应作为同步点,以增加并列操作的灵活性。

(5)桥形接线中与线路相关的断路器应作为同步点。多角形接线中的各个断路器应作为同步点。一台半断路器接线的运行方式变化较多,为适应各种运行方式对同步并列的要求,通常所有断路器都作为同步点。

二、同步并列的条件

发电机准同步并列的理想条件:待并发电机与系统电压数值相等;待并发电机与系统频率相等;在发电机并入系统瞬间,待并发电机与系统电压的瞬时相位差为零。此外,还应保证待并发电机与系统的相序(旋转方向)相同,这个问题在发电机安装调试时已解决,在同步操作时可不必考虑。

实际中不可能满足理想条件,并列时将不可避免地产生冲击电流和冲击电磁力矩,必须把冲击限制在允许范围内,所以并列时的电压数值差、相位差和频率差必须满足一定的要求:

(1)电压数值差的要求:$\Delta U \leqslant \pm (5\% \sim 10\%) U_N$。

(2)合闸瞬间相角差的要求:$\delta \leqslant 10°$。

(3)频率差的要求:$\Delta f \leqslant 0.1 \sim 0.25$ Hz。

实际操作时,断路器合闸瞬间,待并发电机与系统之间的电压,可能既存在数值差,又存在相位差,频率也可能不同。但只要能满足上述要求,产生的冲击就不会超过允许范围,可以保证发电机的安全,不会对发电机造成太大危害。准同步并列的优点是冲击电流小,对电网影响小;缺点是操作复杂费时,对操作人员要求高,手动操作时不易找到同步点,可能发生非同步并列。

自同步并列前,待并发电机未励磁,并列条件较宽,即正常并列时允许转差率为 $\pm 1\% \sim \pm 2\%$,事故并列时允许转差率为 $\pm 5\%$,甚至更大。发电机并入系统后加励磁,使发电机迅速拉入同步。由于待并发电机在投入系统时未加励磁,自同步并列方式从根本上消除了非同步合闸的可能性。并列操作比较简单,不用调节和校准电压及相角,只需调节发电机的转速。

自同步的优点是合闸快,操作简单,不会发生非同步并列,易实现操作自动化;缺点是合闸时冲击电流大,对电网影响大,合闸瞬间使电网电压降低。

三、同步装置

水电站大多采用微机自动准同步装置,手动准同步装置作为备用。下面以手动准同步装置操作过程说明准同步工作原理。

手动准同步方式并列时,待并发电机的电压和频率是由运行人员借助于仪表进行调节的。在满足准同步并列的三个条件时,运行人员手动操作同步点断路器合闸,将待并发电机投入系统。

(一)MZ – 10 型组合式单相同步表

MZ – 10 型组合式单相同步表如图 5-5-1 所示。同步表又称整步表。共有 3 组绕组、5 个接线端子(见图 5-5-2)。两个绕组引出的端子与待并机组的 L_1、L_2、L_3 相连接,引入发电机电压;另一个绕组的两个端子与电力系统的 L_1' 和 L_2' 相连接,引入系统电压。

由图 5-5-1 可见组合式单相同步表由电压差表、频率差表和同步表三部分组合而成,ΔHz 代表并列断路器两侧频率差 Δf;ΔV 代表电压差 ΔU;S 同步表代表相角差 δ,也代表频率(或转速)之差。

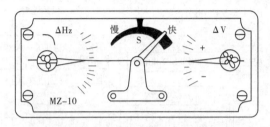

图 5-5-1   MZ – 10 型组合式单相同步表

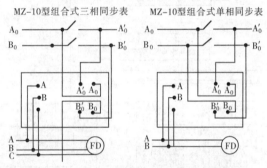

图 5-5-2   MZ – 10 型组合式单相同步表接线

频率差表 ΔHz 比在断路器两侧频率相等时,指针指在中间位置;当两系统频率不相等时,指针就会偏转。如果带并系统频率高,指针向" + "偏转;反之,则向" – "偏转。

电压差表 ΔV,在断路器两侧电压相等时,指针指在中间位置;当两系统电压不相等时,指针就会偏转。如果带并系统电压高,指针向" + "偏转;反之,则向" – "偏转。

单相同步表 S 指针转动有如下特点:

(1)当频率差 $\Delta f \neq 0$ 时,若待并系统频率 f 高于运行系统频率 f',则指针向"快"方向不停地旋转;反之,向"慢"方向不停地旋转。频差越大,旋转越快,当频差大到一定的程度,由于转动部分惯性的影响,指针将不再旋转,而只作大幅度的摆动,乃至不动,所以规定频率差在 ±0.5 Hz 内时才允许接入 S。

(2)当相角差 $\delta \neq 0$ 时,若待并系统的相角超前于运行系统,则指针偏离中线(红线),并停留在"快"方向的一个角度;反之,则停留在"慢"方向一个角度。

(3)当 $\Delta f = 0$、$\delta = 0$、$\Delta U = 0$,即完全同步时,指针停留在中线(红线)处。

应当注意的是,由于组合式同步表选用的都是一相参数,无法核准相序,因此在并列前除了要核对接线正确、仪表正常,还应核准两电源的相序。

在进行同步操作时,运行人员应将同步开关手柄插入并置于"粗略同步"位置。根据 ΔHz 和 ΔV 指示,反复调节待并发电机的转速和励磁,使两表指示均接近于零值。再将同期开关置于"精确同步"位置,观察 S 同步表指针"由慢向快"方向接近"红线"标志时,迅速操作控制开关将断路器合闸。接近"红线"是指提前一定时间发合闸脉冲,因为从发脉冲到断路器合闸需要一定的时间。这样在合闸瞬间恰好在同步点上,冲击电流最小,不会危害发电机。

(二)微机自动准同期装置

微机自动准同期装置针对不同类型和不同容量的机组有多种类型,目前市场上产品型号繁多,这里以 DZZB - 502 微机自动准同期装置为例简要介绍。

DZZB - 502 微机自动准同期装置是新一代微机型数字式全自动并网装置,其组成原理见图 5-5-3,它采用 DSP 高速数据处理芯片为核心,以高精度的时标计算频差、相位差,以毫秒级的精度实现合闸提前时间,可实现快速全智能调频、调压。由于不仅考虑了并网时的频差,还考虑了其变化率(通常说的加速度),同时还采用了合闸角的预测技术,因此可以保证在频差压差合格的第一个滑差周期将待并侧在无相差的情况下并入电网。不仅节约发电机并网前的空转能耗,更关键的是,对于保证电力系统事故时快速投入备用机组,保证电力系统事故解列后快速再并网,确保系统安全稳定运行。DZZB - 502 微机自动准同期装置操作面板如图 5-5-4 所示。

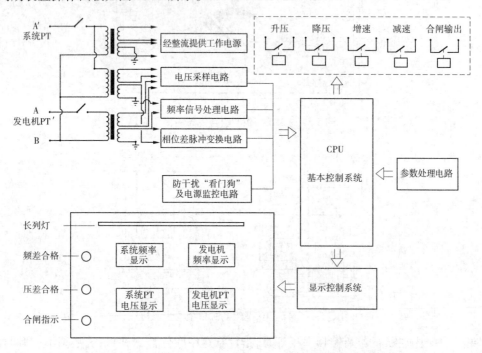

图 5-5-3　DZZB - 502 微机自动准同期装置组成原理

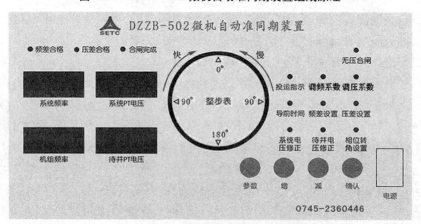

图 5-5-4　DZZB - 502 微机自动准同期装置操作面板

第六节　发电机励磁装置

同步发电机是将由原动机(水轮机、汽轮机等)提供的旋转机械能转换成电能的设备。在同步发电机中,机械能转换成电能的关键是导体(定子绕组)切割磁力线(转子建立的磁场),只有在发电机转子中建立磁场,原动机带动转子旋转,转子上的磁场与定子绕组产生相对运动才能发出电能。转子磁场是通过在转子绕组中通入直流电流建立的,在转子绕组中建立磁场的过程,称为励磁。为在发电机转子绕组中建立磁场服务的设备及其构成的电路,称为发电机的励磁系统。

一、发电机励磁系统简介

励磁系统由一次系统和二次系统组成。为了在发电机转子绕组中建立磁场的设备及其构成的电路组成励磁一次系统。对励磁一次系统进行测量、控制和调节功能的设备及其构成的电路组成励磁二次系统。

励磁一次系统的任务是为发电机的转子绕组提供直流电流,在转子绕组上建立磁场。包括发电机的转子绕组、灭磁开关、励磁机、可控硅整流装置和灭磁电阻等。

励磁二次系统的任务是实现对励磁一次系统进行测量、控制、调节(含手动调节和自动调节)和保护等功能。如各种测量表计、控制开关、灭磁开关的辅助开关和各种自动励磁调节装置等属于励磁二次设备。

发电机在运行过程中会随着电力系统负荷的变化而发生各种电气量的变化,发电机的端电压会随着定子电流的变化而变化。为了使发电机的端电压稳定在额定电压附近,就必须对励磁电流按照端电压的变化情况作出相应的调整。调整可以是人工进行,但人工调整无法做到及时响应,手动作为备用方式,绝大多数发电机的励磁系统都设有自动励磁调节器 AVR。AVR 属于励磁二次设备。

励磁二次系统包括测量回路,绝缘监察回路,灭磁开关控制回路,各种保护、信号回路和各种自动励磁调节器等。

(1)测量回路:测量励磁系统和为励磁系统服务的各种电气量。如发电机励磁电流、电压,励磁机励磁电流、电压等。

(2)绝缘监察回路:通常称为发电机转子绕组绝缘监察回路。负责监视励磁一次回路的绝缘状况,发现异常时能发出相应的声、光信号。

(3)灭磁开关控制回路:控制灭磁开关合闸、跳闸。

(4)保护、信号回路:为发电机励磁系统提供各种保护功能,并能在励磁系统发生异常或故障情况时作出相应的处理。

(5)自动励磁调节器(简称 AVR):根据发电机运行参数(电压、电流和功率因数等)的变化,按照预先设定的要求自动调节励磁电流,以保证发电机安全、稳定运行,并合理分配并列运行机组间的无功功率。

为了保证发电机安全、可靠运行;保证发电机的电压和无功功率能根据需要手动或自动调节,对励磁系统提出如下基本要求:

(1)励磁系统本身应十分可靠。一旦励磁系统本身发生故障,发电机就会因失去励磁电流而事故停机,从而影响电力系统的安全、可靠运行。因此,要求励磁系统本身应具备很高的可靠性。

(2)有足够的励磁容量,并具有适当的富裕度。为保证发电机在各种运行情况下能获得足够的励磁电流,励磁系统应具有足够的容量,并具有一定的富裕度。

(3)有一定的励磁调节范围和调节精度。

(4)具有强行励磁能力,并具备一定的强励顶值电压倍数和快速的励磁电压上升速度。

(5)具有自动减磁和灭磁功能。对采用三相全控桥的励磁系统,正常停机时宜采用逆变灭磁方式,电气事故时宜采用灭磁开关灭磁方式。

(6)水轮发电机自动励磁调节器能自动、合理地分配并列运行机组间的无功功率。调节器应设有相互独立的手动和自动调节通道;自动调节通道应具备自动电压调节及无功功率闭环自动调节功能,手动通道应具备手动励磁电流闭环反馈调节功能,具备足够快的响应速度和稳定的调节过程。

二、同步发电机的励磁方式

发电机获得励磁电流的方式,称为励磁方式。凡是从其本身获得励磁电流的发电机,称为自励发电机;从其他电源获得励磁电流的发电机,称为他励发电机。按获得励磁电流方式的不同,发电机的励磁方式可分为交流励磁机的励磁方式、直流励磁机的励磁方式、无励磁机的励磁方式。

(一)直流励磁机的励磁方式

直流励磁机的励磁方式是由直流励磁机为发电机转子绕组 L 提供励磁电流。直流励磁机励磁系统多数情况下配有自动励磁调节器 AVR。励磁机励磁绕组 LGE 本身所需的励磁电流由两部分组成。其中,一部分由励磁机自己提供的不会自动变化(但可通过磁场变阻器 3R 手动调节)的基本励磁电流分量;另一部分由自动励磁调节器提供的能随着发电机的端电压、定子电流和功率因数等变化而自动变化的附加励磁电流分量。励磁系统原理接线如图 5-6-1 所示。

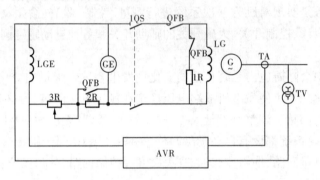

图 5-6-1　直流励磁机励磁方式的励磁系统原理图

开机时,发电机随着原动机旋转,当发电机转速达到一定程度时,与发电机同轴旋转的励磁机电枢 GE 中的线圈切割励磁机磁极中的剩磁(磁极安装在励磁机定子中),因而在电枢中产生感应电势。感应电势在闭合回路(电枢 GE→励磁机励磁绕组 LGE→磁场变阻器 3R→励磁机灭磁电阻 2R→GE)中形成励磁机励磁电流,对励磁机励磁绕组 LGE 进行励磁,使 LGE 中的磁场有所增强(剩磁和电流对励磁机励磁绕组 LGE 励磁所产生的磁场叠加)。并且随着机组转速的增加而逐渐增大。由于回路电阻较大,电流较小,因此 LGE 中的磁场仍较弱。

当机组转速达到额定转速附近时,合上灭磁开关 QFB,其动断触点断开,切断发电机灭磁回路(灭磁电阻 1R 所在的回路)。其动合触点闭合,其中一副动合触点接通发电机励磁绕组 LG 所在的发电机励磁回路,另一副动合触点短接励磁机灭磁电阻 2R。因为励磁机励磁回路电阻减少(2R 被短接),励磁机励磁电流增大,从而使励磁机励磁绕组 LGE 中的磁场进一步增强,感应电势增大。由于发电机励磁回路已经由 QFB 的动合触点接通(刀开关 1QS 在开机准备阶段已经合闸),感应电势在闭合回路(电枢 GE→1QS→QFB 的动合触点、发电机转子绕组 LG→1QS→GE)中形成发电机励磁电流,对 LG 进行励磁,从而在发电机转子中建立磁场,发电机转子中的磁场切割定子绕组,在定子绕组中产生感应电势。

运行人员手动调节磁场变阻器 3R,便改变了励磁机励磁回路的阻值,改变励磁机励磁电流,使励磁机电枢中的感应电势改变,从而改变了发电机励磁电流,最终改变发电机的端电压(发电机并网前)或无功功率(发电机并网后)。

自动励磁调节器 AVR 时刻监视着发电机参数(通过装设在发电机出口的电流互感器 TA 和电压互感器 TV 引入电流和电压)的变化。当发电机的参数发生变化时,AVR 输出至励磁机励磁绕组的附加励磁电流分量自动作出相应的变化,改变励磁机励磁电流,使励磁机电枢中的感应电势改变,从而改变了发电机励磁电流,最终改变发电机的端电压(发电机并网前)或无功功率(发电机并网后)。

(二)交流励磁机的励磁方式

在发电机容量较小时,可采用直流励磁机供电的励磁方式。随着发电机容量的增大,需要大容量的励磁机,由于直流励磁机存在整流环,而制造、使用和维护大功率的整流环都比较困难,成本也较高,故在100 MW以上的机组中很少采用这种励磁方式。现代大容量发电机有的采用交流励磁机提供励磁电流。

交流励磁机与发电机同轴,它输出的交流电流经可控或不可控整流后,供给发电机转子回路励磁电流。工作原理如图5-6-2所示。励磁调节器控制交流励磁机的励磁电流,从而达到间接控制主发电机励磁电流的目的。

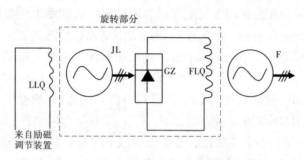

图5-6-2　交流励磁机励磁方式

(三)无励磁机的励磁方式

由于励磁机本身的可靠性不是很高,为了避免励磁机故障而影响发电机的工作,于是就出现了无励磁机的励磁方式。这种励磁方式没有专门的励磁机,直接从发电机本身取得励磁电源,经整流后再送回发电机转子回路作为发电机的励磁电流,由于这种励磁方式没有因供应励磁电流而增加励磁机和转动部件,故又称为自励静止励磁,也称为可控硅励磁方式。

自励静止励磁方式由于结构简单,可降低水电站厂房的高度,这样就可节省材料、减少投资和维护工作量,并由可控硅元件直接控制转子电流,具有很高的反应速度。随着可控硅整流技术的不断发展,其可靠性及经济性均得到不断提高。因此,这种励磁方式在水电站的应用日益广泛。

励磁系统原理示意图如图5-6-3所示。其一次系统的工作过程比较简单。将发电机出线侧的交流电源或厂用电等其他交流电源,经过励磁变压器(图中未画出)降压后,再经过可控的硅整流装置转换成直流电源供给发电机的励磁绕组LG。可控硅励磁系统必须配有自动励磁调节器AVR。可控硅励磁方式技术先进、控制调节方便、灵敏度高,是目前发电机励磁的主要方式,更是今后推广的方向。厂家所谓的微机励磁调节装置,其实质也是一种可控硅励磁装置,只不过其励磁二次系统由微机及相关组件构成而已。

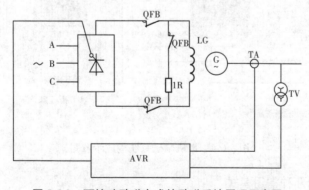

图5-6-3　可控硅励磁方式的励磁系统原理示意图

若可控硅励磁系统的交流电源取自发电机出线侧(自励方式),则必须设置专门的起励电源,供发电机开机时建立磁场;若交流电源取自其他电源(他励方式),则不需要起励电源。可控硅励磁方式的自动调节过程工作原理与励磁机励磁方式基本一样,自动调节的核心部分也是自动励磁调节器AVR。所不同的是,AVR的输出不是去改变励磁机励磁绕组的励磁电流,而是去改变可控硅的导通角。通过改变导通角使 AVR 输出至发电机转子绕组的励磁电流变化,最终改变发电机的端电压(发电机并网前)或无功功率(发电机并网后)。

三、微机励磁装置

(一)微机励磁调节系统构成

同步发电机的励磁系统主要由功率单元、励磁控制器及保护部分和调节器(装置)三大部分组成。其中励磁功率单元是指向同步发电机转子绕组提供直流励磁电流的励磁电源部分,而励磁调节器则是根据控制要求的输入信号和给定的调节准则控制励磁功率单元输出的装置。由励磁调节器、励磁功率单元和发电机本身一起组成的整个系统称为励磁系统控制系统。励磁系统是发电机的重要组成部分,它对电力系统及发电机本身的安全稳定运行有很大的影响。

自动调节励磁的组成部件有机端电压互感器、机端电流互感器、励磁变压器;励磁装置需要提供以下电流:厂用 AC 380 V、厂用 DC 220 V 控制电源、厂用 DC 220 V 合闸电源;需要提供以下空接点:自动开机、自动停机,并网(一常开、一常闭)增、减;需要提供以下模拟信号:发电机机端电压 100 V,发电机机端电流 5 A,母线电压 100 V,励磁装置输出以下继电器接点信号:励磁变过流,失磁,励磁装置异常等。

励磁控制、保护及信号回路由灭磁开关、助磁电路、风机、灭磁开关误跳、励磁变过流、调节器故障、发电机工况异常、电量变送器等组成。在同步发电机发生内部故障时除必须解列外,还必须灭磁,把转子磁场尽快地减弱到最小程度。图 5-6-4 为某自并励微机励磁系统的构成与流程示意图,图中励磁电源来自发电机出口,经隔离开关、励磁变压器进入励磁屏(功率柜),经可控硅整流和励磁控制器调节后供给发电机转子励磁绕组。励磁屏的微机励磁调节器接受发电机出口与母线的电压和电流信号作为励磁调节的依据。微机励磁系统基本构成逻辑框图如图 5-6-5 所示。

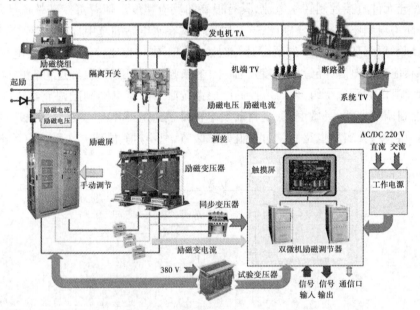

图 5-6-4　微机励磁系统构成示意图

(二)微机励磁系统的几种常用模式

针对不同类型的发电机组和机组的结构,微机励磁系统也分为几种不同模式。以 PWL 型微机励磁装置,有以下四种代表形式。

(1)适用于带主副励磁机的三机式汽轮发电机组,如图 5-6-6 所示。

(2)适用于 100 MW 以下具有无刷励磁系统的机组,如图 5-6-7 所示。

(3)适用于大中小有自并励系统的机组,如图 5-6-8 所示。

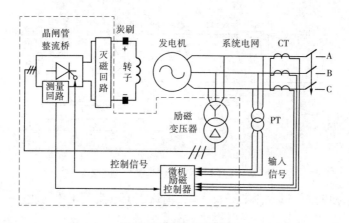

图 5-6-5　微机励磁系统基本构成逻辑框图

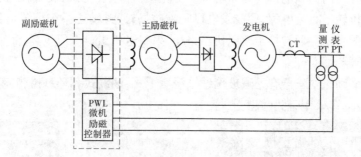

图 5-6-6　带主副励磁机的三机式微机励磁系统

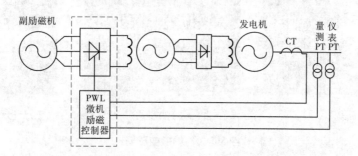

图 5-6-7　具有无刷励磁系统的微机励磁系统

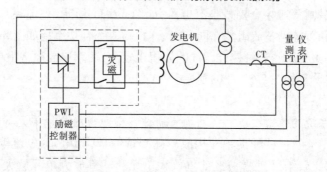

图 5-6-8　自并励微机励磁系统

（4）适用于 125 MW 以下具有直流励磁机的机组,主回路采用 IGBT 开关管,如图 5-6-9 所示。

（三）微机励磁系统主要功能部分

1. 励磁功率单元

励磁功率单元主要由励磁变压器和可控硅整流元件组成,为了散发功率元件工作时产生的热量,功率柜通常装有散热风机。发电机正常运行时,励磁装置功率部分提供可调的整流直流电,送到发电机的转子进行励磁即产生磁场,旋转的磁场切割发电机定子线圈,从而发电机发出交流电。当发电机停机

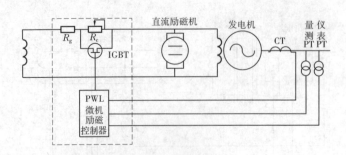

图 5-6-9　具有直流励磁机微机励磁系统

时,励磁装置将转子直流电逆变成交流电进行灭磁,直到转子电流等于零为止。

1)励磁变压器

励磁变压器是一种专门为发电机励磁系统提供三相交流励磁电源的装置,励磁系统通过可控硅将三相电源转化为发电机转子直流电源,形成发电机励磁磁场,通过励磁系统调节可控硅触发角,达到调节电机端电压和无功的目的。通常接于发电机出口端,因发电机出口电压较高,而励磁系统额定电压较低,故需一个降压变压器。

如图 5-6-10 所示,励磁变压器有无碱玻璃纤维浸渍干式、油浸式和环氧树脂浇注干式几种形式,小型水电站励磁功率较小,多采用干式励磁变压器。

（a)干式　　　　　　　　　（b)油浸式　　　　　　　（c)环氧树脂浇注干式

图 5-6-10　励磁变压器

2)可控硅整流装置

可控硅整流多采用晶闸管三相全控桥整流电路,如图 5-6-11 所示,整流模块如图 5-6-12 所示。小型整流柜把励磁变压器和可控硅整流组装在同一柜子内,构成综合功率柜如图 5-6-13(a)所示。而大型机组的励磁功率较大,励磁变压器和可控硅元件的体积也较大,功率单元通常由单独装置的励磁变压器和整流柜组所构成,功率单元如图 5-6-13(b)所示。

2.励磁控制器

励磁控制器是励磁系统的核心设备。自动调节励磁装置通常由测量单元、同步单元、放大单元、调差单元、稳定单元、限制单元及一些辅助单元构成。被测量信号(如电压、电流等),经测量单元变换后与给定值相比较,然后将比较结果(偏差)经前置放大单元和功率放大单元放大,并用于控制可控硅的导通角,以达到调节发电机励磁电流的目的。同步单元的作用是使移相部分输出的触发脉冲与可控硅整流器的交流励磁电源同步,以保证控硅的正确触发。调差单元的作用是使并联运行的发电机能稳定和合理地分配无功负荷。稳定单元是为了改善电力系统的稳定而引进的单元。励磁系统稳定单元用于改善励磁系统的稳定性。限制单元是为了使发电机不致在过励磁或欠励磁的条件下运行而设置的。必须指出的是,并不是每一种自动调节励磁装置都具有上述各种单元,一种调节器装置所具有的单元与其担负的具体任务有关。图 5-6-14 是一种双微机励磁控制器的工作原理模拟图,图 5-6-15 是一种典型的微机励磁控制器的原理框图。

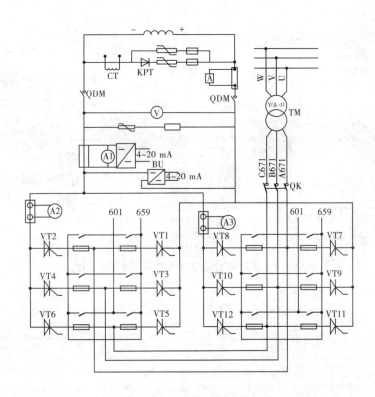

图 5-6-11   可控硅桥式整流回路

图 5-6-12   整流模块

（a）功率柜（含励磁变和整流模块）   （b）单独可控硅整流柜

图 5-6-13   功率单元

　　针对不同类型和容量的发电机,励磁控制器也有多种型号,其中,适用于中小型机组的励磁控制器
实例如图 5-6-16 所示。

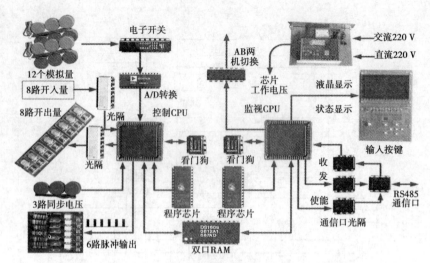

图 5-6-14　双微机励磁控制器的工作原理模拟图

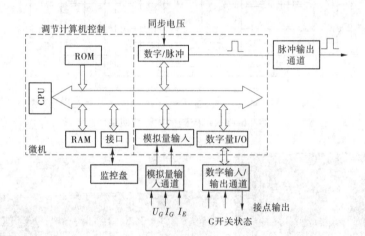

图 5-6-15　微机励磁控制器框图

（a）GDF－2 型

（b）GDX－3 型

（c）DMP300B 型

图 5-6-16　微机励磁调节器实物图片

　　微机励磁调节器主要由 CPU 板、电量采集板、开入/开出板、电源板等构成。以 PWL 型微机励磁调节器为例，其功能板的实物如图 5-6-17 所示。

　　3. 灭磁设备和灭磁过电压保护器

　　1）灭磁方式

　　（1）恒值电阻灭磁。灭磁开关动作后，将转子绕组与直流励磁电源断开，转子电流由放电电阻续流。之后转子电流由放电电阻和转子绕组构成的回路中衰减到 0。

　　（2）非线性电阻灭磁。用非线性电阻代替线性电阻，可以加快灭磁过程。

　　（3）灭弧栅灭弧。由灭弧栅构成一种非线性电阻进行灭磁。

　　（4）逆变灭磁。利用三相全控桥的逆变状态，将转子电流的蓄能迅速反馈到三相全桥的交流电源中，以反电动势施加于转子绕组，使转子绕组电流迅速衰减为 0。

(a)CPU 板

(b)电量采集板

(c)开入/开出板

(d)电源板

图 5-6-17　励磁调节器主要构成元件

从灭磁效果和转子过电压保护角度来看,采用非线性电阻灭磁方式效果较好,设备也较简单。例如,氧化锌非线性电阻作为灭磁电阻被广泛应用。

2)灭磁装置

发电机的灭磁设备和灭磁过电压保护器设施主要由灭磁开关和耗能型(或移能型)灭磁装置构成。这里仅介绍耗能型灭磁电阻。

(1)灭磁开关。灭磁开关也是励磁开关,是接通和切断励磁电流用的,同时断开时接通灭磁电阻投入灭磁回路,防止过电压的,又称磁场断路器,是一种低压大电流断路器。灭磁开关是一个两位两通开关,正常运行时使发电机与直流励磁回路相通,停机时发电机转子绕组与灭磁电阻相通进行放电(磁场变阻器是串联在直流励磁回路里)。灭磁开关有各种不同型号,几种不同类型的灭磁开关如图 5-6-18 所示。

(a)DZ10
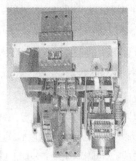
(b)DMX

(c)DW4

(d)GERapid

图 5-6-18　灭磁开关(磁场断路器)

灭磁开关的一般通用要求:

①通流性能好:接触电阻小,运行温升低,短时过流量大。

②绝缘强度高:能耐受正常运行中的工作电压及暂态过程中短时电压的冲击而不损坏。

③机械动作灵:合闸分闸动作灵敏可靠,不能误动和拒动。

(2)灭磁电阻。线性灭磁电阻及非线性灭磁电阻如图 5-6-19 所示。

(a)线性灭磁电阻
(b)非线性电阻(氧化锌)

图 5-6-19　灭磁电阻

第七节　电气仪表与测量系统

一、仪表的分类

电工仪表种类很多,按测量方法、用途和结构特征等常可分为以下几类。

(一)指示仪表

指示仪表的特点是将被测量转换为仪表可动部分的机械转角,然后通过指示器(指针)直接在标尺刻度上示出被测量的大小,因此又称指示仪表为电气机械式仪表或直读式仪表。指示仪表应用极广,规格品种繁多,通常按下列方法又可分为以下几类。

(1)按仪表的工作原理分类,有磁电系仪表(C 表示)、电磁系仪表(T 表示)、电动系仪表(D 表示)和铁磁电动系仪表(D 表示)、感应系仪表(G 表示)、整流系仪表(L 表示)与静电系仪表(Q 表示)等。

(2)按测量名称分类,有电流表、电压表、功率表、电能表、功率因数表、电阻表(Ω 表)、绝缘电阻表(兆欧表),以及多种测量功能的万用表等。

(3)按测量电流的种类分类,有直流表、交流表及交直流两用表等。

(4)按使用方法分类,有安装式和可携式两种。安装式仪表是固定安装在开关板或电气设备的面板上使用的仪表,广泛用于发电厂、变电所的运行监视和测量,但准确度较低。可携式仪表是可以携带和移动的仪表,广泛用于电气试验、精密测量及仪表检定中,准确度较高,通常在 0.5 级以上。

(5)按使用条件分类,有 A、B、C 三组,A 组仪表宜在温暖的室内使用,B 组可在不温暖的室内使用,C 组可在不固定地区的室内和室外使用。具体工作条件可从有关标准或规定中查得。

国产电工仪表准确度等级可分为 0.1、0.2、0.5、1.0、1.5、2.5、5.0 七级。

(二)比较仪表

比较仪表用于比较法测量,即将被测量与标准量比较后确定被测量的大小,包括直流比较仪器和交流比较仪器两种。直流比较仪器有直流电桥、电位差计及标准电阻等,交流比较仪器有交流电桥、标准电感和标准电容等。

(三)数字仪表和巡回检测装置

数字仪表是一种以逻辑控制实现自动测量,并以数码形式直接显示测量结果的仪表,如数字频率表、数字电压表等。数字仪表和遥测控制系统配合构成巡回检测装置,可以实现对多种对象的远距离测量。近年来其得到了广泛应用。

(四)记录仪表和示波器

将被测量转换成位移量,经指示机构自动记录下信号随时间变化情况的仪表称为记录仪表。记录方式有笔录式和打点式。发电厂中常用的自动记录电压表、频率表以及自动记录功率表都属于这类仪表。

(五)扩大量程装置和变换器

用以实现同一电量的变换,并能扩大仪表量程的装置称为扩大量程装置,如分流器、附加电阻、电流互感器、电压互感器等。用以实现不同电量之间的变换,或将非电量转换为电量的装置称为变换器。在各种非电量的电测量和变换器式仪表中,变换器都是必不可少的。

(六)积算仪表

反映一段时间内电能累积值的表计,如记录功率对时间的积算值的有功和无功电能表(电度表)积算值一般以数字显示。

二、电流和电压的测量

(一)电流测量

测量电流的仪表称电流表。电流表必须串接在电路中,如图 5-7-1(a)所示,该电路只适用于低电压小电流电路电流的测量。为使电流表的接入不影响电路的原始状态,电流表本身的内阻抗要尽量小。测量直流电流时必须注意极性,使仪表的极性与电路极性相一致,让电流从" + "极端流入," - "极端流出。

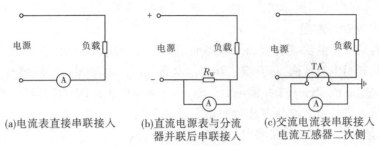

(a)电流表直接串联接入　　(b)直流电源表与分流　　(c)交流电流表串联接入
　　　　　　　　　　　　　　器并联后串联接入　　　电流互感器二次侧

图 5-7-1　电流测量的基本电路

仪表的测量范围通常称为量程。仪表不能在超量程情况下工作,否则,会造成仪表的烧坏。为保证仪表的准确度,又不致超量程,一般用指针指示满量程的 2/3 为宜,此时仪表准确度最高。欲测大电流必须扩大仪表量程。

直流电流表通常采用分流器扩大量程。分流器实际上是一个和电流表并联的低阻值的电阻,用 R_w 表示,如图 5-7-1(b)所示。大部测量电流分流经分流器,流过电流表的电流是按一定比例少量的测量电流,以此达到扩大电流表量程的目的。若电流表读数为 A,并接分流器的分流比为 K,则被测电流大小为 $I = KA$。若电流表的内阻为 R_0,则分流器的电阻大小为 $R_w = R_0/(K - 1)$。

交流电流表的扩大量程的方法,常采用电流互感器,如图 5-7-1(c)所示。将电流互感器一次绕组串入被测电路,电流表串入电流互感器的二次侧。若电流表的读数为 A,电流互感器的变流比为 KTA,则被测电流为 $J = KTA \cdot A$。与电流互感器配套的电流表,其量程为 5 A,其表面刻度均以电流互感器一次侧电流标定,因此可直接读出电流的大小。

电流表按量程不同,分为安培表、毫安表和微安表等。还有一种用来检测电流有无的电流表,称为检流计。检流计不用来测量电流的大小。在比较法测量中,检流计作为指零仪得到广泛的应用。

(二)电压测量

用以测量电压的仪表称为电压表。电压表应跨接在被测电压的两端,即和被测电压的电路或负载并联,如图 5-7-2(a)所示。

为了不影响电路的工作状态,电压表本身的内阻抗要很大,或者说与负载的阻抗比要足够大,以免由于电压表的接入而使被测电路的电压发生变化,形成不能允许的误差。直流电压表常采用串联一个高阻值的附加电阻来扩大量程,如图 5-7-2(b)所示。电压表的正极接电路两点间高电位端,负极接被测电路的低电位端。若电压表读数为 V,分压电阻的分压比为 n,则被测量的直流电压值为 $U = nV$。若电压表的内阻为 R_v,则分压器的电阻为 $R_a = R_v(n - 1)$。

交流电压表常采用电压互感器来扩大量程,如图 5-7-2(c)所示。电压互感器的一次绕组并联在被测负载两端,电压表串入电压互感器的二次侧。若电压表的读数为 V,电流互感器的变压比为 KTV,则被测电流为 $U = KTV \cdot A$。与电压互感器配套的电压表,其量程为 100 V,其表面刻度均以电压互感器一次侧电压标定,因此可直接读出电压的大小。按电压表量程的不同,有伏特表、毫伏表等。

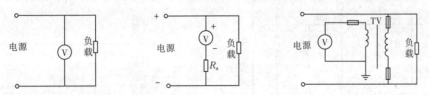

(a)电压表直接并联接入　(b)直流电压表经附加电阻接入　(c)交流电压表通过电压互感器接入

图 5-7-2　电压测量的基本电路

三、功率的测量

用以测量功率的仪表称为功率表。按所测电路功率性质不同,可分为有功功率表和无功功率表;按电流性质不同,可分为直流和交流功率表两类;按交流电路相数不同可分为单相和三相功率表。

(一)单相电路有功功率测量

测量单相电路有功功率的功率表接线原理图如图5-7-3(a)所示。该图为直接法接入,功率表 PW 圆圈内的水平粗实线表示电流线圈,垂直细实线表示电压线圈。功率表指针的偏转方向由两组线圈里电流的相位关系所决定。改变任一个线圈电流流向,指针都将向相反的方向偏转。为防止接线错误,通常在仪表的引出端钮上将电流线圈与电压线圈指定接电源同一极的一端标有"*"、"·"或"+"等极性标志,称为发电机端。正确的接线是将电流线圈标有极性标志的一端接至电源侧,另一端接负载侧。电压线圈带有极性标志的一端与电流线圈带有极性标志的一端接于电源的同一极,另一端则跨接到负载的另一端。

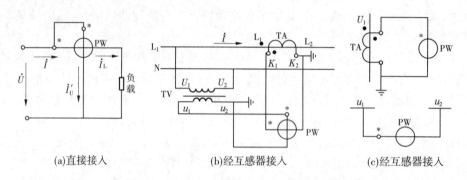

(a)直接接入　　　　　　(b)经互感器接入　　　　　　(c)经互感器接入

图 5-7-3　单相功率测量电路

图5-7-3(b)为电压线圈和电流线圈分别经电流互感器 TA 和电压互感器 TV 接入集中式表示的单相功率测量原理图。图5-7-3(c)为电压线圈和电流线圈分别经电流互感器 TA 和电压互感器 TV 接入分开表示原理图。功率表经互感器接入时,必须正确地标出互感器和功率表的极性。只要接线无误,一般情况下,指针会向正方向偏转。

(二)三相电路有功功率的测量

1. 三相四线制有功功率的测量

图5-7-4 为采用三只单相功率表测量三相四线制有功功率接线。因为三相总功率为 $P = P_{L1} + P_{L2} + P_{L3}$,所以总功率为三只表 PW_1、PW_2 和 PW_3 读数之和。

2. 三相三线制电路有功功率的测量

三相三线制电路的有功功率可以用两只单相功率表进行测量。常见的接线如图5-7-5 所示。由图中可知,PW_1 功率表的电流线圈串联在 L_1 相;电压线圈带"*"的端钮也接于 L_1 相,另一端接于未接功

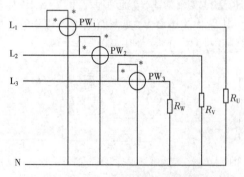

图 5-7-4　三只功率表测量三相四线制电路
有功功率的接线有功功率的接线

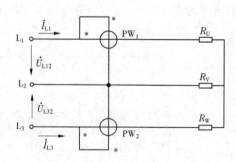

图 5-7-5　三相三线制电路测量

率表电流线圈的 L_2 相,这样,PW_1 指示的有功功率为

$$P_1 = \dot{U}_{L12}\dot{I}_{L1} = (\dot{U}_{L1} - \dot{U}_{L2})\dot{I}_{L1} \qquad (5\text{-}7\text{-}1)$$

同理,PW_2 指示的有功功率为

$$P_2 = \dot{U}_{L32}\dot{I}_{L3} = (\dot{U}_{L3} - \dot{U}_{L2})\dot{I}_{L3} \qquad (5\text{-}7\text{-}2)$$

则两表有功功率之和为

$$P = P_1 + P_2 = \dot{U}_{L1}\dot{I}_{L1} + \dot{U}_{L3}\dot{I}_{L3} - \dot{U}_{L2}(\dot{I}_{L1} + \dot{I}_{L3}) \qquad (5\text{-}7\text{-}3)$$

在三相三线制中,存在三相电流的矢量和等于零,则

$$\dot{I}_{L1} + \dot{I}_{L2} + \dot{I}_{L3} = 0; \dot{I}_{L2} = -(\dot{I}_{L1} + \dot{I}_{L3}) \qquad (5\text{-}7\text{-}4)$$

代入式(5-7-3)得

$$P = P_1 + P_2 = \dot{U}_{L1}\dot{I}_{L1} + \dot{U}_{L3}\dot{I}_{L3} + \dot{U}_{L2}\dot{I}_{L2} \qquad (5\text{-}7\text{-}5)$$

以上说明,不管三相电路是否对称,可以用两只单相有功功率表来测量三相三线制有功功率。

(三)三相无功功率的测量

三相电路无功功率的测量是用有功功率表法来测量的。测量的方法很多,下面介绍两种无功功率的接线方法。

1. 跨相90°的接线方式

接线如图5-7-6所示,将 PW_1 的电流线圈串联在 L_1 相,电压线圈接于 L_2、L_3 相上;将 PW_2 的电流线圈串联在 L_2 相,电压线圈接于 L_1、L_3 相上;将 PW_3 的电流线圈串联在 L_3 相,电压线圈接于 L_1、L_2 相上。三只有功功率表读数之和为 $\sqrt{3}$ 倍的三相无功功率。国产 16D3 - VAR 型三相无功功率表,其内部接线是采用跨相90°的接线方式。表盘刻度时已考虑了必要的乘数,可直接读出被测三相电路的无功功率。

在三相对称电路中,常用两只单相功率表 PW_1 和 PW_2 测量三相电路无功功率时,则两表的读数之和为 $2/\sqrt{3}$ 倍的总无功功率,则三相无功功率为两表读数之和再乘上 $\sqrt{3}/2$。

2. 利用人工中性点接线方式

如图5-7-7所示为人工中性点接线方式测量三相三线无功功率的接线图,利用 R_a 电阻形成人工中性点。若三相电路对称,PW_1 和 PW_2 测得的功率之和为 $1/\sqrt{3}$ 倍三相无功功率。由此可知三相三线无功功率为 PW_1 和 PW_2 测得的功率之和乘上 $\sqrt{3}$ 倍。这种方法只能用于三相完全对称的情况下,若不对称,则会产生附加误差。实际表计在表盘上刻度时已考虑乘以 $\sqrt{3}$ 倍这一因素。所以测量时直接读出的读数就是被测三相电路的总无功功率。

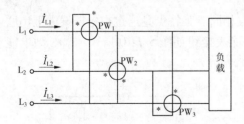

图5-7-6 用跨相90°接线法测量
三相电路无功功率接线图

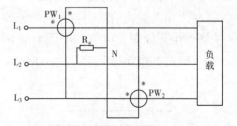

图5-7-7 利用人工中性点接线测量
三相电路无功功率

四、电能测量

电能测量不仅要反映负载功率大小,还应反映功率的使用时间。因此,测量电能的仪表,除必须具有测量功率的机构外,还应能计算负载的用电时间,并通过积算机构把电能自动地累计出来。

(一)有功电能的测量

测量有功电能的接线原理与测量有功功率时相同,接线方法一样,必须遵守"发电机端"原则。电

能表具体接线可参照图 5-7-8 连接。

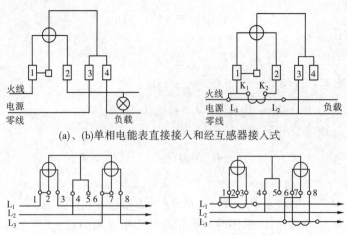

(a)、(b)单相电能表直接接入和经互感器接入式

(c)、(d)三相三线制电能表直接接入和经互感器接入式

图 5-7-8　常用有功电能表接线图

直接接入式电能表电能的计算是:本次抄表读数减去上次抄表读数得出的结果,即两次抄表期间消耗的电能。若电能表经互感器接入,则在上述得到的数字再乘上互感器的变流比和变压比,才是实际消耗的电能(若发电机,则为产生的电能)。若电能表盘上注有倍率,且使用配套的互感器时,则应乘上倍率,才是实际产生或消耗的电能。

如果在这种电能表的积算机构中预先考虑以 $\sqrt{3}$ 倍的比例关系,则表计的计度器可直接指示出三相电路的无功电能。此种电能表,不论负载是否对称,只要三相电压对称,都能正确地计量三相电路的无功电能。

(二)三相电路无功电能测量

测量无功电能和测量无功功率一样,在三相电路中普遍采用的是三相无功电能表,常见的有两种类型:一类为带附加电流线圈的(DX1 型)电能表;另一类为电压线圈接线带 60° 相角差的(XD2 型)电能表。

1. 带附加电流线圈的三相无功电能表

这种电能表的构造和三相两元件、有功电能表相似,只是每个元件上的 2 个电流线圈应分别接入不同相别的电流回路中。其接线如图 5-7-9 所示。测得的总功率为 $P = P_1 + P_2 = \sqrt{3}\,Q$。

2. 带 60° 相角差的三相无功电能表

这种三相无功电能表的结构与三相两元件有功电能表相同。其特点是通过在电压线圈上串联电阻的方法,使表计电压线圈的电流和电压形成 60° 角。该电能表接线如图 5-7-10 所示。该类型电能表只能测量三相三线制电路无功电能。

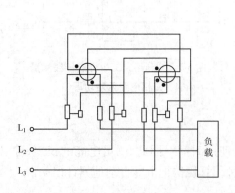

图 5-7-9　有附加电流线圈的三相无功电能表接线图

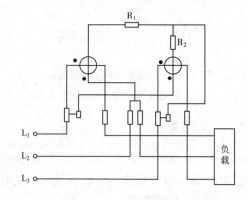

图 5-7-10　DX2 型三相无功电能表接线图

两元件测得的功率之和为 $P = P_1 + P_2 = Q$。

五、电气测量仪表的配置

电路中主要的运行参数有电流、电压、功率、电能量、频率、温度和绝缘电阻等,因此应装设的电气测量仪表有电流表(A)、电压表(V)、有功功率表(W)、无功功率表(var)、有功电度表(Wh)、无功电度表(varh)和频率表(Hz)等。电路中应装设仪表的种类、个数及仪表的准确等级等,应符合《电气测量仪表装置设计技术规程》(DL/T 5137)的有关规定。

(一)发电机定子回路

在控制室的发电机控制屏上,发电定子回路应装设电流表、电压表、有功功率表、无功功率表、有功电度表、无功电度表、定子绝缘监测表(零序电压表)各一只,50 MW 以上的发电机还应装一只有功功率记录表,如需要,还可装一只负序电流表。

电流表主要监视发电机定子回路电流的大小,防止过负荷。功率表主要监视发电机的负荷分配情况。电压表是用来监视发电机已经励磁,但尚未并入系统前发电机启动过程的电压。

(二)发电机转子回路

在控制室的发电机控制屏上,应装设一只直流电流表和一只直流电压表,用以监视发电机转子电流和励磁电压。

(三)双绕组变压器

水电站中双绕组变压器的测量仪表均装在低压侧,一般装设一只电流表、一只有功功率表、一只无功功率表、一只有功电度表。

(四)三绕组变压器和自耦变压器

高、中、低压侧各装一只电流表,高压侧和低压侧各装一只有功功率表、一只无功功率表、一只有功电度表、一只无功电度表。当自耦变压器有过负荷可能时,应再加装一只监测公共绕组过负荷的电流表。

(五)6～110 kV 线路

(1)6～10 kV 线路装设一只电流表、一只有功电度表和一只无功电度表。

(2)35 kV 线路装设一只电流表、一只有功功率表、一只有功电度表、一只无功电度表。

(3)110 kV 线路装设三只电流表、一只有功功率表、一只无功功率表、一只有功电度表、一只无功电度表。装设三只电流表,不仅可监视各相电流的不平衡情况,而且还可以看出一相导线断线但没有引起多相短路和一相接地的情况。

(六)厂用电源

高压厂用电源(6 kV、10 kV)和厂用变压器高压侧应装一只电流表、一只有功功率麦、一只有功电度表。低压厂用变压器的高压侧应装一只电流表、一只有功电度表。

发电机和变压器除装设上述电气测量仪表外,还应装设温度测量仪表,以监视各处温度。目前,大多数水电站均装有数字式巡回检测装置,可巡回测量各测点的运行参数(电气量、非电气量),且能实现报警、打印记录等功能。

思考题

1.什么是发电厂和电力系统的二次设备?

2.电气二次设备按功能分为哪几个系统?

3.电气测量系统测量的电气量主要包括哪些?

4.水电站测量的电气量主要有哪些?

5.水电站信号系统中的位置信号、事故信号和预告信号各包括哪些具体内容?

6.电力系统发生故障和不正常状态的主、客观原因有哪几类?

7. 继电保护的任务和作用是什么？

8. 电力系统对继电保护的四个基本要求是什么？

9. 电力系统保护中主保护和后备保护的作用分别是什么？二者有何关系？

10. 继电保护装置一般由哪几类元件构成？

11. 电力系统常用的主要自动装置有哪些？

12. 发电机的保护一般配置哪些保护？各对应哪些具体故障？

13. 变压器的保护一般配置哪些保护？各对应哪些具体故障？

14. 线路的保护一般配置哪些保护？各对应哪些具体故障？

15. 发电机过流保护的基本原理是什么？

16. 发电机过电压保护的基本原理是什么？

17. 发电机单相接地保护的基本原理是什么？

18. 发电机励磁回路接地保护的基本原理是什么？

19. 变压器运行时易发生的两类故障是什么？

20. 中小型水电站主变压器一般配置什么保护？

21. 变压器瓦斯保护针对变压器的哪类故障？瓦斯保护的原理是什么？

22. 发电机组与电力系统的同步有哪几种方式？

23. 准同步和自同步的区别是什么？

24. 发电机组并列的条件是什么？

25. 同步点如何选择？

26. 常用的同期装置有哪几类？

27. 发电机励磁系统的作用有哪些？

28. 励磁系统的一次系统与二次系统的任务分别是什么？

29. 发电机常用的励磁方式有哪几类？

30. 微机励磁系统主要由哪几部分功能装置构成？

31. 发电机的灭磁方式有哪几种？

32. 常用的电气仪表有哪几类？其功能分别是什么？

33. 简述电流、电压和功率测量的基本方法。

34. 三相有功和无功如何测量？

35. 发电机的定子和转子回路各应配置哪些测量仪表？

36. 不同类型的变压器应配置什么测量仪表？

第六章　水电站厂用电及直流系统

第一节　水电站厂用电

为保证水电厂的主体设备(如水轮机、发电机、主变压器等)正常工作的辅助机械的用电称为厂用电。水电站的厂用机械不论在数量上还是在容量上均比同容量的火电厂少得多,因此其厂用电系统亦相对简单。水电厂的厂用机械主要可分为机组自用机械和全厂公用辅助机械以及厂外坝区和水利枢纽的机械。如机组调速和润滑系统中的油泵、发电机冷却系统和机组润滑系统中的水泵等均为机组自用电,而集水井排水泵、技术供水泵、消防、生活水泵,厂房通风、电热、照明,蓄电池浮充电设备,试验室、机修场的用电均为全厂公用电。

一、厂用电率

厂用电的电量大都由发电厂本身供给且为重要负荷之一,其耗电量与发电厂的类型、机械化和自动化的程度等有关。厂用电量占水电厂全部发电量的百分数称为厂用电率。厂用电率是一项重要经济指标,降低厂用电率可以降低发电成本,并相应增加了发电量。

厂用电率计算公式为:

$$k_P = \frac{S_c \cos\varphi_{av}}{P_N} \times 100\% \tag{6-1-1}$$

式中　k_P——厂用电率;

　　　S_c——厂用电计算负荷;

　　　$\cos\varphi_{av}$——平均功率因数,一般取 0.8;

　　　P_N——发电机的额定功率。

火电厂中的热力化电厂的厂用电率一般为 6%～8%,凝汽式电厂的厂用电率一般为 8%～12%,水电厂的厂用电率一般为 0.5%～3%。

二、厂用电电压的确定与自用电源引接方式

对于中小型水电厂,除有 380/220 V 电压等级外,还有距主厂房较远的坝区负荷用 6 kV 或 10 kV 电压供电。为了简化厂用接线,电压等级不宜过多。

发电厂的厂用工作电源是保证正常运行的基本电源,它不仅要求电源供电可靠,而且应满足各级厂用电压负荷容量的要求。通常工作电源不应少于两个。中小型水电厂单机容量在 1 000 kW 及以下的机组可只设一个。现代发电厂一般都投入系统并列运行,因此从发电机回路通过厂用高压变压器或电抗器取得厂用高压工作电源已足够可靠,因为即使全部发电机停运,仍可从电力系统倒送电。厂用电系统接线应该认真考虑其供电的可靠性,且接线应尽量简单清晰,以避免复杂的切换操作。

厂用电高压工作电源从发电机回路的接线方式与主接线形式有密切关系。当有发电机电压母线时,厂用电高压工作电源从发电机电压母线各分段上引;当发电机与变压器采用单元接线时,高压工作电源一般由主变压器低压侧引,供给本机厂用负荷;当采用扩大单元接线时,则应从发电机出口或主变压器低压侧引接,如图 6-1-1 所示。

三、站用电备用电源和备用方式

为了满足可靠性要求,站用电应有双电源——工作电源和备用电源,当因故失去工作电源时,便由

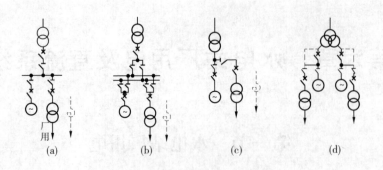

图 6-1-1　厂用工作电源的引接方式

备用电源继续供电。备用电源通常应是独立电源,即经由不同的站用变压器,从独立的引接点取得的电源。

备用电源的运行方式简称电源备用方式,通常有明备用和暗备用两种。若备用电源在正常情况下停电备用,只有当工作电源发生故障时才投入运行,叫作明备用。暗备用是两个电源平时都作为工作电源使用,并各带一半负荷,但都保留有一定的备用容量。当一个电源发生故障时,另一电源则承担全部负荷。因此,暗备用是两个工作电源之间的相互备用,在中小型水电站中应用最广。其优点是可靠性高,无明备用变压器的投入和退出过程;但正常运行时站用变压器的负荷率低,效率差。

图 6-1-2 为某中小型水电厂厂用电接线图,其厂用负荷较小,只用 0.4 kV 供电,1T、2T 采用暗备用方式,厂用变压器从各扩大单元接线的主变压器低压侧引接。当全厂停电时,厂用电源可通过主变压器从系统取得,保证机组启动。低压厂用母线采用单母线分段接线,正常时母线分段运行,当一个电源故障时,分段的自动空气开关在备用电源自投装置作用下合闸。

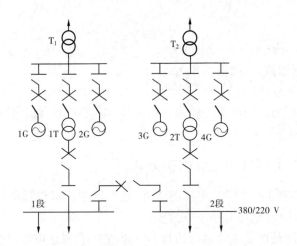

图 6-1-2　某中小型水电厂厂用电接线图

四、中小型水电厂厂用电常用接线举例

图 6-1-3 为某水电站的厂用电接线图。该厂装有 4 台机组,具有 6 kV 大功率电动机拖动的坝区机械设备,且距厂房较远,同时水库还兼有防洪、航运等任务,因此厂用电采用 6 kV 及 0.4 kV 两级电压。坝区水利枢纽负荷 6 kV 高压工作电源,分别通过 T_{11}、T_{12}、T_{13} 厂用高压变压器,从各单元接线的主变压器低压侧引接,并相应分为三段。同时,在 1 号发电机 G_1 出口装设一台断路器。这样,即使当全厂停电时(事故情况或经济运行调度的需要),本厂仍可通过主变压器 T_1 从电力系统取得电源。为保证厂用电的供电可靠性,采取机组自用电负荷与公共厂用电负荷分开供电方式。这样,既节省电缆,减小公用负荷变压器容量,又能保证机组安全可靠运行。低压公用负荷电源可由高压 6 kV 厂用工作母线经低压公共厂用变压器送至公用厂用母线。各机组自用负荷,则分别由各机组动力盘供电,电源从各单元接线

的发电机出口处引接,并通过厂用低压变压器馈电。

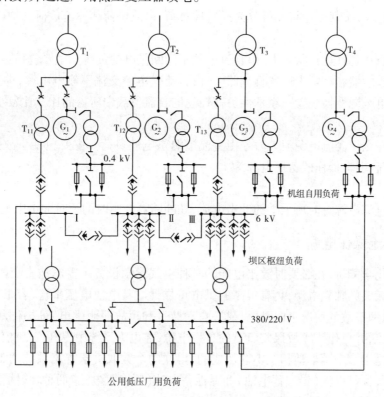

图 6-1-3　某水电站的厂用电接线图

第二节　水电厂操作电源

操作电源为控制、信号、测量回路及继电保护装置、自动装置和断路器的操作提供可靠的工作电源。操作电源分为直流操作电源和交流操作电源两种,在水电站中主要采用直流操作电源。

一、直流操作电源概述

(一)对操作电源的基本要求

(1)应保证供电的可靠性。装设独立的直流操作电源,以免交流系统故障时,影响操作电源的正常供电。因为直流电能可通过蓄电池存储,可看成是与发电厂、变电站一次电路无关的独立电源。另外,保护、操作用的直流型电器结构简单,动作可靠。操作电源直流系统的电压等级较多,一般强电回路采用 110 V 或 220 V,弱电回路采用 24 V 或 48 V。

(2)应具有足够的容量,以保证正常运行时,操作电源母线(以下简称母线)的电压波动范围不超过±5% 额定值,事故时的母线电压不低于 90% 额定值,失去浮充电源后,在最大负载下的直流电压不低于 80% 额定值。

(3)纹波系数小于 5%。

(4)使用寿命、维护工作量、设备投资、布置面积等应合理。

(二)操作电源的作用

操作电源种类很多,本节重点介绍常用的蓄电池直流操作电源。操作电源的作用如下:

(1)正常运行时,作为断路器跳、合闸及保护与操作控制电源。

(2)由于故障使交流电压降低甚至消失时,作为保护或机组等设备的事故操作电源,以切除故障,保证设备安全和系统的正常运行。

(3)交流厂用电事故中断时,作为通信设备和电站的事故照明电源等。

(三) 直流负荷的分类

水电站的直流负荷,按其用电特性可分为经常性负荷、事故负荷和冲击负荷三种。

1. 经常性负荷

经常性负荷是指在各种运行状态下,由直流电源不间断供电的负荷。主要包括:经常带电的直流继电器、信号灯、位置指示器和经常点燃的直流照明灯;直流供电的交流不停电电源,即逆变电源装置;为弱电控制提供的弱电电源变换装置。经常性负荷在总的直流负载中所占的比重比较小。

2. 事故负荷

事故负荷是指在全厂交流电源消失时才由直流电源供电的负荷。主要包括事故照明、以直流系统作为备用电源的负荷、弱电操作的备用电源等。

3. 冲击负荷

冲击负荷是指直流电源短时所承受的冲击电流,如断路器合闸时的短时冲击电流所消耗的功率。

二、蓄电池直流操作电源

蓄电池是储存化学能量,在必要时放出电能的一种电气化学设备。蓄电池直流操作电源是一种与电力系统运行方式无关的独立电源,具有很高的供电可靠性。蓄电池电压平稳、容量较大,适用于各种直流负荷,它可在电网事故的情况下向继电保护、自动装置和事故照明供电,可提供断路器合闸时所需的较大短时冲击电流,并可作为事故保安负荷的备用电源,在电力系统中得到广泛的使用。发电厂和变电站中的蓄电池组是由多个蓄电池相互串联而成的,串联的个数取决于直流系统的工作电压。电力系统常用的蓄电池有酸性蓄电池(铅酸蓄电池)和碱性蓄电池(镉镍蓄电池)两种,酸性蓄电池用得较多。

(一) 铅酸蓄电池的结构和工作原理

发电厂和变电站使用的铅酸蓄电池有固定型防酸式普通铅酸蓄电池和固定型密封式免维护铅酸蓄电池。

图 6-2-1 所示为 GGF 型防酸隔爆式普通蓄电池,主要由正极板(过氧化铅 PbO_2)、负极板(海绵状铅 Pb)、容器和电解液(硫酸)等组成。铅酸蓄电池内的阳极(PbO_2)及阴极(Pb)浸到电解液(稀硫酸)中,两极间会产生 2 V 的电力,这是根据铅酸蓄电池原理,经充放电,则阴、阳极及电解液即会发生变化。

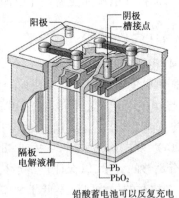

阳极　　阴极　　槽接点

隔板
电解液槽
Pb
PbO_2

铅酸蓄电池可以反复充电

图 6-2-1　GGF 型防酸隔爆式普通蓄电池

1. 放电中的化学变化

$$\underset{\text{(过氧化铅)}}{\underset{\text{(阳极)}}{PbO_2}} + \underset{\text{(硫酸)}}{\underset{\text{(电解液)}}{2H_2SO_4}} + \underset{\text{(海绵状铅)}}{\underset{\text{(阴极)}}{Pb}} \longrightarrow PbSO_4 + 2H_2O + PbSO_4 \tag{6-2-1}$$

蓄电池连接外部电路放电时,稀硫酸即会与阴、阳极板上的活性物质产生反应,生成新化合物硫酸铅。经由放电硫酸成分从电解液中释出,放电愈久,硫酸浓度愈稀薄。所消耗之成分与放电量成比例,只要测得电解液中的硫酸浓度,亦即测其比重,即可得知放电量或残余电量。

2. 充电中的化学变化

$$\underset{(阳极)}{PbSO_4} + \underset{(电解液)}{2H_2O} + \underset{(阴极)}{PbSO_4} \longrightarrow PbO_2 + 2H_2SO_4 + Pb \qquad (6\text{-}2\text{-}2)$$
（硫酸铅）（水）（硫酸铅）

由于放电时在阳极板、阴极板上所产生的硫酸铅会在充电时被分解还原成硫酸、铅及过氧化铅,因此电池内电解液的浓度逐渐增加,亦即电解液之比重上升,并逐渐回复到放电前的浓度。这种变化显示出蓄电池中的活性物质已还原到可以再度供电的状态。当两极的硫酸铅被还原成原来的活性物质时,即等于充电结束,而阴极板就产生氢,阳极板则产生氧。充电到最后阶段时,电流几乎都用在水的电解,因而电解液会减少,此时应以纯水补充之。

固定型防酸式普通铅酸蓄电池容量大,冲击放电电流大,端电压也相对较高(2.15 V),电压稳定,价格便宜;但其寿命较短(一般为8~10年),占地面积大,充电时会逸出有害的硫酸气体,维护工作量大。

近几年,固定型密封式免维护铅酸蓄电池(简称阀控蓄电池)开始广泛用于电力系统,阀控蓄电池单体结构如图6-2-2和图6-2-3所示。

免维护铅酸蓄电池,顾名思义,其最大的特点就是"免维护"。和铅酸蓄电池相比,它的电解液的消耗量非常小,在使用寿命内基本不需要补充蒸馏水。它还具有耐震、耐高温、体积小、自放电小的特点。当然相对地,

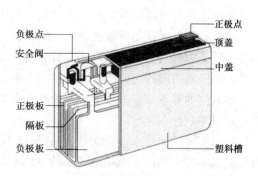

图 6-2-2　阀控蓄电池单体结构示意图

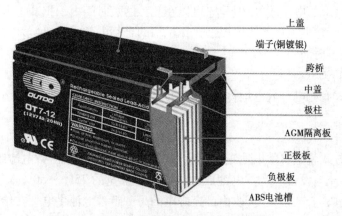

图 6-2-3　奥特多免维护阀控蓄电池

它的售价也会比铅酸蓄电池更贵。为了避免日常的保养和维护,其排气系统的设计与铅酸蓄电池有着明显差异,因此从理论上来说并不需要经常添加蒸馏水或电解液。此外,免维护铅酸蓄电池的壳体一般都是封闭式的,除非有专业工具和技术,一般是无法自行检修的。

阀控蓄电池工作原理与普通铅酸蓄电池基本相同。与防酸隔爆式蓄电池相比,阀控蓄电池有以下特点:

(1)固定的电解液,增进氧气从正极向负极的扩散。

(2)内部密封结构和自动开关的安全阀。蓄电池在内部压力下工作,以促进氧气的再化合。蓄电池内部压力增加到一定程度时,安全阀自动打开排气;而当气压降低到规定限度以下时,安全阀自动关闭。

(3)改进的板栅材料。阀控蓄电池的正极板用高纯度的铅锑合金制成,负极板用高纯度的铅钙合金支撑,这样的结构可减少电腐蚀的程度。

(4)较坚硬的外壳。由于阀控蓄电池的外壳要承受一定的内部压力,故外壳采用高强度耐压防爆

材料制成,更加坚固耐用。

(5)不需加水、补酸。阀控蓄电池的阀控密封结构和内部的氧循环机制使得其电解液损失小,在使用期间无需加水、补酸。

(6)安装占用空间小,可分层安装在电池架上或电池屏内。

(7)对环境污染小。运行期间酸雾和可燃气体逸出少。

(8)对使用环境要求较高,受环境温度影响大。

(9)使用寿命比普通铅酸蓄电池高,设计可达10~15年,但与使用方式与条件有关,不适当的使用方式及环境温度较高时会减少阀控蓄电池的寿命。

(二)蓄电池的容量

蓄电池的容量是指蓄电池放电到某一最小允许电压(称为终止电压)时所放出的电量Q,即放电电流安培数与放电时间小时数的乘积,用安时(Ah)表示,它是蓄电池的重要特征值。它与许多因素有关,如极板的类型、面积大小和数目,电解液的比重和数量,放电电流,最终放电电压及温度等。蓄电池放电至终止电压的时间称为放电率,单位为h(小时)。

蓄电池的容量一般分为额定容量和实际容量两种。额定容量是指充足电的蓄电池在25 ℃时,以10 h放电率放出的电能。

采用不同的放电率,其蓄电池的容量是不同的,铅酸蓄电池规定以10 h放电率为标准放电率。以10 h放电率放电到终止电压的容量约是以1 h放电率放电到终止电压时容量的2倍。如GGF - 100型蓄电池,若它以10 A恒定电流持续放电10 h,其放电容量为$Q_N = 10 A \times 10 h = 100 Ah$,且终止电压不低于规定值。如果放电电流大于10 A,则放电时间就小于10 h,而放出的容量就要小于额定容量;相反,若放电电流小于10 A,则放电时间就大于10 h,此时放出的容量就允许大于额定容量。

蓄电池不允许用过大的电流放电,但是它可以在几秒的短时间内承担冲击电流,此电流可以比长期放电电流大得多。因此,蓄电池可作为电磁型操作机构的合闸电源,每一种蓄电池都有其允许的最大放电电流值,其允许的放电时间约为5 s。

(三)蓄电池的运行方式

蓄电池的运行方式有充电—放电运行方式和浮充电运行方式两种,目前中小型水电站广泛采用浮充电运行方式。

1. 充电—放电运行方式

充电—放电运行方式就是将蓄电池组充好电,然后断开充电装置,由蓄电池组对直流负荷供电。它需要两组蓄电池,一台充电设备。当蓄电池放电到其额定容量的75% ~80%时,为保证直流供电系统的可靠性,即自行停止放电,准备充电,改由已充好电的另一组蓄电池供电。在给蓄电池充电时,充电设备除向蓄电池组充电外,同时还供给经常性的直流负荷用电。

蓄电池在充电和放电过程中,端电压的变化范围很大。为了维持母线电压恒定,在充、放电过程中必须调整电压。一般将全组蓄电池分为两部分,一部分是固定不调的基本电池,另一部分是可调的端电池,在充放电过程中借减少或增加端电池的数目以达到维持母线电压基本稳定的目的。充电—放电运行方式需要频繁地充电,极板的有效物质损伤极快,在运行中若不按时充电,过充电或欠充电更易缩短蓄电池的寿命,而且运行中操作复杂,所以使用较少。

2. 浮充电运行方式

浮充电法是先将蓄电池充好电,然后将浮充电设备和蓄电池并联工作,浮充电设备既给直流母线上的经常性负荷供电,又以不大的电流(约等于$0.3Q_N/36 A$,Q_N为蓄电池额定容量)向蓄电池浮充电,用来补偿蓄电池由于漏电而损失的能量,使蓄电池经常处于满充电状态,延长蓄电池的寿命。浮充电运行的蓄电池组能承担短时冲击负荷(如断路器合闸脉冲电流)和事故负荷。

按浮充电方式运行的蓄电池,一般需要两套充电装置,容量较大的一套对蓄电池初充或放电后的充电,容量较小的一套对蓄电池浮充电。小容量的发电厂、变电站也可主充和浮充合用一套装置。蓄电池按浮充电方式运行时,应定期进行核对性放电,放电完后应进行一次均衡充电(又称过充电),以避免浮充电流控制不准,造成极板上 $PbSO_4$ 沉积而影响蓄电池的容量和寿命。

根据发电厂、变电站容量大小和断路器控制方式不同,直流电压有 220 V、110 V、48 V、24V 等种类。考虑到线路压降损失,为保证负荷端电压为额定值,需要将直流母线电压抬高 5% 运行。

(四)传统蓄电池直流系统

图 6-2-4 为浮充运行方式的传统蓄电池直流系统接线原理图,系统由一组浮充电硅整流器、一组端电池浮充电硅整流器和一组主充电硅整流器构成。容量较大的主充电硅整流器作充电用,容量较小的浮充电硅整流器作浮充电用,端电池浮充电硅整流器为小型整流器,用于对端电池进行浮充电。当整流器的输出开关置于 1、3 位置运行时,整流器一方面供电给直流负荷,另一方面对蓄电池进行浮充电,但放电手柄 1P 与充电手柄 2P 间的端电池得不到充电,它们处于自放电状态,会因硫化而影响蓄电池寿命,因此配备专用端电池浮充电硅整流器。整流器的输出电压要满足浮充电的要求(通常每只普通酸性蓄电池取 2.15 V,每只碱性蓄电池取 1.35 ~ 1.45 V)。当整流器停运时,蓄电池转入放电状态。为了维持母线电压,要随时调整放电手柄 1P。

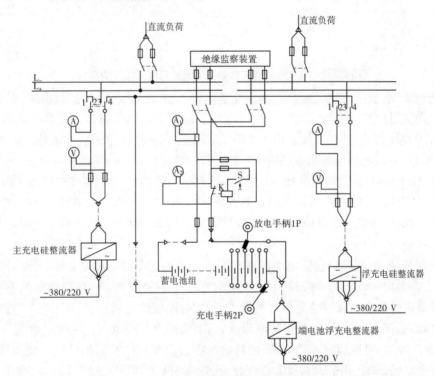

图 6-2-4 蓄电池直流系统接线原理图

当整流器的输出开关置于 2、4 位置运行时,整流器一方面供电给直流负荷,另一方面向包括端电池在内的所有蓄电池浮充电。这有可能使端电池过充电,可考虑在端电池两端并联可调电阻进行分流解决端电池过充问题。

蓄电池直流系统按浮充电法运行,不仅可提高工作可靠性、经济性,还可减少运行维护工作量,因而在电力系统中应用广泛。

(五)智能微机直流系统

目前使用的蓄电池直流系统一般采用智能微机直流系统,直流系统主要由充电模块、控制单元、直流馈电单元(合闸回路、控制回路、保护回路、信号回路、公用回路以及事故照明回路等)、降压单元、绝缘监测、蓄电池组等组成。其中最主要的设备就是充电模块和蓄电池组。近年来,随着电力技术的发展,高频开关模块型充电装置已逐步取代相控型充电装置,而阀控蓄电池已逐步取代固定型铅酸蓄电池。

电力系统现在使用的高频开关电源整流系统与老式直流系统的最大区别是模块化配置,比如GZDW 型智能高频开关直流电源系统根据功能可划分为高频开关整流模块、监控模块、配电监控模块、调压硅链模块、绝缘监测模块、交流配电单元、蓄电池监测仪、蓄电池组、馈电单元等几部分。

GZDW 型智能微机直流充放电装置工作原理图如图 6-2-5 所示。

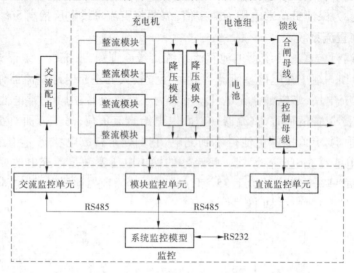

图 6-2-5　GZDW 型智能微机直流充放电装置工作原理图

（1）交流配电单元：直流系统一般都有两路交流电输入，正常时交流电输入切换开关置于"自动"位置，1 路工作，2 路备用，交流电经交流输入空气开关、交流接触器、避雷器等送至各个充电模块。

（2）高频开关整流模块：三相三线交流电 380 VAC 经三相整流桥整流后变成脉动的直流，在滤波电容和电感组成的 LC 滤波电路的作用下，输出约 520 VDC（2.34×220 V）的直流电压，再逆变为高频电压并整流为 40 kHz 的高频脉宽调制脉冲电压波，最后经过高频整流，滤波后变为 220 VDC 的直流电压，经隔离二极管隔离后输出，一方面给蓄电池充电，另一方面给直流负载提供正常工作电流。充电模块内部有监控板，能监视、控制模块运行情况。由于充电模块本身具有 CPU，充电模块也可以脱离监控模块独立运行。

（3）调压硅链模块：充电模块在蓄电池浮充时输出一般约为 240 VDC（(2.0~2.25) V×N，N 为单体的电池个数），在蓄电池均充时一般约为 250 VDC（(2.3~2.35) V×N，N 为单体的电池个数），送至合闸母线，蓄电池则经蓄电池总保险送至合闸母线，正常时调压硅链的控制开关置于"自动"位置，经硅链自动降压后输出稳定的 220 VDC，送至控制母线，以上两部分共同组成直流输出系统。当自动调压模块控制电路发生故障时，可以通过手动调整，使其输出在合理范围内。调压硅链模块实际分 5 组，每组由 10 个硅二极管组成，每组可降 0.7×10＝7 V，5 组总共可降 5×7 V＝35 V 电压。调压硅链模块设计余度较大，其输出电流可短时间超出额定值的 2~3 倍而不至于立刻烧毁硅链。调压硅链模块要是断开，整个控制母线就无电压，也就是整个二次设备无直流电源。现在有种接线方式是在控制母线上也挂一个充电模块，设置为手动状态，输出电压调为 220 V，作为调压硅链模块损坏时的备用。

（4）配电监控模块：主要是对交流输入和直流输出的监控，可检测三相交流输入电压、蓄电池组端口电压、蓄电池充/放电电流、合闸母线电压、控制母线电压、负载总电流，并且实现空气开关跳闸、防雷器损坏、蓄电池组电压过高/过低、蓄电池组充电过流、蓄电池组熔丝断、合闸母线过/欠压、控制母线过/欠压，各输出支路断路等故障告警。

（5）绝缘监测模块：用于监控直流系统电压及其绝缘情况，在直流系统出现绝缘强度降低（220 V 直流电压系统一般为低于 25 kW，110 V 直流电压系统一般为低于 7 kW）等异常情况下，发出声光告警，并能找出对应的支路号和对应的电阻值。

（6）监控模块：用于对充电模块的监控板、配电监控模块、绝缘监测模块等下级智能监控模块实施数据收集并加以显示；也可根据系统的各种设置参数进行告警处理、历史数据管理等；同时对这些处理结果加以判断，根据不同的情况进行电池管理，输出控制和故障回叫等操作。此外，还包括 LCD、键盘等人机界面设备；可实现与后台机的通信，将数据上传。

（7）蓄电池组：作为全站直流系统的后备电源，在充电模块停止工作时，蓄电池无间断地向直流母线送电。此外，在电磁式断路器进行合闸操作时，合闸电流大于100 A，此时蓄电池成为合闸电源。

GZDW 型智能高频开关直流电源系统自动控制的正常运行程序为：

充电装置正常时浮充电运行，根据需要设定时间（一般为 3 个月）采用 1.01I10 充电电流进行恒流充电，当蓄电池组端电压上升到限压值时（(2.23～2.28)V×N，N 为单体的电池个数），自动转为电压为((2.3～2.4)V×N，N 为单体的电池个数)的恒压充电，1.01I10 充电电流逐渐减小，当充电电流减小至 0.03～0.05I10 电流值时充电装置倒计时开始启动，当整定的倒计时结束时，充电装置将自动转为正常的浮充电运行，这就完成一个循环，使蓄电池随时处于满容量状态，确保直流电源运行的安全可靠。

GZDW 型直流系统选型方案有很多种，GZDW‑I‑21 型直流系统接线原理图如图 6-2-6 所示，它由一组蓄电池、单母线、两台充放电装置组成。GZDW‑2 直流屏结构示意图如图 6-2-7 所示。微机控制型直流电源屏 GZDW‑2/3/4 实物图如图 6-2-8 所示。

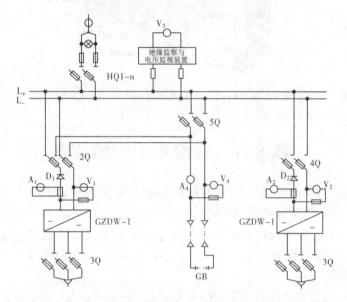

图 6-2-6　GZDW‑I‑21 型直流系统接线原理图

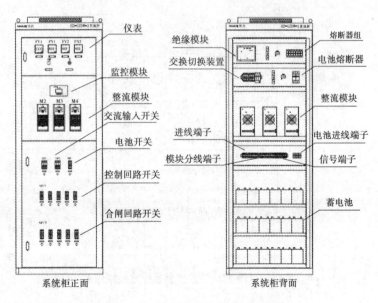

图 6-2-7　GZDW‑2 直流屏结构示意图

图 6-2-8 微机控制型直流电源屏 GZDW – 2/3/4 实物图

第三节 直流系统绝缘监察

发电厂、变电站的直流供电网络分布广,特别是要用很长的控制电缆与屋外配电装置相连,如断路器的操作机构、隔离开关的电磁锁等,较易受潮,因此容易引起直流回路绝缘水平下降,甚至会发生绝缘损坏而接地。当直流系统只有一点接地时并不构成电流通路,系统可以照常运行,但这样很危险。一旦再有另一点接地,就会导致信号、保护和控制元件的误动和拒动,从而破坏发电厂、变电站的正常运行。因此,必须设置直流绝缘监察。

直流绝缘监察随电站的大小和自动化程度不同而异。图 6-3-1 为常用的直流绝缘监察装置的接线原理图,它由电压测量和绝缘监察两部分组成。

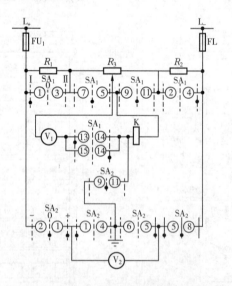

图 6-3-1 直流绝缘监察装置的接线原理图

一、电压测量

电压测量由切换开关 SA$_2$ 和电压表 V$_2$ 完成。切换开关 SA$_2$ 有"断开"、"正对地"、"负对地"三个位置,随切换开关的位置切换,电压表可测量正极对地、负极对地、直流母线间电压。

二、绝缘监察

绝缘监察由绝缘监察切换开关 SA_1、信号继电器 K、母线电压切换开关 SA_2 的触点 9 – 11、电压表 V_1 及电阻 R_1、R_2、R_3 组成。

绝缘监察的工作原理为直流电桥原理。接线可以简化为如图 6-3-2 所示,图中 $R_1 = R_2 = 1$ kΩ,R_+ 和 R_- 分别为直流母线正、负极对地的绝缘电阻。R_1、R_2、R_+ 和 R_- 组成了电桥电路,信号继电器 K 置于对角线上,相当于直流电桥的检流计。直流母线对地绝缘良好时,$R_+ = R_-$,电桥平衡,信号继电器 K 不动作,不发信号。当某极的绝缘电阻下降时,电桥平衡被破坏,信号继电器 K 启动,其常开触点闭合,发出相应直流系统接地信号,同时可通过转换控制开关和电压表检测正极对地、地对负极电压,从而判断哪一极绝缘下降或接地。

此直流绝缘监察装置的缺陷为当直流母线两极绝缘下降幅度相同时,电桥仍平衡,不能发信号。

三、绝缘电阻测量

直流绝缘监察装置还可以测量绝缘电阻。如图 6-3-1 所示,如当发现接地信号后,先操作母线电压切换开关 SA_2,借助 V_2 判断哪极接地。若正极接地,正极绝缘电阻下降,V_1 指示不再为零。将 SA_1 转换到"测量Ⅰ"位,其触点 1 – 3、13 – 14 接通,简化原理如图 6-3-3 所示,R_1 被短接,R_3 为可调电阻,调节 R_3 使 V_1 为零,电桥平衡,读出 R_3 的百分数值 X。将 SA_1 转到"测量Ⅱ"位,此时 SA_1 的触点 2 – 4、14 – 15 接通,R_2 被短接,V_1 指示值即直流系统总的对地绝缘电阻 R_Σ,它等于 R_+ 和 R_- 的并联值,则 $R_+ = 2R_\Sigma/(2 - X)$,$R_- = 2R_\Sigma/X$。

如果是负极接地,则先将 SA_1 转到"测量Ⅱ"位,将 R_2 短接,调节 R_3 使电桥平衡,读调节电阻 R_3 的百分数值 X,再将 SA_1 转到"测量Ⅰ"位,V_1 的指示值即为 R_Σ,则 $R_+ = 2R_\Sigma/(1 - X)$,$R_- = 2R_\Sigma/(1 + X)$。

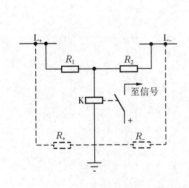

图 6-3-2　绝缘监察装置的信号电桥

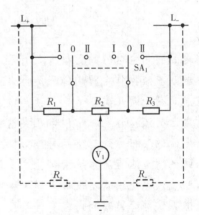

图 6-3-3　绝缘监察装置的测量电桥

四、直流电源绝缘检测装置实例

图 6-3-4 为 WZJX 型直流电源绝缘检测装置。在电桥使用上可采用平衡桥、不平衡桥、平衡与不平衡桥三种方式,供用户自行选择。绝缘故障查找采用多判据处理法、主从机智能识别法、信号实时自动测试法,可分段组网,全面检测,彻底解决了交流窜电、直流互窜、支路误选、支路漏选等故障。

该装置功能包括:

(1)采用 ARM 为主控芯片,集成度高,抗干扰能力强,运行速度快,功耗低。

(2)所有参数均可通过菜单进行设置,全中文显示,显示直观明了,操作方便、简单,并带有液晶自动保护功能,具有声光报警输出、干接点输出。

（3）准确检测直流电压、模块状态、直流绝缘及接地选线，精确区分母线接地、支路接地，并显示接地电阻阻值；自动分辨两条或两条以上支路同时接地的故障等。

（4）可随时通过操作界面进入全部支路的巡检操作，观察全部支路的绝缘状况。

（5）分全部支路单检（通过按键循环检测）和选定支路单检（通过按键选定某一支路检测）。

（6）保存显示当前50次的母线绝缘报警记录。

（7）检测2段母线的绝缘状况、纹波电压、交流窜入、直流互窜、纹波系数等。

（8）对CT极性无一致性要求、无方向要求，采用开口式CT，安装更安全、方便、快速。

（9）信号采集数据采用RS485接口技术，使数据的有效传输距离可达1 000 m。

（10）提供串行数据通信接口（RS232、RS485），内置多个直流屏厂家直流监控通信协议。

（11）提供100 M的以太网接口，支持IEC61850协议；可提供多机连接功能，适用于复杂的多级直流系统中，实现分段组网，全面检测，不会出现误报及拒报现象。

（12）交流窜入功能，实时检测母线交流窜入电压，可通过界面设定窜入报警门限，通过干接点输出，记录窜入时间电压等信息。

 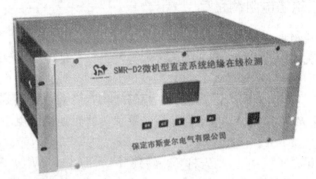

图6-3-4 直流电源绝缘检测装置

思考题

1. 水电站自用电电源的引接方式有哪几种？

2. 水电厂直流操作电源的作用是什么？

3. 直流负荷分哪几类？

4. 蓄电池直流操作电源常用哪几类蓄电池？

5. 蓄电池的运行方式有哪两种？

6. 传统的蓄电池直流系统由哪些主要设备构成？

7. 微机直流系统由哪些设备或模块构成？

8. 直流系统绝缘监察的内容有哪些？

9. 直流电源常用什么绝缘检测装置？

第七章 水电站计算机监控系统与视频监控系统

第一节 水电站计算机监控系统概述

一、水电站计算机监控基本概念

(一)水电站计算机监控系统

水电站计算机监控系统是指整个水电站机电设备的控制、监视、测量、调节和保护均由计算机系统来完成的控制系统。计算机监控系统代替了常规控制设备、测量表计、记录设备和保护设备,完成机组的开停机控制,断路器等开关设备的控制,电站的优化运行,自动发电控制(简称 AGC),电站机组、变压器、线路等各种设备的运行参数的在线监测,越限参数报警、记录,形成历史数据库及数据查询,事故追忆,报表打印,监控系统设备的自检,以实现对整个电站所有设备进行控制、监视、测量、调节和保护。水电站计算机监控系统有时又被称为水电站综合自动化系统。

(二)分层分布式水电站计算机监控系统

分层是指计算机按功能分成现地控制层、主站控制层(常规水电厂)或现地控制层、主站控制层、调度控制层(梯级水电厂)。现地控制层的功能是现地数据的采集并上送给主站控制层及调度控制层,根据指令或自启动执行顺控流程。监控系统的实时性主要由现地控制层来保证,因此它要具有非常好的实时性和很高的可靠性。主站控制层根据监控系统运行情况,由运行人员对现场设备发出控制命令,也可根据负荷曲线或根据电网频率变化自动进行控制。调度控制层是主站控制层的延伸,在梯级电站或电站群监控系统中才会设立,负责所有管辖电站的经济运行和统一调度。主站控制层要求具有良好的人机联系手段,完善的功能,较高的运算速度,长期稳定运行的性能,较强的与其他系统联接或通信能力。

分布是指将现地控制层根据现场设备分成若干个单元,每个单元建立相对独立的现地控制单元(LCU)。在水电厂监控系统中,水轮发电机组、开关站、厂用电、公用设备、溢洪闸门、廊道排水等依据控制设备的多少、设备的布置特点及资金情况设一个 LCU 或若干个 LCU。分布使监控系统功能得到分散,各层有各层的功能,根据各层功能要求设置各层设备,使不同层计算机设备的性能得到充分发挥。分布使现在设备的控制彼此独立,有利于设备独立运行、方便维护检修。

由于分层分布式监控系统有以上优点,它已逐渐成为水电厂监控系统的主要类型。这些年来新投运的水电厂监控系统几乎都采用分层分布式的,如三峡水电站、隔河岩水电站、广西龙滩水电站、黄河李家峡水电站和拉西瓦水电站。我国《水力发电厂计算机监控系统设计规范》(DL/T 5065—2009)要求:监控系统宜采用分层分布式结构,分设负责全厂集中监控任务的电厂级及完成机组、开关站和公用设备等监控任务的现地控制级。

(三)监视控制及数据采集系统

监视控制及数据采集(简称 SCADA)系统是通过人机联系系统的屏幕显示和调度模拟屏对电网运行进行在线监视,越限报警、记录,打印制表,事故追忆,本系统自检,远动通道状态监视,重要断路器控制,无功功率补偿设备自动调节或投切,以实现对电压、频率监控的信息收集、处理的自动控制系统。该系统属电网调度自动化初级阶段。

二、水电站计算机监控的意义

水电站常规自动控制系统可快速地反映电站设备的不正常运行参数和状态,保证水电站设备的可靠运行,水电站计算机监控系统则可进一步提高设备运行的可靠性。

水电站采用计算机监控系统,水电站运行人员的职能将相应进行转变,运行人员从对水电站设备的操作向对水电站设备的管理进行转化。

水电站计算机监控系统配置方式多种多样,组合灵活。针对不同的水电站,可以采用不同形式的水电站计算机监控系统,可采用全计算机监控系统,也可采用部分计算机监控系统和常规控制系统相结合的方式。

水电站计算机监控系统采用计算机控制技术,具有系统集成度高,控制屏柜的数量大大减少,减少了现场安装工作量。水电站计算机监控系统由计算机硬件和软件共同构成,现场调试方便。

水电站采用计算机监控系统后,通过通信与电力调度系统相连,实现调度自动化。

水电站计算机监控系统可实现水电站优化运行,根据水电站机组的运转特性、水库的调节能力、雨情信息、峰谷电价等情况,建立水电站优化运行数学模型,实现水电站优化运行。

三、水电站计算机监控系统的典型结构

(一) 网络结构

在水电厂计算机监控系统的总体功能任务中,电厂控制级的任务主要是完成对整个电厂设备及计算机系统的集中监视、控制、管理和对外部系统通信等功能。

水电站计算机监控系统的典型结构为分层分布式结构。在中小型水电站中,一般分为两个层次:上面一层称为电厂控制级,根据电站规模,通常配置有主机/操作员工作站、数据服务器、通信工作站、工程师工作站、打印机、不间断电源(简称 UPS)等设备,有的还配置有投影设备或大屏幕设备等;另一层称为现地控制单元(LCU),主要由可编程序控制器(PLC)、触摸显示屏、智能测量仪表、继电器、开关、按钮、指示灯等设备构成,现地控制单元按控制对象划分并配置。

水电厂自动化系统是一种模块化的基于现场总线的计算机监控系统,系统采用了计算机、可编程序控制器(PLC)或智能 I/O、微机继电保护装置和专用智能测控装置,通过工业以太网、现场总线将主控机与各个现场控制站、智能装置等有机连接在一起,构成了真正的分层分布式系统。

以太网的拓扑结构分为三种模式,即总线型、星型和环型,如图 7-1-1 所示。

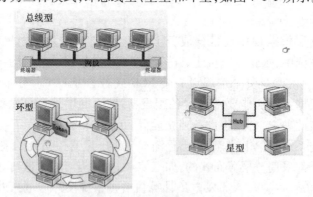

图 7-1-1 以太网的拓扑结构

电厂控制级与现地控制单元的通信采用以太网较多。如电站容量较大,为提高通信可靠性,采用双以太网或环形以太网。以太网的通信介质采用光缆或双绞屏蔽电缆,根据现场通信距离和干扰情况来选择通信介质。通信方式除以太网外,如现地控制单元数量少,信息量少,电厂控制级和现地单元的通信可采用串行通信方式。

水电站计算机监控系统根据电站容量大小、电站在系统中的重要程度及机组台数等条件选择不同的系统组成。电站控制层设备设在中央控制室,一般由主机操作员工作站、通信工作站、主控制台、打印机、GPS 时钟同步装置、语音报警装置、UPS 电源等组成。

(二)典型配置

系统的典型配置如下:系统设置两台主机(兼作操作员工作站及数据库服务器),完成系统的应用计算与历史数据库管理工作,实现生产过程的监视与控制及运行管理。系统设置一至二台通信服务器,负责本系统同其他系统的通信,如网调、省调、管理信息系统、水情测报系统以及与电厂监控系统的通信等。系统还设置工程师工作站、语音报警装置以及大屏幕投影系统或大屏幕电子显示屏等。网络采用双网或环网冗余配置。系统构成如图 7-1-2 所示。

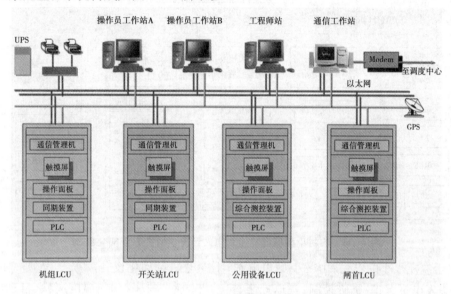

图 7-1-2 计算机监控系统典型配置图

(三)简化配置

系统的简化配置如下:系统设置两台主机(兼作操作员工作站及数据库服务器),完成系统的应用计算与历史数据库管理工作。设有一台通信服务器兼语音报警装置,负责本系统同其他系统的通信,如网调、省调、管理信息系统、水情测报系统以及与电厂监控系统的通信等。网络采用单星型网配置。

LCU 按单元分布,每台机组设一台 LCU,开关站、公用设备设一台 LCU,闸首设一台 LCU,系统结构如图 7-1-3 所示。

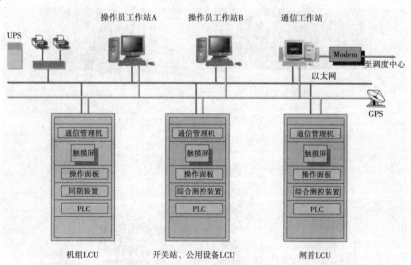

图 7-1-3 计算机监控系统简化配置图

(四)农村小型低压机组水电站的计算机监控系统

对于容量小、自动化程度要求较低的农村低压机组水电站,尽可能采用结构简单、价格低的计算机监控系统,计算机网络采用 RS485 总线网,并把机组操作与发电机保护同置于同一屏上。系统结构如图 7-1-4 所示。

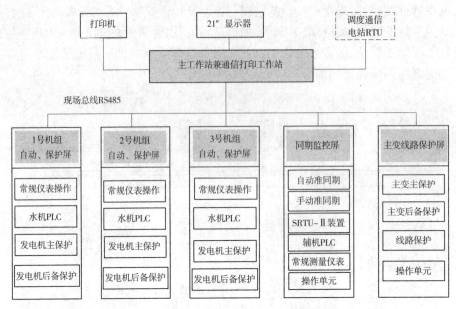

图 7-1-4　农村小型低压机组水电站计算机监控系统简化结构

　　近来,对于规模很小的农村、山区小型水电站,不少电站自动化设备厂家开发了一体化综合控制屏,控制系统集发电机保护、励磁控制、调速控制、自动准同期、顺序控制、温度巡检、自动经济发电、计量、一键自动开机并网、监视仪表、智能诊断、远方交互等十二大功能于一体,配置紧凑,占地面积小,成本低廉,运行维护简单可靠,如图 7-1-5 所示。

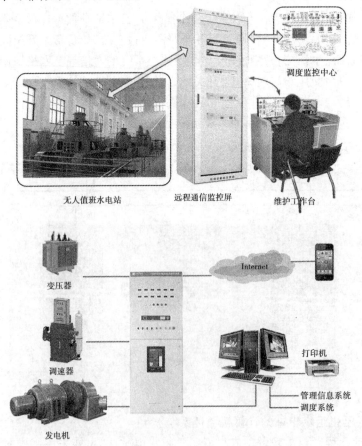

图 7-1-5　小型低压水电机组一体化监控屏

第二节 电厂控制级硬件构成和功能

一、电厂控制级功能

在水电厂计算机监控系统的总体功能任务中,电厂控制级的任务主要是完成对整个电厂设备及计算机系统的集中监视、控制、管理和对外部系统通信等功能。主要包括下列各项具体功能。

(一)控制

水电站计算机监控系统电厂控制级监控软件可按设定的控制操作程序,对水电站设备进行控制,如机组的开停机控制、断路器的分合闸控制及调速器、励磁系统的控制等。

操作员在电厂控制级上进行机组开停机控制操作或断路器分合闸控制操作时,一般应先输入操作员的编号和操作员的密码,再选择控制操作的对象。控制操作的步骤通常分为选择控制对象、确认控制对象、执行控制操作三步。如在控制操作时输入错误,可撤销错误操作。在控制操作过程中有操作提示,控制操作命令从电厂控制级发到 LCU,由 LCU 执行完成,LCU 执行完控制操作后,将控制操作结果反馈回电厂控制级,操作员可从电厂控制级显示器上看到控制执行到哪一步骤。

当操作员在电厂控制级上进行控制操作时,电厂控制级将把操作员的编号、操作内容、操作的时间等数据记录入数据库,同时把控制对象动作顺序、动作结果、动作时间等数据记录入数据库,以备日后查询。

(二)调节

当水轮发电机组完成开机并网后,机组的有功、无功调节模式将由操作员在电厂控制级上选定,由操作员在电厂控制级上设置好调节参数,通过数据通信送至机组 LCU,使水电站实现自动按给定的有功、无功功率进行调节运行,或自动按给定的有功、无功负荷曲线发电运行,或自动按恒功率因数运行,或自动按上游水位运行,或自动按给定的数学模型优化运行等。

(三)数据采集储存管理

水电站计算机监控系统电厂控制级能够将现地控制单元 LCU 自动采集的水电站的各种参数,按一定的时间间隔(一般为整点间隔)将其分类储存在计算机中,形成历史数据库,用于数据查询、报表打印输出等。

水电站计算机监控系统采集的参数主要有模拟量参数和状态量参数两大类。

模拟量参数由现地控制单元 LCU 采集,通过通信送入计算机监控系统电厂控制级,进行数字滤波、工程单位换算、逻辑正确性或限值的判断后,由计算机监控系统电厂控制级经一定的时间间隔将模拟量参数保存在数据库中。

状态量参数主要反映水电站设备的状态情况,如断路器的分、合状态等,保护在事故时的动作状态和在正常时的不动作状态,以及水电站其他设备的状态。现地控制单元 LCU 采集状态量参数后,通过通信送至电厂控制级,将状态变化及其变化时刻保存在计算机的数据库中。

无论是模拟量参数还是状态量参数,储存在计算机数据库中,都可以用于查询和形成报表输出等。

(四)数据、图形显示

水电站计算机监控系统在显示器上显示的数据、图形分为实时动态显示和静态显示。

1. 实时动态显示

实时动态显示就是在显示器上显示的参数、状态、图形等由电厂控制级的监控软件根据采样情况自动刷新更新,使参数、状态、图形等每时每刻都与水电站设备的实际运行参数、状态等保持一致。

水电站计算机监控系统实时动态显示数据、图形有各种电气模拟量参数,各种非电气模拟量参数,发电机、开关及辅助设备的各种状态量参数,电气主接线图、动态曲线、棒图等。

2. 静态显示

静态显示数据、图形有各种整点历史模拟量参数和状态量参数,各种历史参数曲线,各种技术资料、技术规范(如水电站设备的铭牌参数,油气水系统图,厂房的平面布置图、剖面布置图等)。

(五)事故故障处理

水电站计算机监控系统在电站发生事故、故障时,能及时快速进行事故、故障处理,并给出事故、故障信息。在电厂控制级显示器上立即给出事故、故障提示信息,通知运行人员事故、故障发生的位置。监控系统的电厂控制级与现地控制单元 LCU 联合,快速准确地处理事故、故障。电厂控制级自动将事故、故障发生的时间和有关数据记录下来,以便于分析事故、故障。

(六)参数设置

计算机监控系统的参数设置包括系统参数设置、运行参数设置及其他参数设置。

1.系统参数设置

系统参数设置主要指监控系统的一些初始参数设置,如监控系统的日期、时间设置,电压互感器、电流互感器的变比设置,水位测量的初始基准设置,通信通道及通信参数的设置等。这些系统参数的设置一般在监控系统调试时完成,在监控系统正常运行时较少更改。

2.运行参数设置

运行参数设置主要指机组运行时的一些参数设置,如机组运行方式的设置,机组并网后的有功功率、无功功率设置,有功功率、无功功率曲线的设置,优化运行方式的设置(如按水位运行、按优化数学模型方案运行),运行参数越限值的设置,打印方式的设置等。

3.其他参数设置

其他参数设置主要指操作员的设置,操作员密码的设置等。

(七)事件记录

水电站计算机监控系统的电厂控制级能将电站所有设备发生的事件如各种越限信号、事故信号、故障信号、控制操作、设备动作情况等按一定的事件顺序详尽地记录下来,形成数据文件保存在数据库中,以便于随时查询、打印。

(八)计算统计

水电站计算机监控系统可以方便地对电站的有功电量、无功电量、水头等参数进行统计计算。统计计算的公式、计算的初始值、计算结果等均可由用户在电厂控制级监控软件中定义或修改,计算统计结果存入数据文件,以用于显示和报表的输出。

(九)数据通信

水电站计算机监控系统电厂控制级的数据通信包括监控系统的内部通信和监控系统的外部通信。

监控系统的内部通信主要指电厂控制级与现地控制单元的通信。

监控系统的外部通信主要指电厂控制级与电力调度自动化系统的通信、与水电站信息管理系统的通信、与水库水情测报系统等其他计算机系统的通信,以实现数据共享。

(十)打印

水电站计算机监控系统电厂控制级通常提供定时打印、召唤打印、事故打印、屏幕打印等多种打印方式。利用电厂控制级的打印功能,可随时打印各种所需的信息。

定时打印即在设定的时间,由电厂控制级自动把一天 24 h 的所有运行数据用报表的方式从打印机中打印出来。

召唤打印即通过电站操作员的操作,让电厂控制级把电站某天或某部分的报表打印出来,或把某天的事故记录、越限记录打印出来。

事故打印即在电站出现事故时,电厂控制级控制打印机打印出事故设备、事故种类、事故时间等信息。

屏幕打印也可以认为是召唤打印的一种,电站操作员通过操作,利用屏幕打印功能,可以把在屏幕上显示的所有内容在打印机上打印出来。

(十一)自诊断

水电站计算机监控系统电厂控制级的监控软件具有自诊断功能,通过自诊断给出计算机监控系统硬件、软件故障信息,如通信故障等情况,便于运行人员快速查找故障、处理故障。

二、电厂控制级硬件构成

从广义的概念上来讲,电厂控制级硬件主要有网络设备、主机/操作员工作站、通信工作站、工程师工作站、数据服务器、显示器、鼠标、键盘、打印机、不间断电源(UPS)、控制台、设备之间的专用连接电缆等设备;从狭义的概念上来讲,主要是指主机/操作员工作站。每套主机/操作员工作站、通信工作站、工程师工作站、数据服务器等一般配1台显示器、1套鼠标和键盘。主机/操作员工作站为了增加显示信息,有时会采用一拖二的方式,即每套主机/操作员工作站配2台显示器。

主机/操作员工作站作为运行人员操作的设备,一般采用一主用一备用配置,实现机组的开停机控制、数据和状态显示、优化运行控制、运行报表参数打印、事故故障处理等,如电站未配置数据服务器,还兼数据服务器的功能。

通信工作站主要完成与调度的通信,完成通信规约的转换等。

工程师工作站主要用于监控系统的维护、运行操作人员的培训等。

数据服务器主要用于电站运行参数、状态数据的储存,数据的检索和查询等。

打印机主要用于电站运行报表、事故信息、报警信息、显示画面等的打印。

不间断电源(UPS)主要用于向主机/操作员工作站、通信工作站、工程师工作站、数据服务器、显示器、打印机等设备提供稳定可靠的交流电源,当外部交流电源消失时,由UPS自带的蓄电池经逆变后供电。

控制台用于布置主机/操作员工作站、通信工作站、工程师工作站、数据服务器、显示器、鼠标、键盘、打印机等设备。

(一)服务器

服务器(Server)是指一个管理资源并为用户提供服务的计算机软件,通常分为文件服务器、数据库服务器和应用程序服务器。运行以上软件的计算机或计算机系统也被称为服务器。相对于普通PC来说,服务器在稳定性、安全性、性能等方面都要求更高,因为其CPU、芯片组、内存、磁盘系统、网络等硬件和普通PC有所不同。

服务器也称伺服器。服务器是网络环境中的高性能计算机,它侦听网络上的其他计算机(客户机)提交的服务请求,并提供相应的服务,为此,服务器必须具有承担服务并且保障服务的能力。

服务器有塔式、架式和刀片式等几种形式,如图7-2-1所示。可根据电站监控设备的数量、容量及自动化程度要求选用不同的服务器。

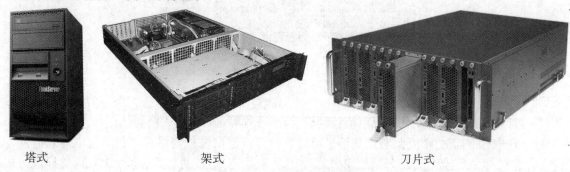

塔式　　　　　　　　架式　　　　　　　　刀片式

图7-2-1　不同类型的服务器

(二)网络交换机

以太网交换机是基于以太网传输数据的交换机,以太网是采用共享总线型传输媒体方式的局域网。以太网交换机的结构是每个端口都直接与主机相连,并且一般都工作在全双工方式。交换机能同时连通许多对端口,使每一对相互通信的主机都能像独占通信媒体那样,无冲突地传输数据。

以太网交换机工作于OSI网络参考模型的第二层(即数据链路层),是一种基于MAC(Media Access Control,介质访问控制)地址识别、完成以太网数据帧转发的网络设备。

交换机上用于连接计算机或其他设备的插口称作端口。计算机借助网卡通过网线连接到交换机的端口上。网卡、交换机和路由器的每个端口都具有一个 MAC 地址,由设备生产厂商固化在设备的 EPROM 中。MAC 由 IEEE 负责分配,每个 MAC 地址都是全球唯一的。MAC 地址是长度为 48 位的二进制,前 24 位是设备生产厂商标识符,后 24 位是由生产厂商自行分配的序列号。

交换机在端口上接收计算机发送过来的数据帧,根据帧头的目的 MAC 地址查找 MAC 地址表,然后将该数据帧从对应端口上转发出去,从而实现数据交换。

交换机的工作过程可以概括为"学习、记忆、接收、查表、转发"等几个方面:通过"学习"可以了解到每个端口上所连接设备的 MAC 地址;将 MAC 地址与端口编号的对应关系"记忆"在内存中,产生 MAC 地址表;从一个端口"接收"到数据帧后,通过"查表"在 MAC 地址表中"找到"与帧头中目的 MAC 地址相对应的端口编号,然后,将数据帧从查到的端口上"转发"出去。

交换机分割冲突域,每个端口独立成一个冲突域。每个端口如果有大量数据发送,则端口会先将收到的等待发送的数据存储到寄存器中,在轮到发送时再发送出去。交换机在网络中的作用如图 7-2-2 所示,其实物图如图 7-2-3 所示。

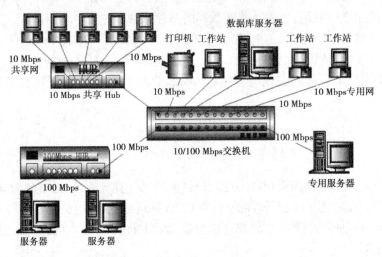

图 7-2-2　交换机在网络中的作用

图 7-2-3　交换机实物图

(三) GPS 同步时钟

GPS 时钟系统是针对自动化系统中的计算机、控制装置等进行校时的高科技产品,GPS 数字产品从 GPS 卫星上获取标准的时间信号,将这些信息通过各种接口类型来传输给自动化系统中需要时间信息的设备(计算机、保护装置、故障录波器、事件顺序记录装置、安全自动装置、远动 RTU),这样就可以达到整个系统的时间同步。

全球定位系统(Global Positioning System,简称 GPS)由一组美国国防部在 1978 年开始陆续发射的卫星所组成,共有 24 颗卫星运行在 6 个地心轨道平面内,根据时间和地点,地球上可见的卫星数量一直在 4～11 颗变化。

GPS 时钟是一种接收 GPS 卫星发射的低功率无线电信号,通过计算得出 GPS 时间的接收装置。为获得准确的 GPS 时间,GPS 时钟必须先接收到至少 4 颗 GPS 卫星的信号,计算出自己所在的三维位置。在已经得出具体位置后,GPS 时钟只要接收到 1 颗 GPS 卫星信号就能保证时钟的走时准确性。

随着电厂、变电站自动化水平的提高,电力系统对时钟统一对时的要求愈来愈迫切,有了统一精确的时间,既可实现全厂(站)各系统在 GPS 时间基准下的运行监控和事故后的故障分析,也可以通过各开关动作、调整的先后顺序及准确时间来分析事故的原因及过程。统一精确的时间是保证电力系统安全运行,提高运行水平的一个重要措施。系统由主时钟、时间信号传输通道、时间信号用户设备接口(扩展装置)组成。主时钟一般设在电厂(站)的控制中心,包括标准机箱、接收模块、接收天线、电源模块、时间信号输出模块等。

1. 对时方式

目前,国内的同步时间主要以 GPS 时间信号作为主时钟的外部时间基准信号。现在各时钟厂家大多提供硬对时、软对时、编码对时三种方式。

硬对时:主要有秒脉冲信号(1 pps,即每秒 1 个脉冲)和分脉冲信号门(1 ppm,即每分 1 个脉冲)。秒脉冲是利用 GPS 所输出的 1 pps 方式进行时间同步校准,获得与 UTC 同步的时间准确度较高,上升沿的时间准确度不大于 1 μs。分脉冲是利用 GPS 所输出的 1 ppm 方式进行时间同步校准,获得与 UTC 同步的时间准确度较高,上升沿的时间准确度不大于 3 μs,这是国内外常用的对时方式。另外,通过差分芯片将 1 pps 转换成差分电平输出,以总线的形式与多个装置同时对时,同时增加了对时距离,由 1 pps 几十米的距离提高到差分信号 1 km 左右。这种方式主要用于对国产故障录波器、微机保护、雷电定位系统、行波测距系统对时。故障录波装置分别由不同的厂家生产;保护装置国内以南自股份、南瑞、许继、阿继及四方公司的产品为主。

软对时(串口校时):串口校时的时间报文包括年、月、日、时、分、秒,也可包含用户指定的其他特殊内容,例如接收 GPS 卫星数、告警信号等,报文信息格式为 ASCII 码或 BCD 码或十六进制码。如果选择合适的传输波特率,其精确度可以达到毫秒级。串口校时往往受距离限制,RS232 口传输距离为 30 m,RS422 口传输距离为 150 m,加长后会造成时间延时。

用途:对电能量记费系统、自动化装置、控制室等进行时钟对时。

编码对时(网络对时):对时基于网络时间协议(NTP)、精确时间协议(PTP)。目前,简单网络时间协议(SNTP)应用较多。网络时钟传输的是以 1900 年 1 月 1 日 0 时 0 分 0 秒算起时间戳的用户数据协议(UDP)报文。用 64 位表示,前 32 位为秒,后 32 位为秒等分数。网络中报文往返时间是可以估算的,因而采用补偿算法可以达到精确对时的目的。网络授时方式可以为接入网络的任何系统提供对时,其中 NTP 授时精度可达到 50 ms,PTP 授时精度可达到 1 μs,SNTP 授时精度可达到 1 s。

上述几种方式各有优点。实际应用中,在满足同步精度要求的前提下,考虑到经济性,采用组合方式授时,即在一套运行管理系统中并存多种方式,可以充分应用授时时钟能够提供的信息。图 7-2-4 为一种软对时系统,图 7-2-5 为一种网络对时系统。

2. 对时系统构成

系统由主时钟、时间信号传输通道、时间信号用户设备接口(扩展装置)组成。主时钟一般设在电厂(站)的控制中心,包括标准机箱、接收模块、接收天线、电源模块、时间信号输出模块等。图 7-2-6 为 GPS 对时系统及时间服务器。

3. 水电站的 GPS 对时系统

1)GPS 对时系统的作用

电力系统是时间相关系统,无论电压、电流、相角、功角变化,都是基于时间轴的波形。电网安全稳定运行对电力自动化设备提出了新的要求,特别是对时间同步,要求继电保护装置、自动化装置、安全稳定控制系统、能量管理系统和生产信息管理系统等基于统一的时间基准运行,以满足同步采样、系统稳定性判别、线路故障定位、故障录波、故障分析与事故反演时间一致性要求,确保线路故障测距、相量和功角动态监测、机组和电网参数校验的准确性,以及电网事故分析和稳定控制水平,提高运行效率及其可靠性。未来数字电力技术的推广应用,对时间同步的要求会更高。

2)电力系统对时间同步的需求

电力自动化设备对时间同步精度有不同的要求。一般而言,授时精度大致分为 4 类:

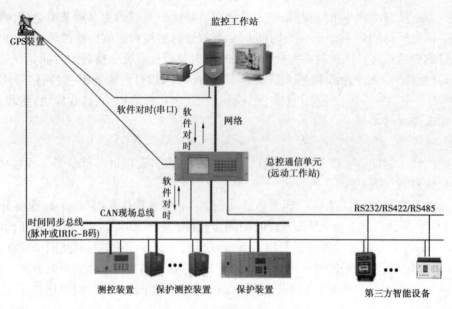

图 7-2-4 软对时系统

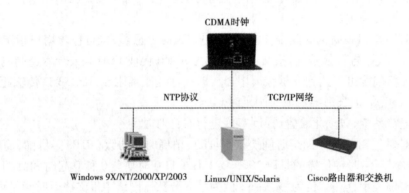

图 7-2-5 网络对时系统

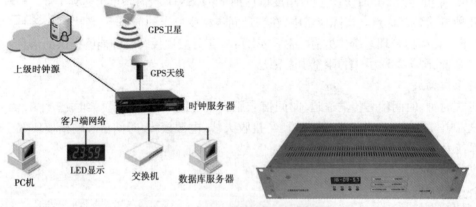

图 7-2-6 GPS 对时系统及时间服务器

（1）时间同步准确度不大于 1 μs：包括线路行波故障测距装置、同步相量测量装置、雷电定位系统、电子式互感器的合并单元等。

（2）时间同步准确度不大于 1 ms：包括故障录波器、SOE 装置、电气测控单元、RTU、功角测量系统（40 μs）、保护测控一体化装置、事件顺序记录装置等。

（3）时间同步准确度不大于 10 ms：包括微机保护装置、安全自动装置、馈线终端装置（FTU）、变压器终端装置（TTU）、配电网自动化系统等。

（4）时间同步准确度不大于 1 s：包括电能量采集装置、负荷,用电监控终端装置、电气设备在线状态检测终端装置或自动记录仪、控制调度中心数字显示时钟、火电厂和水电厂以及变电站计算机监控系统、监控与数据采集(SCADA)、EMS、电能量计费系统(PBS)、继电保护及保障信息管理系统主站、电力市场技术支持系统等主站、负荷监控及用电管理系统主站、配电网自动化及管理系统主站、调度管理信息系统(DMIS)、企业管理信息系统(MIS)等。

水电站的时钟装置与监控网络的连接如图7-2-7和图7-2-8所示。

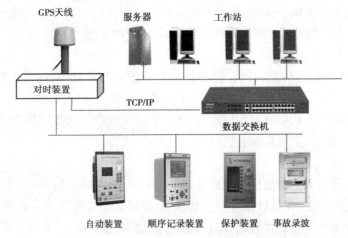

图7-2-7 电厂自动化系统时钟同步系统

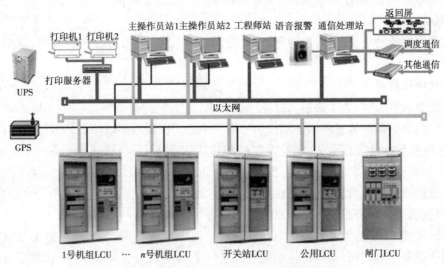

图7-2-8 水电厂自动化系统与时钟同步装置

第三节 现地控制单元功能与硬件构成

一、现地控制单元的功能

现地控制单元的主要功能有控制、调节、测量、通信等,下面同样以机组现地控制单元为例介绍现地控制单元的功能。

(一)机组控制功能

机组现地控制单元具有对机组控制的功能。

1.机组自动开机控制

当操作人员在触摸显示屏上发出机组开机令或PLC接收到电厂控制级的开机令后,PLC将检测发电机断路器在跳闸位置、制动器在复归位置、机组无事故、无故障等开机条件,只有满足开机条件,PLC

才继续执行开机流程。

如水轮机有进水主阀,PLC 在机组开机过程中将检测主阀开启或关闭状态,若主阀关闭,则联动开启主阀。

开机流程继续执行,PLC 控制投技术供水,当 PLC 检测到技术供水已投,PLC 控制合发电机灭磁开关。

PLC 控制向调速器发出开机令,由调速器开启水轮机导水叶到空载开度,水轮发电机组随着导水叶的开启而开始旋转,机组转速逐渐增加。当机组转速增加到80%额定转速时,PLC 向励磁系统发出起励信号,励磁系统起励,发电机电压建立。

当机组转速达到95%额定转速时,PLC 控制投入自动准同期装置,自动准同期装置自动调节机组的频率、电压(也可由调速器、励磁系统自动跟踪电网的频率、电压,对机组的频率、电压进行调节)。当机组与电网的频率差、电压差、相位差达到同期条件时,自动准同期装置发出同期合闸令,发电机断路器合闸,机组进入发电运行状态,机组自动开机完成。

2.机组正常停机控制

当操作人员在触摸显示屏上发出机组停机令或 PLC 接收到电厂控制级的停机令后,PLC 将向调速器发出停机令,由调速器关闭水轮机导水叶到空载位置,控制机组卸负荷至空载。

当水轮机导水叶开度关至空载位置时,PLC 控制发电机断路器跳闸、灭磁开关跳闸,由 PLC 控制将水轮机导水叶关至全关位置。

水轮机导水叶全关后,机组转速逐渐下降。当机组转速降到30%额定转速时,PLC 控制机组制动器动作,机组制动。

当机组完全停止转动后,机组转速为零,PLC 控制切除技术供水,解除机组制动,机组制动复归,机组正常停机完成。

3.机组事故停机控制

当机组出现电气事故时,为了快速切除电气事故点,继电保护装置将先作用于机组断路器跳闸、灭磁开关跳闸,同时,继电保护装置将保护动作信号送至 PLC。PLC 将事故停机信号送至调速器紧停电磁阀,调速器将水轮机导水叶关至全关,水轮发电机组转速逐渐下降,当转速降到30%额定转速时,机组制动、技术供水切除、制动复归等过程均与正常停机一致。PLC 在控制机组电气事故停机的同时,将在现地控制单元触摸显示屏上给出事故停机报警信息,启动事故声响报警,通过通信将事故信息传送到电厂控制级,电厂控制级上也将出现报警信息及语音报警。

当机组出现机械事故时,为了避免机组在事故停机时出现甩负荷,引起机组过速,PLC 将事故停机信号先送至调速器紧停电磁阀,调速器将水轮机导水叶关至空载位置时,PLC 控制跳发电机断路器,水轮机导水叶继续关至全关,水轮发电机组转速逐渐下降,当转速降到30%额定转速时,机组制动、技术供水切除、制动复归等过程均与正常停机一致。PLC 在控制机组机械事故停机的同时,将在现地控制单元触摸显示屏上给出事故停机报警信息,启动事故声响报警,通过通信将事故信息传送到电厂控制级,电厂控制级上也将出现报警信息及语音报警。

当机组转速达到140%额定转速,或在事故停机过程中水轮机导水叶剪断销剪断,或调速器事故低油压等情况出现时,PLC 将进入紧急事故停机程序,控制关闭水轮机进水主阀或进水口快速闸门,并在现地控制单元触摸显示屏上给出紧急事故停机报警信号,通过通信将紧急事故停机信息传送到电厂控制级,电厂控制级上也将出现紧急事故停机报警信息及语音报警。

(二)机组调节功能

机组现地控制单元具有对机组调节的功能。

在水轮发电机组并网前,机组的频率调节由调速器完成,机组的电压调节由励磁系统完成。

在水轮发电机组完成开机并网后,PLC 的功率调节程序将对机组的有功功率和无功功率进行调节。调节方式包括以下三种。

1.按给定有功功率、无功功率值调节

运行人员向 PLC 给定机组运行的有功功率、无功功率:通过触摸显示屏给定,或由电厂控制级通过通信给定。PLC 的功率调节程序按给定的机组有功功率、无功功率调节机组的有功功率、无功功率,使机组的有功功率、无功功率调节到给定值。

2.按给定有功功率、无功功率曲线调节

运行人员通过触摸显示屏或电厂控制级向 PLC 给定机组运行的有功功率、无功功率曲线,PLC 功率调节程序按给定的机组有功功率、无功功率曲线调节机组的有功功率、无功功率。

3.按水位或优化运行方案调节

由 PLC 按电站前池水位或水库水位调节机组的有功功率、无功功率,或 PLC 按电厂控制级给定的优化运行方案调节机组的有功功率、无功功率。

(三)机组测量功能

机组现地控制单元具有对机组运行参数测量的功能。

机组运行参数包括电气量参数和非电气量参数。电气量参数有发电机的三相电压、三相电流、有功功率、无功功率、频率、功率因数等交流电气量参数,以及发电机的励磁电压、励磁电流等直流电气量参数。

交流电气量参数一般由装在现地控制单元中的交流电气量测量装置完成测量,直流电气量参数一般由变送器转换为 4~20 mA 后,由 PLC 采集测量。

非电气量参数有水轮机的蜗壳水压、尾水管压力真空、技术供水水压、调速器油压、制动气压等,一般通过变送器转换为 4~20 mA 后,由 PLC 采集测量。发电机定子绕组、轴承等的温度参数由温控仪或温度巡检仪等测量。

(四)现地控制单元通信功能

机组现地控制单元具有内部通信和电厂控制级通信的功能。机组现地控制单元内部的 PLC、交流电参数测量装置、温度巡检仪等一般都带有 RS485 通信接口。这些装置与装于现地控制单元中的通信服务器实现内部通信功能,再由通信服务器的以太网通信接口与电厂控制级实现通信功能。现地控制单元上的触摸显示屏与 PLC 也通过 RS485 通信接口实现内部通信功能。

二、现地控制单元硬件构成及组屏方式

水电站计算机监控系统现地控制单元主要有机组现地控制单元、升压站现地控制单元。此外,有的水电站还有闸门现地控制单元及技术供水、气系统,渗漏排水系统等单一功能控制单元。下面以相对复杂的机组现地控制单元为例介绍现地控制单元的硬件构成和组屏方式。

(一)硬件构成

现地控制层分机组 LCU 和公共 LCU 两部分,由人机界面终端(液晶触摸显示屏)、可编程序控制器(PLC)、通信服务器、智能 I/O 控制器、I/O 模块、输出继电器、准同期装置、温度测量装置、转速信号测量装置、数字式测量仪表和交直流双供电源等设备组成。

机组 LCU 监控范围包括水轮机、发电机、进水口主阀和机组附属设备。现地控制层负责对水轮发电机组、电气一次设备及公用设备等实时监控,通过工业以太网实现各现地控制层与全站控制层连接交换信息,实现现地设备的监控及数据共享。当电站控制层因故退出运行时,现地控制层可以独立运行而不受影响。

微机保护装置、转速、温度巡检、调速器、励磁系统等设备通过现地 LCU 与以太网连接,实现相应参数的监视和控制。部分没有通信接口的设备则通过现地控制单元的 I/O 模块实现对设备的控制和状态检测。

PLC 主要完成机组的开停机控制、事故故障处理及报警、机组运行状态采集、部分模拟量参数采集等,其通信接口通过通信服务器与电厂控制级通信。

液晶触摸显示屏主要完成机组运行状态及部分运行参数的显示。同时,电站运行人员可在液晶触

摸显示屏上完成机组开停机控制操作、运行状态显示画面切换、运行参数显示画面切换、参数设置等操作,通过通信接口与 PLC 连接。

智能交流电参数测量仪主要完成发电机三相电压、三相电流、有功功率、无功功率、频率、功率因数等交流电气参数的测量,其通信接口通过通信服务器与电厂控制级通信。

微机自动准同期装置主要用于发电机的自动同期并网控制。

温度巡检装置主要巡检发电机定子、机组推力轴承、机组导轴承等处的温度,其通信接口通过通信服务器与电厂控制级通信。

现地控制单元内各设备、装置的通信接口以串行通信接口为主,而与电厂控制级通信的接口一般为以太网接口。通信服务器用于实现将现地控制单元内各设备、装置的通信接口汇集为一个以太网通信接口,同时将串行通信协议转变为以太网通信协议。

交直流双供电源用于向现地控制单元内各设备、装置提供稳定的工作电源,当交流电源中断时,能自动采用直流供电。

(二)组屏方式

现地控制单元包括机组单元、公共单元、开关站单元等。

1. 机组单元组屏方式

对于中小型水电站来说,目前最常用的组屏方式是把工业触摸屏(或 IPC)、智能交流电参数测量仪、微机自动准同期装置、温度巡检装置、通信服务器、交直流双供电源等组成机组 LCU 屏,机组单元设备构成如图 7-3-1 所示,机组单元组屏方式如图 7-3-2 所示。

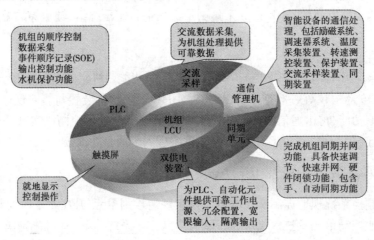

图 7-3-1　机组单元设备构成

2. 公用单元组屏方式

公用单元 LCU 的构成与机组 LCU 大体相似,以触摸屏、交换机、通信服务器、交流采样设备和 PLC 为核心,添加针对电站辅机、开关站的功能部分。公用单元设备构成如图 7-3-3 所示,公共单元组屏方式如图 7-3-4 所示。

3. 发电机保护屏的组屏方式

结构同公用单元,见图 7-3-5。

三、现地控制单元的主要设备

(一)工业触摸屏

1. 概述

工业触摸屏如图 7-3-6 所示,是通过触摸式工业显示器把人和机器连为一体的智能化界面。它是替代传统控制按钮和指示灯的智能化操作显示终端。它可以用来设置参数,显示数据,监控设备状态,以曲线/动画等形式描绘自动化控制过程,更方便、快捷,表现力更强,并可简化为 PLC 的控制程序。功

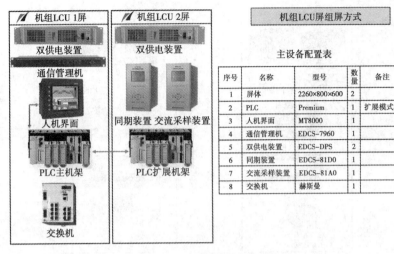

图 7-3-2　机组单元组屏方式

机组LCU屏组屏方式

主设备配置表

序号	名称	型号	数量	备注
1	屏体	2260×800×600	2	
2	PLC	Premium	1	扩展模式
3	人机界面	MT8000	1	
4	通信管理机	EDCS-7960	1	
5	双供电装置	EDCS-DPS	2	
6	同期装置	EDCS-81D0	1	
7	交流采样装置	EDCS-81A0	1	
8	交换机	赫斯曼	1	

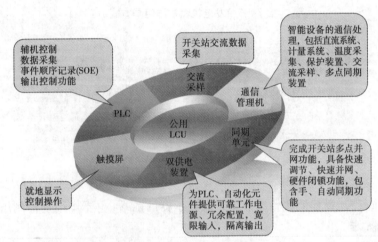

图 7-3-3　公用单元设备构成

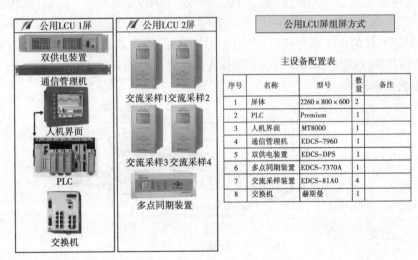

图 7-3-4　公用单元组屏方式

公用LCU屏组屏方式

主设备配置表

序号	名称	型号	数量	备注
1	屏体	2260×800×600	2	
2	PLC	Premium	1	
3	人机界面	MT8000	1	
4	通信管理机	EDCS-7960	1	
5	双供电装置	EDCS-DPS	1	
6	多点同期装置	EDCS-7370A	1	
7	交流采样装置	EDCS-81A0	4	
8	交换机	赫斯曼	1	

能强大的触摸屏创造了友好的人机界面。触摸屏作为一种特殊的计算机外设,它是目前最简单、方便、自然的一种人机交互方式。它赋予了多媒体以崭新的面貌,是极富吸引力的全新多媒体交互设备。

触摸屏系统一般包括触摸屏控制器(卡)和触摸检测装置两个部分。其中,触摸屏控制器(卡)的主要作用是从触摸点检测装置上接收触摸信息,并将它转换成触点坐标,再送给 CPU,它同时能接收 CPU

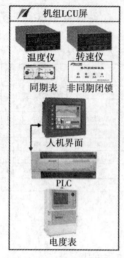

发电机保护装置单独组屏方式　　　　包含发电机保护装置组屏方式

图 7-3-5　发电机保护屏组屏方式

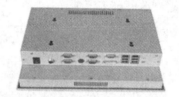

图 7-3-6　工业触摸屏实物图

发来的命令并加以执行;触摸检测装置一般安装在显示器的前端,主要作用是检测用户的触摸位置,并传送给触摸屏控制器(卡)。

2. 触摸屏基本构成

工业触摸屏由逻辑控制、通信模块和显示屏模块构成,如图 7-3-7 所示。逻辑控制模块包含 24 V 直流输入(DC18～32 V)电源,SDRAM 内存及 CF 闪存卡、10/100BaseT 以太网端口,可用于文件传送、打印及与可编程控制器通信的 232 串行端口,可用于连接鼠标、键盘或打印机的 USB 端口。内部电路板上内嵌了 CPU 处理芯片,负责显示屏的输入、输出以及通信数据的处理工作。通信模块负责特定的网络传输,以提高数据传输速率。

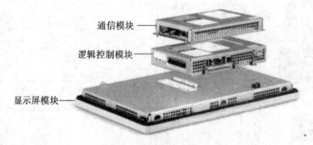

图 7-3-7　触摸屏硬件构成

3. 触摸屏与 PLC、PC 上位机通信

PLC 和触摸屏均设有通信串口 RS485/RS422,利用串口可以实现两者之间的直接数据传输。如图 7-3-8 为通信的一个例子。

由 Siemens S7-200 和触摸屏组成的系统控制现场的电动阀、电磁阀、电动机和温度控制器等执行机构。S7-200 通过模拟量输入模块和温度、压力传感器采集现场的温度和压力信号,信号通过 PLC 上

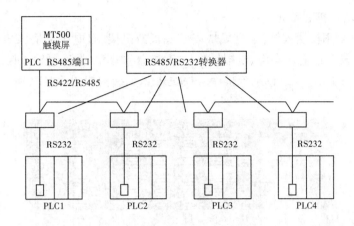

图 7-3-8　PLC 与触摸屏的串口通信

的 A/D 转换、数值变换传送到触摸屏上，触摸屏显示实时的温度值、压力值、温度曲线、压力曲线和 PID 曲线；且 PID 参数可以通过触摸屏进行设置，触摸屏给 PLC 发送指令，以控制现场的执行机构。由于 PLC 接口为 RS485，触摸屏接口为 RS232，因此需要增加一个 RS485/RS232 转换器。

　　此外，PLC 与触摸屏及 PC 之间可以进行 MPI 网络的通信，MPI 是多点接口（MultiPoint Interface）的简称，是西门子公司开发的用于 PLC 之间通信的保密的协议，它的物理层是 RS485。MPI 通信是当通信速率要求不高、通信数据量不大时，可以采用的一种简单经济的通信方式。MPI 网络的通信速率为 19.2 kbps ~ 12 Mbps，最多可以连接 32 个节点。MPI 网络有一个网号，在组建 MPI 网络前，要为每一个节点分配一个 MPI 地址和一个最高 MPI 地址，使所有通过 MPI 连接的节点能够相互通信。PLC 通过此接口实现与触摸屏 TP7063E 通信。STEP7 的用户界面提供了通信组态功能。PLC 系统只需通过 DP 网络即可和触摸屏连接起来，减少了外部信号传输线路，实现了资源的有机整合。

　　PC 上位机、触摸屏与 PLC 的通信方式也可以采用工业以太网 Modbus TCP/IP 方式，其具有协议开放，与不同厂商设备兼容，能实现远程访问、远程诊断，网络速度快，实时性强，系统安全性高，成本低等特点。通信方式如图 7-3-9 所示。

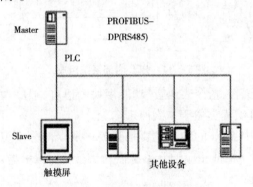

图 7-3-9　通过 DP 网络通信

（二）PLC

1. PLC 概念与结构

　　PLC 是以微处理器为核心的一种特殊的工业用计算机，其结构与一般的计算机相似，由中央处理单元（CPU）、存储器（RAM、ROM、EPROM、EEPROM 等）、输入接口、输出接口、I/O 扩展接口、外部设备接口以及电源等组成。可编程控制器按开关量的输入、输出点数可分为小型机、中型机、大型机，一般开关量的输入、输出点数总和小于 96 点的为小型机，总和在 96 ~ 512 点的为中型机，总和大于 512 点的为大型机。一般情况下，大型 PLC 的 CPU 处理速度最快，中型 PLC 次之，小型 PLC 最慢。

　　小型 PLC 一般采用整体式结构，即 PLC 的电源部分，中央处理单元（CPU），存储器，开关量、模拟量的输入部分，开关量、模拟量的输出部分等均装在一个壳体中，结构紧凑，在使用中如输入、输出点数不够,有些小型 PLC 可增加扩展单元。

大中型 PLC 一般采用模块式结构,有模块安装底板或机架,有电源模块、CPU 模块、开关量输入模块、开关量输出模块、模拟量输入模块、模拟量输出模块、计数模块、温度量输入模块、通信模块等众多模块,便于组成各种需要的系统及进行系统扩展。模块式 PLC 结构如图 7-3-10 所示。PLC 内部系统组成如图 7-3-11 所示。

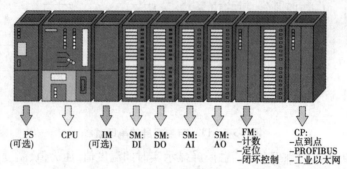

图 7-3-10　模块式 PLC 结构(S7 – 300 型)

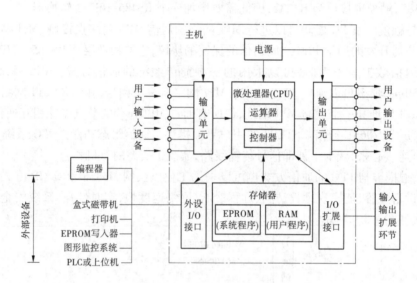

图 7-3-11　PLC 内部系统组成

PLC 的编程语言有梯形图语言、指令表语言、功能模块图语言、顺序功能流程图语言及结构化文本语言。梯形图语言较常用,因其编程类似于二次原理图。

在水电站计算机监控系统中,PLC 的输入主要是开关量及少部分模拟量,输出主要为开关量,每个开关量输出的状态是由 PLC 程序根据相应的开关量输入状态及模拟量输入信号而决定的。

2. PLC 与 PT 及上位机的通信

可编程终端(PT)又称工业级人机界面(HMI)。PT 与 PLC 用通信线缆连接后,通过覆膜键盘或屏幕上的触摸键,可向 PLC 输入数据。在普通 PC 机上使用厂家提供的支持软件,通过调用各种控件,如按钮、数值输入、指示灯、数值显示、文数字显示、信息显示、条状图、曲线图、XY 图、仪表、动态图、图形元素、静态文字、静态图形以及通用元件,可以制作数百种生动、丰富的画面。完成编译后,通过连接 PC 机 RS232C 端口和 PT 的 RS232C 端口的通信线缆,将控制画面由 PC 机下载到 PT 上。此后,PT 就可以脱离 PC 机而独立运行。使用 PT,可取消传统的控制面板,从而简化了硬件,减少了接线,也就节省了 PLC 的 I/O 单元。

PT 的第 2 个通信端口(RS232C)与 PLC 的通信端口(RS232C)通过通信线缆相连接。此后,可使用 PT 对 PLC 控制系统进行操作并显示各种信息。PLC 还可通过 USB 接口与 PC 通信。PLC 与 PT 及上位机的通信方式如图 7-3-12 所示。

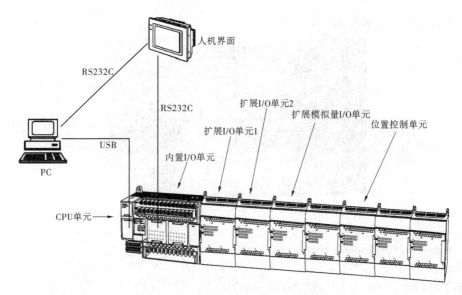

图 7-3-12 PLC 与 PT 及上位机的通信方式

(三) 通信管理机

通信管理机是现地控制单元网络通信管理的关键设备,其外形与参数如图 7-3-13 所示。通信控制器实际上是一台计算机,内部有总线、存储器和中央处理器(CPU),还包含了与主机通道连接的适配器和与群控器连接的接口部件。CPU 管理通道适配器与接口部件之间的数据流。

EDCS-7960

支持101、102、103、104规约,DNP3.0、CDT、MODBUS、SPABUS、SC1801、COURIER、DL645及国内外各主要电力厂家各设备通信规约

双100 M以太网接口
双CAN总线
8个复用型串口
2 kV通道隔离、浪涌保护
支持双机冗余
双以太网等网络通信工作方式
交直流供电模式
掉电报警功能
无扇散热
1U_19″ 标准机箱

图 7-3-13 通信管理机

通信管理机也称作 DPU,其具有多个下行通信接口及一个或者多个上行网络接口,相当于前置机即监控计算机,用于将一个变电所内所有的智能监控/保护装置的通信数据整理汇总后,实时上送上级主站系统(监控中心后台机和 DCS),完成遥信、遥测功能。另外,接收后台机或 DCS 下达的命令,并转发给变电所内的智能系列单元,完成对厂站内各开关设备的分、合闸远方控制或装置的参数整定,实现遥控和遥调功能。同时,还应该配备多个串行接口,以便与厂站内的其他智能设备进行通信。

通信管理机一般运用于变电所、调度站。通信管理机通过控制平台控制下行的 RRtu 设备,实现遥信、遥测、遥控等信息的采集,将消息反馈回调度中心,然后,控制中心管理员通过消息的处理分析,选择将执行的命令,达到远动输出调度命令的目的。

通信管理机具有多网络功能,用户可根据实际使用网络情况配置不同的通信接口卡,组成用户需要的多种网络结构。例如:

(1)可以组成 RS232 全双工星型网络结构;

(2)可以组成 RS485 总线的半双工总线型结构;

(3)可以组成 RS422 总线的全双工总线型结构;

(4)可以组成 CAN 总线的无主总线型结构;

(5)可以通过 TXJ-2 提供的以太网功能组成局域网。

(四) 温度巡测装置

温度巡检仪可把多个传感器的输出电参数(电阻、电流或 PN 结电压等)变换成统一规格的电信号,由多路自动开关(半导体或继电器开关)逐路选通,然后进行模拟/数字转换。转换后的数字信号,再经数字电路或微处理机及外围电路处理后,输出驱动显示器和记录机构,周期性地采集被测信号。仪表可安装 RS485/RS232 通信模块,通过通信模块连接到电脑上。

一种多功能温度巡测装置如图 7-3-14 所示。

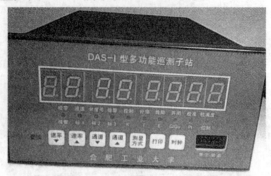

技术性能参数：

精度：±0.5% F. S ±1.0 个字

输入信号：热电阻:Pt100、Cu50

热电偶:K、E、S、J

测温范围:热电阻:Pt100(-200 ~ +200 ℃;0 ~ +600 ℃)、Cu50(-50 ~ +150 ℃)

热电偶:K(0 ~ +1 300 ℃)、E(0 ~ +800 ℃)、S(0 ~ +1 600 ℃)、J(0 ~ +1 000 ℃)

报警继电器触点容量:220 V、3 A(阻性)

工作电源:AC85 ~ 242 V,50 Hz/60 Hz,功耗:小于5 W

工作环境:温度0 ~ +50 ℃,湿度35% ~ 85% RH 的无腐蚀性气体场合

图 7-3-14　温度巡测装置

(五)微机转速测量仪

微机转速测量仪是一款利用发电机剩磁或齿盘测量机组转速的专用装置。它可用于机组制动、励磁投入、飞车制动等领域。它测量精度高,抗干扰能力强,除具有汉字液晶显示频率、转速及分频率段7只继电器动作外,还备有4 ~20 mA 恒流源接口和 RS485 串行接口。

一种可编程微机转速测量仪如图 7-3-15 所示。

图 7-3-15　ZKZ -4 可编程转速测量仪

(六)交流采样装置

随着综合自动化的发展,交流采样测量装置的使用已越来越普及,它已代替电测量变送器作为电网电测量参数(有功功率、无功功率、电压、电流、相位、频率、功率因素)测量的在线测量仪器。

交流采样装置作为综合自动化系统的一个测量模块,是综合自动化的测量单元,是原电测量变送器和远动终端(RTU)的合成装置。它是一个计量检测仪器,具有较高的测量精度。目前安装于电力系统的变电站和电厂的交流采样装置的测量准确度等级已达到 0.2 级。它不像变送器具有比较直观且独立的计量设备。交流采样装置逐步取代电测量变送器,已成为电力综合自动化发展的趋势。

如图 7-3-16 所示,交流采样的原理是将二次测得的电压、电流经高精度的 PT、CT 隔离变成计算机可测量的交流小信号,然后再送入计算机进行处理。直接计算 U、I,然后计算 P、Q、$\cos\varphi$、有功电量、无功电量。由于这种方法能够对被测量的瞬时值进行采样,因而实时性好,效率高,相位失真小,适用于多参数测量。实践证明,采用交流采样方法进行数据采集,通过算法运算后获得的电压、电流、有功功率、功率因数等电力参数有着较好的准确度和稳定性。

图 7-3-16　交流采样原理

交流采样装置实物图如图 7-3-17 所示。

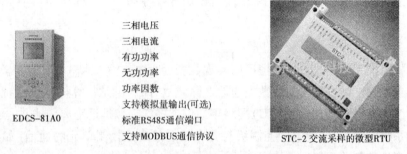

三相电压
三相电流
有功功率
无功功率
功率因数
支持模拟量输出(可选)
标准RS485通信端口
支持MODBUS通信协议

EDCS-81A0

STC-2 交流采样的微型RTU

图 7-3-17　微机交流采样装置实物图

(七)微机同期装置

前面已经详细介绍,不再赘述。同期表和微机自动准同期装置如图 7-3-18 所示。

MZ-10同期表

非同期闭锁装置

EDCS-81D0

自适应差频、同频同期
自适应系统接线形式
模糊调频调压方式
纯硬件闭锁

同期表　　　　　　　　　　　　　微机自动准同期装置

图 7-3-18　同期表和微机自动准同期装置

　　现地控制单元为水电厂计算机监控系统的一个重要组成部分,它构成分层结构中的现地级。现地级一般包括机组现地控制单元、开关站现地控制单元、公用设备现地控制单元等。如果将泄洪闸门的控制纳入水电厂计算机监控系统,则现地级还应包括泄洪闸门现地控制单元。现地级一方面与电厂生产过程联系、采集信息,并实现对生产过程的控制,另一方面与电厂级联系,向它传送信息,并接收它下达的命令。因此可以说,现地控制单元是水电厂计算机监控系统的基础,而机组现地控制单元则更是机组能否安全运行的关键所在。

第四节　水电站计算机监控系统的数据通信

一、数据通信的作用和概念

(一)计算机数据通信的作用

水电站计算机监控系统数据通信的作用主要有信息共享、硬件设备共享、数据远距离传输等。

1.信息共享

水电站计算机监控系统通过数据通信可以实现信息共享。水电站计算机监控系统电厂控制级与各现地控制单元进行通信后,各现地控制单元采集的电站设备运行参数、运行状态等数据,除在现地控制单元上显示外,还将通过通信送至电厂控制级,在电厂控制级上用于显示、储存于历史数据库、数据查询等,实现数据信息共享。如电厂控制级与电力调度自动化系统、电站信息管理系统等系统通过通信相连,则信息共享的内容和范围将大大增加。

2.硬件设备共享

水电站计算机监控系统通过数据通信可以实现共享储存设备及外设等硬件设备。在水电站计算机监控系统中,电站设备的运行参数、运行状态由各现地控制单元采集,但各现地控制单元的数据处理、储存、显示等能力有限,无法处理、储存、显示大量的数据。通过数据通信,各现地控制单元采集的电站设备的运行参数、运行状态等数据可集中储存在数据服务器或主机/操作员工作站中。在主机/操作员工作站上可进行实时数据显示和历史数据的查询、显示,通过打印服务器或与主机/操作员工作站相连的打印机进行报表、运行参数、运行状态的打印,实现储存设备、显示设备、打印设备等硬件设备的共享。

3.数据远距离传输

水电站计算机监控系统通过数据通信可以实现数据远距离传输。水电站计算机监控系统的电厂控制级与现地控制单元在电站内部已实现数据通信。除此之外,水电站计算机监控系统电厂控制级可通过光缆、载波、微波、无线数字电台、3G(4G)网络等通信方式实现数据远距离传输,如实现电厂控制级与电力调度自动化系统的通信,实现电厂控制级与分布较远的现地控制单元的通信(如距离水电站厂房较远的大坝闸门现地控制单元等)。

(二)计算机数据通信的概念

计算机之间之所以能进行数据通信,是因为一个计算机通信系统由 3 个基本元素组成:发送器和接收器、报文、介质。这 3 个基本元素协同工作,组成一个有效的计算机数据通信系统。

发送器是发送数据或信息的计算机,数据或信息在这里形成并被准备发送。接收器是接收数据或信息的计算机,是数据或信息到达的目的地。

报文是从发送器送到接收器的数据或信息。报文可以是 1 个数据文件,也可以是 1 个数据文件的一部分或几个数据文件的组合。报文由计算机数据通信软件控制。

介质是发送器和接收器之间的通信信道。通过介质,按照一定的通信协议则可以将报文从发送器传到接收器。介质可以是光缆、电缆、载波、微波、无线数字电台及 3G(4G)网络通信通道。

发送器和接收器是计算机数据通信的硬件,报文是计算机数据通信的软件,介质是计算机数据通信的信道,这 3 个元素各有其功能,互相依靠协调工作。

1.数据通信硬件

发送器和接收器是计算机数据通信的硬件,计算机要实现发送和接收数据必须具有数据通信接口。当计算机既要发送数据或信息,又要接收数据或信息时,计算机必须同时具有发送和接收数据的通信接口,如 RS232、RS485 及以太网通信接口等。

数据通信硬件与通信距离关系密切。当两台计算机在地理位置上分布较近时,可以用通信电缆将两台计算机的通信接口直接相连接,进行近距离点对点通信。当两台计算机在地理位置上分布较远时,就需要增加相应的硬件设备来实现,如通过与光缆、调制解调器、载波通信、无线通信、3G(4G)网络相连接实现远距离通信。

2.数据通信软件

计算机数据通信的实现,除硬件外,与计算机数据通信软件也是密不可分的。计算机数据通信软件把计算机中的数据变成通信信道能使用的形式,计算机数据通信软件包括操作系统和通信协议。

3.数据通信信道

数据通信信道是计算机进行数据通信的物理通道。数据通信信道的介质可以是光缆、电缆、载波、微波、无线数字电台及 3G(4G)网络等。数据通信信道的性能体现在数据传输速度、数据传输方向及数据传输模式上。

通信信道的数据传输速度决定了在一定时间内物理介质能够传输多少数据,数据传输速度用每秒传输的数据的位数(波特/秒,bps)来表示。

通信信道中的数据传输方向是指数据在介质中传输的方向。通信信道有单工信道、半双工信道、全双工信道。

数据在计算机内部通常是以并行方式进行处理的,但计算机与外部的通信则采用串行通信的方式进行。数据串行传输模式分为异步传输和同步传输。

二、水电站计算机监控系统数据通信的方式

下面介绍水电站计算机监控系统在站内的几种主要通信方式。常用的主要有点对点 RS232 串行通信方式、多级联 RS485 串行通信方式、LAN 局域网(以太网)通信方式等。

(一)RS232 串行通信

RS232 串行通信接口是由电子工业协会(EIA)制定的一种通信接口。每个 RS232 通信接口只能与另一个 RS232 通信接口实现一对一通信,一个 RS232 通信接口不能与多个 RS232 通信接口通信,数据传输为全双工。RS232 通信接口最大传输速度为 19 200 bps,最大通信距离为 15 m。

RS232 通信接口是水电站计算机监控系统中普遍使用的接口之一。在水电站计算机监控系统中,有许多设备具有 RS232 通信接口,如可编程控制器 PLC、交流电参数测量仪、温度巡检仪、转速信号装置、微机调速器、微机励磁系统、微机保护装置等。

根据 RS232 通信接口的特点,RS232 通信较多地应用于现地控制单元内部通信。现地控制单元内部配有带 RS232 接口的通信服务器,通信服务器的 RS232 通信接口数量要大于现地控制单元内上述需进行通信的设备的数量,所有进行通信的设备的数据经由通信服务器传送至电厂控制级,电厂控制级的数据也可经由通信服务器送至所有进行通信的设备。具体通信方式如图 7-4-1 所示。

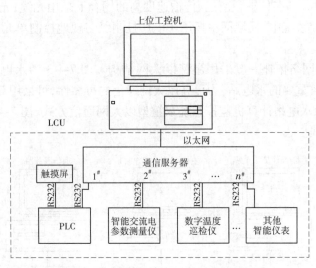

图 7-4-1　现地控制单元内 RS232 通信方式

(二)RS485 串行通信

RS485 串行通信接口也是由电子工业协会(EIA)制定的一种通信接口。RS485 通信接口是在工业上使用最为广泛的双向串行通信接口。RS485 支持多点连接,即一个 RS485 通信接口能与多个 RS485 通信接口进行通信,实现一对多通信,能够创建多达 32 个节点的网络,传输距离达 1 200 m,数据传输为半双工,传输速度达 10 Mbps。

RS485 通信接口同样是水电站计算机监控系统中普遍使用的标准接口之一。在水电站计算机监控系统中,有许多设备同样具有 RS485 通信接口,如可编程控制器 PLC、交流电参数测量仪、温度巡检仪、转速信号装置、微机调速器、微机励磁系统、微机保护装置等。

由于 RS485 通信接口具有的优异性能,在水电站计算机监控系统中,除像 RS232 通信接口一样可用于现地控制单元内部通信外,在规模较小的水电站,通信的数据量较小,还可直接用于电厂控制级与现地控制单元的通信,在现地控制单元中取消通信服务器。通信方式如图 7-4-2 所示。

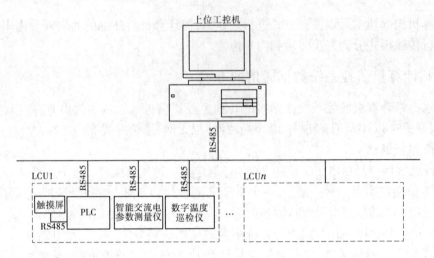

图 7-4-2　电厂控制级与现地控制单元 RS485 通信方式

(三) LAN 局域网(以太网)通信

在工业控制上使用的 LAN 局域网主要是以太网,采用 IEEE 802.3 标准。工业控制局域网通常由网络服务器、工作站、网络交换机、现场控制网络设备及其他组网设备等组成,数据传输速度有 10 Mbps、100 Mbps 及 1 000 Mbps 等几种,数据传输介质为双绞线电缆或光缆。双绞线传输距离一般为 100 m 内,传输速度低于 100 Mbps。在传输距离远、传输速度高的场合下采用光缆,光缆的抗干扰能力较强。

在水电站计算机监控系统中,局域网主要用于电厂控制级与现地控制单元的通信、电厂控制级与信息管理系统的通信等。

对于中小型水电站,网络拓扑一般采用星型以太网结构。图 7-4-3 为水电站计算机监控系统星型以太网通信方式。对于较重要的水电站,为提高以太网通信的可靠性,可采用双星型以太网通信或环型以太网通信。图 7-4-4 为水电站计算机监控系统双星型以太网通信方式,图 7-4-5 为水电站计算机监控系统环型以太网通信方式。

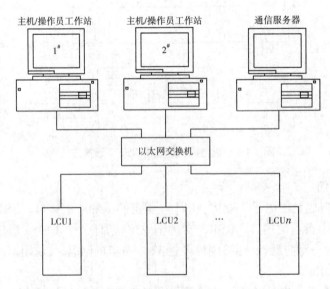

图 7-4-3　水电站计算机监控系统星型以太网通信方式

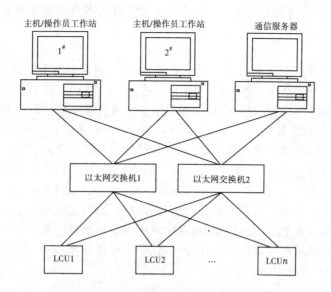

图7-4-4　水电站计算机监控系统双星型以太网通信方式

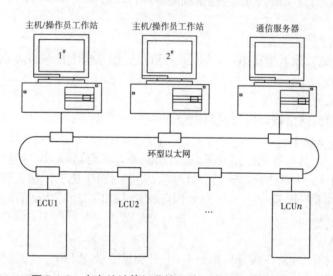

图7-4-5　水电站计算机监控系统环型以太网通信方式

第五节　中小型水电站计算机监控系统选型实例

一、系统结构及配置概述

水电站计算机监控系统采用全分布开放式的全厂集中监控方案,设有负责完成全厂集中监控任务的电站控制系统及负责完成机组设备监控任务的现地控制系统。现地控制系统以可编程控制器为核心,现地控制系统的设备靠近被控对象布置。主控级和现地控制单元级经100 Mbps以太网相连。

系统结构特点如下:

(1)采用局域网的全分布开放式系统结构,主机/操作员工作站使用开放的操作系统,主计算机工作站及LCU直接接入网络,可获得高速通信和共享资源的能力。

(2)网络上接入的每一设备都具有自己特定的功能。实行功能的分布,某一设备故障只影响局部功能,也利于今后功能的扩充。

(3)系统先进。冗余化的设计和开放式的系统结构,使系统可靠实用、便于扩充,整个系统性能价格比高。

(4)系统分两层:厂站控制层和现地控制单元层。两层之间采用以太网总线,构成高可靠的网络系统。网络通信采用高性能的网络交换机,LCU与交换机间的网络介质为双绞线,具有较高的传输速率和良好的抗电磁干扰能力。

(一)电站控制级

电站控制级为电站的实时监控中心,负责全厂的自动化功能(包括安全监视、控制操作、自动发电控制AGC、自动电压控制AVC等)、历史数据处理(包括运行报表、设备档案、运行参数等)、人机对话(包括对运行设备的监视、事故和故障报警,对运行设备的人工干预及各种参数的修改和设置等)及时钟同步。

1. 主机/操作员工作站(2套)

主机/操作员工作站的功能包括对整个电厂的运行管理、数据库管理、综合计算、事故故障信号的分析处理、图形显示、定值设定及变更工作方式、模拟数据的趋势分析及记录、统计和制表打印、运行和事故处理指导,以及历史数据记录、整理、归档和检索等。运行值班人员通过彩色液晶显示器可对电厂的生产、设备运行做实时监视。电厂所有的操作控制都可以通过鼠标及键盘实现。工作站配置声卡和语音软件,用于当被监控对象发生事故或故障时,发出语音报警提醒运行人员。

主机/操作员工作站采用双机热备用工作方式,任何一台计算机故障,系统无扰动切换到另一台计算机,仍可正常运行。

2. 打印机(1台)

系统配置一台A3幅面打印机,完成监控系统的各种打印服务功能。打印方式以召唤打印为主,定时打印为辅。

3. 逆变电源(1套)

系统配置一套交直流双输入逆变电源,为电站计算机监控系统上位机设备供电,提高系统电源的可靠性。

4. 网络设备(1套)

配置网络交换机1台、网络端口以及网络电缆。

5. 远动通信管理机(1套)

配置通信管理机1套,具有远动数据处理、通信功能及人机对话接口。其数据等信息直采直送,即直接接收来自现地控制单元LCU的数据,进行处理后,完成与操作员工作站及调度端的数据交换。

系统网络采用以太网结构,符合工业通用的国际标准IEEE802.3以及TCP/IP规约。网络设备包括交换机以及网络电缆等。

(二)现地单元控制级

现地单元控制级按被控对象性质分为机组LCU、开关站及公用LCU,实现对各生产对象的监控。

各现地控制单元以相对独立的方式配置,可直接完成生产过程的实时数据采集和预处理,以及本单元的设备状态监视、调整和控制等功能。其设计能保证当它与主机系统脱离后仍能在当地实现对有关设备的监视和控制功能。当其与主机恢复联系后又能自动地服从上位机系统的控制和管理。

LCU采用PLC直接联网的方式,提高了系统的可靠性。

二、设备配置

(一)厂级设备配置

1. 主机/操作员工作站(2套)

每套主要配置如下(见图7-5-1):

CPU:酷睿双核;

内存:4 GB;

硬盘:500 GB;

网卡:10/100 M自适应;

操作系统:Windows;

光驱:DVD - RW;

显示器:21″液晶显示器;

标准键盘与鼠标:1套;

图7-5-1　主机/操作员工作站

高密度图形卡。

2.语音报警(1 套)

语音报警系统采用在工作站上配置声卡、音箱和语言软件的方式,用于当被监控对象发生事故或故障时,发出语音报警提醒运行人员。

3.打印机(1 台)

打印机完成监控系统的各种打印服务功能。打印方式以召唤打印为主,定时打印为辅。

打印尺寸:A3/A4。

4.逆变电源(1 台)

系统配置 1 套交直流双输入不间断电源(见图 7-5-2),为水电站计算机监控系统上位机设备供电,提高系统电源的可靠性。

容量:2 000 VA;

输入:AC220 V/DC220 V(1 ±15%);

输出:AC220 V(1 ±2%),50 Hz;

波形畸变:≤2%;

噪声:<55 dB;

图 7-5-2　逆变电源

效率:≥90%;

转换时间:0 ms。

5.网络设备

系统网络采用以太网结构,符合工业通用的国际标准 IEEE802.3 以及 TCP/IP 规约。网络设备包括交换机(见图 7-5-3)以及网络电缆等。

24 口以太网交换机:1 台;

超五类网络双绞线:300 m。

交换机主要参数如下:

传输速率:10/100 Mbps;

网络标准:IEEE802.3(以太网),IEEE802.3u(快速以太网),IEEE802.1d(桥接),IEEE802.3x(流控);

图 7-5-3　交换机

端口:24 个 RJ45 口;

传输模式:支持全双工;

配置形式:可堆叠;

交换方式:存储 - 转发;

背板带宽:2 Gbps。

(二)LCU(现地控制单元)设备配置

水电站共设 4 套 LCU,每台机组 1 套,共 3 套 LCU(LCU1 ~ LCU3),开关站及公用设备 1 套(LCU4)。各现地控制单元对所监控的电站设备和生产过程进行完善的监控,相对独立于电站级,独立完成其监控任务。

单元控制级 LCU 采用可编程控制器(PLC)组成的网络型结构,网络上任何节点的故障均不影响网络及其他各节点的正常工作。网络采用高速以太网,传输速率 100 Mbps。LCU 采用 PLC 以太网模块直接上以太网。

LCU 带有丰富的、成熟的系统软件、支持软件及应用软件,以便实现机组 LCU 的各种功能,并达到其技术性能要求。

现地控制单元具有自检功能,对硬件和软件进行监视。遇有异常即将输出闭锁,使被监控设备维持原先运行状态,或将设备转换到安全运行工况,发出报警信号,并在现地控制单元指示故障部位。当故障消除后,即恢复正常运行。任一单元控制器故障,均不影响其他单元控制器及整个计算机监控系统的安全工作。

现地控制单元的设备能工作在无空调、无净化设施和无专门屏蔽措施的电站主厂房。

现地控制单元设有输出闭锁的功能。在维修、调试时，可将输出全部闭锁，而不作用于外部设备。当现地控制单元处于输出闭锁状态时，上送电站级相应信息，以反映单元级的工作状态。

1. 主要设备配置

1）机组 LCU（2 套）

每套包括：

可编程控制器：1 套；

触摸屏：1 台；

智能通信装置：1 台；

温度巡检仪：1 台；

单点测温仪：1 台；

微机自动准同期装置：1 台；

智能交流采样装置：1 台；

微机转速仪：1 台；

交直流电源装置：1 套；

中间继电器：1 套；

操作控制开关：1 套；

机柜：1 个。

2）开关站及公用 LCU（1 套）

每套包括：

可编程控制器：1 套；

智能通信装置：1 套；

手动准同期装置：1 套；

自动准同期装置：1 套；

交直流电源装置：1 套；

测量仪表：1 套；

中间继电器：1 套；

操作控制开关：1 套；

机柜：1 个。

2. 主要设备说明

1）可编程控制器

可编程控制器选用 OMRON 公司 CJ2M 系列 PLC，可编程控制器（PLC）为满足所有监控功能、性能优越和在水电站监控系统有成熟运行经验的系统，全部模块（包括 CPU、电源、I/O 模块）采用标准化模件。

CPU 模块：采用 CJ2M – CPU33 – ETN，该模块内嵌以太网接口，可直接接入以太网中。

数字量输入（DI）：数字量输入模块选用 CJ1W – ID231 模块，每块可接 32 路数字量信号。数字输入电路采用光电隔离，隔离电压大于 2 000 V（有效值）；每一个输入通道能单独选择常开或常闭触点的接收；具有触点防抖过滤措施，以防止因触点抖动造成误动作；每一路输入均有 LED 状态显示。

数字量输出（DO）：数字量输出模块选用 CJ1W – OD231 模块，每块输出 32 路，数字信号输出采用继电器，并采用光电隔离，每一路输出对应 LED 显示状态，其绝缘耐压为 2 000 V（有效值）。数字输出回路由独立电源供电；继电器接点容量为 DC220 V/5 A，AC220 V/5 A，DC24 V/3 A；接点开断容量（感性负载）为 DC220 V/1.1 A，AC220 V/5 A，DC24 V/3 A。

模拟量输入（AI）：模拟量输入模块选用 CJ1W – AD081 模块，每块可接 8 路模拟量信号，模拟量输入采用有效的抗干扰措施，输入接口提供模数变化精度自动校验或校正功能；信号范围：电流 4 ~ 20 mA，电压 0 ~ 10 V；模数转换分辨率：12 位（含符号位）；测量精度：±0.25%；冲击耐压：1 ~ 1.5 MHz 振荡峰值电压 2.5 kV，持续时间不低于 2 s。

2）智能通信装置

每套 LCU 配置 1 套智能通信装置，实现现地 PLC 与其他自动化设备（如温度巡检装置、微机转速装置、微机励磁装置、微机调速器、微机保护、直流系统等)的通信。

3)同期装置

每套机组 LCU 配置 1 套单对象微机自动准同期装置和 1 套手动准同期装置,完成机组的同期并网,正常情况下投入微机同期,手动同期只作备用。

4)转速信号装置

每套机组 LCU 配置 1 台转速信号装置,它是用于测控发电机组的转速、转速百分比、频率的智能型仪表。仪表配有继电器输出,为发电机的开停机及过速提供转速百分比信号。

5)交流电量采集装置

每套机组 LCU 配置 1 台交流电量采集装置,主变、线路等电量采集由各自保护测控装置完成。

6)温度测控仪及温度巡检仪

每套机组配置 5 台温度测控仪和 1 台温度巡检仪,温度测控仪检测水轮机的轴瓦及油温,实现水轮机出现瓦温过高时而发事故停机信号,温度巡检仪检测发电机定子绕组的温度。

7)交直流双供电装置

LCU 采用交直流双供电,任何一路电源故障均不影响 LCU 的正常运行。可选择交直流双供电部件,其输入侧带有隔离变压器,提高了供电的安全性,比只采用 1 块直流开关电源、1 块交流开关电源的双供电方式可靠。

三、系统设备选型及参数选择

系统设备选型及参数选择见表 7-5-1。

表 7-5-1　计算机监控、保护系统设备一览表

序号	名称	型号及规格	单位	数量
一	计算机监控系统			
1	主控层			
	操作员工作站	CPU:酷睿双核	台	2
		内存:4 GB		
		硬盘:500 GB		
		光驱:DVD - RW		
		网卡:10/100 M 自适应		
		键盘、鼠标		
		21″彩色液晶显示器		
	网络设备	以太网交换机 24 口	台	1
		网线 300 m,通信电缆 300 m 及网络辅件	套	1
		通信管理机:HZ300	台	1
	打印机	LQ - 1900K	台	1
	语音报警	含音箱、软件等	套	1
	逆变电源	2 000 VA	台	1
	软件	操作系统软件	套	1
		数据库软件		
		数据采集软件		
		人机接口软件		
		画面生成软件		
		报表软件		
		通信软件		
		诊断软件等		

序号	名称	型号及规格	单位	数量
2	机组 LCU			
	可编程控制器	DI:64,AI:4,DO:64（模块数量按需配置）	套	1
		电源模块		
		CPU 模块（内嵌以太网接口）		
		DI 模块		
		DO 模块		
		AI 模块		
		通信模块		
		LCU 软件（含编程及组态）	套	1
	彩色液晶触摸屏	10″	套	1
	串口服务器	8 串口	套	1
	智能交流采样装置	HZM96	台	1
	单点测温仪	WP 系列单点	台	1
	微机转速	TDS－4338－2－7/6	台	1
	温度巡检仪	WP 系列	台	1
	操作控制开关	LW39 系列	套	1
	电源装置	AC/DC220 V	套	1
	出口继电器	RCL	套	1
	屏体及辅件	2 260 mm×800 mm×600 mm	屏	1
3	公用 LCU			
	可编程控制器	DI:64,AI:4,DO:64（模块数量按需配置）	套	1
		电源模块		
		CPU 模块（内嵌以太网接口）		
		DI 模块		
		DO 模块		
		AI 模块		
		通信模块		
		LCU 软件（含编程及组态）	套	1
	微机自动准同期装置	多点	套	1
	串口服务器	8 串口	套	1
	手动准同期装置	含同步表、同步继电器等	套	1
	操作控制开关	LW39 系列	套	1
	测量仪表		套	1
	电源装置	AC/DC220 V	套	1
	出口继电器	RCL	套	1
	屏体及辅件	2 260 mm×800 mm×600 mm	屏	1

序号	名称	型号及规格	单位	数量
二	微机保护系统			
1	发电机保护屏			
	发电机差动保护单元	DMP320C1F	台	1
	发电机后备保护单元	DMP321C1F	台	1
	电子式电度表	DSSD,0.5S 级,单向	块	1
	屏体及辅件	2 260 mm×800 mm×600 mm	屏	1
2	主变及线路保护屏			
	主变差动保护单元	DMP371C1	台	1
	主变后备保护单元	DMP321C1	台	1
	10 kV 线路保护单元	DMP311C1	台	1
	10 kV 线路计量	DSSD,0.5S 级,双向	块	1
	屏体及辅件	2 260 mm×800 mm×600 mm	屏	1

第六节　水电站视频监控系统

一、视频监控系统在水电站管理中的作用

在水电站信息管理系统中,水电站自动化监控系统是最基本的组成部分,监控系统与发电厂发电设备同步投入,建成后可以达到无人值班、少人值守的要求。但发电站具有地域分布较宽、运行设备较多等特点,那么在运行人员较少的情况下,如何更加有效地保障发电站安全可靠的运行呢? 在这样的需求下,使用视频监控系统来作为自动化监控系统的补充,实现对水电站运行情况的全方位监控管理将是一个较好的选择。

视频监控系统主要根据现场需要来放置摄像机,并通过通信电缆将摄像机解码器的图像数据传送到视频控制中心,以现场的实时图像作为信息内容;在控制中心通过对实时图像的处理,实现中控室对远方现场的实时监控,以直观的视频图像信号及时了解现场环境、人员工作和设备运行情况,还可以将图像信息作为历史资料加以保存,供以后使用。同时,还可利用视频监视系统兼作安全保卫,信号可以在电脑网络上传输,这样管理人员通过计算机网络,可直接观察现场的图像,随时了解现场的工作人员和设备的工作情况。特别是对一些无人值守的设备、对无人员操作和运转设备的监视,对环境恶劣的工作区域、水闸区域设备和人员设置监视点提供 24 h 不间断监视,为故障分析等提供参考。通过多媒体技术使管理人员获取各类信息,发挥一定的安全保卫作用。

二、视频监控系统的构成

视频监控系统主要由前端摄像部分、信号传输部分、图像处理和控制部分、显示和记录部分等组成,如图 7-6-1 所示。

(1)前端摄像部分:主要负责摄取现场画面的图像,并将这些图像信息转变为可传输的电信号,包括摄像机、镜头、云台、防护罩、支架等。

(2)信号传输部分:用于将现场的视频信号传送至计算机监控中心,并将监控中心的控制信号反馈传送到现场控制摄像点,包括解码器、视频放大器、视频电缆、信号电缆等。

(3)图像处理和控制部分:集中接收和处理现场发送回来的各种信号,并进行相应的控制和管理工作。这部分工作主要由数字硬盘录像机主机及多画面处理器完成。

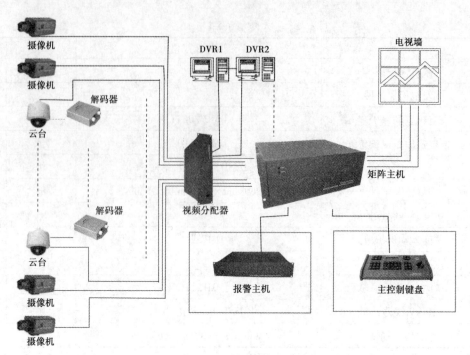

图 7-6-1　工业视频监控系统

（4）显示和记录部分：将前端设备传回的视频信号转化为图像信号并显示和记录，主要由显示器、监视器和刻录机完成。

三、视频监控系统的主要设备及其功能

（一）摄像设备

视频监控系统的摄像设备主要是 CCD 摄像机。

常用的摄像机有枪机、半球型摄像机、一体化摄像机、红外日夜型摄像机、高速球摄像机、网络摄像机等，如图 7-6-2 所示。

图 7-6-2　各类摄像机

枪机：价格便宜，但不具备变焦和旋转功能，只能完成一个角度固定距离的监视，隐蔽性差。

半球型摄像机：具有一定隐蔽性，外形小巧、美观，可以吊在天花板上。

一体化摄像机：内置镜头，可以自动聚焦，对镜头控制方便，安装调试简单。

红外日夜型摄像机：将摄像机、防护罩、红外灯、供电散热单元综合成一体设备，具有夜视距离远、隐蔽性强、性能稳定等优点。

高速球摄像机：集一体化摄像机和云台于一身的设备，还具有快速跟踪、360°水平旋转、无监视盲区和隐私区域遮蔽等特点和功能。

网络摄像机：又称 IP camera。它可以将图像采集后进行数字处理并加以压缩，通过 IP 网络将压缩的视频信号送入到服务器或客户端侧；在服务器或客户端侧，通过软件就可以实时查看远端的图像。

（二）解码器

解码器也称为接收器/驱动器，是为带有云台、变焦镜头等可控设备提供驱动电源并与控制设备如矩阵进行通信的前端设备。视频解码器将摄像头的 MJPEG/MPEG4 的视频流解码成为模拟信号。模拟

信号可以送到传统的 CCTV 设备,例如监视器、分频器和矩阵交换设备,它们通常用在原有的 CCTV 系统中。此外,双向的音频也可以通过视频编码器和解码器进行编码和解码,并通过 IP 网络进行通信。解码器还可以控制云台的上下左右旋转,镜头的变焦及光圈调整等。不同的解码器如图 7-6-3 所示。

室内解码器LH-2051　　室内外通用解码器LH-2071　　室外解码器LH-2041

图 7-6-3　各类解码器

(三)硬盘录像机

硬盘录像机(Digital Video Recorder,简称 DVR)即数字视频录像机。相对于传统的模拟视频录像机,它采用硬盘录像,故常常被称为硬盘录像机。它是一套进行图像存储处理的计算机系统,具有对图像/语音进行长时间录像、录音、远程监视和控制的功能。硬盘录像机(DVR)的基本功能是将模拟的音视频信号转变为 MPEG 数字信号存储在硬盘(HDD)上,并提供与录制、播放和管理节目相对应的功能。硬盘录像机的功能还包括监视功能、录像功能、回放功能、报警功能、控制功能、网络功能、密码授权功能和工作时间表功能等。图 7-6-4 为 H.264-4CH 硬盘录像机。

图 7-6-4　H.264-4CH 硬盘录像机

(四)视频分配器

视频分配器是实现一路视频信号输入、多路视频信号输出的设备。视频分配器除提供多路视频信号外,兼有视频信号放大功能,故又称视频放大器,如图 7-6-5 所示。

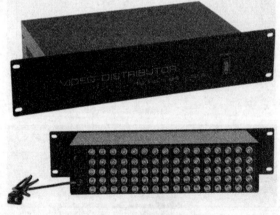

图 7-6-5　16 路视频分配器

(五)矩阵

矩阵有视频矩阵和音频矩阵,如图 7-6-6 和图 7-6-7 所示。视频矩阵作为工业电视视频监控系统的核心,它的一个重要的功能就是将任意一路视频图像切换到任一输出通道。系统采用矩阵控制系统,所有摄像机接到矩阵切换器视频输入端,可以在视频输出端切换所有图像,所有视频可分别切换到彩色监视器上。音频矩阵的原理是实现音频的控制。

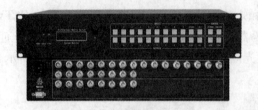

图 7-6-6　24 进 8 出视频矩阵

图 7-6-7　24 进 8 出音频矩阵

（六）光端机

视频监视系统通常采用光缆传输信号。光端机是光缆的光信号与显示器的电信号连接的装置。光端机都是成对使用的。当金属线缆剪断以后，其中一个光端机就接在连接着摄像头的金属线缆的断口上，是通过 BNC 视频接线方式连接的。这台光端机的作用是把摄像头通过很短的金属线缆传来的模拟信号转换成光信号，再从它的光口通过 1 200 m 长的光纤把光信号发射出去。这条光纤一直接到 1 200 m 外的监控室，连接在另一台光端机上。另一台光端机一边连接着光纤，另一边也通过 BNC 视频接线方式与连接着显示器的金属线缆断口相连接。它的作用是接收从光纤传来的光信号，并把光信号转换回模拟信号传送给显示器。这样 1 200 m 外的显示器就能够清晰显示所监控位置的图像了。光端机不仅可以传输视频信号，还能传输音频、电话、网络和很多种控制信号。实际上，可以把连接在一起的金属线缆、光端机发射端、光纤、光端机接收端及金属线缆理解为一整条线缆，光端机只是这条线缆的一部分。视频系统中光端机的作用如图 7-6-8 所示，光端机实物如图 7-6-9 所示。

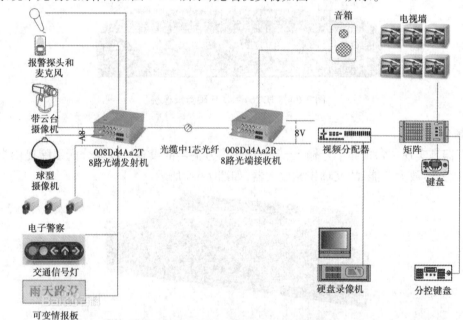

图 7-6-8　视频系统中光端机的作用

图 7-6-9　光端机实物图

（七）电视墙

电视墙是与视频分配器和矩阵配合，显示各摄像头画面的终端显示器，如图 7-6-10 所示。同时，电视墙也可以供控制计算机浏览某一路图像，电视墙可以全屏显示这一路图像。

图 7-6-10　电视墙

四、水电站的视频监控系统

水电站视频监控系统负责对水电站大坝、闸门及厂区主要设施及设备进行监视，以保证厂区及设施的安全。监视的重要室内设施与设备应包括水轮机室、水车室、GIS 室、母线廊道、发电机层、蝶阀层、技术供水室、电气层、开关室、尾水廊道等；监视的重要室外设备包括主变压器、副厂房、避雷器群、断路器、接地刀闸等。监控应达到的效果是：可以清楚地监视场地内的职员活动情况、清楚地看见发电或其他室外设备的具体运行状况，可以清楚地看见职员、设备情况，看见仪表盘上的读数。此外，视频监视还应保障水电站空间范围内的建筑、设备的安全，起到防盗、防火的作用。在围墙、大门等处通过摄像、微波、红外探头以防止非法闯进；在建筑物门窗安装报警探头如门磁、红外、玻璃破碎探测器等，并在重点部位安装摄像机进行 24 h 不中断视频监控，实现报警联动录像的作用。水电站视频监控系统的简化系统如图7-6-11 所示。

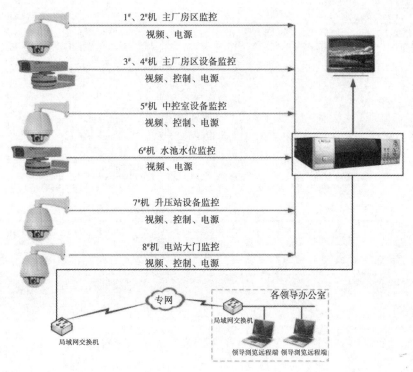

图 7-6-11　水电站视频监控系统

思考题

1. 分层分布式水电站计算机监控系统一般分为哪几层？各层分别担负什么功能？
2. 中小型水电站一般采用什么样的网络结构？
3. 电厂控制级系统一般由哪些设备构成？
4. 现地控制单元一般应配置哪些设备？
5. 农村小型水电站计算机监控系统应如何配置？
6. 电厂控制级应具备什么功能？
7. 简述机组现地单元、公共现地单元和开关站现地单元的组屏方式。
8. GPS 对时系统在监控保护系统中的作用是什么？
9. 水电站计算机监控系统一般采用哪种通信方式？
10. 水电站视频监控系统有何作用？
11. 视频监控系统由哪些主要设备构成？
12. 水电站的视频监控系统主要监控哪些内容？

第二部分　水电站的运行维护与管理

第一章　水电站引水设施的运行

第一节　进水口拦污栅与闸门的运行、操作与维护

一、拦污栅

(一)拦污栅的作用

拦污栅的作用是防止漂木、树枝、树叶、杂草、垃圾、浮冰等漂浮物随水流进入进水口,同时不让这些漂浮物堵塞进水口,影响进水能力。拦污栅有扁铁条结构及钢筋结构两种,拦污栅的维护和保养往往被人们所忽视,许多河流洪水期漂浮物骤增,进口处的拦污栅极易堵塞,清污不及时就可能使水电站被迫减小出力甚至停机,压坏拦污栅的事例也曾发生。为了减轻对进口拦污栅的压力,有时在离进水口几十米之外加设一道粗栅或拦污浮排,拦截粗大的漂浮物,并将其引向溢流坝,宣泄至下游。

(二)拦污栅的清污方法

拦污栅是否被污物堵塞及其堵塞程度,可通过观察栅前、栅后的压力差来判断。这是因为正常情况下水流通过拦污栅的水头损失很小,被污物堵塞后则明显增大。发现拦污栅被堵时,要及时清污,以免造成额外的水头损失。堵塞不严重时清污方便,堵塞过多则过栅流速大,水头损失加大,污物被水压力紧压在栅条上,清污困难,处理不当会造成停机或压坏拦污栅的事故。

拦污栅的清污方法随清污设施及污物种类不同而异。人工清污是用齿耙扒掉拦污栅上的污物,一般用于小型水电站倾斜拦污栅。进水口尺寸大、污物多的水电站可用清污机清污。常用的清污机有回转式机械格栅清污机和抓斗清污机等,如图 1-1-1 所示。

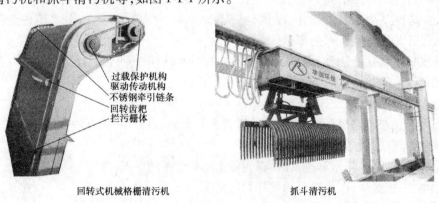

过载保护机构
驱动传动机构
不锈钢牵引链条
回转齿耙
拦污栅体

回转式机械格栅清污机　　　　　　抓斗清污机

图 1-1-1　回转式机械格栅清污机和抓斗清污机

(三)拦污栅的运行、维护和保养

(1)水电站开机前,应彻底清除拦污栅前的漂浮物及淤积物;运行期间,在交接班时都要作一次认真观测,清除污物,保证水轮机用水清洁,减少水流过拦污栅的水头损失。特别是低水头电站及多污物的河流,更应及时清除污物。

（2）当拦污栅被淤塞或折断而失去效用时，应停机处理；否则，污物进入水轮机室会危及水轮机安全。

（3）一般的小型水电站，拦污栅有铁制栅条，也有铁框栅，容易生锈、腐烂。所以，要经常维护，一般每年进行 1～2 次除锈、涂漆等。

（4）拦污栅工作桥要有安全措施，如设置栏杆和照明灯等，以保证清污时的操作安全。

二、进水口闸门

（一）进水口闸门作用

水电站进水口一般设两道闸门，即事故闸门和检修闸门。事故闸门仅在全开或全关的情况下工作，不用于流量调节，其主要作用是，当机组（对于未设主阀的机组）或引水道内发生事故时迅速切断水流，以防事故扩大。此外，引水管道或主阀检修期间，也用以封堵水流。事故闸门常悬挂于孔口上方，以便事故时能在动水中关闭。闸门开启为静水开启，即先用充水阀向门后充水，待闸门前后水压基本平衡后才开启闸门。事实上，闸门前后常因引水道末端的阀门或水轮机导叶漏水产生一定压差，故事故闸门应能在 3～5 m 水压差下开启。事故闸门一般为平面门，因其占据空间小，布置上较为方便。每套闸门配备一套固定的卷扬式启闭机或液压启闭机或螺杆式启闭机，以便随时操作。闸门启闭机应有就地操作和远方操作两套系统，并配有可靠电源。

检修闸门设在事故闸门之前，在检修事故闸门及其门槽时用以堵水。一般采用静水启闭的平板门。

在容量较小的水电站，为了节约投资，在进水口通常只设一道事故闸门，不设检修闸门。事故闸门检修可安排在枯水期，放低库水位后检修。

（二）进水口事故闸门的配套设施

水电站进水口事故闸门通常设有通气孔及充水阀。通气孔设在事故闸门之后，其功用是，当引水道充水时用以排气，当事故闸门关闭放空引水道时用以补气，以防出现有害的真空。

通气孔的面积常按最大进气流量除以允许进气流速得出。最大进气流量出现在事故闸门紧急关闭时，可近似认为等于进水口的最大引用流量。通气孔顶端应高出上游最高水位，并远离行人处，与启闭机房分开，以保证安全运行。要采取适当措施，防止大量进气时危害运行人员或吸入周围物件。

充水阀的作用是开启闸门前向引水道充水，平衡闸门前后水压，以便静水开启闸门。充水阀的尺寸应根据充水容积、下游漏水量及要求充满的时间等来确定。充水阀一般安装在闸门上，利用闸门拉杆启闭。闸门关闭时，拉杆及充水阀重量同时作用关闭充水阀，提升拉杆而闸门本体尚未提起时即可先行开启充水阀。过去一些工程常不设充水阀而采用局部提升事故闸门的方法向引水道充水。这种办法容易误操作，国内外曾多次发生闸门提升过高，引水道内紊乱的气、水混流造成闸门井及通气孔向上冒水的事故。

此外，进水口应设有可靠的测压设施，以便监视拦污栅前后的水位差，以及事故闸门、检修闸门在开启前的平压情况。

（三）闸门操作

（1）操作闸门前必须将尾水管进人孔、蜗壳进人孔和压力钢管进人孔关闭，确认进水隧洞或钢管内应无人。检修工作票应全部收回。

（2）压力钢管排水阀、尾水管排水阀、蜗壳排水阀均应关闭。

（3）机组的主阀、旁通阀、水轮机的导叶均应全关。

（4）启动前应对起吊电动机、卷扬机、钢丝绳、电源等作详细的检查，确认无误。

（5）开启充水阀向隧洞或钢管充水，待闸门前后水压相近时，提起进水闸门至规定位置。

（6）进水闸门全开后，可能会降沉，但降沉至规定值位置，应自动提升至正常位置。

（7）闸门可在中控室或现场进行控制操作，并能在机组发生事故时动水关闭。

（8）对于未设主阀的电站，操作闸门必须先开尾水闸门，后开进水口闸门；或先关进水口闸门，后关尾水闸门。

（9）闸门操作应遵守下列规定：

①电动、手摇两用启闭机人工操作前，必须先断开电源，闭门时严禁松开制动器使闸门自由下落，操作结束应立即取下摇柄；

②有锁锭装置的闸门，启闭前应先打开锁锭装置；

③双吊闸门的启闭过程，应严格保持同步；

④闸门正在启闭时，不得按反向按钮，如需反向运行，应先按停止按钮，然后才能反向运行；

⑤闸门启闭如发现停滞、杂声等异常情况，应及时停止，进行检查并加以处理；

⑥当闸门开启接近最大开度或关闭接近闸底时，应注意及时停止；

⑦使用螺杆启闭机的，严禁强行顶压。

（四）闸门的运行、维护和保养

（1）闸门在启闭时，要观察启动和升降过程是否平衡均匀，支承行走或转动部分是否灵活，有无不正常的响声，吊头及侧轮等部件的工作是否良好，并应注意门体部分是否有振动等现象发生。

（2）要注意观察闸门止水装置是否完好，止水橡皮带的走合是否正常，漏水是否严重；启闭设备运转是否正常，有无异常声响；传动机构是否磨损，连接螺栓特别是地脚螺栓有无松动；制动设备是否灵活；润滑油是否充足；安全设备是否完整。

（3）应检查钢丝绳悬吊两端接头是否牢固，钢丝有无扭转、打结、锈蚀、断丝，防锈黄油有无变质、脱落；吊起时通过滑轮有无压边及偏角过大，以及松紧是否适度，两端钢丝绳是否松紧一样。

如发现不正常现象，应及时调整。经常淹没在水下部位的钢丝绳（特别是水上、水下交替部分）往往易于锈蚀断裂，应重点维护，为了延长钢丝绳的使用年限可调头使用。对于不合格的钢丝绳应予以调换。

（4）应检查钢闸门有无门体变形、锈蚀、焊缝开裂或螺栓、铆钉松动、空蚀及磨损情况，并注意其表面防腐层有无脱落、生锈，及时进行除锈、防腐。

（5）应对闸门及启闭设备定期加油保养，发现有不良现象，如漏水等，若在丰水期不能解决，在枯水期一定要设法处理。开机前应保证闸门和启闭设备处于良好状态。

（6）钢丝网混凝土闸门是一种薄壳结构，容易露网、露筋。其网、筋在空气中易于腐蚀，运行中闸门受漂浮物的撞击又易受伤，因此要定期检查门面，发现损伤及时修复。

（7）应加强对电动闸门电气部分的管理和维护，使之随时可以启动和关闭。

（8）闸门在开启和关闭时，应注意极限位置的闸门指示器，否则会引起事故。防止闸门已开到顶限仍不停机，致使钢丝绳拉断，闸门坠损；或在闸门已关到底限仍不停机，致使螺杆弯曲，闸门压坏。

（9）应检查机电设备及防雷设施的设备、线路是否正常，接头是否牢固，安全保护装置是否动作准确可靠，指示仪表是否指示正确、接地可靠，绝缘电阻是否符合规定，防雷设施是否安全可靠。

（10）应检查自动化监控系统安全保护装置是否动作准确可靠，指示仪表是否指示正确，操作是否准确。

第二节　主阀的作用、运行、操作与维护

一、主阀的作用

主阀也称水轮机进水阀，位于水轮机蜗壳进口前，主要作用有三个：

（1）作为机组的后备保护，避免事故扩大。当机组和调速系统发生故障失控时，可以迅速动水关闭主阀截断水流，防止机组飞逸时间超过允许值，避免事故扩大，保护机组安全。

（2）当一根输水总管给几台机组供水，其中的某一台机组需要停机检修时，为了不影响其他机组的正常运行，关闭主阀截断水流，以便放空水轮机蜗壳存水，为机组检修创造条件。

（3）当机组较长时间停机时，关闭主阀，以减少漏水量。

主阀通常只有全开或全关两种位置,不允许部分开启来调节流量。

二、主阀的操作

主阀的操动机构通常有三种:手动操作、电动操作、液压操作(包括重锤式液控阀和高压蓄能式液控阀)。

手动操作一般用蜗轮蜗杆传动。手动操作的主阀一般用在单机容量 500 kW 以下的农村小水电站。电动操作机构由电动机、减速箱和蜗轮蜗杆组成,当电动机失灵时,可切为手动操作。电动操作的主阀一般用于单机容量 2 000 kW 以下的乡村小水电站,个别也用于 5 000 kW 的水电站。液压操作的主阀采用油压控制,由控制元件、放大元件、执行元件及连接管路等组成,当接收外界动作信号后,即按照一定的程序关闭或开启阀门,主要用在单机容量 2 500 kW 以上的水电站。

随着社会的发展和科学技术的进步,水轮机主阀的手动操作将淘汰,被电动操作和液压操作替代,可在中控室或现场进行控制操作,按一个控制指令自动完成开启或关闭。

正常情况下,主阀与机组联动控制。主阀的自动控制应作为机组开机、停机控制的一个程序,由正常开、停机控制指令联动完成。当遇到机组失控时,紧急事故关阀指令能直接使主阀动水关闭。

三、主阀的操作过程

(一)开阀操作

开阀操作过程如下:①检查导叶是否在全关位置;②确认尾水管排水阀、蜗壳排水阀关闭;③确认尾水管进人孔、蜗壳进人孔和压力钢管进人孔关闭;④确认尾水闸门全开;⑤拔出锁锭;⑥打开旁通阀向蜗壳充水;⑦检查补气阀或排气阀,确认工作正常;⑧主阀前后水压大致平衡后,开启主阀至全开位置;⑨主阀开启后,关闭旁通阀;⑩投入锁锭。

(二)正常关阀操作

正常关阀操作过程如下:①导叶在全关位置;②拔出锁锭;③关阀门至全关;④投入锁锭。

(三)紧急事故关闭

当发生发电机组失磁、飞逸等事故时,主阀能在接到关阀指令后迅速动水关闭阀门,防止飞车。

四、主阀的检查和维护

(1)检查主阀和旁通阀,应在全关或全开位置,与指示器位置相一致。

(2)检查集油箱的油面,应在正常范围内,操作油和润滑油颜色正常。

(3)主阀全关位置,漏水量不超过规定值。

(4)主阀启、闭平滑,无剧烈振动。

(5)检查主阀密封装置磨损情况,及时维修。

思考题

1. 水电站拦污栅如何清污和保养?
2. 水电站闸门操作必须满足哪些条件?
3. 在进行闸门启闭时应检查哪些部位与项目?
4. 开主阀要经过哪些程序?
5. 关闭主阀有哪些步骤?
6. 要对主阀进行哪些检查与维护?

第二章　水轮发电机组的运行

第一节　水电厂在电力系统中的作用与运行方式

一、不同类型水电厂在电力系统中的作用

提供电能、满足电力系统的电力电量平衡,这是水力发电厂的主要任务。水电厂(站)在多种电源组成的电力系统中,根据水电厂的运行特点,可担负基荷、腰荷或峰荷。应根据水电站水库的调节性能,合理地确定电力负荷运行曲线,充分发挥水电优势。对于调节性能好的水电站,如果电站离负荷中心不太远,宜担负调峰任务。对于无日调节能力的水电厂,它发出的功率完全取决于河流径流情况,因此这种水电厂只适宜于担负系统的基荷。

水电站承担的负荷类型也与一年中的不同时期有关。对具有年调节和多年调节的水电厂,它们在丰水期,河流来水很大,通常应让水电厂担负基荷,尽量多利用水能,减少电力系统中火电厂的燃料消耗。在农灌季节,往往要求水库大量放水,此时水电厂亦应担负基荷,以便充分利用水能。在枯水季节,天然流量小,可让水电厂担负峰荷。

有时,根据水库综合利用的要求,例如满足工业用水的需要时,要求均匀地、流量较小地放水。此时可让水电厂部分机组经常担负基荷,使这一部分基荷发电容量的放水量满足下游用水的要求。或者在条件容许时,为了充分利用水电厂的装机容量,可在水电厂下游修建反调节水库。其作用是水电厂放下来的水经过调节,在一昼夜之间均匀地放至下游地区,满足下游用水的需要。有了反调节水库以后,便可让水电厂担负腰荷或峰荷,而不必按下游用水要求放水发电,从而解决了下游用水要求和系统对水电厂发电要求的矛盾。

水电厂(站)是否适合担负调峰任务与水电厂(站)的位置有关。当水电厂离负荷中心较远时,如超过 100~200 km,将在输电线路上引起较大的电能损耗并增加线路电压调整的困难,此时水电厂若进行调峰运行,必然因负荷变化较大而导致电压波动很大,所以此种情况水电厂不宜担任电力系统调峰任务。

水电厂(站)是否适合担负调峰任务也与水电厂(站)的引水方式有一定关系。对于超过 3~5 km 较长引水渠道的水电厂,也不宜担负峰荷。因为若让其担任峰荷,势必将要求引水渠道或隧洞的断面增大,造价昂贵,这种电厂只宜担任腰荷或基荷。

由以上看出,水电厂向电力系统提供电能,满足系统电量平衡时,不能笼统地说水电厂担任尖峰负荷最好,而必须随水量季节、电厂条件和特性,具体分析,综合考虑,在电力系统负荷曲线中占据适当的位置,充分发挥水电厂的特性,满足最大的机组出力。

二、大中型水电厂(站)机组的调频、调相运行方式

(一)调频运行

水库有一定调节能力、单机容量较大且调节性能较好的水电机组适宜担任电力系统调频任务。在正常运行下,电力系统中各发电厂发出的总功率与各用户需要的总负荷是平衡的,这时系统频率为额定值 50 Hz。当电力系统中用电量受自然因素或人为因素影响发生变化时,频率就相应会发生变化。为了保证电能质量,使频率维持在 (50 ± 0.2) Hz 范围内,就必须在电力系统中有一个或几个发电厂的发电机,随时准备应付可能出现的负荷变化,改变出力以维持频率稳定。这些用以应付负荷波动的发电厂称

为调频厂。

由于水力发电厂具有生产过程简单、运行灵活、机组的启动和停机迅速、操作简便、自动化程度较高等优点，故常选择调节能力强的水电厂，如年调节或多年调节的水电厂，作为电力系统调频厂，保证系统频率恒定。调频厂的调频容量，基本上是旋转备用容量，因此调频容量往往也就作为电力系统事故备用容量。当电力系统中由于某种原因突然增加负荷，或者是由于发生事故使某一机组停运时，调频电厂能够立即自动地承担这部分附加的负荷，发挥事故备用作用，以保证电力系统供电质量，使频率不受影响。水电厂作为电力系统事故备用的另一个有利条件是水电厂通常距负荷中心较远，联络阻抗较大，系统发生事故时，可以使水电厂用自同期方式并入系统，减少事故对系统及用户的影响。

（二）调相运行

当电力系统无功功率欠缺时，电压将明显下降。此时可利用水轮发电机作为空载的同步电动机运转，调节其励磁，发出无功功率，这称为发电机调相运行。水电厂作为调相运行，操作简便、迅速。尤其是在枯水季节，水库水量少，水电厂担任调峰任务，此时部分机组处于停运状态，若利用机组作为调相运行，向系统提供较多的无功功率，以维持系统电压恒定，将更为经济合理。但是，水电厂远离负荷中心，长距离输送无功功率，损耗较大。同时，调相运行尚需消耗有功能量拖动机组，为了减少损耗，通常采取对水轮机进行充气压水，使水轮机转轮离开水面在空气中旋转，为此还要一套压缩空气制备系统。所以，水电厂是否作调相运行，应根据需要与可能，权衡利弊，最终由电力系统调度来确定。

三、小型水电站的运行方式

小型水电厂在电力系统中发挥着电能辅助作用。大中型电厂是电力系统的主力，也是反映国家电力工业设计、制造、运行、管理水平的标志之一。但是小型水电站简便易建，收效迅速，它的建设可充分利用各级资金，对促进地区、县、乡工农业发展及满足城乡人民生活用电起着明显作用。特别是对地处山区、电网尚未涉及的地段，小水电的发展更有明显作用。小型水电站在运行时应正确处理发电用水与灌溉、防洪等关系，实行优化运行。一是要及时了解上游水文站的水文预告，作好次日负荷预测，确定运行方式；二是合理利用电站库容，尽可能提高水位运行；三是利用丰枯、峰谷电价政策，尽量做到早晚峰多发电，提高电价水平；四是保证机组在高效区运行，以获得最大经济效益；五是配合调度部门做好经济运行方案，充分利用水能资源，最大限度发挥电站效益。

第二节 机组运行基本要求

一、机组运行操作必须具备的状态

（1）蜗壳充水前，机组必须处于下列状态：

①蜗壳、尾水管进人孔关闭；

②蜗壳、尾水管排水阀关闭（有的电站没有）；

③导叶全关，无剪断销剪断信号。

（2）油、气、水系统无故障信号。

（3）推力瓦为巴氏合金的立式机组，开机前已经顶转子一次。

（4）调速系统油压正常，控制系统已经给电。

二、机组运行操作必需的许可

（1）机组开机、停机、主阀启闭操作，必须经值长许可。

（2）在机组操作或试验过程中，如发生异常情况，应立即停止，并及时向值长汇报。

（3）水轮机如有振动区，当机组发生振动时，应报告班长，改变机组负荷，使机组脱离异常振动范围。

（4）如机组发生严重冲击或甩全负荷或机组发生飞逸，停机后应通知检修人员对机组进行检查。

三、机组应禁止运行和操作的事项

（1）机组发生事故后，必须查明事故原因，消除故障，并手动复归事故停机回路，否则不允许开机。

（2）机组主要保护和自动装置投入，运行值班人员不得任意改变继电保护，并禁止机组在无保护情况下运行。

（3）机组转动部分或蜗壳、尾水管有人工作，禁止主阀及导叶操作，应做好防止主阀开启及导叶动作的安全措施。

（4）机组不允许在额定转速50%以下长期运行。

（5）在正常情况下，禁止在高转速情况下对机组进行制动。

第三节　机组启动前准备

一、机组启动前应检查项目

（1）应检查压力前池有无漂浮杂物，进水口的拦污栅有无杂物阻塞。

（2）各道闸门的操作机构应灵活，启闭位置正确。

（3）压力水管、水轮机室、尾水管等过水系统已清理干净，检查合格。

（4）检查刹车装置位置是否在非制动位置，气压是否正常。

（5）检查导水机构、导叶拐臂有无松动或损坏。

（6）水轮机各密封装置应良好。

（7）各轴承油位、油色正常。

（8）机组自动、保护、励磁、测量装置和调速器应完好，工作电源应投入。

（9）检查发电机内部，空气间隙有无杂物或遗留工具。

（10）立式机组推力瓦为巴氏合金时，投产第一年当停止运行时间超过24 h或一年后停止运行时间超过72 h，应顶转子一次（顶起高度8～10 mm）。

（11）发电机的定子绕组、转子回路的绝缘电阻应满足要求。

（12）配电盘各部件正常，各操作控制开关位置正确。

（13）励磁回路正常，磁场变阻器应在最大位置。

（14）机组各部螺栓、螺帽应紧固。

（15）下游尾水闸门应全开。

二、机组启动应具备条件

（1）机组无事故。

（2）机组进水口快速闸门或主阀全开，开主阀时，首先开启旁通阀，再打开阀后补气阀（立式机组）或蜗壳排气阀（卧式机组），待主阀前后水压相近时，开启主阀至全开位置。

（3）导叶开度指示在零位，导叶全关。

（4）制动系统正常，风闸均在复位位置，气压正常。

（5）各部动力电源、操作电源、信号电源投入，各表计信号指示正确。

（6）调速系统工作正常，各电磁开关、表计指示位置正确，并在自动工况。

（7）机组油压装置及漏油装置工作正常。

（8）轴承油位、油质合格，轴承保护和供水系统正常。

(9)机组油、水、气系统正常,各阀门处于正常位置,各补气阀、真空破坏阀在复位状态,无漏水现象。

(10)空气围带未投入。

(11)机组保护和自动装置应投入。

(12)电气部分正常,发电机断路器在断开位置。

(13)机组的开机条件监视指示灯应亮。

第四节　机组的开机操作

一、手动开机操作

(1)将手、自动切换开关切换到手动位置或机组控制方式设为"现地"。

(2)将调速器启动把手扭向开机侧。

(3)机组同期装置设在手动位置。

(4)解除调速器接力器锁锭,检查锁锭退出灯亮。

(5)投入机组冷却水、导轴承润滑水(指橡胶轴承),并检查示流信号装置指示与水压。

(6)如轴承采用外循环式的,应启动油泵,保证油管通畅。

(7)手动将导叶开至空载位置。机组启动时,运行人员应监视机组的转速,若转速上升正常,应使机组转速迅速地超过50%额定转速,然后开至空载开度,因为机组不宜在额定转速的50%以下运行时间过长。

(8)若灭磁开关在分位,应手动合上灭磁开关,灭磁开关合闸指示灯亮。

(9)机组转速上升至$80\% n_e$时,投入励磁装置建立电压,检查励磁装置风机运行是否正常。

(10)投入并检查准同期合闸条件。

(11)同期条件满足后断路器合闸并网。

(12)打开开度限制机构至全开或指定位置,为机组带负荷创造条件。

(13)机组并网后,视需要带上负荷。

二、自动开机操作

自动操作方式是用机组自动控制回路中的自动设备进行开、停机操作,采用电站计算机监控系统自动完成机组开、停操作时,机组正常运行以中控室上位机控制为主,现地或手动控制为辅。开机操作过程如下:

(1)将手、自动切换开关切换到自动位置或机组控制方式设为"远方"。

(2)将调速机设在自动位置,拔出锁锭。

(3)将励磁系统设在自动位置。

(4)确认同期方式为自动方式。

(5)检查显示屏上无事故和故障信号,各方面已准备好,开机准备灯亮。

(6)操作上位机键盘下开机令,此后计算机将一步一步自动执行开机流程使机组开启,触摸屏会自动切换到开机画面,操作人员可以直观地看到开机过程。

(7)监视开机流程执行情况。

(8)监视机组转速上升情况。

(9)监视机组起励建压情况。

(10)检查机组并网是否正常。

(11)机组并列后,设定无功、有功,机组带上预定的负荷。

图2-4-1为水轮发电机组的正常启动操作程序框图。

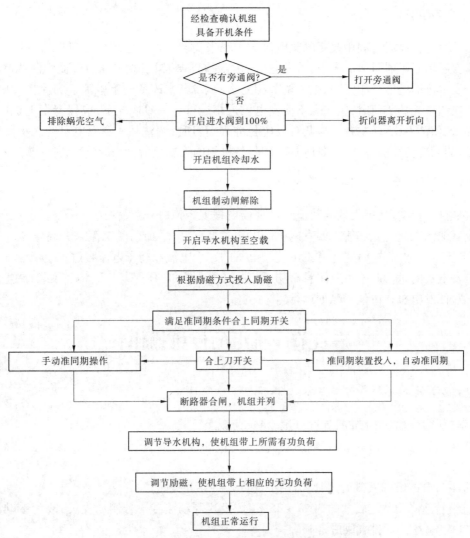

图 2-4-1 水轮发电机组的正常启动操作程序框图

第五节 机组并列后的负荷调整

发电机并入电网后,就可以按照规定带上负荷,包括有功负荷和无功负荷。对于水轮发电机组,定子电流增加速度不作限制,所以发电机定子电流的增加以其额定值为限额,正常运行时,发电机不允许过负荷。

一、有功负荷的调整

发电机有功负荷的调整,是通过操作调速器的调速开关使水轮机的导水机构动作,或直接手动操作水轮机的导水机构,控制进入水轮机的水流量来实现的。当需要增加发电机的有功负荷时,将调速开关向增加方向扳动或将手、电动调速器电动机按增加方向旋转;也可手动操作调速手轮,使进入水轮机的流量增加,提高发电机的有功负荷。当需要减少发电机的有功负荷时,操作方向与增加时相反。

当机组在并列后或运行中,增加或减少有功负荷时,发电机的定子电流也随之增减,功率因数也相应变化。因此,操作人员在调整有功负荷时也应调整励磁电流,避免机组进相运行和在定子电流超过额定电流的情况下运行。

二、无功负荷的调整

发电机无功负荷的调整,利用改变励磁电流的大小来实现。若发电机的励磁电流由同轴直流励磁机供给,可改变磁场变阻器阻值的大小;若发电机的励磁是半导体励磁装置,可改变励磁调节器,来改变励磁电流;若发电机的励磁是相复励,则可调节相复励调节器,来改变励磁电流。为保持发电机和电网的稳定运行,在调整无功负荷时,应注意不使发电机进相运行。一般情况下,应保持发电机的无功负荷与有功负荷的比值为 0.75:1 左右。当几台发电机并列运行时,调整某一台发电机的无功负荷,有可能引起其他机组的无功负荷的改变,这时应及时调整各机组的无功负荷,使其在合理的工况下运行。

三、发电机电压、负荷、功率因数超限时的调整

当发电机电压、负荷、功率因数的数值超过现场规程规定值时,应设法进行调整。但在调整一个参数时,应防止其他参数超过允许值。如发电机的电压过低,可以增加励磁电流来升高电压,但同时无功负荷和定子电流也会增加,这时应注意不可使发电机的定子电流和转子电流超过规定值。

总之,在发电机的负荷调整中应注意有功、无功、功率因数、电压等几方面相互关联,调整时,同时调整其他量的值,使发电机在最佳工况下运行。

第六节　机组的停机操作

一、手动停机操作

(1)接到停机命令后,关水轮机导叶开度,将负荷减至空载。

(2)操作机组解列,断开机组出口断路器。

(3)灭磁。

(4)当机组与电网解列灭磁后,调速器用手动方式将导叶关闭。

(5)当机组转速降至额定转速的 30%～35% 时,投入制动装置。若制动失灵,改为手动制动,待机组停稳后排气松闸,松闸后排气阀应常开。

(6)关闭机组的冷却水和润滑水,对外循环式的发电机轴承,检查油泵应自动停止(或手动停止)。

(7)投入锁锭。

二、自动停机

(1)检查自动操作系统设备完好、工作正常,调速器和油压装置工作正常。

(2)操作上位机键盘或现地 LCU 触摸屏关机,此后 PLC 将一步一步地自动执行关机流程,触摸屏会自动切换到关机画面,操作人员可以直观地看到关机过程。

(3)监视停机回路自动复归、风闸复位、冷却水复归。

三、紧急停机

运行机组当遇到下列情况之一时,应按下紧急停机按钮进行紧急停机。

(1)发电机或励磁机冒烟、着火。

(2)油压装置油压下降至事故油压。

(3)机组过速达到 140% 额定转速以上。但有的水电站的数值高达 160%(最大转速可达 160% n_e),这一参数的整定可依据实际设计过程中的调节保证计算。

(4)轴承温度急剧上升至 70 ℃。

(5)机组有激烈的噪声、振动和冲击声。

(6)其他严重危及人身和设备安全的事故。

(7)机组事故停机过程中剪断销被剪断。

第七节　水轮发电机事故停机的原因及检查

一、机组事故停机的原因

当水轮发电机在运行中发生重大设备事故或危及人身安全时,应作出紧急停机处理。

(一)水轮发电机组工作异常

(1)轴瓦温度过高。为了防止发生烧瓦事故,在轴承和轴瓦上装有监视轴瓦温度的装置。该装置在轴瓦温度升高到某一刻度时会发出报警信号,当轴瓦温度升高到危及机组安全时,应立即动作于事故继电器紧急停机。运行中,轴瓦温度一般控制在 $50 \sim 60$ ℃,超过 60 ℃属温度偏高,达 65 ℃应发信号,到 70 ℃应事故停机。

(2)定子绕组温度过高。小型水轮发电机常采用 B 级绝缘,其极限温度为 130 ℃,水轮发电机在带额定负荷时,温度应在厂家规定的允许温度以内;在不带全负荷运行时,温度一般在 $60 \sim 80$ ℃,最高不要超过 105 ℃。当定子绕组超过 105 ℃时,应事故停机。

(3)发电机定子电流的不对称。小型水电站由于负荷的不对称往往使发电机在不对称情况下运行,为防止发电机在不对称情况下运行,减少发电机的振动,规定三相输出电流差不应超过额定值的20%。一旦出现任何一相定子电流超过额定值,要立即调整,使其在额定值以下运行。如果三相输出电流之差很大,但未达到额定值的20%,应立即向上级和调度部门汇报,并做好停机准备。当达到额定值的20%以上,应立即事故停机。

(4)水轮发电机的异常现象。运行中的发电机,某些部件出现振动、摆度很大或发电机内部有金属摩擦、撞击声响,或发出微小异味,定子端部有明显的电晕现象,则发电机不应继续运行,应紧急停机,进行检查。

(二)励磁系统的工作异常

(1)励磁回路开路(失磁运行)或励磁装置损坏。发电机由同步运行变异步运行,从原来向系统输出无功功率变为从系统吸取大量的无功功率,发电机的转速将高于系统的同步转速,这时定子旋转磁场将在定子表面感应出频率等于转差率的交流感应电动势,使转子表面形成差频电流,使转子表面发热。若长时间运行,将危及发电机的安全,应立即停机与系统解列。

(2)发电机励磁回路两点接地。当励磁回路两点接地时,造成励磁绕组短路,励磁电流增大,励磁电压减小,进入发电机的励磁电流减少,使发电机处于欠励状态,并使发电机出现进相运行,发电机产生振动,应立即与系统解列,并停机检查。

(三)运行中的电气一、二次设备工作异常

(1)主断路器故障。当主断路器因操动机构故障或内部结构损坏,直接影响到发电机的电能的输送,并危及发电机的安全时,应立即停机。

(2)电流互感器、电压互感器工作异常。电流互感器、电压互感器工作异常时,发电机的监测表计以及相应的保护装置将失去功能,严重危及发电机的安全运行。发电机应立即退出运行,紧急停机。

(3)发电机保护装置损坏。当发电机保护装置损坏时,发电机缺少保护,一旦发生事故,就会危及发电机的安全。

(四)人身安全事故

当电站发生触电安全事故时,应立即使发电机停机。

(五)发电机电气火灾

发电机因各种原因使发电机组出现火灾时,应立即停机,进行消防处理。

二、机组事故停机

水轮发电机组在运行中,若系统发生重大设备事故或危及人身安全,应作紧急停机处理。一般需要紧急停机时,发电机断路器立即跳闸,使发电机与电力系统解列,迅速切除励磁开关灭磁。发电机与电力系统解列后,发电机输出功率为零,机组飞逸,转速迅速上升,事故继电器动作,调速器中的接力器通过紧急停机电磁阀给油,导叶按照预定的规律快速关闭至空载开度。对于调速器手动运行的机组,在飞逸后,快速关闭导叶切断水流,一般在 2 min 以内将机组转速减至空载额定转速,不会导致机组破坏。随后全面检查机组各部的情况,查找机组甩负荷的原因;如若无法判别,需将机组停机,并进行处理。其后面的操作过程与正常停机相同。

三、机组停机后的检查

为了使电站长期安全运行,停机后的检查是必不可少的,以便机组能顺利进行下一次启动。一般检查的项目有:

(1)进水口和压力钢管有何变化。

(2)水轮机各部及管路有无不正常漏水。

(3)填料密封和轴承壳是否有异常发热。

(4)导水机构、阀门电动机各行程开关是否完好。

(5)发电机绕组、滑环与炭刷、发电机引出线端是否过热,接触是否良好。

(6)励磁装置的各接线头及硅整流二极管、晶体管是否过热。

(7)电气一次回路上的设备(母线触头、开关触头、电缆接头)是否过热和变色。

(8)变压器的油位和油色是否正常,有无过热及漏油现象。

在上述介绍的各项内容中,由于现代技术的发展,各个电站的情况差异很大。如容量稍大的机组,有的取消励磁机,而采用可控硅励磁系统,可减少设备投资,提高机组效率;有的机组轴承温度计,改掉了传统的扇形温度计,而采用数字式温度计,读数准确,无黄针、红针等标志。自动化程度较高的电站,一般机械和电气值班人员无具体分工,均在中控室进行机组各项操作,如调速器的开度限制机构、转速调整机构的操作等。若电站实行了微机监控,则各项操作基本上在计算机终端上完成。在学习时应参考和结合本电站的具体设备情况进行掌握。但是,不管电站自动化程度如何先进,水电站运行中的各项设备的操作和作用都无明显的变化,只是改变了操作和控制的手段。

第八节　低压水轮发电机组的运行参数及许可范围

一、允许值及标准

水电站的机组型式不同,其运行与维护的要求也不相同。下面列举 500 ~ 3 000 kW 机组运行和维护中的一般问题,仅供参考,对特定机组,应根据图纸和说明书加以增减,详见表2-8-1、表2-8-2。

二、运行许可范围

(一)励磁电流、励磁电压

铭牌上的励磁电流、励磁电压是发电机在额定出力下运行时,发电机转子磁场绕组所需要的最大值。

励磁电流和励磁电压是供给发电机转子产生磁场用的,它与磁场变阻器的电阻成反比。励磁电流越大,励磁电压越高,转子的磁场就越强,在额定转速下,发电机定子绕组的端电压也越高。

励磁电流、励磁电压的大小,是允许随负载与功率因数的变化而相应变化的,但是最高值不得超过铭牌规定的额定值。如减小励磁电流、励磁电压,则应监视功率因数的变化情况,防止发电机进相(超前)运行。

表 2-8-1　机组运行允许值及技术标准(一)

名称	项目	数据
轴承	油槽温度(30号透平油)	5~55 ℃
	油槽冷却水温及水压	5~40 ℃;0.1~0.15 MPa
	轴瓦故障温度	65 ℃
	轴瓦事故温度	70 ℃
	轴承油面高度	对于稀油润滑,分块瓦式导轴承(上导和下导)停机时在上导调整螺钉中心线;筒式导轴承按油面计额定油面高度
发电机	转子绕组最高温度	130 ℃
	定子绕组最高温度	105 ℃
	冷却进风最高温度	40 ℃
	冷却进风最低温度	5 ℃
	冷却出风最高温度	70 ℃
各部摆度	励磁机滑环	绝对摆度≤0.30 mm
	上导轴承	绝对摆度≤0.10 mm
	法兰	相对摆度≤0.02 mm/m
	水导	相对摆度≤0.03 mm/m
振动	上机架	双振幅≤0.10 mm
	水导轴承	双振幅≤0.10 mm

表 2-8-2　机组运行允许值及技术标准(二)

名称	项目	数据
油压装置	正常工作油压	在额定工作油压范围
	故障油压	低于正常工作油压下限0.1~0.2 MPa
	事故油压	低于故障油压0.1~0.2 MPa
制动装置	机组制动气压	0.5~0.7 MPa
	机组制动转速	35%机组额定转速
	停机过程时间	约5 min
	顶转子	油压为8~10 MPa,顶起高度4~6 mm,顶起保持时间2~3 min

(二)电压

铭牌上的额定电压,是发电机在规定的各项技术数据下运行时连续工作的最高电压。它是供电质量的标准之一,过高和过低不仅对用户不利,而且对电网和发电机本身也不利。

电压高了,会使发电机转子线圈、定子铁芯的温度升高,并会促使绝缘老化,甚至造成绝缘击穿,烧坏发电机;相反,电压低了,不仅降低机组运行的稳定性,在并列运行时往往还可能引起脱步。另外,电压低了,还会极大地降低电能质量,使电动机的力矩减小,电流增大,影响机械出力,容易因过载发热而烧坏电机。

发电机的电压高低和运行网络的电压高低以及系统的无功分配与平衡程度有关。因此,在监视、调节电压时,必须兼顾有关的仪表指示,合理使用变压器分接开关,使其端电压允许值内。发电机运行电压的允许变动范围在额定电压的±5%,而功率在额定值时,其容量不变,发电机连续运行电压的最大允许变动范围不得超过额定值的±10%。如果单机运行或发电机母线有直配线路,则运行电压应满足用户的要求,这时定子电流的大小以转子电流不超过额定值为限。

(三)频率

频率也叫周波,它是在单位时间(s)内,发电机感应电势的方向及大小变化的次数。目前,国产发电机的频率都为50 Hz。

运行中发电机的频率不能过高,也不能太低,否则,都会对用户和机组本身带来不利。

周波低了,就是转子低速,造成发电机冷却条件变差,由于发电机电压与其频率、磁通成正比,所以要想保持电压不变就需要增大励磁,这样会使机组出力降低。同时,周波低了,还会减小电动机力矩,降低运转速度,影响用户的安全生产,降低产品质量和工作效率。

周波高了,会影响转子的机械性能,如不及时调整,还会产生飞车等事故。

水轮发电机的频率最大允许变动范围,不得超过 ±0.5 Hz(49.5 ~ 50.5 Hz)。在事故状态下,其变动范围在短时期内可允许适当增减。

(四)功率因数

功率因数亦称力率,是发电机有功功率与视在功率的比值,可用下式表示:

$$\cos\varphi = \frac{P}{S}$$

式中　　P——有功功率,kW;

　　　　S——视在功率,kVA。

功率因数高,表示发电机有功分量大;反之,有功分量小。国产发电机的功率因数为 0.8。

运行中,发电机功率因数的变化是较大的,它取决于不同性质的负载。无功负荷(感性负载)大时,功率因数低;反之,有功负荷(容性负载、阻性负载)大时,功率因数高。当前者为主要负载时,发电机的出力就要相应下降;当后一种负载占多数时,发电机的出力可相应提高。因此,运行发电机的功率因数,因看其负荷的性质略微增减,不得随意提高或者降低功率因数,以保持系统动力的稳定性。

功率因数在 0.8 ~ 1.0 范围内运行,可以保证发电机的额定出力。一般以在滞后(迟相)0.8 运行为宜,不得超过 0.95。有自动励磁调整器的发电机,必要时功率因数可以在 1.0 运行,并允许短时间的超前(进相)在 0.95 ~ 1.0 范围内运行。

(五)电流

铭牌上的额定电流是指发电机在规定的各技术数据下运行时能允许连续工作的线电流。

发电机三相定子电流,一般应在额定值下运行,并应尽量保证三相基本对称;否则,将会使发电机的转子磁场失去平衡,造成严重振动。同时,还会引起发电机转子的发热,发电机任何两相间定子电流的平衡度不得超过额定值的 20%,但是其中任何一相不得超过额定值。当负载电流显著低于额定值时,其两相电流之差略可提高。但是,发电机的温度不得超出允许值。

发电机的允许电流与冷却气体温度及发电机的额定冷却气体温度有关,如果发电机没有测温装置或尚未进行温升试验,同时,当冷却气体温度与其发电机的额定值有出入时,发电机的三相定子电流的允许值应按以下原则确定:

(1)额定冷却气体温度为 35 ℃ 的发电机,室温在 35 ~ 40 ℃ 范围内每增 1 ℃,定子电流的允许值应较额定值降低 1%;室温在 40 ~ 45 ℃ 范围内每增加 1 ℃,定子电流的允许值应较额定值降低 1.5%;室温在 45 ~ 50 ℃ 范围内每增加 1 ℃,定子电流的允许值应较额定值降低 2%;当室温超过 50 ℃ 时,每增 1 ℃,则定子电流的允许值应较额定值降低 3%。

(2)额定冷却气体温度为 40 ℃ 的发电机,室温在 40 ~ 45 ℃ 范围内每增 1 ℃,定子电流的允许值应较额定值降低 1.5%;在 45 ~ 50 ℃ 范围内每增 1 ℃,较额定值降低 2%;超过 50 ℃ 时,每增 1 ℃,则应较额定值降低 3%。

(3)当冷却气体温度低于额定值时,则室温每降低 1 ℃,允许定子电流较额定值增加 0.5%,同样,转子电流也允许相应增加(有功功率不变,力率降低)。

小型水电站的发电机额定冷却气体温度一般为 35 ℃,如果发电机没有处理超出力的措施,一般不得任意过负荷运行。当运行系统突然出现严重故障(如部分发电机事故跳闸),使电力系统失去稳定运行状态时,允许发电机短时间过负荷运行,发电机允许过负荷的范围和时间可参照表 2-8-3。

表 2-8-3　发电机允许过负荷的范围和时间

定子线圈短时过负荷电流/额定电流	1.1	1.12	1.15	1.25	1.5
持续时间(min)	60	30	15	5	2

发电机过负荷超出了允许范围时,应按事故处理。

(六)功率(容量)

功率是指发电机在铭牌规定的各技术参数下运行时能连续发出的有功功率。

发电机的功率和功率因数关系十分密切。当负载电流不变时,功率因数越高,功率就越大;相反,功率因数越低,则功率就越小。因此,发电机的功率在负载功率因数变动的情况下,允许相应变动,当运行系统的阻性负载占多数,其功率因数高于额定值,即 $\cos\varphi > 0.8$ 时,发电机的有功功率可以超出额定值,但是,发电机的转子电流和三相定子电流均应在许可范围内,发电机的温度也不得超过其允许值。

(七)温度

发电机的温度主要指定子线圈、定子铁芯和转子的温度。限制发电机允许温度的因素,主要是包缠着线圈(线棒)的绝缘材料,同一绝缘材料的发电机,还与本身的铜损、铁损、电压及电流的不平衡度等有密切关系。发电机温度和通过线圈电流大小的平方及其电阻成正比,发电机温度越高,运行时间越长,绝缘老化越快,寿命就越短。

不同的绝缘材料,其耐热能力也不一样。根据耐热能力,绝缘材料可分下列几个等级。

Y 级:耐热能力为 90 ℃,如未处理过的有机材料棉、纱、白布带等。

A 级:耐热能力为 105 ℃,如浸渍处理过的有机材料纸、木块以及沥青等。

E 级:耐热能力为 120 ℃,如聚乙烯类绝缘。

B 级:耐热能力为 130 ℃,如云母带、B 级胶、虫胶。

F 级:耐热能力为 155 ℃,如聚酯绝缘漆。

H 级:耐热能力为 180 ℃,如硅有机绝缘。

C 级:耐热能力为 180 ℃以上,如天然云母、玻璃、瓷料。

水轮发电机中通常采用的是 B 级绝缘,其次是 A 级绝缘。发电机运行的允许温度不得超出其绝缘等级所规定的耐热能力。在一般情况下,定子线圈温度不得超过 105 ~ 120 ℃,转子线圈温度不得高于 105 ~ 130 ℃,定子铁芯温度不应高于线圈的温度。

发电机各部的元件温升可参照表 2-8-4。

表 2-8-4　发电机各部的元件温升　　　　　　　　　　　　　　　(单位:℃)

绝缘等级		A 级		E 级		B 级		F 级		H 级	
测量方法		温度计法	电阻法	温度计法	电阻法	温度计法	电阻法	温度计法	电阻法	温度计法	电阻法
部位	定子绕组	60	60	65	75	70	80	85	100	105	125
	与绕组接触的铁芯及其他部件	60		75		80		100		125	
	换相器和集电环	60		70		80		90		100	
	不与绕组接触的铁芯和其他部件	不应足以达到使任何相近绝缘或其他材料有损坏危险的数值									
	滑动轴承	不应超过 70									
	滚动轴承	不应超过 95									

(八)电刷冒火

发电机在额定出力运行时,发电机的滑环与励磁机的整流子上应无火花或只允许有少量的火花,否则,会严重烧坏整流子或滑环,并能造成励磁系统的短路或接地,影响发电机的正常运行和系统的稳定性。发电机电刷冒火的允许范围参照表 2-8-5。

表 2-8-5 发电机电刷冒火的允许范围

火花级别	火花性质	换相器和电刷的情况	允许范围
1	无火花(暗换相)	换相器表面无黑色痕迹,电刷上无灼痕	正常运行时最为理想
1.25	电刷下面仅局部发生微弱的火花点		
1.5	电刷下面大部分有微弱的火花发生	换相器表面有黑色灼痕,但易用汽油、酒精擦去,电刷上有灼痕	允许在额定负荷下运行
2	电刷整个边缘下均有火花发生	换相器上有黑色痕迹,不能用汽油、酒精擦去,电刷上有灼痕	在短时间的冲击负荷及短时间的过负荷时,才允许这样的火花
3	电刷整个边缘发生相当大而且飞出的火花(环火)	换相器严重发黑,不能用汽油、酒精擦去,而且电刷有烧焦和损坏现象	若发电机不能运行,应查明原因,予以消除

三、设备的巡回检查

设备的巡回检查是运行人员确保机组安全运行的日常维护重要工作之一。通过对设备的系统、周密检查,可将设备事故消灭在萌芽之中,保证机组的安全运行。

在设备巡回检查的方法上,各厂因其情况不同方法也不一样,设备的巡回检查既要全面,又要有重点。一般要注意上一班和本班操作过的设备位置有没有异常现象;检修过的设备和原有设备存在的小缺陷是否扩大;机组有无发生过冲击或事故;经常转动部分和其他薄弱环节等。现将设备巡回检查内容介绍如下。

(一)机旁盘、风闸系统、温度盘

(1)动力盘交流电压表指示正常。如果电压较低,可提高厂用电,防止油、水、气各系统的电动机因电压启动力矩不足而烧损。各电动机电流表指示正常,没有超过额定电流值。蝶阀油泵的电动机电流表如无操作应指示为零,各开关除备用电源开关切除外,其他都应在投入位置。

(2)自动保护盘各表计的指示不超过额定值。发电机定子电压表、电流表三相均衡;接地表指示为零;盘内各保护端子在正常位置。

(3)风闸系统除手动给气阀全闭外,其他手动阀都应全开。电磁给气阀关闭并无漏气。系统气压表指示正常,加闸气压表指示为零。

(4)温度盘上的各轴承膨胀型温度计和电阻型温度计指示无偏高,可与轴承温度记录相比较。在调相机运行时,因转轮不存在水的垂直压力,故推力轴瓦温度较发电机运行时低,而上、下导轴瓦的温度是恒定的。发电机或调相机在相同运行方式下,如轴瓦温度每升高 $2 \sim 3$ ℃,即应检查原因,测定子线圈温度是否超过规定值,冷风温度是否均匀。

(二)压油装置、调速器

(1)压油泵一台在自动运行,一台在备用。压油槽的油面对应在标线范围内。由于调速器经常调整机组出力,油流会带走部分压缩空气,造成压油槽油面升高,故应进行适当的调整。

(2)放出阀的动作压力应在规定范围,集油槽的油面也应符合要求。

(3)电气液压调速器在运行中应符合下列要求:

①永磁机交流开关在投入位置;

②厂用交流电 220 V 开关在投入位置;

③直流电 220 V 电源开关在投入位置;

④弱电电源 48 V 小开关在投入位置;

⑤开度限制手轮销子插入,其电动机小开关在投入位置;

⑥调速器手动、自动切换阀应在自动位置。

(4)电气液压调速器在运行中应检查以下内容:

电气柜:

①永磁机电压表指示为 110 V;

②稳压电压表指示为 + 27 V 和 - 7 V;

③装置故障信号灯灭;

④运行缓冲时间和强度切换波段开关在正常运行位置;

⑤残留不平衡度切换开关在 40% 位置;

⑥频率给定和功率给定电位器在正常位置,在机组带一定负荷运行时,频率给定电位器应维持在 48 ~ 50 Hz。

液压柜:

①油压表指示在 22 ~ 25 kg/cm^2(额定压力为 25 kg/cm^2);

②转速表指示在 95% ~ 100%;

③差流表指示在平衡位置(接近 0);

④接力器锁锭拔出红灯亮,锁锭投入红灯灭;

⑤锁锭电磁铁动作,指示灯不亮;

⑥事故电磁阀动作,指示灯不亮;

⑦开度限制手轮销子在插入位置,小开关在投入位置(特殊情况下例外)。

(5)机械液压调速器在运行中应检查如下内容:

①残留不平衡机构指示在规定值,调速器的工作油压表指示与压油槽的油压表指示无较大偏差;

②机械调速器的离心力飞摆和同期电动机回转部分无异声,且离心飞摆针杆软结合处无漏油;

③调速器各部件的销子无脱落,辅助作用筒在限制时可有微小串动,并调速柜内底部排油通畅、无积油。

(三)接力器室、水轮机室

(1)发电机上、下导轴承油槽的油面在规定范围内。对外循环式导轴承,一台油泵在自动运行,另一台油泵在备用,且油压指示正常。

(2)水轮机导轴承润滑水系统除过滤器排水阀在全闭位置外,其他都应在全开位置。压差示流继电器指示在 0.1 MPa/cm^2 以上,油、水、气系统自动电磁阀无漏油、漏水、漏气现象。

(3)接力器排油阀都在全闭位置,排油腔排油畅通,应无大量积油情况。

(4)发电机运行时,水轮机导轴承的水压一般在 0.04 MPa/cm^2 以上;机组作调相机运行时,转轮上盖应有压力指示,如转轮在水中运行时需充气压水。

(5)水轮机室内无机械碰撞声和异常振动声,导叶剪断销应无折断,拐臂、连杆完整。

(四)蝶阀室

(1)蝶阀和侧路阀按电力系统的要求在全闭或全开位置。竖轴蝶阀全闭时指示在 0° 位置,全开时指示在 90° 位置。横轴蝶阀全闭或者全开时各有锁锭销子在锁锭中,除有特殊要求操作外,蝶阀不应在半开位置。

(2)蝶阀集油槽的油面在标线范围内。如竖轴蝶阀、上下导轴承(包括推力轴承)油槽的油面应在标线范围,横轴蝶阀注油指示器指示在有油位置。对操作油和润滑油应观察油色、有无漏进水。

(3)蝶阀、侧路阀及空气围带给、排气操作器具都应在正确位置,油泵的电动机电磁开关把手在自动位置。

(4)竖轴蝶阀、上下导轴承处的六根排水管不应排压力水,横轴蝶阀两端轴承处不漏水。

(5)冷却水系统各阀在正常位置,总水压在规定范围。

(6)水压钢管和蜗壳的排水阀都在全闭位置且无漏水,水压钢管的伸缩装置不漏水。

(五)发电机及上下部风洞

(1)从发电机的闻味管闻其有无绝缘烧焦气味。

(2)检查上部导轴承润滑油的工作情况。对浸油式润滑轴承,记录油槽油面是否在规定范围内,示流器内油流是否通畅、油色是否正常。对外循环式轴承,应检查油压和油槽排油情况。凡是对轴承的检查都应倾听油槽壳处有无异声。对油色检查应细心,如油色发白,则油内可能有水进入;如油色发黑,则可能因轴电流或其他原因磨损轴瓦而引起,当发现异常时,应及时分析,给以适当处理。

(3)检查发电机的集电环(简称滑环)炭刷,应无剧烈冒火及个别发热烧红、不动的现象。如冒火过大,一般伴随着转子接地,可能是因为绝缘棒刷架上炭粉过多,此时应用抹布擦拭或用压缩空气吹扫。

(4)检查推力、上导、下导轴承冷却水排水系统的示流器流水通畅,发电机上边的盖板不应有水。

(5)检查推力轴承油槽的油面,并记录。听推力轴承和推力头处有无异声,并从推力轴承油槽窗口处观察其油色。

(6)副励磁机和主励磁机的炭刷无过大冒火现象,其动作正常,整流子不应发黑。

(7)上部风洞在正常情况下,每周定期检查一次,观察各冷风器不应漏水,温度均匀。出口母线和中性点处无烧红过热情况,并倾听发电机定子和转子有无异声。

(8)下部风洞巡回可每白班进行一次。机组下部风洞的底部盖板高程不一,高者是下导轴承油槽在风洞外面,机组运行中可以检查各风闸情况;低者是下导轴承油槽在风洞内部,进入下部风洞检查的项目是下导轴承油压、油流、油面,并观察冷却水流情况,各冷风器给排水系统无漏水,并检查风闸都在下落位置。

思考题

1.水电厂在电力系统中的作用有几个方面?

2.机组开停机及主阀操作必须经过什么人许可?

3.蜗壳充水前,机组必须处于什么状态?

4.机组事故后必须经过哪些处理才能再次开机?

5.机组保护和自动装置投入后,运行人员不得进行哪些改变?

6.推力瓦为巴氏合金的立式机组因发生蠕动加闸停机,开机前需做什么操作?

7.在机组操作或试验过程中,如发生异常情况,应如何处理?

8.水轮机如有振动区,当机组发生振动时,应如何处理?

9.运行机组各部轴承温度或油温较正常温度升高3~4℃时应如何处置?

10.机组不允许在什么样的转速以下长期运行?

11.在什么样的情况下禁止对机组进行制动?

12.机组启动前应检查哪些项目?

13.机组启动应具备哪些条件?

14.简述手动开机的步骤。

15.简述机组自动开机的过程。

16.机组运行中如何对有功或无功负荷进行调整?

17.当发电机电压、负荷、功率因数超限时,对其进行调整时应注意什么?

18.简述机组手动正常停机的步骤。

19.机组在什么情况下可进行紧急停机?

20.机组事故停机有哪几个方面的原因?

21. 机组事故停机应进行哪些操作(包括自动操作)?

22. 机组事故停机应进行哪些检查?

23. 低压机组运行时轴承的轴瓦温度、油温及冷却水温的允许范围是多少?

24. 调速器油压装置正常油压、事故油压和故障油压的范围是多少?

25. 发电机的励磁电流、励磁电压的最高值不得超过何值?

26. 发电机运行电压的允许变动范围是多少?

27. 发电机的频率最大允许变动范围不得超过何值?

28. 发电机功率因数一般在何范围内运行?

29. 什么样的发电机必要时可以在功率因数1.0运行,并允许短时间的超前(进相)0.95~1.0运行?

30. 发电机定子电流的允许值与室温或冷却气体温度有何关系?

31. 发电机允许过负荷的范围和时间有何关系?

32. 发电机绕组的耐热能力与绝缘等级有何关系?

33. 发电机电刷冒火级别与允许运行范围有何关系?

34. 水轮发电机组运行中应巡查哪些设备与部位?

35. 以水轮机和发电机为例说明巡查的主要内容。

第三章　机组辅助设备的运行、操作与管理

第一节　油系统的运行与维护

一、油系统的监测与维护

(一)油系统的监测

油系统监测的目的是减缓油的劣化,以保证设备的可靠运行。针对促使油产生劣化的因素,在工程实际中应采取相应的措施,如储油和用油设备的密封和干燥、轴承冷却器经耐压试验无渗漏、轴承与基础之间设置绝缘垫防止轴电流、加油与排油时为淹没出流及降低油流速度等。同时,在运行中加强对油质、油温和油位的监测,随时注意油质的变化。

(1)油质监测。运行中的油应按照规定时间取样化验。对新油及运行油在运行的第一个月内,要求10天取样化验一次;运行一个月后,每隔15天取样化验一次。当设备发生事故时,应将油进行简单试验,研究事故的原因以及判别油是否可继续使用。当电站无化验设备时,运行人员可通过油的颜色和一些简单方法鉴别油质的变化:如油管或调速器中的滤油器很快被堵塞,说明油中机械杂质过多;分别取新油和运行油油样于试管或滴在白色滤纸上,比较两者的颜色、湿迹范围和机械颗粒,也可判别油质劣化与污染程度;还可将运行油取样燃烧,如有"啪啪"声,说明油中含有水分等。

(2)油温监测。运行人员在运行中应按照规程规定,按时监视和记录各种用油设备油的温度。为了保证设备正常工作,减缓油的劣化,油温不可过高;但油温过低又会使油的黏度增大。一般透平油油温不得高于45 ℃,绝缘油油温不得高于65 ℃。

油温高低还反映了设备的工作是否正常。当冷却水中断、轴承工作不正常时,轴承油温就会迅速升高;而当冷却水量过大或冷却器漏水时,油温可能会降低。因此,运行中如果发生油温有异常变化,均应进行全面的检查和处理。

(3)油位监测。各种用油设备中油位的高度均按要求在运行前一次加够。在运行时某些设备(如轴承)由于转动形成的离心力和热膨胀等原因,油位会比停机时高一些。另外,由于渗漏、甩油和取样等原因,运行时油位缓慢下降,也属于正常情况。

运行设备的油位若发生异常变化,如冷却器水管破裂或渗漏会使油位上升较快;而大量漏油或甩油又会使油位下降较快,在这种情况下,应立即停机检查和及时处理。

(二)油系统的清洗维护

为了保证用油设备的安全运行,应定期对油系统的各种设备及管道进行清洗。用油设备及管道的清洗维护往往结合机组的定期检修或事故检修进行,而储油和净油设备及其管道往往结合油的净化及储油桶的更换进行。

清洗工作的主要内容是清洗掉油的沉淀物、水分和机械杂质等。清洗时,各设备及管道应拆开、分段、分件清洗。

目前,清洗溶液除煤油、轻柴油或汽油外,多采用各种金属清洗剂。清洗剂具有良好的亲水、亲油性能,有极佳的乳化、扩散作用,且价格低廉,安全可靠。

清洗合格后,透平油各设备内壁应涂耐油漆,变压器等绝缘油设备内壁应涂耐油耐酸漆。然后,油系统各设备与管道均应密封以待充油。

二、油压装置的运行要求

油压装置是水轮机调节系统液压阀的操作能源,必须经常保持压力正常,才能保证机组的正常运

行,因此必须使油压装置的控制自动化。

对油压装置运行的要求是:

(1)当机组正常运行或发生事故时,能保证有足够的压力油来操作机组的导叶,特别是厂用电消失情况下,应有一定的能源储备。为此,除选择适当的压油槽容量外,还必须有较完善的自动控制措施,来保证具有正常的工作油压。

(2)机组不论在运行或停机状态,油压装置都应处于良好的准备工作状态,应自动保持规定的油压,不需要人工参与。

(3)油压装置故障时应发出信号;在事故性压力降低时,应作用于事故停机并发事故信号。

(4)元件(或装置)使用的汽轮机油的油质应符合以下规定:

①新油应符合 GB 11120 中的 L－TSA32 号或 L－TSA46 号汽轮机油的规定;

②运行中的油应符合(80)电技字第 26 号《电力工业技术管理法规》中的有关规定。

(5)运行中的汽轮机油除应按 SD 246—88 中的有关规定检验外,还应定期取油样,目测其透明度,判断有无水分和过量杂质。如发现有异常,应进行油质化验;化验不合格时,应进行过滤或更换。

(6)在运行设备的油槽上进行滤油时,应设有专人看守。要注意油槽中的油面,以防止在过滤中因油面变化而影响设备安全运行。

(7)运行值班人员,必须按规定检查机组各处用油的油位、油色、油流和油温是否正常。

(8)对油库的备用油应按规定储备。

三、油压装置的运行操作

(一)油压装置构成

油压装置由回油箱、压力油泵、压力油罐、管路系统和切换阀构成,如图 3-1-1 所示。回油箱上装有浮子信号器 42FZX,用于监视油箱中的油位。两台电动油泵 81M 和 82M 把回油箱中的油打入压油槽,一台工作,一台备用。两台油泵的出口均装有切换阀 1ZF 和 2ZF,用于切换油路。压油槽上装有 3 个压力信号器 41～43YLX,根据压油槽的油压分别控制工作油泵的启停及备用油泵的投入和低油压事故停机。

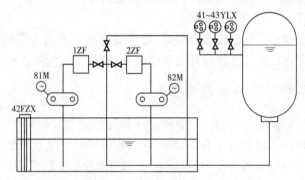

图 3-1-1　装有两台油泵的油压装置的机械系统图

(二)油压装置的运行方式

油压装置通常以自动方式运行,当油泵控制回路出现故障而不能自动运行时,可将油泵控制开关切换到手动位置,以手动方式启动油泵。

四、油压装置故障处理

(一)油压降低处理

(1)检查自动、备用泵是否启动,若未启动,应立即手动启动油泵。如果手动启动不成功,则应检查二次回路及动力电源。

(2)若自动泵在运转,检查集油箱油位是否过低,安全减载阀组是否误动,油系统有无泄漏。

（3）若油压短时不能恢复,则把调速器切至手动,停止调整负荷并做好停机准备,必要时可以关闭进水闸门停机。

（二）压力油罐油位异常处理

（1）压力油罐油位过高或过低,应检查自动补气装置工作情况,必要时手动补气、排气,调整油位至正常。

（2）集油箱油面过低,应查明原因,尽快处理。

第二节　压缩空气系统的运行维护与管理

一、低压压缩空气控制系统运行维护与管理

（一）低压压缩空气控制系统的构成

具有两台低压空压机的控制系统如图 3-2-1 所示。空压机 1DKY 和 2DKY 以开一备一方式运行。空压机具有冷却水系统和放气排污系统,分别由电磁阀 1DCF、2DCF 和 3DCF、4DCF 控制。空压机出气管路上装有温度信号计 1WX 和 2WX,监视空压机出口空气的温度,温度超标时发出警示信号。空压机送出的压缩空气进入 1 号储气罐或 2 号储气罐。储气罐出口连接到供气母管上,母管上装有电接点压力信号计 1YXL、2YXL 和 3YXL,除显示供气压力外,分别用来控制空压机的启停、备用空压机的投入和压力过低或过高的报警。

（二）低压压缩空气控制系统的运行

系统通常以自动方式运行。当空压机控制开关处于自动位置时,空压机根据供气母管压力的高低由压力信号计 YXL 控制空压机的启动和停止。当压缩空气压力降低时,压力信号器的接点接通,经启动继电器启动处于工作状态的空压机,在气压恢复时,压力信号器的另一接点闭合,切断运行空压机的电源回路,空压机停止运行。

备用投入:在工作空压机投入压气时,气压如继续下降至过低位置,则压力信号器 YXL 的过低接点闭合,经启动继电器启动备用空压机投入运行,在气压回复时,压力信号器的正常压力接点闭合,工作空压机和备用空压机停止运行。

手动操作:当空压机控制开关处于切开位置时,把手动控制开关切至手动位置,则工作空压机启动运行。当气压达到正常压力时,将手动控制开关置于切开位置,空压机停止运行。

二、高压压缩空气系统的运行监视与操作

高压压缩空气系统主要用于机组调速器、蝶阀油压装置的供气。具有两台高压空气压缩机的高压压缩空气系统如图 3-2-2 所示。对其自动化的要求与对低压压缩空气系统的要求基本相同,电接点压力信号计 1YXL、2YXL 和 3YXL,除显示供气压力外,分别用来控制空压机的启停、备用空压机的投入和压力过低或过高的报警。由于水电站高压空气压缩机容量较小,大多采用强迫风冷,无自动排污及空载启动的要求,故电气控制接线较为简单。

三、压缩空气系统的运行维护

运行值班人员和设备专职人员应按规定检查压缩空气系统的供气质量和压力,以保证元件（或装置）的正常运行。当发现有异常及漏气现象时,应及时处理。

压缩空气系统的压力表应定期检验,并保证可靠。

机组运行中的制动给气系统和调相给气系统,应经常保持正常。在机组停机或调相运行过程中,运行值班人员要注意监视系统各元件（或装置）的动作情况;如发现异常,应及时处理。运行值班人员应定期对气水分离器和储气罐进行排污,当发现其含水量和含油量过大时,应及时查明原因并进行处理。

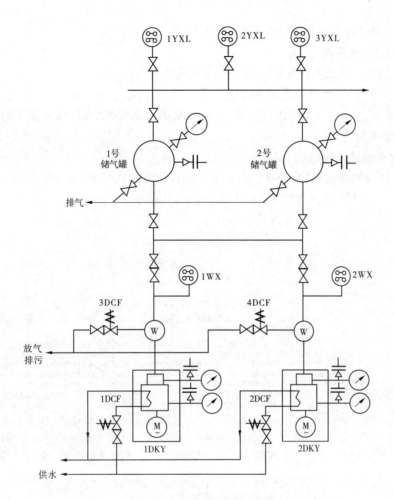

图 3-2-1　低压压缩空气系统

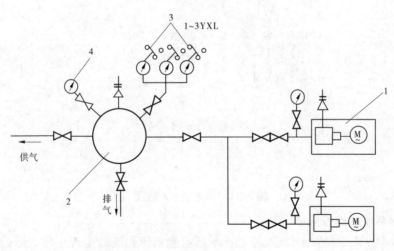

1—空气压缩机;2—储气罐;3—接点压力信号计;4—压力表

图 3-2-2　高压压缩空气系统图

第三节　技术供、排水系统的运行监视、自动化运行操作

一、技术供水系统

水电站的技术供水系统是指机组冷却、润滑、密封、灭火的用水系统,水源可采用压力管自流方式,

也可采用水泵供水,并设置蓄水池,自成独立的供水系统。

(一)技术供水的供水系统

具有两台水泵的集中供水系统见图3-3-1,其自动化要求是:

(1)蓄水池水位降低时,能自动启动并停止工作水泵,维持蓄水池水位在规定范围内。

(2)当蓄水池水位继续下降至下限位置时,备用水泵能自动投入,水位恢复正常时停止工作。

(3)两台水泵能互为备用。

(二)技术供水泵自动控制接线

技术供水泵自动控制接线见图3-3-1。两台水泵的运行方式用切换开关进行选择;水泵的自动操作借助浮子信号器进行自动控制,81FZX有三个位置开关,分别反映工作水泵启动、备用水泵启动、水泵停止三个水位。读者可参照前例自行分析其动作过程。

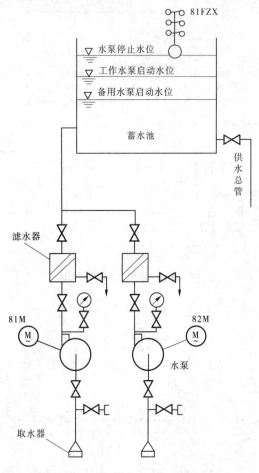

图3-3-1　技术供水系统图

(三)技术供水系统的运行维护

运行值班人员应按规定检查水压表、流量计所指示的水压和流量是否正常。运行值班人员和设备负责人应按规定巡回检查各处用水的水质、水压、流量、水位和水温;若发现异常,应及时采取措施进行处理。

对机组用水的过滤器应定期清扫、维修和切换,以保证水质、水量和水压符合要求。

机组润滑水的水温最低不能低于5 ℃;当水温低于5 ℃时,应采取提高水温的措施。

机组的冷却水和润滑水,在洪水季节应加强巡回检查并取样分析;如发现水质指标超过规定值,应采取措施进行处理。

机组水导轴承橡胶瓦的备用润滑水源,应保证可靠,并定期做投入试验。

二、集水井排水系统的运行维护

水电站一般在厂房最低处设置集水井,将厂房的渗漏水集中排出。由于厂内渗漏水过大时可能造成水淹厂房事故,故排水设施不仅要有适当的排水能力,还应能自动控制,以保持集水井正常水位。

(一)集水井排水系统运行要求

具有两台水泵的集水井排水系统见图3-3-2。水泵的自动操作借助浮子信号器进行自动控制。其要求是:

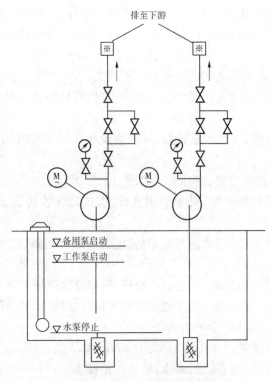

图 3-3-2 集水井排水系统图

(1)能自动启动和停止工作水泵,保持集水井水位在规定范围内。

(2)当工作水泵故障或渗漏水量大,集水井水位上升至备用水泵启动水位时,备用水泵能自动投入并发信号。

(3)两台水泵能互为备用。

(4)当自动控制回路失灵时,可设专人监视集水井水位,手动控制抽水。

(5)水泵遇到下列情况之一者,禁止启动抽水:

①水泵内有空气,未充满水;

②水泵保护装置不完整或失灵;

③水泵润滑油严重变质,特别是润滑油油量严重不足;

④水泵电动机绝缘电阻低于 0.5 MΩ。

(二)水泵维护检查

(1)水泵正常维护和启动前的检查项目。各水泵操作电源开关合上,集水井排水泵电磁开关一台自动,另一台备用;各水泵电动机及电磁开关外壳接地良好;各阀门位置正确,阀门、法兰、盘根无漏水现象;水泵止水盘根压环松紧适宜;各水泵及电动机基础螺丝牢固;各水泵润滑油质良好,润滑油量正常;各水泵压力表指示正常;集水井水位正常;各水泵和电动机联结靠背轮完好;水泵自动化元件完好,接线端子无松动、冒火花现象。

(2)水泵在运转中应注意以下事项:

①水泵在运转中泵内和轴承内无异常的响声;

②水泵在运转中泵内和轴承外壳温度不应过高,电动机温升不得超过65 ℃,润滑油温正常;

③水泵和电动机在运转中不得有异常振动或窜动现象;

④水泵止水盘根无漏水过大或发热现象;

⑤水泵出口压力表指示正常,无异常摆动现象。

(三)水泵常见故障原因及处理方法

(1)水泵抽不上水或抽水效率过低,其原因及处理方法如下:

①吸程太大,此时应调整水泵安装高程;

②进水端过滤网堵塞或进水端逆止阀卡住,应立即通知检修人员检查清扫、分解、调整、处理;

③吸水管路不严漏入空气,或盘根不严漏入空气,应拧紧吸水侧法兰螺丝垫,更换优质盘根,拧紧盘根压盖螺丝,重新排气充水;

④水泵的旋转方向不对,应变更电动机电源的三相接线;

⑤吸水侧进水门在水下深度不够,水面产生涡流进气,应降低吸水管的位置,使进水门入水深度不小于0.5 m;

⑥电源电压不足或周波降低,使电动机转数不够,应设法恢复正常电压和周波,恢复电动机正常转数。

(2)水泵轴承温度过高或盘根发热,其原因及处理方法如下:

①水泵轴承安装不正确或间隙不当,轴承磨损或松动,应通知检修人员检修,做分解检查,进行调整、更换、处理;

②轴承润滑油严重变质,特别是润滑油严重不足,应更换或补充新油,保持油位在油标尺两刻度之间;

③盘根压得太紧或四周紧度不均匀,应松动盘根压环,调整紧度使其均匀适宜,稍有滴水为妥;

④轴和盘根的压环之间无足够的间隙,应通知检修人员分解检查,调整配合间隙。

(3)水泵机组异常振动时,其原因及处理方法如下:

①水泵和电动机转子不平衡或转子中心不对,应通知检修人员分解、检查、处理,找正中心;

②轴承磨损或轴弯曲,应处理或更换新轴承,校正或更换新轴;

③靠背轮组合不良,应通知检修人员校正靠背轮;

④基础不牢固,地脚螺丝松动,应加固基础,拧紧地脚螺丝。

(4)集水井水位升高,备用水泵启动信号出现,自动水泵启动不起来时,其原因及处理方法如下:

①自动排水泵电磁开关位置不正确或电磁开关内部接点变位,此时应检查电磁开关位置是否正确,将备用水泵设为自动,并通知检修人员更换电磁开关;

②自动排水泵磁力启动器回路断线或合闸线圈损坏,此时应通知检修人员检查处理,更换合闸线圈;

③热元件保护动作,此时应检查电机有无异常,无异常时复归热元件保护;

④电动机线圈损坏,此时应测量电动机绝缘,绝缘损坏时应更换电动机线圈;

⑤自动排水泵电源保险熔断,此时应检查更换保险;

⑥自动启动继电器损坏或自动启动回路断线,此时应通知检修人员检查处理。

(5)集水井水位过高信号出现,其原因及处理方法如下:

①自动回路失电源或自动元件失灵,此时应检查更换电源保险恢复电源,更换自动元件。

②水泵抽不上水,此时应对水泵进行检修或更换处理。

③异常漏水增加而备用水泵不能自动启动,应查找异常漏水原因及备用泵机械电气故障,及时排除。

(6)集水井自动排水不能自动停止时,其原因及处理方法如下:

①自动启动继电器卡住不复归,此时应断开自动排水泵的电磁开关,拉开自动控制回路电源开关。

②自动排水泵磁力启动器三相触头烧坏粘住,此时应断开自动排水泵的电源开关,取下电源保险,

通知检修人员检查处理。

思考题

1. 油系统运行中应进行哪些监测?
2. 如何进行油系统的清洗与维护?
3. 对油压装置运行的要求有哪几项?
4. 对油压装置低油压和油位过低的故障应如何处理?
5. 简述压缩空气系统的控制系统构成与工作原理。
6. 对技术供水系统应进行哪些检查与维护?
7. 对集水井排水系统运行有何要求?
8. 简述水泵常见故障原因及处理方法。

第四章 调速器的运行、维护与管理

第一节 调速器的运行要求

一、概述

水轮发电机组不论是单机运行还是并网运行,都需要稳定的转速。但是由于负荷的变化,要保持稳定的转速十分困难,转速变化导致负荷的频率变化,而频率变化就会影响电能的质量,并且如果转速过大,对水轮机和零部件十分不利。要使频率稳定,机组的转速就必须稳定。但外界负荷不断变化,要使机组输出功率与外界负荷相适应,就需随着负荷变化随时改变机组的输出功率。只有随着负荷变化及时改变水轮机的导叶开度,才能保持转速的稳定,完成这个任务的设备就是调速器。当系统负荷突然减少或因事故使发电机主开关跳闸时,水轮机的输出功率将大大超过发电机的电磁力,使机组转速大大升高,不及时关闭水轮机导叶,将使机组的机件因过速而损坏。关闭水轮机导叶,也由调速器操作完成,保证了机组的安全,防止出现飞车事故。当接到上级命令需要改变出力或在汛期及枯水期出力变化时,也由调速器完成。因此,调速器除在负荷变化时自动调节水轮机流量外,调速器还实现开机、停机、调整频率、控制机组出力等操作,在紧急情况下还能完成紧急停机,保证机组安全。

为保证水轮机安全运行,也为达到供电质量标准,调速器能满足以下几个基本要求:

(1)动作及时。负载变化后,调速器能很快反应,及时动作,并在尽可能短的时间内使机组重新稳定。

(2)动作准确。调速器对导叶开度的控制应当准确,要与负载变化一致。

(3)过渡平衡。调速器在调节过程中转速等工作参数发生波动是必然的,但波动的次数要少,幅度要小。

二、调速器运行基本要求

首先调速器必须按相关试验验收规程进行试验,试验结果必须达到相应指标,正式投入运行前还应满足以下要求:

(1)接力器关闭与开启时间的整定和关闭规律符合调节保证的计算要求。

(2)调节参数整定正确。

(3)转桨式水轮机轮叶启动角度整定正确。

(4)工作电源、备用电源及自动回路工作正常,信号正确。

(5)远方及现场开(停)机、负荷调整、事故停机等动作正确。

(6)机组频率信号回路和电网频率信号回路熔断器完好并已投入。

(7)反馈机构的钢丝绳(钢带、杠杆)连接完好,传动灵活。

(8)调速器与监控系统通信工作正常。

(9)事故紧急停机电磁阀动作正常。

(10)锁锭装置动作正常、指示正确。

三、调速器的基本运行方式

(1)调速器的自动运行方式有五种方式:按功率调节、按频率调节、按水头(水位)调节、按开度调节、水轮机–水泵运行(可逆式机组)。

(2)调速器的手动运行方式有两种方式:机械手动、电气手动。

第二节　调速器的运行操作

一、运行方式的转换

正常运行时,一般均在自动位置,当电气部分发生故障时,手自动切换阀切换至手动运行,液压缸保持原有开度,手动指示灯亮。必要时,也可随时操作电控柜上的手自动切换开关,转换调速器的运行方式。

运行方式转换操作步骤如下。

(一) 自动切手动

(1)对具备无扰动"手动—自动"切换功能的调速器,可直接进行切换;对不具备该功能的调速器,应进行相应的调整,使开度指示黑、红针重合后再进行切换。

(2)对双调速机组,应注意保证机组协联关系正确。

(二) 手动切自动

(1)确认调速器处于正常状态。

(2)对具备无扰动"手动—自动"切换功能的调速器,可直接进行切换;对不具备该功能的调速器,应进行相应的调整,使导叶平衡表(指示灯)处于平衡状态后再进行切换。

(3)对双调节机组,在轮叶切换至自动位置前,应先手动调整轮叶实际开度与协联输出信号基本一致,并检查轮叶平衡表(指示灯)处于平衡状态后再进行切换。

二、手动操作

手动操作一般在调试、首次开机和电气故障时使用。此时,调速器切为手动工况,操作手动操作阀的把手,即可控制机组开、停或增、减负荷。

手动开机时,先用手动操作使导叶开至启动开度;待转速升至80%额定值后,将导叶关至空载开度附近,并根据机组转速用手动操作阀细心调节导叶开度,使机组稳定于额定转速。并网后,用手动操作即可增减负荷。

手动停机时,用手动操作使导叶关至空载开度;与电网解列后,继续手动操作关闭导叶,直至停机。

具体操作步骤如下。

(一) 手动开机

(1)开机前,应确认调速器已具备手动开机条件。

(2)调速器置于手动位置。

(3)通过手动操作机构,调整导叶开度。在开机过程中,应注意观察机组转速表,防止机组过速。

(4)在手动开机过程中,操作人员严禁离开操作现场。

(二) 手动停机

(1)调速器置于手动位置。

(2)将机组减负荷至空载,等待断开发电机出口断路器。

(3)关闭导叶至全关。

(4)监视机组转速,当机组转速降至制动转速规定值时,手动投入制动风闸。

(5)导叶全关后投入锁锭。

(三) 增减负荷

(1)通过手动操作机构进行调整,调整时应避免机组进相或超过负荷运行。

(2)双调节机组在调整导叶开度时,注意保持机组协联关系正确。

(3)避免机组在振动区运行。

(四)紧急停机

手动操作紧停阀,可紧急停机。

三、自动运行

自动开机时,频给等于 50 Hz,机频与频给的差值转换成开、关信号,控制液压缸开、关,直至机频等于频给值。并网前的调节参数为空载参数,以保证机组空载运行的稳定性。空载运行时,若频率调节方式处于"不跟踪",则频给值默认为 50 Hz,如需改变频给值,可通过电控柜上的按键或增、减给定按钮进行整定,也可通过上位机或现地 LCU 的指令增、减;若频率调节方式处于"跟踪",则频给自动跟踪网频。

并网后,频给自动整定为 50 Hz,用 bp 整定值来实现有差调节。此时液压缸开度将随着频差而变化,并入同一电网的机组将按各自的 bp 整定值自动分配负荷。当上位机或电控柜上的增、减给定按钮发出增、减负荷命令时,功率给定值相应改变。并网后如需改变频给,可通过显示屏修改。

自动停机时,给定频率将自动置于零,机频与频给的差值转换成开、关信号,控制液压缸快速关闭,直至机频为零。

具体操作步骤如下。

(一)自动开机

(1)开机前应确认调速器已具备自动开机条件。

(2)调速器置自动位置。

(3)监视自动开机过程。

(二)自动停机

(1)调速器置自动位置。

(2)监视自动停机过程;

(3)接力器锁锭在投入位置。

(三)增减负荷

接收相应的指令,增减至规定的负荷。

(四)紧急停机

自动工况下紧急停机时,紧停阀动作,紧停阀向液压缸关机侧配油,使其快速全关。

四、油压装置的运行操作

(一)手动补气

(1)将油泵操作开关转换至切除位置。

(2)检查补气压力在额定值,打开补气阀。

(3)缓慢打开压力油罐的排油阀,当压力、油位降至规定值时,关闭排油阀。

(4)待压力油罐压力上升至额定油压时,重复上步操作。

(5)待油位降至规定值时,停止补气,关闭补气阀。

(6)将油泵恢复运行。

(二)自动补气

(1)自动补气装置在自动位置。

(2)检查压力油罐油位正常。

(三)油泵的运行方式

(1)油泵应保证一台工作,一台备用。

(2)手动操作油泵时,应注意监视油压,操作人员严禁离开操作现场。

(3)应定期对油泵工作状态进行切换。

第三节　调速器的巡检与维护

一、巡检与维护基本要求

（1）现场运行规程应对调速器的巡回检查、定期维护项目和要求作出规定。

（2）按规定进行巡回检查和定期维护工作,并做好记录,调速器旁应有专人监视油压装置。

（3）压力油罐手动补气时,应监视压力油罐油位和油压,补气未完,操作人员不得离开现场。

二、调速器的运行巡检

（一）调速器的主要巡检项目

（1）各表计信号灯指示正常,开关位置正确,各电气元器件无过热、异味、断线等异常现象。

（2）调速器运行稳定,无异常抽动和振动现象。

（3）调速器各阀门、管路无渗漏,阀门位置正确。

（4）调速器各杆件、传动机构工作正常,钢丝绳无脱落、发卡、断股现象,销子及紧固件无松动或脱落。

（5）滤油器压差应在规定的范围内,否则应进行滤油器切换并对滤网进行清扫。

（二）配套油压装置的巡检项目

（1）油压装置油压、油位正常,油质应定期化验,保持合格,油温在允许范围（10～50 ℃）。

（2）各管路、阀门、油位计无漏油、漏气现象,各阀门位置正确。

（3）油泵运转正常,无异常振动、过热现象。

（4）油泵应至少有一台工作,一台备用。油泵安全阀开启、关闭压力应正确,动作时无啸叫。

（5）自动补气装置应完好,失灵时,应手动进行补气。

（6）油箱油位正常,油泵运行正常。

三、定期维护

（一）调速器的定期维护

定期进行调速器自动、手动切换试验,并检查电磁阀动作情况及有关指示信号。定期对滤油器进行切换、清扫,对有关部位进行定期加油。

（二）油压装置的定期维护

定期对油泵进行主、备用切换,定期对漏油泵进行手动启动试验,定期对自动补气阀组进行启动试验。

思考题

1. 为保证水轮机安全运行和达到供电质量标准,调速器必须满足哪几个基本要求?

2. 调速器正式投入运行前还应满足哪些要求?

3. 调速器的基本运行方式有哪两种?

4. 简述调速器手动开机的操作步骤。

5. 简述调速器手动停机的操作步骤。

6. 简述调速器自动开机、停机和增减负荷的操作步骤。

7. 简述油压装置手动补气的步骤。

8. 调速器运行中的主要巡检项目有哪些?

第五章 电力变压器和配电装置的运行、维护与管理

第一节 变压器运行、维护与管理

一、变压器的负载运行

变压器一次侧施加额定电压而二次侧开路,一次侧电流用来建立磁场(激磁),称一次侧的激磁电流为空载电流,空载电流一般为变压器的额定电流的百分之几。当二次绕组带上负载时,二次侧电流增加,一次侧的电流也相应增加。因此,变压器一次侧的电流是由二次侧的电流决定的。

当运行电流超过额定电流时,称过负荷运行。变压器可以在正常过负荷和事故过负荷情况下运行。正常过负荷可以经常使用,其允许值根据变压器的负荷曲线、冷却介质温度以及过负荷前变压器所带的负荷等因素计算确定,正常过负荷不会缩短变压器的寿命。事故过负荷只允许在事故情况下运行,并应遵照制造厂的规定。一般情况下,变压器过负荷运行温度会升高,使绝缘老化,并使变压器油变质,缩短使用寿命,变压器事故过负荷倍数和允许时间见表 5-1-1。

表 5-1-1 变压器事故过负荷倍数及允许时间

额定负荷的倍数	过负荷允许时间	
	室外变压器	室内变压器
1.3	2 h	1 h
1.45	80 min	40 min
1.6	30 min	15 min
1.75	15 min	8 min
2.0	7.5 min	4 min
2.4	3.5 min	2 min
3.0	1.5 min	1 min

电力变压器根据用途可分为升压变压器和降压变压器。升压变压器的高压侧比额定电压高 5%,以克服输电线路上的电压损失,如电压比为 10.5 kV/0.4 kV 的变压器为升压变压器。降压变压器也称配电变压器,一般在线路的末端,电压比为额定值,如 10 kV/0.4 kV。无论是升压变压器还是降压变压器,都应装设分接开关,有 ±5% 的调节电压供选用。

在小水电供电区域,有些电站会遇到无功功率送不出去的现象。一般在丰水期,小水电站都希望通过联网向系统输送功率。如果系统的电压比较高,或者电站线路比较长,当发电机电压无法升高时,无功功率就送不出去,甚至还会向系统吸收无功功率,给电站造成损失。有这种情况的电站可以选用电压比为 11 kV/0.4 kV 的升压变压器,改变分接开关的位置,高压侧最高电压可达 11.55 kV。

为保护变压器在运行中的安全,常采用熔断器作为变压器的高压侧保护。配电变压器高压侧的熔断器是变压器的内部保护。配电变压器高压侧熔丝应按变压器一次额定电流的 1.3 ~ 1.5 倍选择。10 ~ 1 000 kVA 降压变压器高压侧熔断器熔丝额定电流选择见表 5-1-2。

升压变压器的熔断器作为变压器过负荷和负载侧短路用,熔丝按最大电流选择。升压变压器 10.5 kV 侧高压熔断器熔丝额定电流选择见表 5-1-3。

表 5-1-2　降压变压器高压侧熔断器熔丝额定电流选择

变压器容量(kVA)	10	20	30	40	50	63	80	100	125	160	200	250	315	400	500	630	800	1 000
10 kV 侧额定电流(A)	0.58	1.16	1.74	2.31	2.89	3.64	4.62	5.78	7.22	9.24	11.55	14.44	18.19	23.1	28.87	36.38	46.19	57.74
熔丝额定电流(A)	2	3	5	5	7.5	10	15	15	15	15	20	30	30	40	50	75	75	100

表 5-1-3　升压变压器高压熔断器熔丝额定电流选择

变压器容量(kVA)	40	50	63	80	100	125	160	200	250	315	400	500	630	800	1 000
10 kV 侧额定电流(A)	2.2	2.75	3.47	4.4	5.5	6.88	8.8	11	13.75	1.32	22	27.5	34.64	44	55
熔丝额定电流(A)	3	3	5	5	7.5	7.5	10	15	15	20	25	30	40	50	60

二、变压器的正常运行

(一)变压器允许的运行范围

1. 变压器运行时允许的温度

变压器在运行中要产生铜损和铁损,这两部分损耗最后全部转化为热能,使铁芯和绕组发热,变压器的温度升高。对于油浸自冷式空气冷却的电力变压器来说,铁芯和绕组产生的热量一部分使自身温度升高,其余部分则传给变压器油,再由变压器油传递给油箱和散热器。若产生的热量与散发出去的热量相等,温度不再升高,达到热的稳定状态。若产生的热量大于散失的热量,温度就上升,在温度长期超过允许值时,则变压器的绝缘容易损坏。因为绝缘长期受热后要老化,温度越高,老化越快。当达到一定程度时,在运行中受振动也会使绝缘层破坏。另外,温度越高,在电动力的作用下,绝缘越易破裂,这样便很容易被高压击穿而造成事故。

采用 A 级绝缘的变压器,在正常运行中,当最高周围空气温度为 40 ℃,变压器的极限工作温度为 105 ℃。由于绕组的平均温度比油温高 10 ℃,同时为了防止油质劣化,所以规定变压器上层油温不超过 95 ℃。在正常情况下,为了保护绝缘油不至于过度氧化,上层油温以不超过 85 ℃ 为宜。对于采用强迫油循环水冷和风冷的变压器,上层油温最高不超过 80 ℃,而正常运行时,上层油温不宜经常超过 75 ℃。

当变压器绝缘的工作温度超过允许值后,每升高 8 ℃,其使用期限便减少一半。例如,绝缘的温度经常保持在 95 ℃ 时,其使用年限为 20 年;温度为 105 ℃ 时,约为 7 年;温度为 120 ℃ 时,约为 2 年。可见,变压器的使用年限主要取决于绕组绝缘的运行温度,绕组温度越高,绝缘损坏越快。

2. 变压器运行时的允许温升

变压器温度与周围介质温度的差值即为变压器的温升。由于变压器内部热量的传播不均匀,故变压器各部分的温度差别很大,这对变压器的绝缘强度有很大影响。另外,当变压器温度升高时,绕组的电阻就增大,还会使铜损增加。因此,对各部分的温升作出规定,这就是变压器的允许温升。

采用 A 级绝缘的变压器,当最高周围空气温度为 45 ℃ 时,上层油的允许温升规定为 55 ℃(绕组的允许温升为 65 ℃)。

这样规定后,不管周围空气温度如何变化,只要上层油温温升不超过规定值,就能保证变压器在规定的使用年限内安全运行。

3. 变压器电源电压变化的允许范围

由于电力系统运行方式的改变、负荷的变化及发生事故等情况,电力网的电压总有波动,所以加在变压器一次绕组的电压也是波动的。当电网电压低于变压器所用分接头额定电压时,对变压器本身没有什么损害,只是可能降低一些出力。但当电网电压高于变压器所用分接头额定电压较多时,则对变压器运行会造成不良影响。

当电压增高时,导致激磁电流增加,磁通密度增大,则发生:

(1)铁芯损耗增加造成过热。

（2）无功功率增加，出力下降。

（3）二次绕组电压波形畸变，对绝缘有一定危害。

（4）电压过高，变压器的电感与线路电容可能形成振荡，造成过压，引起更大故障。

为了使二次电压维持一定水平，保证变压器与用户设备的正常运行，电压的允许变化范围不能超过±5%。

4. 变压器绕组的绝缘电阻允许值及电流的有关规定

变压器安装或检修后，在投入运行前（通常在干燥后）以及长期停用后，均应测量绕组的 1 000 ~ 2 500 V 绝缘电阻，这是检查变压器绕组绝缘的最基本、最简单的方法。测量时，一般用 1 000 ~ 2 500 V 的摇表，所测值应大于规定值。

在运行中判断变压器绕组绝缘状态的基本方法，是把运行过程中所测量的绝缘电阻值与运行前在同一层油温下所测数值相比较。绝缘电阻不合格，应查明原因。

对于变压器来说，希望其短路电流不超过额定电流的 25 倍。

三相绕组变压器，中间绕组短路电流（当其他两绕组与电源相接时）不应超过该绕组额定电流的 25 倍，否则应加装限流电抗器。

按 Y,yn0 连接的变压器的中线电流，不应超过低压绕组额定电流的 25%，如制造厂另有规定，则按其规定执行。

（二）三相变压器的并联运行

在近代电力系统中，常采用多台变压器并联运行的运行方式。所谓并联运行，就是指两台或两台以上的变压器的原绕组接于某个电压等级的公共母线，它们的副绕组接于另一电压等级的公共母线，同时向负载供电的运行方式。

变压器并联运行时有很多优点，主要有：

（1）提高供电的可靠性。并联运行的某台变压器发生故障或需要检修时，可以将其从电网上切除，而电网仍能继续供电。

（2）提高运行的经济性。当负载有较大变化时，可以调整并联运行的变压器台数，以提高运行效率。

（3）可以减小总的备用容量，并可随着用电量的增加而分批增加新的变压器。

当然，并联运行的台数过多也是不经济的，因为一台大容量的变压器，其造价要比总容量相等的几台小变压器的低，而且占地面积小。

变压器并联运行的理想条件是：

（1）空载时，并联运行的各台变压器之间没有环流，以避免环流铜耗。

（2）负载运行时，各台变压器所分配的负载电流按其容量的大小成比例分配，使各台变压器能同时达到满载状态，并联运行的各台变压器的容量得到充分利用。

（3）负载运行时，各台变压器二次电流同相位，这样当总的负载电流一定时，各台变压器所负担的电流最小；若各台变压器二次电流一定，则承担的负载电流最大。

为了达到上述理想的并联要求，需满足三个条件：

（1）并联运行的各台变压器额定电压应相等，即各台变压器的电压比应相等。

（2）并联运行的各台变压器的连接组别必须相同。

（3）并联运行的各台变压器的短路阻抗（或短路电压）的相对值要相等。

当连接组别不一样时，两台变压器二次侧之间会产生很大的空载电压。由于变压器的绕组阻抗较小，这个较大的电压将在两台变压器二次绕组中产生很大的空载电流，同时在一次侧感应很大的环流，将会烧坏变压器。所以，变压器的连接组别不同时绝对不允许并联运行。

当短路电压不等的变压器并联时也易产生环流。短路电压的不相等，会造成负载分配不均匀，可能导致第一台负载电流还小于额定电流，而第二台已超过额定电流了。为充分利用设备的总容量，要求并联运行的变压器短路电压相对值之差不超过其平均值的10%；大小变压器的容量之比不超过3:1，且希望容量大的变压器的短路电压相对值比容量小的变压器的短路电压相对值要小,以先达到满载,充分利用大变压器的容量。

因此,变压器在第一次并联之前,应做好测量、试验、检查等工作,确认无误后方可并联。并联时,只要把高、低压侧开关合上即可。

(三)变压器的异常运行

变压器在运行中发现下列不正常情况时,要正确迅速判断,加强监视,并应立即报告有关技术负责人,将详细情况记录在操作簿内:

(1)内部声响异常或温度不正常升高。

(2)油色明显变化。

(3)有严重漏油现象。

变压器有下列情况之一者,应立即停止运行,并报告有关技术负责人:

(1)变压器内部声响很大,且不均匀,有爆裂声。

(2)在正常冷却条件下,变压器温度不正常并不断上升。

(3)油枕或防爆管喷油。

(4)漏油致使油面降低且看不见油位。

(5)油色变化过甚,油内出现炭质等。

(6)套管有严重的破损和放电现象。

(7)引线接头严重过热。

变压器有载分接开关的异常处理方法如下:

(1)分接开关瓦斯保护动作后,严禁变压器继续运行,必须在检修人员对分接开关及其保护装置检查无异常后方可投入运行。

(2)当确定分接开关在"远方",当地以及手动操作均不到位等异常情况时,应立即断开油开关,将变压器退出运行。

(3)当分接开关操作拒动时,应查明原因,并通知检修人员处理。

(4)分接开关内有异常响声,应判明原因,如可能危及变压器正常运行,应立即将变压器停运。

在正常冷却方式下发现变压器温度不正常升高时,应进行下列检查:

(1)检查三相电流是否平衡。

(2)判断温度计工作是否正常。

(3)检查散热器和油箱间的阀门是否全开。

(4)若风扇在运行,应检查工作是否正常。

(5)若上述检查未发现异常,则应认为变压器内部有故障,应设法停止运行。

变压器油位下降应检查:

(1)若因温度降低而引起油位下降,则应通知检修人员加油。

(2)若因大量漏油使油位急剧下降,应立即设法消除,此时严禁将瓦斯保护退出或切至信号位置。

油位因温度升高而逐渐升高,超过允许高度时应通知检修人员放油至适当高度。

瓦斯保护动作可能由以下原因引起:

(1)因滤油或加油使空气进入变压器内。

(2)温度下降或漏油致使油位下降。

(3)变压器内部故障产生气体。

(4)有穿越性短路。

(5)瓦斯继电器本身故障。

(6)二次回路故障。

轻瓦斯保护动作时,应立即进行变压器的外部检查。如外部检查未发现异常,应将瓦斯继电器上面的排气阀打开,看是否有气体排出。如有气体排出,应鉴定气体性质。如气体是无色、无臭且不可燃的,

则变压器可继续运行;如气体是可燃的,则应设法使变压器停电检查。可根据变压器排出气体判断变压器故障性质:

(1)气体是黄色不易燃爆的,为木质故障。

(2)气体是淡灰色带强烈臭味可燃的,为纸质或纸板故障。

(3)气体是灰色和黑色易燃的,为油故障。

重瓦斯动作跳闸后,除外部检查外,还要测变压器绝缘和进行气体检查。如检查证明是可燃性气体保护动作,则变压器在检修的试验前严禁再投入运行。

(四)变压器正常运行时的监视和维护

(1)变压器停电大修、小修及本体作业时,在停电后和送电前均应测量绝缘电阻和变压器油温,并应将绝缘电阻登记在记录簿中。以2 500 V摇表测量其数值不得低于下列规定:

①110 kV不小于110 MΩ;

②10.5 kV不小于11 MΩ;

③35 kV不小于35 MΩ;

④0.4 kV不小于0.5 MΩ;

⑤与上次测量结果比较不得低于50%;

⑥若不符合上述规定,应通知有关人员检查处理。

(2)变压器检修后送电前必须完成下列工作:

首先,所有工作票全部收回,并检查检修各专业是否将作业情况记入检修记录簿。

其次,对变压器进行下列检查:

①油枕和套管油位正常,温度计指示正确,防爆膜呼吸器完好;

②变压器各部清洁,不漏油,引线连接良好,瓷瓶无破损;

③分接头位置正确;

④外壳接地线完好坚固;

⑤各保护压板均投入;

⑥瓦斯继电器引线完好;

⑦各阀门的位置正确。

(3)变压器在运行中的检查项目如下:

①每值均应按规定进行定期巡视检查;

②当外部故障引起跳闸或冲击后,应对变压器进行外部检查,注意声音是否正常,套管有无闪络;

③变压器检修后第一次投入运行或异常运行时,应检查变压器的声音、温度及各引线等有无异状。

④在天气剧变时,应增加巡视检查次数。

(4)变压器正常检查项目如下:

①油枕和套管油位、油色是否正常,各部有无漏油;

②套管是否清洁,有无裂纹和放电痕迹等现象;

③声音和温度是否正常,风扇和散热器是否完好,各阀门位置是否正确;

④防爆膜是否完整;

⑤母线有无振动,支持瓷瓶有无裂纹和歪斜现象;

⑥呼吸器内的硅胶是否干燥;

⑦外壳接地是否良好;

⑧机旁动力盘主变风扇电源是否投入。

(5)变压器经过检修或滤油、注油等工作后,在对变压器充电前应将重瓦斯保护投入跳闸位置。充电正常后,再将重瓦斯保护投入信号位置,待24 h后,检查确无气体,方可将重瓦斯保护投入跳闸位置。

(6)变压器无载分接开关切换:

①倒换主变压器分接开关,应经值班调度员和总工程师批准,并做好必要的安全措施;

②切换无载分接开关由电气检修人员进行,切换后应测直流电阻并比较三相直流电阻是否一致;

③切换后送电前,运行人员应检查三相分接开关的位置是否一致,并做好记录。

(7)有载分接开关正常运行、维护与操作:

有载分接开关巡视检查项目如下:

①分接开关的位置指示正确;

②分接开关各部位无漏油、渗油现象,储油箱与分接开关之间的所有截止阀为正常位置,油位指示正常;

③开关操作机构箱门密封良好;

④操作机构箱中各控制电器及控制回路的外观状态正常;

⑤有关信号指示正常。

有载分接开关的操作:

①有载分接开关的操作根据是:当机压母线电压低于或大于规定值时,值班人员应调整电压。

②分接开关操作时,应监视挡位指示,并在专用记录本上如实记录所处位置。

③在系统异常或变压器故障时,严禁操作有载分接开关。

④当分接头操作次数达 5 000 次时,值班人员必须向技术部门汇报。

⑤变压器的温度每班记录一次。

第二节　配电装置运行与维护

在农村水电站中,除水轮发电机组和变压器外,还有构成高、低压配电装置的其他电气设备,例如断路器、隔离开关、母线和互感器等。本节介绍配电装置主要设备的运行、日常维护和故障分析与处理。

一、断路器运行与维护

在电力系统的变、配电设备中,绝大多数情况是由断路器来接通或开断电路的。断路器具有灭弧装置,具备接通或开断负荷电流或短路电流的能力。另外,用断路器与隔离开关相互配合,可进行改变运行方式的操作,达到安全运行的目的。

(一)断路器的操作及注意事项

(1)具有远距离操作方式的断路器尽量采用远距离操作方式控制分、合闸。

(2)严禁采用手动机械合闸方式对断路器进行合闸操作。

断路器的灭弧性能与分、合闸速度密切相关,分、合闸速度越慢,灭弧能力越差。手动机械合闸方式的合闸速度远低于断路器允许的合闸速度,采用手动机械合闸无法熄灭合闸过程中产生的电弧,将导致断路器本身损坏。

(3)严禁将存在影响分闸性能的断路器投入运行。

断路器分闸性能包括能否正常分闸和灭弧性能(灭弧性能直接影响断路器开断短路电流的能力)是否满足要求两大类。若将不能正常分闸的断路器(如控制回路中的跳闸部分存在故障,操作机构、传动机构存在故障等)投入运行,一旦一次系统发生故障,断路器无法切断故障回路,可能导致一次设备严重损坏或扩大事故范围;若将灭弧性能达不到要求的断路器投入运行,一旦一次系统发生故障,断路器可能无法开断故障电流,从而导致断路器本身或其他一次设备损坏,或扩大事故范围。

(4)对具有自动重合闸功能的断路器进行分闸操作时,先将自动重合闸功能退出,再进行合闸操作。

(5)根据断路器开断短路电流的次数,按照电气运行规程规定,及时将自动重合闸退出,或将断路器退出运行交付检修。

每开断一次短路电流,断路器的灭弧性能或多或少都会有所下降,从而导致开断短路电流的能力有所下降。如油断路器采用绝缘油作为灭弧介质,当开断短路电流时,高温电弧会使绝缘油分解变质,从而使动、静触头间的绝缘性能下降,灭弧室的灭弧能力减弱。一般情况下,少油断路器开断三次最大短路电流后应进行大修,在开断两次最大短路电流后,应将重合闸退出运行。

(6)在紧急情况下,可采用手动拍跳的方式使断路器跳闸。

(二)断路器运行中的检查项目及注意事项

断路器在运行中,要加强巡检,及时发现异常和缺陷并进行处理,防止异常和缺陷转化为事故。具体检查项目如下:

(1)各导体连接部位应接触良好,无发热现象。

(2)绝缘部分应清洁、干燥,无放电现象。

(3)操作机构和各机械部件应无损伤和锈蚀,安装牢固,调整符合要求。

(4)操作电源电压正常。

操作电源电压过低,可能引起断路器无法正常跳闸,一旦一次系统发生故障,断路器无法切断故障回路,可能导致一次设备严重损坏或扩大事故范围。

(5)检查有无异常声音和放电声。

(6)灭弧装置应无破裂或松动现象。

(7)采用液压操作机构、气体操作机构的断路器,液(气)压应正常。

(8)对于 SF_6 断路器,检查 SF_6 气体气压应正常,无漏气现象;对于油断路器,检查油位应处于正常位置且油质良好;对于真空断路器,检查真空包的真空度应符合要求。

SF_6 断路器的 SF_6 气体气压偏低,油断路器的油位偏低或油质不好,真空断路器真空包的真空度下降,不仅会影响断路器的绝缘性能,还会使断路器的灭弧能力下降。一旦一次系统发生故障,断路器可能无法开断故障电流,从而导致断路器本身或其他一次设备损坏,或扩大事故范围。

(9)外壳接地应良好。

(三)断路器异常及事故处理

运行中的断路器常见的异常或事故,以及各类异常或事故的现象、危害,引起异常或事故的原因、处理方法和预防措施如下。

1. 断路器与导体连接处发热

1)现象

(1)发热部位可能变色。

(2)若有示温片,则示温片变色或熔化。

2)危害

若断路器与导体连接处过热,会引起恶性循环,导致发热情况进一步加剧。发热长期得不到处理,最终会严重到连接处熔断,造成停电或电气设备损坏的重大事故。因此,电气运行人员在日常巡视中,应密切观察各连接处的发热情况,防止连接处因发热而烧断。

3)原因分析及处理方法

断路器与导体连接处发热的原因及相应的预防措施、处理方法如下。

(1)连接处接触不良。

原因分析:连接处接触不良(接触面氧化、连接螺栓松动或未拧紧等)会导致连接处接触电阻增大。接触电阻的增大又会使发热量增加,使接触面处温度进一步上升。温度的升高又会使接触电阻进一步增大,形成恶性循环。这种现象如果得不到及时处理,就会酿成连接处烧损,从而导致非正常停电的重大事故。

处理方法:择机退出运行并做好安全措施,然后交付检修部门处理。

(2)负载电流超过额定值。

原因分析:负载电流过大会使相应的电气设备(尤其是导体连接处)温度上升,温度的升高又会使连接处的接触电阻增大,形成恶性循环。这种现象如果得不到及时处理,就会酿成连接处烧损,从而导致非正常停电的重大事故。

处理方法:在可能的情况下,应设法降低流经发热处的电流。若情况严重,则应择机退出运行并做好安全措施,然后交付检修部门处理。

(3)跳闸线圈烧毁。

原因分析:跳闸线圈烧毁,断路器将无法进行正常的分闸操作。跳闸线圈烧毁的现象通常与跳闸回路开路相似。

处理方法:择机退出运行并做好安全措施,然后更换跳闸线圈或交付检修部门处理。

(4)断路器操作机构不动作。

原因分析:断路器操作机构故障。

处理方法:择机退出运行并做好安全措施后交付检修部门处理。

(5)断路器操作机构动作,但断路器没有跳闸。

原因分析:断路器传动机构故障。

处理方法:择机退出运行并做好安全措施,然后交付检修部门处理。

4)预防措施

加强运行中巡视、检查。随时注意红、绿位置指示灯的指示情况,及时发现控制电源消失现象。对于操作机构和传动机构等应提高检修质量,保证其处于良好状态。

2. 断路器拒绝合闸

断路器拒绝合闸,一般是由于断路器控制电源消失,控制回路中的与合闸有关的部分存在故障,操作机构、传动机构存在故障等原因所引起的。

1)现象

(1)红、绿位置指示灯可能均不亮。

(2)断路器操作机构不动作。

(3)断路器操作机构动作,但断路器没有合闸。

2)危害

如果不具备自动重合闸功能的断路器拒绝合闸,没有多大危害;如果设置有自动重合闸装置的断路器拒绝合闸而运行人员又不知情或不处理,一旦一次系统发生瞬时性故障,断路器将不会自动重合闸,将导致不必要的停电情况。

3)原因分析及处理

断路器拒绝合闸的原因及相应的处理方法如下。

(1)控制电源消失(此时红、绿位置指示灯均不亮)。

原因分析:控制电源消失,断路器无法进行正常的分、合闸操作。控制电源消失绝大多数情况是控制熔断器熔丝熔断,但也有可能是控制电源发生了开路。

处理方法:更换熔断器的熔丝;若更换熔丝后熔丝再次熔断,或更换熔丝后控制电源仍没有恢复,则择机退出运行并做好安全措施,然后交付检修部门处理。

(2)控制回路中与合闸有关的部分存在故障。

原因分析:控制回路中与合闸有关的部分存在故障时,断路器将无法进行正常的合闸操作。这种情况通常是发生了开路性质的故障。若是短路性质的故障导致无法合闸,通常控制电源的熔断器熔丝会熔断。

处理方法:择机退出运行并做好安全措施后交付检修部门处理。

(3)合闸线圈烧毁。

原因分析:合闸线圈烧毁,断路器将无法进行正常的合闸操作。合闸线圈烧毁的现象通常与合闸回路开路相似。

处理方法:择机退出运行并做好安全措施,然后更换合闸线圈或交付检修部门处理。

(4)断路器操作机构不动作。

原因分析:断路器操作机构故障。

处理方法:择机退出运行并做好安全措施,然后交付检修部门处理。

(5)断路器操作机构动作,但断路器没有合闸。

原因分析:断路器传动机构故障。

处理方法:择机退出运行并做好安全措施,然后交付检修部门处理。

4)预防措施

加强运行中巡视、检查。随时注意红、绿位置指示灯的指示情况,及时发现控制电源消失现象。对于操作机构和传动机构等应提高检修质量,保证其处于良好状态。

二、隔离开关运行与维护

在电力系统的变、配电设备中,隔离开关数量最多。隔离开关与断路器不同,它没有灭弧装置,不具备灭弧性能。因此,严禁用隔离开关来拉、合负荷电流和故障电流。隔离开关主要用来使电气回路间有一个明显的断开点,以便在检修设备和线路停电时,隔离电路、保证安全。另外,用隔离开关与断路器相互配合,可进行改变运行方式的操作,达到安全运行的目的。

(一)隔离开关的操作及注意事项

1. 严禁用隔离开关拉、合负荷电流和故障电流

虽然可以利用隔离开关来拉、合电压互感器及小容量变压器等一些设备,但为了简化记忆,防止误操作,电气运行人员不必记住隔离开关允许操作的设备或线路(那是设计人员考虑的事),只要遵守下列操作事项就不会产生误操作。

若隔离开关所在的回路中有断路器、接触器等具有灭弧性能的开关电器或启动器等,那么就绝对不允许用隔离开关来拉、合电路;若隔离开关所在的回路中没有断路器、接触器等具有灭弧性能的开关电器或启动器等,就可以用隔离开关来拉、合电路。

2. 隔离开关合闸操作及注意事项

在进行隔离开关合闸操作时必须迅速果断,但合闸终了时用力不可过猛,防止冲击过大,损坏隔离开关及其附件。合闸后应检查是否已合到位,动、静触头是否接触良好等。

如果在隔离开关合闸操作的过程中发现触头间有电弧产生(误合隔离开关时),应果断将隔离开关合到位。严禁将隔离开关再拉开,以免造成带负荷拉隔离开关的误操作。

3. 隔离开关拉闸操作及注意事项

在进行隔离开关拉闸操作前,应首先检查其机械闭锁装置,确认无闭锁后再进行拉闸操作。在拉闸操作的开始期间,要缓慢而又谨慎,当刀片刚刚离开静触头时注意有无电弧产生。若无电弧产生等异常情况,则迅速果断地拉开,以利于迅速灭弧。隔离开关拉闸后应检查是否已拉到位。

如果在隔离开关刀片刚刚离开静触头瞬间有电弧产生(拉隔离开关时),应果断地将隔离开关重新合上,停止操作,待查明原因并处理完毕后再进行合闸操作。如果在隔离开关刀片刚刚离开静触头瞬间有电弧产生,仍强行拉开隔离开关的话,可能造成带负荷拉隔离开关的严重事故。

4. 隔离开关与断路器配合操作及注意事项

隔离开关与断路器配合操作时的操作顺序是:断开电路时,先拉开断路器,再拉开隔离开关;送电时,先合隔离开关,再合断路器。总之,在隔离开关与断路器配合操作时,隔离开关必须在断路器处于断开(分闸)位置时才能进行操作。

(二)隔离开关运行中的检查项目及注意事项

隔离开关在运行中,要加强巡检,及时发现异常和缺陷并进行处理,防止异常和缺陷转化为事故。具体检查项目如下。

(1)隔离开关触头应无发热现象。

隔离开关在正常运行时,其电流不得超过额定电流,温度不得超过 70 ℃。若接触部位的温度超过 80 ℃,应减少其负荷。

(2)绝缘子应完整无裂纹,无电晕和放电现象。

（3）操作机构和各机械部件应无损伤和锈蚀,安装牢固。

（4）闭锁装置应良好,销子锁牢,辅助触点位置正确。

（5）动、静触头的消弧部位应无烧伤、不变形。

（6）动、静触头无脏污、无杂物、无烧痕。

（7）压紧弹簧和铜辫子无断股、无损伤。

（8）接地用隔离开关应接地良好。

（9）动、静触头间接触良好。

（三）隔离开关异常及事故处理

1.隔离开关接触部位过热

现场运行经验表明,隔离开关触头因发热而烧损的现象比较普遍,甚至有时在60%额定负荷的情况下温度就超过了允许值。

1）现象

（1）发热部位可能变色。

（2）若有示温片,则示温片变色或熔化。

2）原因分析及处理

（1）触头压紧弹簧性能（如弹性）下降。

原因分析:触头压紧弹簧弹性下降会使动、静触头间接触面压力下降,从而导致触头间的接触电阻增大。接触电阻的增大又会使发热量增加,使接触面处温度进一步上升。温度的升高又会使压紧弹簧弹性进一步下降,形成恶性循环。这种现象如果得不到及时处理,就会酿成动、静触头烧损,从而导致非正常停电的重大事故。

处理方法:择机退出运行并做好安全措施,然后交付检修部门处理。

（2）动、静触头间接触不良（如触头氧化或腐蚀,导致接触电阻增大）。

原因分析:动、静触头间接触不良,会使动、静触头间的接触电阻增大。动、静触头间接触不良情况的演变和后果,同触头压紧弹簧弹性下降一样。

处理方法:择机退出运行并做好安全措施,然后交付检修部门处理。

（3）动、静触头间接触面积偏小。

原因分析:动、静触头间接触面积偏小,就会使动、静触头间的接触电阻增大。动、静触头间接触面积偏小情况的演变和后果,同触头压紧弹簧弹性下降一样。

处理方法:择机退出运行并做好安全措施,然后交付检修部门处理。

（4）隔离开关与母线连接处接触不良（如连接处氧化或腐蚀,导致接触电阻增大）。

原因分析:隔离开关与母线连接处接触不良,就会使隔离开关与母线连接处的接触电阻增大。接触电阻增大会使连接处发热量增加,使连接处温度上升。而温度上升又反过来使接触电阻进一步增大,形成恶性循环。这种现象如果得不到及时处理,就会酿成隔离开关与母线连接处烧断,从而导致非正常停电的重大事故。

处理方法:择机退出运行并做好安全措施,然后交付检修部门处理。

（5）隔离开关与母线连接处固定不紧。

隔离开关与母线连接处固定不紧会导致连接处接触电阻增大。这种情况的演变和后果与隔离开关和母线连接处接触不良相同。

处理方法:择机退出运行并做好安全措施,然后交付检修部门处理。

2.支柱绝缘子爬电或闪络

隔离开关导电部分与基座之间是靠支柱绝缘子连接并形成绝缘的。当支柱绝缘子脏污或有裂纹时,就会产生爬电或闪络现象。如果爬电或闪络现象得不到及时处理,就会引起接地事故的发生。

1）现象

（1）可能发生闪络现象;

（2）可能发生爬电现象。

2）原因分析及处理

（1）绝缘子表面脏污或有杂物。

原因分析：绝缘子表面脏污或有杂物，使得绝缘子的绝缘性能下降，从而引发爬电或闪络现象，若得不到及时处理，会演化为接地事故。

处理方法：择机退出运行并做好安全措施，然后清洁绝缘子并擦干，或交付检修部门处理。

（2）绝缘子表面有裂纹。

原因分析：绝缘子表面有裂纹，也会使绝缘子的绝缘性能下降，从而引发爬电或闪络现象，若得不到及时处理，会演化为接地事故。

处理方法：择机退出运行并做好安全措施，然后交付检修部门处理。

3. 隔离开关拒绝分闸

隔离开关拒绝分闸，一般是由于隔离开关操作机构故障或断路器与隔离开关间闭锁装置损坏或因断路器处于合闸位置从而正常闭锁造成的，也可能是传动机构故障。

1）现象

（1）隔离开关操作机构无法动作。

（2）隔离开关操作机构动作，刀闸不动作。

2）原因分析及处理

（1）隔离开关操作机构无法动作。

原因分析：隔离开关操作机构故障，或断路器与隔离开关间闭锁装置故障或损坏，或断路器处于合闸位置，隔离开关被正常闭锁。

处理方法：若因断路器处于合闸位置，隔离开关被正常闭锁造成，将断路器先行拉闸并确认断路器确在跳闸位置后，再拉隔离开关；若因其他原因引起，则择机退出运行并做好安全措施，然后交付检修部门处理。

（2）隔离开关操作机构动作，刀闸不动作。

原因分析：隔离开关传动机构故障。

处理方法：择机退出运行并做好安全措施，然后交付检修部门处理。

4. 隔离开关拒绝合闸

隔离开关拒绝合闸，一般是由于隔离开关操作机构故障或断路器与隔离开关间闭锁装置损坏或因断路器处于合闸位置从而正常闭锁造成的，也可能是传动机构故障。

1）现象

（1）隔离开关操作机构无法动作。

（2）隔离开关操作机构动作，刀闸不动作。

2）原因分析及处理

（1）隔离开关操作机构无法动作。

原因分析：隔离开关操作机构故障，或断路器与隔离开关间闭锁装置故障或损坏，或断路器处于合闸位置，隔离开关被正常闭锁。

处理方法：若因断路器处于合闸位置，隔离开关被正常闭锁造成，将断路器先行拉闸并确认断路器确在"跳闸"位置后，再合隔离开关；若因其他原因引起，则择机退出运行并做好安全措施，然后交付检修部门处理。

（2）隔离开关操作机构动作，刀闸不动作。

原因分析：隔离开关传动机构故障。

处理方法：择机退出运行并做好安全措施，然后交付检修部门处理。

三、母线运行与维护

母线又称为汇流排。母线的作用是汇集电能和分配电能。

母线分为两大类:软母线和硬母线。软母线由多股铜绞线或钢芯铝绞线(以钢芯铝绞线居多)组成,主要用于 110 kV 及以上电压等级的户外配电装置。硬母线由铜排或铝排组成,主要用于 110 kV 及以下电压等级的户内配电装置。

在三相交流电路中,用不同颜色来区分不同相别的母线;在直流电路中,用不同颜色来区分直流正、负极。常用母线的色标如表 5-2-1 所示。

表 5-2-1　常用母线的色标

母线用途	直流正极	直流负极	A 相(L₁)	B 相(L₂)	C 相(L₃)	中性线(接地)	中性线(不接地)
母线颜色	赭	蓝	黄	绿	红	紫带黑色横条	紫

(一)母线运行中的检查项目及注意事项

母线都是固定在绝缘子上的,讲到母线就离不开绝缘子。因此,我们将绝缘子与母线结合在一起讲述,把母线绝缘子作为母线的组成部分来考虑。一般情况下,母线故障主要是由于绝缘子故障引起的。母线本身在运行中常见的异常或故障是母线(尤其是母线与母线、母线与其他设备连接处)因电流过大、接触不良而过热。母线在运行中的具体检查项目如下:

(1)母线(尤其是母线与母线、母线与其他设备连接处)温度不得超过允许值。

母线在运行中各部位允许的最高温度如表 5-2-2 所示。

表 5-2-2　母线各部位允许的最高温度

母线部位	裸母线及其接头处	接触面有锡覆盖层	接触面有银覆盖层	接触面由闪光焊接
最高允许温度(℃)	70	85	95	100

(2)母线不得有开裂、变形现象。

(3)母线相与相之间、相对地之间绝缘良好,不得有放电、闪络现象。

(4)绝缘子表面清洁无杂物。

(5)绝缘子无破损、表面无裂缝。

(二)母线异常及事故处理

1.母线接触部位过热

1)现象

(1)发热部位可能变色。

(2)若有示温片,则示温片变色或熔化。

2)原因分析及预防和处理

(1)原因分析:母线连接处发热的原因,绝大多数是因为连接不良造成的。母线在运行中,不仅有负荷电流流过,而且在接于母线的电气线路或设备发生短路等事故时,会受到短路电流的冲击。当母线连接处接触不良时,则接头处的接触电阻增大,加速接触部位的氧化和腐蚀,使接触电阻进一步加大,形成恶性循环。这种恶性循环的结果将使母线局部过热。

(2)预防措施:加强巡视,严格控制流经母线的电流;防止接于母线的电气线路或设备发生事故。母线发热到一定程度,发热部位会变色,运行人员可通过颜色的变化来判断母线连接处是否发热。

(3)处理方法:发现母线发热后,在可能的情况下,应设法降低流经发热处的电流。发热严重且通过运行手段无法消除时,应尽快将负荷转移到备用母线上,择机退出运行并做好安全措施,然后交付检修部门处理。

2.母线对地闪络或放电

在电力系统中,因绝缘子表面脏污受潮或有杂物使绝缘电阻下降或绝缘子损坏所造成的事故比例较高,给工农业生产带来了很大的损失。因此,电气运行人员在巡视高、低压配电装置时,应重点加强对绝缘子的检查。

1)现象

(1)可能发生闪络现象。

(2)可能发生放电现象。

2)原因分析及预防和处理

(1)原因分析:母线在运行中,发生对地闪络或放电的原因主要是绝缘子表面脏污使绝缘电阻下降,或者是绝缘子有裂缝等故障。

(2)预防措施:加强日常维护,保证绝缘子表面清洁、干燥、无杂物。另外,加强运行中的巡视,力争在闪络的初期(还没有发生母线与地之间的贯通性闪络)就能得到处理,以防止母线接地事故的发生。

(3)处理方法:若闪络或放电是由于绝缘子表面脏污受潮或杂物造成的,停电(某些时候也可以不停电,但要遵守电业安全规程及相关操作规程)后,对绝缘子表面进行清理;若闪络或放电是由于绝缘子损坏(如表面开裂等)造成的,则择机退出运行并做好安全措施,然后交付检修部门处理。

四、互感器运行与维护

互感器是实现电气一、二次系统互相联络的重要的一次设备。互感器的主要用途是:把一次系统的高电压、大电流转换成统一标准的低电压、小电流,供二次系统的测量仪表、继电保护和自动装置等设备使用。

使用互感器的目的有两个:第一,使二次系统及其设备与高电压、大电流的一次系统隔离,而且互感器二次侧均接地,保护了二次设备和人身的安全;第二,通过互感器将一次系统的高电压、大电流转换成统一标准的低电压、小电流后,可以使测量仪表、继电保护和自动装置等二次设备标准化、小型化,并使其结构简单、价格便宜,便于屏内布置。

互感器分为电压互感器和电流互感器两大类。通常,电压互感器的二次侧额定电压统一规定为100 V,电流互感器的二次侧额定电流统一规定为5 A或1 A。

(一)互感器的允许运行方式

1.电压互感器的允许运行方式

(1)运行中的电压互感器,其二次回路不得短路。

(2)运行中的电压互感器,其二次绕组的一端和铁芯必须可靠接地(在发电厂中,一般采用B相接地或中性点接地)。

(3)电压互感器运行中的容量(二次侧负载)不准超过其铭牌上所标的规定值。

(4)投入运行的电压互感器绝缘电阻应符合下列要求:

①一次侧额定电压为1 000 V及以上的电压互感器的绝缘电阻不得小于1 MΩ/kV(采用1 000 V或2 500 V摇表测量);

②一次侧额定电压为1 000 V以下(不包含1 000 V)的电压互感器的绝缘电阻不得小于0.5 MΩ(采用500 V摇表测量);

③电压互感器二次侧回路的绝缘电阻不得小于0.5 MΩ(采用500 V摇表测量)。

(5)电压互感器一、二次侧回路都必须装设熔断器。具体要求如下:

①一次侧(高压侧)熔断器的熔断电流不得大于1 A,一般为0.5 A;

②二次侧(低压侧)熔断器的熔断电流不得大于2 A;

③一、二次侧熔丝必须用消弧绝缘套住。

(6)电压互感器所带的负载必须并联在二次回路中。

2.电流互感器的允许运行方式

(1)运行中的电流互感器,其二次回路不得开路。

(2)运行中的电流互感器,其二次绕组的一端和铁芯必须可靠接地。

(3)电流互感器运行中的容量(二次侧负载)不准超过其铭牌上所标的规定值。

（4）投入运行的电流互感器绝缘电阻应符合下列要求：

①一次侧额定电压为 1 000 V 及以上的电流互感器的绝缘电阻不得小于 1 MΩ/kV（采用 1 000 V 或 2 500 V 摇表测量）；

②一次侧额定电压为 1 000 V 以下（不包含 1 000 V）的电流互感器的绝缘电阻不得小于 0.5 MΩ）（采用 500 V 摇表测量）；

③电流互感器二次侧回路的绝缘电阻不得小于 0.5 MΩ（采用 500 V 摇表测量）。

（5）电流互感器一、二次侧回路都不得装设熔断器、断路器等保护电器和开关电器。

（6）电流互感器所带的负载必须串联在二次回路中。

（二）互感器的操作及注意事项

1. 电压互感器的操作及注意事项

1）电压互感器投入运行前的检查项目

为了防止将异常或有故障的电压互感器投入运行，从而影响正常的安全生产，电压互感器在投入运行前必须经过仔细、全面的检查。具体要求如下：

（1）电压互感器周围应无影响送电的杂物。

（2）各连接部位接触良好，无松动现象。

（3）电压互感器及其绝缘子无裂纹、无脏污、无破损现象。

（4）接地部分接地良好。

（5）电压互感器附属设备及回路应情况良好，无影响运行的异常或缺陷。

（6）充油式电压互感器油位正常、油色清洁，无渗、漏油现象。

2）投入运行操作及注意事项

（1）电压互感器及其所属设备、回路上无检修等工作，工作票已收回。

（2）电压互感器及其附属回路、设备均正常，没有影响送电的异常情况。

（3）放上一、二次侧熔丝。

（4）合上电压互感器隔离开关。

（5）电压互感器投入运行后，应检查电压互感器及其附属回路、设备运行正常。

注意：若在投入运行过程中发现异常情况，应立即停止投运操作，待查明原因并处理完毕后再投入运行。

3）电压互感器退出运行的操作及注意事项

（1）将接在该电压互感器回路上的、在该电压互感器退出运行后可能引起误动作的继电保护和自动装置停用（如低电压保护、备用电源自投装置等）。

说明：如果相关继电保护装置和自动装置可以切换至另一组电压互感器回路运行，则不必将它们停用，通过电压互感器的自动或手动切换装置切换至另一组电压互感器回路即可。

（2）拉开电压互感器高压侧隔离开关。

（3）取下高压侧熔丝。

（4）取下低压侧熔丝。

（5）根据需要，做好相应的安全措施。

注意：若无特别要求，停用的电压互感器，除取下高压侧熔丝外，还应取下低压侧熔丝，以防止低压侧电源反充至高压侧。

2. 电流互感器投入运行前的检查项目

为了防止将异常或有故障的电流互感器投入运行，从而影响正常的安全生产，电流互感器在投入运行前必须经过仔细、全面的检查。具体要求如下：

（1）电流互感器周围应无影响送电的杂物。

（2）各连接部位接触良好，无松动现象。

（3）电流互感器及其绝缘子无裂纹、无脏污、无破损现象。

(4)接地部分接地良好。

(5)电流互感器附属设备及回路应情况良好,无影响运行的异常或缺陷。

(6)二次回路中的试验端子接触牢固无断开现象。

电流互感器伴随着所属一次系统投入或退出运行,本身不存在投入或退出运行的操作。

(三)互感器运行中的检查项目及注意事项

1.电压互感器运行中的检查项目及注意事项

在电压互感器运行中,电气运行人员应加强巡回检查(具体间隔时间不同的单位有所不同,但间隔时间最好不超过4 h),以便及时发现异常和缺陷并进行处理,防止异常和缺陷转化为事故。具体检查项目如下:

(1)电压互感器高、低压侧熔丝应完好。

(2)各连接部位接触良好,无松动现象,辅助开关触点接触良好。

(3)电压互感器及其绝缘子无裂纹、无脏污、无破损现象。

(4)没有焦味及烧损现象。

(5)无放电(声音、弧光)现象。

(6)接地部分接地良好。

(7)充油式电压互感器油位正常、油色清洁,无渗、漏油现象。

2.电流互感器运行中的检查项目及注意事项

在电流互感器运行中,电气运行人员应加强巡回检查(具体间隔时间不同的单位有所不同,但间隔时间最好不超过4 h),以便及时发现异常和缺陷并进行处理,防止异常和缺陷转化为事故。具体检查项目如下:

(1)电流互感器二次回路无开路现象。

(2)各连接部位接触良好,无松动现象,试验端子接触良好。

(3)电流互感器及其绝缘子无裂纹、无脏污、无破损现象。

(4)没有焦味及烧损现象。

(5)无放电(声音、弧光)现象。

(6)接地部分接地良好。

(四)互感器异常及事故处理

1.电压互感器异常及事故处理

在进行电压互感器异常或事故处理时,若需要将电压互感器退出运行,必须先将可能引起误动作的保护和自动装置停用或切换至另一组电压互感器二次回路,如低电压保护、备用电源自动投入装置等。

1)高压侧或低压侧熔丝熔断

现象和后果:电压互感器熔丝熔断(无论是高压侧熔丝熔断,还是低压侧熔丝熔断),都会带来下列现象和后果:

(1)相应的"电压互感器回路断线"光字牌亮。

(2)各种表计没有指示或指示异常(比正常指示值低)。

(3)低电压保护有可能误动作,强励信号发出(若三相熔丝熔断,则强励误动作)。

(4)若是自动励磁调整装置用的电压互感器熔丝熔断,则发电机无功负荷大幅上升,功率因数下降。

原因:若为低压侧熔丝熔断,往往是过负荷或电压互感器二次侧短路造成的;若为高压侧熔丝熔断,则可能是电压互感器击穿或因绝缘下降而产生放电或闪络造成的。

处理方法:若为低压侧熔丝熔断,则应先检查电压互感器二次回路有无短路现象。若二次回路短路,则先排除短路故障后,再更换熔丝即可。若无短路,那么低压侧熔丝熔断一般是由于过负荷引起的,这时应主要检查二次回路及二次设备有无绝缘下降或损坏等现象并处理后,再更换熔丝即可。

若为高压侧熔丝熔断,则应检查电压互感器是否已击穿(高压或低压线圈相间绝缘击穿或短路,高压侧与低压侧间击穿、高压或低压线圈对地击穿等）。若检查结果是击穿造成的,那么修复或更换电压互感器。若没有击穿现象,则往往是由于电压互感器受潮、脏污等使绝缘下降造成的,对之进行相应的处理并用摇表测量相关部位的绝缘电阻合格后,更换高压侧熔丝。

运行人员无法处理时,择机退出运行并做好安全措施,然后交付检修部门处理。

2)电压互感器表面放电或闪络

现象和后果:电气运行人员只要加强巡检,电压互感器表面放电或闪络现象是很容易发现的。只要关掉灯光,仔细观察,就会发现弧光,并且能听到"吱吱"的放电声。电压互感器放电或闪络如果得不到及时处理,最终会演化为绝缘击穿事故。

原因:可能是电压互感器脏污、受潮,也可能是绝缘损坏。

处理方法:若是由于电压互感器脏污、受潮,则将电压互感器退出运行后进行清扫、干燥等处理即可;若是由于电压互感器绝缘损坏(如瓷套管裂纹等)等其他运行人员无法处理的原因,则择机退出运行并做好安全措施,然后交付检修部门处理。

3)电压互感器发热、温度高

现象和后果:电压互感器发热,温度比正常情况下明显增高,如果得不到及时处理,会导致电压互感器着火事故。

原因:可能是电压互感器内部有局部短路现象(如匝间短路、层间短路等),也可能是铁芯片间绝缘损坏,还可能是接地所造成的。

处理方法:立即将电压互感器退出运行并做好安全措施,然后交付检修部门处理。

4)电压互感器内部发出焦味、冒烟、着火

现象和后果:电压互感器内部发出焦味、冒烟、着火等现象,可能造成某些保护和自动装置误动作,从而影响正常的生产。如果电压互感器着火得不到及时处理,会酿成火灾。

原因:可能是电压互感器内部局部短路(如匝间短路、层间短路等),或者是接地得不到及时处理,从而导致故障扩大。焦味、冒烟、着火往往意味着电压互感器绝缘已烧坏。

处理方法:立即将电压互感器退出运行并做好安全措施,然后交付检修部门处理。

5)电压互感器内部有异常声音(如放电声)

现象和后果:电压互感器内部放电,表面看不出来,但仔细倾听,能听到"噼啪"的放电声。电压互感器内部放电得不到及时处理,最终会演化为绝缘击穿事故。

原因:可能是电压互感器内部短路、接地以及夹紧螺丝松动等引起的,主要原因是绝缘损坏。如果得不到及时处理,会导致电压互感器击穿。

处理方法:立即将电压互感器退出运行并做好安全措施,然后交付检修部门处理。

6)油浸式电压互感器渗、漏油,油位下降

现象和后果:电压互感器表面有油渍,仔细观察后发现油位比正常情况低,如果得不到及时处理,会使电压互感器因严重缺油而出现事故。

原因:可能是密封件老化损坏,套管部件间结合面螺丝松动等。

处理方法:若渗、漏油现象不太严重,且油位尚在能正常运行的范围内,则可根据生产情况,选择合适的时间交付检修部门处理;若漏油非常严重,或是油位已低至不能保证安全运行的要求,则应立即将电压互感器退出运行并做好安全措施,然后交付检修部门处理。

7)油浸式电压互感器油变色

现象和后果:油色变暗红或局部黑色。油色变化往往暗示着电压互感器内部有某种异常或故障存在,因此若得不到足够的重视,可能会延误发现异常或故障的时间,导致因异常或故障得不到及时的处理而引发事故。

原因:油浸式电压互感器使用的是变压器油。清洁、合格的变压器油通常呈透明、无色样。油色变暗红或局部黑色,往往是由于电压互感器内部有放电情况,从而导致变压器油分解。

处理方法:择机将电压互感器退出运行并做好安全措施,然后交付检修部门处理。

2.电流互感器异常及事故处理

因为电流互感器是直接串接在其所服务的一次设备的回路中的,因此电流互感器不像电压互感器那样可以单独退出运行。电流互感器发生了必须退出运行的异常或故障,则其所服务的一次设备(如发电机、线路等)亦必须同时退出运行。

1)电流互感器表面放电或闪络

现象和后果:电气运行人员只要加强巡检,电流互感器表面放电或闪络现象是很容易发现的。只要关掉灯光,仔细观察,就会发现弧光,并且能听到"吱吱"的放电声。电流互感器放电或闪络如果得不到及时处理,最终会演化为绝缘击穿事故。

原因:可能是电流互感器脏污、受潮,也可能是绝缘损坏。

处理方法:若是由于电流互感器脏污、受潮,则将电流互感器随同其所服务的一次设备退出运行后进行清扫、干燥等处理即可;若是由于电流互感器绝缘损坏(如瓷套管裂纹等)等其他运行人员无法处理的原因,则择机随同其所服务的一次设备退出运行并做好安全措施,然后交付检修部门处理。

2)电流互感器发热、温度高

现象和后果:电流互感器发热,温度比正常情况下明显增高,如果得不到及时处理,会导致电流互感器着火事故。

原因:可能是电流互感器内部有局部短路现象(如匝间短路、层间短路等),或是一次连线接触不良,也可能是由于二次回路开路。

处理方法:立即将电流互感器及其所服务的一次设备退出运行并做好安全措施,然后交付检修部门处理。

3)电流互感器内部发出焦味、冒烟、着火

现象和后果:电流互感器内部发出焦味、冒烟、着火等现象,可能造成某些保护和自动装置误动作,从而影响正常的生产。如果电流互感器着火得不到及时处理,会酿成火灾。

原因:可能是电流互感器内部局部短路(如匝间短路、层间短路等),或者是接地得不到及时处理,从而导致故障扩大。焦味、冒烟、着火往往意味着电流互感器绝缘已烧坏。

处理方法:立即将电流互感器及其所服务的一次设备退出运行并做好安全措施,然后交付检修部门处理。

4)电流互感器内部有异常声音(如放电声)

现象和后果:电流互感器内部放电,表面看不出来,但仔细倾听,能听到"噼啪"的放电声。电流互感器内部放电得不到及时处理,最终会演化为绝缘击穿事故。

原因:可能是电流互感器内部短路、接地以及夹紧螺丝松动等引起的,主要原因是绝缘损坏。如果得不到及时处理,会导致电流互感器击穿。

处理方法:立即将电流互感器及其所服务的一次设备退出运行并做好安全措施,然后交付检修部门处理。

5)油浸式电流互感器渗、漏油,油位下降

现象和后果:电流互感器表面有油渍,仔细观察发现油位比正常情况低。如果得不到及时处理,会使电流互感器因严重缺油而出现事故。

原因:可能是密封件老化损坏,套管部件间结合面螺丝松动等。

处理方法:若渗、漏油现象不太严重,且油位尚在能正常运行的范围内,则可根据生产情况,选择合适的时间交付检修部门处理;若漏油非常严重,或是油位已低至不能保证安全运行的要求,则应立即将电流互感器及其所服务的一次设备退出运行并做好安全措施,然后交付检修部门处理。

6)油浸式电流互感器油变色

现象和后果:油色变暗红或局部黑色。油色变化往往暗示着电流互感器内部有某种异常或故障存在,因此若得不到足够的重视,可能会延误发现异常或故障的时间,导致因异常或故障得不到及时的处理而引发事故。

原因:油浸式电流互感器使用的是变压器油。清洁、合格的变压器油呈透明、无色样。油色变暗红或局部黑色,往往是由于电流互感器内部有放电情况,从而导致变压器油分解。

处理方法:择机将电流互感器及其所服务的一次设备退出运行并做好安全措施,然后交付检修部门处理。

五、防雷和接地装置运行与维护

电气设备在日常运行中,常常会遭受各种类型的雷击和雷电波的入侵。为了保护电气设备安全可靠地运行,必须采取措施,使电气设备免遭雷击。在电力系统中,防雷装置是必不可少的安全装置。

使电气设备免遭雷击和雷电波入侵的装置,称为防雷装置。防雷装置的工作原理就是,设法将各种类型的雷击引向防雷装置自身,并通过接地装置将高电压、大电流的雷电波引入大地,从而使被保护的电气设备免遭雷击。或者将高电压、大电流的雷电波在入侵电气设备前,通过防雷装置及其附属的接地装置引入大地,使被保护的电气设备免遭雷电波入侵。

由上述分析可知,防雷装置必须与接地装置配合使用方能起到防雷的作用。此外,在电力系统中,为了防止电气设备因绝缘损坏而导致设备外壳带电,从而威胁人身安全,一般都将电气设备的外壳接地或接零。另外,为了保证电力系统正常工作,在某些情况下也需要接地。如变压器中性点直接接地或通过消弧线圈接地,防雷装置的接地等。

电气设备某部分经导体与大地良好的连接称为接地,它是由接地装置来实现的。

(一)防雷装置运行与维护

1. 防雷装置概述

防雷装置不管型式如何多样,主要由引雷部分、接地引下线和接地体三部分组成。根据预防对象的不同,常用的防雷设备主要分为下列几类:

(1)避雷针:主要用于保护建筑物或户外电气设备(例如户外安装的变压器、配电装置等)免遭直击雷的雷击。

(2)避雷线:又称为架空地线,主要用于保护输电线路免遭直击雷的雷击。

(3)避雷网和避雷带:主要用于保护建筑物免遭直击雷的雷击。建筑物的屋角、屋檐等突出部位都应装设避雷带。

(4)避雷器:主要用来保护电气设备免遭雷电波的入侵。避雷器主要有阀型避雷器、管型避雷器和金属氧化物避雷器等种类。

(5)保护间隙:某些要求不高的情况下可以用保护间隙代替避雷器。

此外,感应雷也会严重威胁建筑物的安全和电力系统的正常运行。预防感应雷的主要措施是将建筑物内的金属设备、金属管道及结构钢筋等可靠接地。

2. 防雷装置投入运行前的检查项目

为了保证防雷装置投入使用后能安全可靠地工作,防雷装置在投入运行前必须经过仔细、全面的检查,具体要求如下:

(1)防雷装置的接地电阻应符合规定要求。

(2)各连接部位连接良好,无松动现象,焊接部位焊接合格。

(3)避雷器已完成各项试验并符合要求。

(4)防雷装置各组成部分应无异常。

(5)避雷器本体无裂纹、无脏污及无破损现象。

(6)控制部分动作正常。

(7)避雷器与被保护设备之间的电气距离应符合要求。

说明:避雷器应尽量靠近被保护的电气设备。10 kV 及以下变、配电所阀型避雷器与变压器之间的电气距离应符合表5-2-3 的要求。

表 5-2-3　避雷器与 10 kV 及以下变压器的最大电气距离

雷雨季节经常运行的进线回路数	1	2	3	4
允许的最大电气距离(m)	15	23	27	30

3. 防雷装置运行中的检查项目及注意事项

防雷装置在运行中,要加强巡检,及时发现异常和缺陷并进行处理,严防防雷装置形同虚设或防雷性能下降。具体检查项目如下:

(1)防雷装置引雷部分、接地引下线和接地体三者之间连接良好。

(2)运行中应定期测试接地电阻,接地电阻应符合规定要求。

(3)避雷器应定期做好预防性试验。

(4)避雷针、避雷线及其接地线应无机械损伤和锈蚀现象。

(5)避雷器绝缘套管应完整,表面应无裂纹、无严重污染和绝缘剥落等现象。

(6)定期抄录放电记录器所指示的避雷器的动作次数。

(7)接地部分接地应良好。

4. 防雷装置运行中的试验项目

在每年的雷雨季节来临之前,应进行一次全面的检查、维护,并进行必要的电气预防性试验。具体的试验项目(其中有关避雷器部分是以阀型避雷器为例)如下:

(1)测量接地部分的接地电阻。

(2)避雷器额定放电电流下的残压试验。

(3)避雷器工频放电电压试验。

(4)避雷器密封试验等。

5. 防雷装置异常及事故处理

1)避雷器的引线及接地引下线有严重烧痕,或放电记录器烧坏

原因:阀型避雷器的引线及接地引下线有严重烧痕,或放电记录器烧坏主要原因往往是避雷器存在隐性缺陷。

因为在正常情况下,避雷器动作以后,接地引下线和放电记录器中只通过雷电流和幅值很小(一般为 80 A 以下)、时间很短(约 0.01 s)的工频续流,所以除使放电记录器动作外,一般不会产生烧伤的痕迹。然而,当阀型避雷器内部阀片存在缺陷或不能及时灭弧时,则通过的工频续流的幅值增大、时间加长。这样,接地引下线的连接处会产生烧伤的痕迹,或使放电记录器内部烧黑或烧坏。

危害:若发现避雷器的引线及接地引下线有严重烧痕,或放电记录器烧坏,没有引起重视并对避雷器进行相应的检查和处理,那么,随着时间的推移,就有可能使避雷器损坏或引线连接处烧断,从而使避雷器形同虚设,起不到避雷作用。

处理方法:立即将避雷器退出运行并做好安全措施,然后交付检修部门处理。

2)避雷器套管闪络或爬电

原因:避雷器在运行中,发生套管闪络或爬电的原因,主要是套管表面脏污使套管表面等效爬电距离下降,或者套管有裂缝等缺陷。

危害:若避雷器发生套管闪络或爬电现象,常常会引起放电记录器的误动作。闪络或爬电进一步发展,会引起电网接地故障,而且,闪络和爬电产生的热量会使套管因受热不均而炸裂,从而导致停电事故。

处理方法:若闪络或爬电是由于套管表面脏污造成的,停电(在某些情况下也可以不停电,但要遵守电业安全规程及相关操作规程)后,对套管表面进行清理;若闪络或爬电是由于套管损坏(如表面开裂等)等运行人员无法处理的原因造成的,则择机将避雷器退出运行并做好安全措施,然后交付检修部门处理。

在进行防雷装置的异常或事故处理时,应注意以下事项:

(1)如果在雷雨时发现防雷装置有异常,只要防雷装置还能使用,就不能将防雷装置退出运行。应待雷雨过后再行处理。

(2)发现避雷器内部有异常声音或套管有炸裂现象,并引起电网接地故障时,值班人员就应避免靠近避雷器。可用断路器或人工接地转移的方法,将故障避雷器退出运行。

(3)阀型避雷器在运行中突然爆炸,但尚未造成电网永久性接地时,可在雷雨过后拉开故障相的隔离开关将避雷器退出运行,并及时更换合格的避雷器。

(4)阀型避雷器在运行中突然爆炸,并已造成电网永久性接地时,则严禁通过操作隔离开关来将避雷器退出运行。

(二)接地装置运行与维护

1.接地装置概述

电气设备必须接地的部分与大地作良好的连接称为接地。埋设在地下并直接与大地接触的金属导体称为接地体。将电气设备的接地部分与接地体连接起来的金属导体称为接地线。由接地线、接地体连接起来而形成的网称为接地网。接地线、接地体和接地网统称为接地装置。

避雷针的接地一般采用独立的接地体构成环状。而避雷器的接地以及其他接地系统的接地和变压器、低压发电机的中性点接地一般都接入总接地网。

2.接地装置投入运行前的检查项目

为了保证接地装置投入使用后,能安全可靠地工作,接地装置在投入运行前必须经过仔细、全面的检查,具体要求如下:

(1)接地装置的接地电阻应符合规定要求。

(2)各连接部位连接良好,无松动现象,焊接部位焊接合格。

(3)接地体应通过接地扁钢连接成环或网。

(4)接地材料的防锈漆(或热镀锌)应完好。

(5)接地体和接地线的规格符合规定。

接地体和接地线的最小规格如表5-2-4所示。

表5-2-4　接地体和接地线的最小规格

接地体和接地线的种类	最小规格及单位	地上		地下
		室内	室外	
钢管	管壁厚度(mm)	2.5	2.5	3.5
角钢	厚度(mm)	2	2.5	4
圆钢	直径(mm)	5	6	8
扁钢	截面/厚度(mm/mm)	24/3	48/4	48/4

注:电力杆塔的接地体引出线,截面面积不应小于50 mm²,并应采用热镀锌材料。

3.接地装置运行中的检查项目及注意事项

接地装置在运行中,要加强巡检,及时发现异常和缺陷并进行处理,保证接地装置状况良好。具体检查项目如下:

(1)设备接地部分、接地连线(或接地引下线)和接地体三者之间连接良好。

(2)接地标志齐全、明显。

4.接地装置运行中的试验项目

在每年的雷雨季节来临前,应对接地装置进行一次全面的检查维护,并测量接地电阻。

具体项目如下:

(1)测量接地电阻,接地电阻应符合规定要求。

(2)检查各接地引下线有无机械损伤及腐蚀现象。

(3)接地螺栓是否拧紧,焊接处是否牢固、无脱焊现象。

5.电气装置必须接地的范围

除防雷装置接地和工作接地外,电压在1 kV及以上的电气装置,在各种情况下均应采取保护接地。电压在1 kV以下的电气装置,若中性点直接接地,应采取保护接零;若中性点不直接接地,则应采取保护接地。

下列电气装置的金属部分应接地或接零:

(1)各种电气设备的外壳。

(2)电流互感器、电压互感器的二次线圈。

(3)开关柜、配电屏、动力箱和控制屏等各种电气屏、柜、箱的外壳及基础。

(4)屋外配电装置的金属构架以及靠近带电部分的金属围栏和金属门。

(5)电缆接线盒、终端盒的外壳和电缆的外皮。

(6)各电缆(或电线)的金属保护管。

(7)装有避雷线的电力线路杆塔。

(8)安装在配电线路杆塔上的开关设备、电容器等电力设备。

思考题

1.什么叫变压器的过负荷运行?变压器过负荷分哪两种情况?运行会带来哪些后果?

2.变压器的过负荷运行会带来哪些后果?

3.变压器事故过负荷倍数和允许时间有何关系?

4.在小水电厂供电区域有时无功功率送不出去的原因是什么?应如何处置?

5.变压器温度长期超过允许值时会带来哪些危害?

6.采用A级绝缘的变压器,当最高周围空气温度为45 ℃时,上层油的允许温升规定为多少?

7.当变压器的运行电压高于额定电压时会对变压器有何危害?

8.变压器并联运行需满足哪三个条件?

9.变压器的异常运行一般有何表现?

10.出现哪些现象时变压器必须停止运行?

11.引起变压器瓦斯保护动作的可能原因有哪些?

12.额定电压为0.4 kV、10.5 kV、35 kV、110 kV的变压器用2 500 V摇表测量,其绝缘电阻值分别不得低于多少?

13.变压器检修后送电前必须进行哪些检查?

14.断路器的分合闸操作有哪些注意事项?

15.断路器运行中应检查哪些项目?注意哪些事项?

16.严禁用隔离开关拉、合哪类电流?

17.隔离开关与断路器配合操作的顺序是什么?

18.隔离开关运行中应检查哪些项目?

19.隔离开关异常有哪几种现象?

20.母线运行中应检查哪些项目?

21.母线运行有可能出现哪几种异常情况?

22. 电压互感器运行中哪里不得短路？哪里必须接地？

23. 电流互感器运行中哪里不得开路？哪里必须接地？

24. 电压互感器运行中有可能出现哪几种异常情况？

25. 电流互感器运行中有可能出现哪几种异常情况？

26. 防雷装置运行中应检查哪些项目？

27. 防雷装置运行中有可能出现哪几种异常情况？

28. 接地装置运行中应检查哪些项目？

第六章　二次设备运行、操作与维护

二次回路是指发电厂、变电站的测量仪表、监察装置、信号装置、控制和同期装置、继电保护和自动装置等所组成的电路。二次回路的任务是反映一次系统的工作状态,控制一次系统并在一次系统发生事故时能使事故部分迅速退出工作。为了保证二次回路的正常工作,首先要保证正确的二次回路的投运、停运操作;其次要重视日常运行过程中的维护;最后要及时发现和处理二次回路的故障,使二次回路始终处于良好的状态。

第一节　二次回路的运行操作

为了保证二次回路以良好的状态投入运行,以确保其投入运行后能正常工作,在二次回路投入运行前应该做好一系列的检查和调试工作。尤其是继电保护装置和自动装置,还需要得到调度部门或其他相关部门的批准,才能投入运行。

一、二次回路投入运行前的检查

二次回路投入运行前应该先进行检查工作,检查确认二次回路正常后,才能将其投入运行。投入运行前检查项目如下:

(1)在该二次回路上的工作已结束,工作人员已撤离,工作票已收回并已终结。

(2)检查继电保护的整定值符合保护整定单上的定值要求。

(3)继电保护装置的传动试验合格。

(4)自动装置的调试已经完成,各特性曲线符合要求并已完成静态联合调试。

(5)检查各二次设备无异常,各连接导线连接正确、紧固,接触良好。

(6)测量二次回路的绝缘电阻,结果应符合要求(用500 V或1 000 V兆欧表测量,不小于0.5 MΩ)等。

二、二次回路投入运行的操作

二次回路在经过上述检查无误后,才可以投入运行。投入运行的操作步骤如下:

(1)送上控制、信号电源。

(2)投入要求在一次设备投入运行前投运的保护用连接片。

(3)将切换片切换至合适的位置。

(4)根据运行要求设定好自动装置的控制方式。

(5)根据运行要求设定好自动调整励磁装置运行方式。

(6)待一次设备投入运行后,投入要求在一次设备投入运行后投运的保护用连接片。

三、二次回路投入运行后的检查

二次回路投入运行后,还要检查其工作情况,检查项目如下:

(1)继电器触点位置是否正确,触点有无抖动现象。

(2)信号灯指示是否正常。

(3)表计指示是否正确并符合精度要求等。

如果发现二次回路投入运行后的运行情况异常或不符合要求,应及时将其退出运行,将异常处理完成后,才能将其重新投入运行。

四、二次回路退出运行的操作

二次回路退出运行的操作与投入运行的操作步骤正好相反,但比投入运行操作简单。退出运行操作过程中重点要考虑保护装置和自动装置退出运行的顺序,防止一次系统无保护运行。正常情况下,多数保护要在一次系统退出运行后才能退出运行,也有一些保护要在一次系统退出运行前先退出运行。

此外,二次回路退出运行后,要根据其退出后的情况做好相应的措施。如二次回路退出运行后需要处于检修状态,则必须切断其电源,并将电源熔丝拔下等。

第二节　二次回路运行中的巡查与维护

电气值班人员应按规定要求定期或临时对运行中的二次回路进行全面的检查。

一、综合检查的内容

(1)二次回路各设备无损坏和异常现象。

(2)各连接导线无松动、发热现象,导线连接处接触良好。

(3)继电器无异常的声音,触点无抖动现象,保护动作值无偏移。

(4)测量表计指示正确并符合精度要求。

(5)自动装置动作正常,调节特性符合要求。

(6)定期检查二次回路的绝缘情况。

(7)检查有无信号继电器掉牌后没有复归,将掉牌的信号继电器及时复归。

(8)检查互感器二次侧的接地情况应良好。

(9)检查交流电压回路应无短路现象。

(10)检查交流电流回路应无开路现象。

(11)检查电压互感器一、二次侧熔断器应完好,若发现熔丝熔断应及时更换。

二、值班中的检查和维护

(一)特殊巡视检查的内容

(1)高温季节应加强对微机保护及自动装置的巡视。

(2)高峰负荷以及恶劣天气应加强对二次设备的巡视。

(3)当断路器事故跳闸后,应对保护及自动装置进行重点巡视检查,并详细记录各保护及自动装置的动作情况。

(4)对某些二次设备进行定点、定期巡视检查。

(二)值班中巡视检查的主要内容

(1)检查信号继电器是否掉牌或动作灯是否在恢复位置。

(2)检查屏上的各种表计指示是否正常,负荷是否超过允许值。

(3)检查并核对上一班改过的整定值,操作的压板和转换开关的位置是否符合要求。

(4)用直流绝缘监察装置检查直流绝缘是否正常。

(5)观察各断电器触点状态是否正常。

(6)当装置发出异常或过负荷信号时,要适当增加对该设备的巡视检查次数。

(三)值班中的维护

在值班过程中应进行的维护工作如下:

(1)每天应清洁控制屏和继电保护屏正面的仪表及继电器二次元件一次。

(2)每月至少做一次控制屏、继电保护屏、开关柜、端子箱、操作箱的端子排等二次元件的清洁工作,最好用毛刷(金属部分用绝缘胶布包好)或吸尘器来清扫,在清扫过程中应小心、仔细、严防导致保护误动作。定期对户外端子箱和操作箱进行烘潮。

（3）注意监视灯光显示和声响信号的动作情况。

（4）在夏季,装有微机保护及自动装置的继电器室的室温应保持在 25 ~ 35 ℃,注意空调机的运转是否正常。

（5）配合设备停电,用短路继电器触点方法对 35 kV 及以下设备的电流电压保护及自动重合闸做整组动作试验(一个月内多次停电的只做一次),其余保护及安全自动装置的整组动作试验由继电保护专业人员在定期检查时会同值班人员进行。

只要认真做好二次回路在运行期间的维护工作,就能减小二次回路故障的概率,从而提高一次系统运行的可靠性和一次设备的安全。

第三节　二次回路常见故障及处理

无论二次回路的维护工作做得多么完善,也只能减小其发生故障的概率,而不能完全杜绝故障的发生。由于设备的老化、环境的剧变等一系列的因素,二次回路可能出现这样那样的异常或故障。二次回路出现异常或故障后,应及时发现并尽快做出处理使其恢复正常,尽量减小因二次回路故障而导致一次系统非正常退出运行的概率。

一、二次回路故障分析及处理的基本原则

二次回路故障分析及处理的基本原则是:及时发现故障,并根据故障所表现出来的各种现象,分析出故障的真正原因,从而及时、正确地处理。

二次回路接线复杂,若不进行认真、仔细的分析和处理,找到的故障原因很可能似是而非。表面看起来似乎已经处理好了,实际上却没有找到真正的原因和正确的处理手段。因此,在分析二次回路故障原因时,不能只根据表面现象进行草率的分析,而要根据各种现象,尤其要注意各种细微的现象,并根据二次回路的工作原理进行深层次的分析,找出真正的原因。

在处理故障时,要杜绝头痛医头、脚痛医脚的处理方法,不到万不得已,不能采用临时手段进行处理,要将真正的故障原因消除。

二、查找二次回路故障的基本方法

(一)二次回路查找故障的一般方法

（1）根据故障现象和图纸分析原因,再确定检查处理的顺序和方法。

（2）保持原状,进行外部检查和观察。

（3）检查出故障可能性大的、容易出问题的、常出问题的薄弱点。

（4）逐步缩小范围查找故障。二次回路故障查找重在分析判断,有正确的分析判断才能正确处理,少走弯路。先根据接线情况、故障现象、设备状态、信号等情况分析判断,缩小范围,判断准确范围后,再用正确方法,缩小范围。在检查测量中根据结果和现象进行分析判断,再进行测量,就能准确无误地查找出故障点。

(二)二次回路故障分析的思路

二次回路故障分析的基本思路是:紧紧扣住"系统"和"回路"的概念,结合故障的各种现象和该二次回路的工作原理,包括采用一些必要的测量、检查手段,先在二次原理图上进行分析。首先分清故障原因是在该二次回路系统的哪个子系统,随后找出故障在该子系统的哪个回路。一旦找到了故障所在的回路,再要找出故障点就比较容易了。

例如,某发电机采用电磁操作机构操作的断路器发生了无法进行合闸操作的故障。其分析步骤如下:

第一步,首先分清是断路器的控制系统出现了故障,还是保护系统,或者是断路器操作机构的机械

系统等出现了故障。

发电机的二次系统可分为多个子系统。其中与断路器合闸操作有关的二次部分包括控制系统、保护系统、同期系统和断路器操作机构的机械系统等。控制系统出现故障,如回路断线等,保护系统出现故障,如某动作于跳闸的继电器触点粘牢等,以及断路器操作机构的机械系统出现问题等,都可能导致断路器无法进行合闸操作。

第二步,在找到了故障所在的子系统后,再在该子系统内找出故障所在的回路。假设故障发生在断路器的控制系统。控制系统内与断路器无法合闸有关的回路包括合闸接触器线圈所在的回路、断路器合闸线圈所在的回路等。

第三步,在故障回路中找到故障点。

假设故障发生在断路器合闸线圈所在的回路,再根据常规检查方法找出发生故障的设备或导线。

上述三个步骤中,第一步、第二步要以动脑分析为主,第三步以现场实际检查、测量为主。实际工作中,有些电气人员往往忽略了正常的分析思路,一上来就直接查找具体的故障点(直接进入第三步)。这种故障查找方法虽然在许多情况下也能找到故障的原因,但也有可能找到了似是而非的故障原因,尤其是在查找某些软故障时,采用这种方法找到真正故障原因的概率很低。

(三)使用仪表查找二次回路不通故障的方法

二次回路中发生断线故障时,使用仪表查找不通点很有效、很准确。一般用万用表来检查测量,主要有三种方法,即测导通法、测电压降法和对地电位法。测导通法必须先断开回路的电源,而测电压降法和对地电位法可带电测量。

(1)测导通法是用万用表的欧姆挡测量电阻的方法来查找二次回路不通故障。测导通法必须先断开回路的电源,否则会烧坏表计。测导通法是通过测量检查某两点之间的电阻值来判断故障点。接触良好的接点,其两端电阻值应是零;严重接触不良时有一定的电阻;未接通的接点,其两端电阻无限大。对于回路中的电流线圈,其电阻值几乎为零;对于回路中的电压线圈和电阻元件,其阻值应和标称值一致。

(2)测电压降法是用万用表的电压挡来测量回路中各元件上的电压降。测量时,表计量程应稍大于电源电压。测电压降法是在回路处于接通的状态下,接触良好的接点两端电压应为零。若不等于零或为电源电压,说明该接点接触不良或未接通,而回路中其他元件完好。电流线圈的两端电压几乎为零。电压线圈两端则有一定的电压;电阻元件上应有一定的电压。回路中仅有电压线圈而无串联电阻时,电压线圈两端的电压应接近电源电压。如果线圈两端电压正常而继电器不动作,说明线圈断线。

(3)测对地电位法一般用来查找直流二次回路故障。测量前应先分析被测量回路各点的对地电位,然后再测量检查,之后将分析经过和所测量的值以及极性比较,判断故障点。若所测的值和极性与分析的系统一致或误差不大,表明各元件良好。若与分析相反或误差很大,表明该部分有问题。某点的电位为零,说明该点两侧都有断开点。

三、二次回路常见故障及处理

(一)交流电压回路的故障分析及处理

交流电压回路常见的故障有短路、开路和电压互感器熔丝熔断等。

1.短路故障的分析和处理

交流电压回路严禁短路。因此,专门在电压互感器的二次侧装设熔断器作为对应该电压互感器的交流电压回路的过载和短路保护。只要熔断器所配熔丝的熔断电流合适,当交流电压回路发生两相或三相短路故障时,对应短路相的熔断器往往会熔断。这时的现象是:接于该交流电压回路的所有电压表计指示为零,功率表、电能表指示为零或很小,反映低电压的继电器误动作,某些自动装置动作不正常等。此外,预告声响信号系统中的电铃鸣响,反映该交流电压回路所对应的"电压互感器断线"的光字牌点亮。另外,还有可能发生电压互感器因过载而发热、冒烟,甚至着火等现象。

交流电压回路短路故障的处理:找到短路点并进行处理,同时将故障设备修复或更换。为了防止还有短路点存在,交流电压回路在短路故障处理完毕后,除测量绝缘电阻外,还要测量一下二次回路各相间的电阻,更换熔断的熔丝(若故障时熔断器没有熔断,还要重新核算熔丝的熔断电流是否合适,并换上合适的熔丝)。只有在完成上述工作后,才能将交流电压回路再次投入运行。

2. 开路故障的分析和处理

交流电压回路发生开路故障,对电压互感器没有影响,但对回路中的某些测量、保护和自动装置等二次系统会有影响。开路故障所影响的二次回路元件根据具体的开路点而有所不同。其现象是:接于开路相开路点后面的所有电压表计指示为零或远较正常值小,功率表、电能表指示较正常值小,反映低电压的继电器误动作,某些自动装置动作不正常等。此外,预告声响信号系统中的电铃鸣响,反映该交流电压回路所对应的"电压互感器断线"的光字牌点亮。

交流电压回路开路故障的处理:找到开路点并重新连接好。再次投运前,除测量绝缘电阻外,最好测量一下二次回路各相间的电阻,以判断是否存在其他开路点。

3. 熔断器熔丝熔断故障的分析和处理

熔断器熔丝熔断,不能简单地更换了事,要找到熔断的原因并处理后,才能更换熔丝,再投入运行。

熔断器是相关设备或电路的保护电器。在交流电压回路中,电压互感器一次侧熔断器作为电压互感器本体故障或一次侧引线故障的保护电器,而二次侧熔断器是作为二次回路过载和短路保护的保护电器。因此,若发生一次侧熔断器熔丝熔断现象,则要检查电压互感器本体及其一次侧回路情况,经检查后若无故障,可将交流电压回路再次投入运行,否则需将故障消除后,才能将交流电压回路再次投入运行;而当电压互感器二次侧熔断器熔丝熔断时,则要检查交流电压回路有无过载或短路现象,若有过载或短路现象,则需将引起过载或短路的原因消除后,才能再次将交流电压回路投入运行。

(二)交流电流回路的故障分析及处理

交流电流回路常见的故障有短路和开路等。

1. 短路故障的分析和处理

当交流电流回路发生短路故障时,对设备没有损害。这时的现象是:未被短路的二次设备工作正常;被短路的二次设备中没有电流流过,如被短路的电流表指示为零,功率表、电能表读数变小,反映过电流的保护将拒绝动作,自动装置可能工作不正常等。

交流电流回路短路故障的处理:根据表计指示情况,找到短路点并进行处理。交流电流回路正常时的回路电阻很小,当发生短路故障时,用测量回路电阻的方法判断很困难。主要应该依靠表计指示情况来进行分析。

2. 开路故障的分析和处理

交流电流回路严禁开路。交流电流回路发生开路现象时,可能在回路中产生高电压,危害设备和在二次回路上工作的人员的安全。

当交流电流回路发生开路故障时,也主要依靠表计指示或继电保护的动作情况等进行分析。开路故障所影响的二次回路元件根据具体的开路点而有所不同。其现象是:接于开路相开路点后面的所有电流表计指示为零,功率表、电能表指示较正常值小,反映过电流的继电器将拒绝动作,某些自动装置动作不正常等。

交流电流回路开路故障的处理:找到开路点并重新连接好。再次投运前,除测量绝缘电阻外,最好测量一下二次回路各相间的电阻,以判断是否存在其他开路点。

(三)直流回路的故障分析及处理

在二次回路中,直流回路比交流回路复杂,对于一些复杂的故障,更要一步一步、有条不紊地进行分析。直流系统接地是常见故障,对直流回路的故障分析见本书第二部分第八章。

思考题

1. 二次回路投入运行前应进行哪些检查?

2. 简述投入运行的操作步骤。

3. 二次回路投入运行后应进行哪些检查?

4. 二次回路运行中综合检查的内容主要有哪些?

5. 二次回路故障分析及处理的基本原则是什么?

6. 二次回路查找故障的一般方法是什么?

7. 简述使用仪表查找二次回路不通故障的方法。

8. 交流电压回路常见的故障有哪几种?

9. 交流电压回路短路故障如何处理?

10. 交流电压回路开路故障如何处理?

第七章　站用电的运行与维护

第一节　站用电的负荷

水电站是电能生产的工厂,和其他工矿企业一样,同时也是电能的用户。其用电设备主要是一些附属机械的电动机、照明、电热及整流电源等,统称为站用负荷。站用负荷及其接线合称为站用电。

小型水电站的站用负荷最大值占电站总装机容量的 1% ~ 3%,由名目繁多的单个小负荷组成(最大单机容量很少有超过 30 kW 的),其中多数只作间断性的短时运转,平均利用率很低。因此,站用负荷的总设备容量远比实际负荷大。

站用电的总负荷和单机容量都不大,通常均采用 400 V 低压供电,其接线应力求简单清晰。但值得注意的是,部分站用负荷维系着电站的生产和安全,对供电的可靠性有相当大的要求。如果较长时间中断供电,不仅电力生产难以继续,还可能威胁电站甚至枢纽建筑的安全。对这些关键性负荷,无论在设计和运行中都应给予特别的关注。

一、站用负荷按用途分类

水电站的站用负荷按用途分为主机主变自用负荷和电站公用负荷。电站公用负荷比较庞杂,也比较分散。通常分为内外两区,即电站内区公用负荷和电站外区公用负荷。

各单个负荷实际上是电站各种机电设备或装置的组成部分,应在了解各机电装置工作原理和电站生产过程的基础上,熟练地掌握它们。

(一)主机主变自用负荷

主机自用负荷是指机组及其配套的调速器、蝶阀和进水闸门等的辅助机械用电。其构成随机组型式、容量及制造厂家的不同而有较大差异,通常有调速器压油装置的压油泵、漏水泵,机组轴承的润滑油泵或润滑水泵,水轮机顶盖排水泵,机组技术供水泵,蝶阀压油装置压油泵和漏油泵,输水管电动阀门或进水闸门启闭机,可控硅励磁装置的冷却风扇和起励电源等。

主变自用电取决于其冷却方式,有冷却风扇、强迫循环油泵、冷却水泵等。容量 6 300 kVA 及以下、电压等级不超过 35 kV 的变压器常为油浸自冷式,无自用负荷。该类负荷直接关系主机主变的正常运行和安全,大都是重要负荷。

(二)电站内区公用负荷

电站内区公用负荷是指直接服务于电站的运行、维护和检修等生产过程,并分布在主副厂房、开关站、进水平台和尾水平台等处的附属用电设备。通常包括:

(1)电站的水、气、油系统的用电。其中,水系统有向各机组供冷却水的联合技术供水泵、消防供水泵、厂房渗漏排水泵、机组检修排水泵等。气系统有高、低压压气机。油处理设备有滤油机、油泵、电热和烘箱等。

(2)直流操作电源与载波通信电源。如蓄电池组的充电与浮充电设备,硅整流的交流电源等。

(3)厂房桥机、进水口闸门和尾水闸门启闭机。

(4)厂房和开关站等的照明、电热。

(5)全厂通风、采暖及空调、降温系统。

(6)其他如检修电源、实验室电源等。

这类负荷中也有不少重要负荷,如(1)~(4)项中的大部分负荷。

(三)电站外区公用负荷

电站外区公用负荷主要有溢洪闸门启闭机、船闸或筏道电动机械,机修车间电源、生活水泵、坝区及道路照明等。这些负荷比较分散,根据其位置和分布情况,可设坝区变压器供电。有时可将一部分归并入电站内区公用电,另一部分由生活区电源供电。

二、站用负荷按特征分类

站用负荷的不同特征,可从站用负荷的重要性、是否自启动和运转方式等三个方面来分析。

(一)重要性

站用负荷按重要性分为Ⅰ、Ⅱ、Ⅲ三类。水电站有少数负荷对供电的连续性要求很强,允许中断供电的时间仅为数秒,最为典型的是机组轴承润滑油泵或润滑水泵、可控硅冷却风扇等。此外,硅整流型操作电源的交流电源,快速闸门或主阀电动机的电源等,在紧急情况下,中断供电可能引起严重的后果,故酌情要求相应的可靠性。上述负荷必须设置备用电源,且在失去工作电源时,只有用自动切换装置才能及时投入备用电源。

此外,有些负荷供电中断时间允许几分钟到十几分钟,如主机主变自用电中大部分负荷。严格地讲,这些负荷不一定是Ⅰ类。但考虑到用人手切换备用电源的紧迫性及延迟供电会造成的不良后果,通常也看作Ⅰ类负荷。

允许中断供电时间十几分钟至几十分钟,超过时间会造成不良后果的负荷为Ⅱ类负荷。例如,厂房渗漏排水泵、径流式水电站的溢洪启闭机等。这些负荷一般也需设置备用电源,但在因故失去工作电源时,可用人手切换备用电源,或进行紧急抢修抢送。

Ⅲ类负荷不规定严格的停电允许时间,如油处理室、机修车间、检修和试验电源、不重要场所的照明电源等。

(二)自启动与非自启动负荷

当站用电源中断后又恢复(如切换电源或故障后恢复)时,若原来运转的辅助设备,在失电停运后无需运行人员作启动操作即自行启动,迅速恢复运转,叫作自启动。采用自启动可以缩短辅助机械因中断供电而停运的时间,简化运行操作,对于紧迫的Ⅰ类负荷有重要意义。但站用变压器启动容量有限,而一些负荷如起重机、闸门启闭机等,其运转需受现场人员的密切监控,本身不允许采用自启动。因此,应对紧迫的Ⅰ类和部分Ⅱ类负荷实行自启动,其余则不得进行自启动。

(三)站用负荷的运转方式

水电站的站用负荷中多数是经常不运转的。在经常运转的负荷中也多是作短时性的断续运转。各种负荷的运转方式差别很大,大致可分为四类:

A类:经常长期运转负荷,如浮充电电源、技术供水泵、轴承润滑油泵或水泵、主冷却风扇,以及照明、通风、取暖、空调等。

B类:经常短时运转负荷,如压油装置油泵、厂房渗漏排水泵、高低压空压机、水轮机顶盖排水泵等。

C类:不经常长期运转负荷,典型的如机组检修排水泵,其他如蓄电池充电电源、油处理设备和一些检修用电。

D类:不经常短时运转负荷,如闸门启闭机、蝶阀压油装置、压油泵、消防水泵、各种短时工作的备用泵等。

上述"经常"与"不经常"是指使用机会的多少。如果每年至少在一个月内每天都有使用的机会,便可看为经常负荷。一般的检修性负荷、备用负荷,特定情况下使用的负荷等为不经常负荷。"长期"与"短期"是指每次运转的持续时间。使设备温升达到稳定值的持续运转时间为"长期",因设备热容量而异,对油浸式站用变压器一般取为1 h以上。小型水电站主要站用负荷的分类及特征见表7-1-1。

表 7-1-1　小型水电站主要站用负荷的分类及特征

序号	负荷及其分类	重要性等级	是否自启动	运转方式分类
一	主机主变自用负荷			
1	主机压油装置油泵	I	+	B
2	主机轴承润滑油（水）泵	I	+	A
3	主阀压油装置油泵或主阀电动机	I	+	D
4	水轮机顶盖排水泵	I	+	B
5	机组技术供水泵	I	+	A
6	漏油泵	II	+	B
7	冷却水电动阀门	I	+	B
8	主变风扇、油泵、冷却水泵	I	+	A
二	电站内区公用负荷			
（一）	水、气、油系统负荷			
9	联合技术供水泵	I	+	A
10	厂房消防水泵	I	+	D
11	厂房生活水泵	III	−	B
12	厂房渗漏水泵	II	+	B
13	机组检修排水泵	II	−	C
14	高压空压机	II	+	B
15	低压空压机	II	+	B
16	压力滤油机	III	−	C
17	离心式滤油机	III	−	C
18	滤油机加热器	III	−	C
19	油泵	III	−	D
20	烘箱	III	−	C
（二）	直流操作电源及载波通信的交流电源			
21	蓄电池浮充电设备	II	+	A
22	蓄电池充电设备	II	−	C
23	整流型直流操作电源	I	+	A
24	整流型直流合闸电源	II	+	D
25	载波通信电源	I II	+	A
（三）	厂房桥机与进水、尾水闸门启闭机			
26	厂房桥机	II	−	B
27	进水口闸门或蝶阀	I	+	D
28	尾水闸门启闭机	III	−	D
29	闸门室吊车	III	−	D
（四）	厂房及开关站照明、通信、通风、电热等			
30	厂房及变电站照明	I II	+	A

序号	负荷及其分类	重要性等级	是否自启动	运转方式分类
31	厂房通风	ⅡⅢ	+	A
32	空调降温	Ⅲ	−	A
33	电热及取暖	Ⅲ	−	A
(五)	检修、试验电源			
34	安装间等处检修电源	Ⅲ	−	CD
35	实验室电源	Ⅲ	−	D
三	电站外区负荷			
(一)	机械修配车间			
36	各种机床	Ⅲ	−	B
37	电焊机	Ⅲ	−	B
38	照明、电热、通风	Ⅲ	−	A
(二)	坝区及引水建筑物			
39	溢洪道闸门启闭机	Ⅱ	−	D
40	船闸或筏道用电	Ⅲ	−	B
41	检修电源	Ⅲ	−	D
42	坝区照明	Ⅲ	−	A
43	坝内廊道排水	Ⅱ	+	B

注：1. 安装间等处负荷宜计入发电机定子或转子绝缘干燥电源，根据机组容量可取 30～50 kW。

2. 表中"＋"表示是，"－"表示否。

第二节　站用电系统的正常运行操作及维护

一、站用电正常运行方式

站用电正常运行方式与电站主接线、机组运行、站用电接线形式等有关。本节以某电站为例进行说明。该电站总装机容量 42 000 kW，采用单母线接线，站用电系统接线图如图 7-2-1 所示。

该电站站用电系统设有两台 180 kVA 站用变压器，分别供给站用 400 V Ⅰ、Ⅱ段母线，且互为备用，也就是上述的暗备用。站用电正常运行时，Ⅰ、Ⅱ段站用母线分段运行，联络开关 3K 断开，403QS、404QS 投入，备用电源自动投入装置投入；各机组动力盘电源刀闸均投入：2F、5F、2#空压机动力盘联络刀闸投入，1F、3F、4F、1#空压机动力盘联络刀闸拉开。

正常运行时，严禁两台站用变压器经 400 V 母线并联运行。严禁由 400 V 站用电系统向外供电，若需要供电，应经站领导批准。

正常运行巡视内容及要求如下：

（1）母线不过热，无放电及烧伤现象。

（2）各支持瓷瓶无破损，无歪斜和放电现象。

（3）各保险接触良好，插头无过热、无熔断现象。

（4）刀闸接触良好，无过热，操作机构正常。

（5）电流互感器无放电声音。

（6）电缆头无漏油，外壳接地良好。

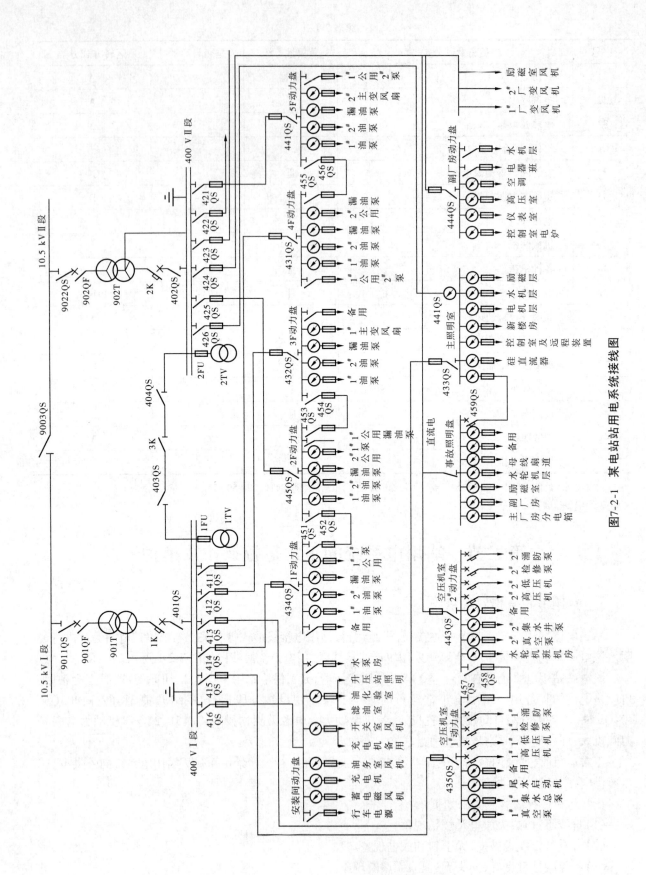

图7-2-1 某电站站用电系统接线图

（7）电动机外部检查完好，无过热，声音正常，外壳接地完好。

（8）指示灯齐备明亮，各表计指示正常。

站用电三相负荷应尽量分配平衡，短时不平衡负荷相间差不得超过2/3，且每一相电流不得超过额定值。

二、站用电的倒闸操作及注意事项

站用电系统在送电、停电、运行转检修、检修转运行时需进行倒闸操作。站用电在倒闸操作时，必须先切后投；站用电合闸送电时应先合电源开关，后合负荷开关，停电反之。

（一）站用电400 V I 段母线由运行转入检修的倒闸操作程序（参照图7-2-1）

（1）将400 V I 段上的有备用的负荷移至备用段。

例如，"空压机1#动力盘"负荷移到"空压机2#动力盘"，先检查458QS保险是否已装上，458QS是否已推上，然后装上457QS保险，拉开435QS，推上457QS，取下435QS保险；"1F动力盘"负荷移到"2F动力盘"，检查452QS保险是否已装上，装上451QS保险，拉开434QS，推上451QS，取下434QS保险。其他回路相同。

（2）将400 V I 段上出线保险拉开：拉开411QS，拉开412QS，拉开413QS，拉开414QS，拉开415QS，拉开416QS。

（3）停电：按1K跳闸按钮，拉开401QS，拉开403QS。取下1TV一次保险，取下411QS保险，取下412QS保险，取下413QS保险，取下414QS保险，取下415QS保险，取下416QS保险，切断901QF，拉开901QF操作电源刀闸，取下901QF操作电源保险，拉开9011QS刀闸。

（4）站用电400 V I 段母线验电，在站用电工段400 V母线放电，在站用电 I 段400 V母线装接地线一组。可以进行检修。

（二）站用电母线有检修转入运行，倒闸操作程序

（1）拆除400 V I 段母线接地线一组，装上411QS、412QS、413QS、414QS、415QS、416QS保险，装上1TV一次保险，推上403QS、401QS、9011QS，装上901QF操作电源保险，推上901QF操作电源刀闸。

（2）400 V I 段母线送电：合上901QF，合上1K，推上411QS、412QS、413QS、414QS、415QS、416QS。

（3）备用切除，恢复供电：例如"空压机1#动力盘"负荷移回，装上435QS保险，拉开457QS，推上435QS，取下457QS保险。其他回路相同。

三、常见事故及故障处理

全站失去站用电时，如确认为非发电机母线及站用变事故，应立即以递升加压方式启动备用机组带站用变，待电压升至额定值后，投入站用变负荷开关，向站用电母线送电。

当一台主变压器事故跳闸后，如BZT拒动，应立即手动断开901QF（或902QF），投入3K，恢复站用电母线电压。

如全站失去站用电，又一时无法恢复，应立即指派值班人员专门监视压油装置压力，必要时将机组压油装置及公用压油装置各阀门关闭，保持压力以供紧急需要。此时应注意维持直流母线电压在220 V左右，并切除部分次要负荷，防止蓄电池过放电。

动力电源保险熔断时，应先检查并消除熔断的原因，然后更换保险。其操作程序为：先拉开电源刀闸，查明原因，予以消除。再用保险夹取下保险，换上同容量保险，验明三相电压正常，方可送电。若保险再次熔断，在故障未消除前，不得送电。

事故照明切换装置动作后的处理如下：

（1）系统电压正常而事故照明切换装置动作时，应检查交流电源保险是否熔断，如保险熔断，更换后应自动复归正常。

（2）事故照明切换到直流后，应保持直流系统电压在220 V，但应注意防止蓄电池过放电。

（3）如长期不能恢复正常，应启动充电机供事故照明。

(4)当事故照明投入时,有直流接地信号出现,应立即设法寻找接地回路,并通知检修人员检查处理。

思考题

1.什么是站用负荷？站用负荷有什么特点？

2.站用负荷由哪些具体负荷组成？

3.站用负荷如何分类？举例说明站用负荷的分类。

4.简单说明站用电正常运行巡视内容及要求。

5.什么是自启动与非自启动负荷？

6.站用负荷的运转方式有哪几种？

7.站用电常见事故有哪些？出现后如何处理？

第八章　直流电源的运行与维护

每个发电厂和变电站都有自己的操作电源,为控制、信号、测量回路及继电保护装置、自动装置和断路器的操作提供可靠的工作电源。操作电源必须保证不间断供电。

操作电源大多采用直流电源,一般蓄电池组直流系统供电比较可靠,在小型水电站中广泛使用,以下就以蓄电池组直流系统为例说明直流电源运行管理。

第一节　蓄电池的分类与工作特性

蓄电池分铅酸蓄电池和镉镍蓄电池,一般为固定型和移动型两类。以前所用的固定型蓄电池大多为开口式(GG 型),酸雾直接散发到室内,所以不能防酸防爆,现逐渐被新产品防酸隔爆式(GGF 型)代替。移动型蓄电池也叫启动蓄电池(Q 型)。目前发电厂和变电所多使用固定型密封式免维护铅酸蓄电池。

铅酸蓄电池的工作特性如下。

一、普通充电

(1)当电解液密度降到 1.15 g/cm^3 以下时进行普通充电。

(2)当电压降到 1.8 V 以下(或灯光暗淡)时,如电池是完全放电,必须及时充电。若电池是间歇性放电或较小电流放电,在放电容量降至 1/2 时(以 10 h 充电率 1/5 的充电电流,其终止电压为 1.95 V),需要进行完全充电,充电电流应为 10 h 充电率的数值。

普通充电时,当电池电压达到 2.5 V 以上,而极板之间发生大量气泡时,应及时减小充电电流且继续充电,而且普通充电终期必须具备以下条件:

(1)各单个电池端子电压升到 2.5 ~ 2.75 V 以上并连续 3 h 保持稳定不变。

(2)电解液比重恢复到原来数值,且 2 ~ 3 h 保持稳定。

(3)两极板发生大量气泡,而电解液呈乳白色。

二、蓄电池的过充电及欠充电

蓄电池过量充电即超过其额定容量叫作过充电;蓄电池充电不足,即达不到额定容量,叫作欠充电。

碱性蓄电池,对于过充电和欠充电的耐性较大,只要不太严重,发现后及时处理,对其使用寿命影响不大。

铅酸蓄电池过充电将会造成提前损坏,而欠充电会使负极板硫化,缩短其使用寿命和降低容量。

铅酸蓄电池过充电的特征是正、负极板的颜色较鲜明,蓄电池内气泡较多,正、负极板有大量的脱落物。确定过充电后,应将浮充电流降低。

铅酸蓄电池欠电压的特征是正、负极的颜色不鲜艳,蓄电池室内酸味不明显,蓄电池内气泡极少,电压低于 2.1 V,负极板有大量的脱落物。

在长期充电不足的情况下运行会生成大量硫酸铅,导致容量逐渐减小,充电时电压不易上升。应在下列情况下进行过充电处理:

(1)蓄电池放电至终止电压以下时还继续放电。

(2)放电超过限度。

(3)蓄电池搁置时间过久未进行充电。

(4)蓄电池检修后。

(5)极板状态不良(生成硫酸铅),充电时密度不容易上升。

三、核对性充放电

核对性充放电也叫定期充放电。以浮充电运行的蓄电池,经过一定的时间要使其极板的物质进行一次比较大的充放电反应,以检查电池的容量,保证电池的正常运行。

(1)放电应以 10 h 放电率的电流进行,严禁用小电流放电。放出电池容量的 60% 即停止放电。放电中每个电池电压不得低于 1.8 V,即使只有一个电池降低至 1.8 V 也应立即停止放电,若此时放出容量很少,应恢复正常浮充电,并通知专业人员,待处理好落后电池再进行定期充、放电。

(2)放电停止后应立即进行充电,开始应以 10 h 放电率的电流进行充电,充到电池普遍明显冒泡,电压达到 2~2.5 V,1 h 后将电流降至 70% 继续充电,一直充到完成。

密封式蓄电池充电过程应将加水盖打开。

(3)充电过程电解液温度不得超过 40 ℃,否则应减小充电电流,延长充电时间。

(4)充电达到下列条件,即认为充电完成:

①普测每个电池达到 2.6 V 以上;

②电解液比重达到 1.20~1.21(25 ℃),稳定 1 h 不变;

③电解液有强烈气泡;

④充入的容量应大于放出容量的 120%。

四、均衡充电

蓄电池在长期使用中,每个蓄电池的自放电不一样,就会出现一部分蓄电池处于欠充电状态。为了使蓄电池都能在正常状态下运行,每隔一个月应对蓄电池进行一次均衡充电。其方法是:将浮充电流增大,使各电池的电压保持在 2.30 V 左右,并持续一段时间,待密度较低的电池电压升起后,达到沸腾为止,即恢复正常的浮充电方式运行。

五、蓄电池的补充充电

蓄电池应根据需要或定期进行补充充电,通常每月至少一次。当发生以下情况时,必须及时进行补充充电:

(1)电解液密度降到 1.15 g/cm^3 以下时。

(2)冬季放电超过 25% 时(电解液密度下降到 1.20~1.27 g/cm^3)。

(3)夏季放电超过 50% 时(电解液密度下降到 1.16~1.23 g/cm^3)。

(4)平时使用发现电力不足或启动无力时。

对于某些电池,由于极板短路等原因,引起自放电电流较大,这些个别的电池的电压及密度较正常电池低。这些电池也叫落后电池,把这些电池和所有电池一起进行均衡充电和过充电是不合适的。用低电压整流器,对这些落后电池进行过充电处理,使电池的电压和密度恢复正常,称为个别电池补充电。

六、蓄电池充放电完成的特征

(一)放电完成的特征

(1)电池电压降至 1.8 V。

(2)正极板为褐色。

(3)电解液密度一般降至 1.17~1.15 g/cm^3。

(二)充电完成特征

(1)电解液密度增加到 1.2~1.21 g/cm^3(温度为 +15 ℃),并在 3 h 以内稳定不变,而电解液由乳白色稍转清亮。

(2)充电末期,每个电池电压可达到 2.5~2.75 V,并在 1 h 内保持不变。

（3）正极板为褐红色或暗褐色,负极板为浅灰色。

七、新蓄电池的充放电

（1）初充电,按以下步骤进行:

①充电前应将蓄电池顶部擦干净,取下加液盖,往各单格内加入电解液,液面应高出极板 10～15 mm;

②静止浸泡 2～4 h,使电解液渗入极板,液面低落时应给予补充,待温度降至 35 ℃以下再进行充电。

③以不大于 10 h 的充电率充电,充电电流为蓄电池额定容量的 7%～8%,一般应逐渐增大充电电流,连续充 30～40 h,如电解液温度高于 35 ℃,则应减小充电电流;

④间断 1～2 h,然后再充电到剧烈冒气泡为止,再间断 1～2 h,再充到剧烈冒气泡,而电池电压和电解液密度在 2 h 内保持不变为止,即表明电已充足,全部充电时间为 60～80 h。

（2）新装蓄电池第一次充电后,常常达不到额定容量,应进行充、放电处理,其放电方法有以下几种:

①可变电阻放电法,通过调节可变电阻阻值达到不同的放电电流;

②灯泡组的放电法,通过调节灯泡组的数目来改变放电电流;

③电解液放电法,通过改变两铅板间的距离可以得到不同的放电电流。

第二节　蓄电池的运行与维护

蓄电池的运行方式有两种:①充电—放电方式;②浮充电方式。后一种运行方式应用最广。以下主要以浮充电法运行为例进行说明。

浮充电法运行就是蓄电池与直流母线上的充电设备并联运行,充电设备要负担经常的直流负荷,同时还要供给蓄电池充电电流,用来补充蓄电池的自放电。其特点是:

（1）蓄电池经常能保持充满电状态,保证在失去浮充电电源时,有可靠的直流电源和防止极板硫化。

（2）每个电池浮充电时,电压为 2.1～2.2 V,电解液密度为 1.2～1.21 g/cm^3（15 ℃时）。

（3）以浮充电方式运行的蓄电池,在长期运行中,每个蓄电池的自放电不一样,会出现一部分蓄电池处于欠充状态。为使蓄电池都能在正常状态下运行,每月应对蓄电池进行一次均衡充电。

（4）每三个月进行一次核对性放电,放出电池容量的 50%～60%,最终电压达到 1.9 V,或进行全容量放电（以 10 h 放电率）,最终电压为 1.75～1.85 V。放电完后应及时进行均衡充电。

（5）只有一组蓄电池组,若不允许放电到额定容量的 50%,可以只进行充电而不作核对性放电。这时不断开负荷,浮充电压必须提高到每个电池为 2.3～2.33 V。

（6）向电池进行过充电时,先做好均衡充电,将电池静止 1 h 后再充电（充电电流为 10 h 充电率的 0.5～0.75）1 h,如此反复几次,直至充电后,电解液发生剧烈气泡为止,但电解液温度不允许超过 35～40 ℃。

一、正常运行方式

正常情况下,蓄电池采用浮充电运行方式。即蓄电池和硅整流器除供给负荷电流外,还同时向蓄电池浮充电,以补充蓄电池的自放电。正常运行时,硅整流器与蓄电池并列于母线,直流馈电保持辐射状态,充电机处于备用状态。

投入运行和处于备用状态的直流电源装置必须定期进行巡视检查。巡视周期符合运行管理规定。无人值班电站在监控中心应能对直流电源装置的运行参数进行日常监视。

(一)直流电源装置的巡视检查项目

(1)交流输入的电压值。

(2)直流输出的电压值和电流值。

(3)动(合)、控母线直流电压值。

(4)正、负母线对地的绝缘(电压)值。

(5)装置信号、指示显示及声响报警。分、合位置指示,熔断器状态。

(6)载流导体和引线插接触部分有无过热现象;接触器及继电器等元器件有无冒烟、异味现象。

(7)回路接线端子无松脱,无铜绿或锈蚀。

(8)自动调压装置的工作状态。

(9)防过电压装置的工作状态。

(10)监控装置与充电装置通信状况。

(二)特殊巡视检查项目

新投运的设备应增加巡视检查次数。试运行72 h后转入正常运行的巡视检查;在高温季节、高峰负荷期间和开关电磁机构动作频繁时,应加强巡视检查;在雷雨季节有雷电发生后,应进行巡视检查;特殊用电期间,应进行巡视检查。

特殊巡视检查项目如下:

(1)交流输入的电压值。

(2)直流输出的电压值和电流值。

(3)动(合)、控母线直流电压值。

(4)正、负母线对地的绝缘(电压)值。

(5)装置信号、指示显示及声响报警。分、合位置指示,熔断器状态。

(6)载流导体和引线插接触部分有无过热现象,自动调压装置、接触器及继电器等元器件有无冒烟、异味现象。

(7)监控装置与充电装置通信状况。

(8)防过电压装置的工作状态。

二、正常检查与维护

(一)蓄电池组的检查项目

(1)玻璃缸、支持瓷瓶不歪斜、完整、无损坏、绝缘良好。

(2)电解液面的水平面应保持在最高液面线和最低液面线之间。

(3)检查沉淀物的高度,沉淀物和极板下沿之间的距离在10 cm以上。

(4)极板之间无短路,无局部发热、弯曲、硫化等。

(5)玻璃缸中,隔板应无脱落。

(6)蓄电池之间焊接处无断裂、脱焊现象。

(7)蓄电池室墙壁无渗漏,无严重剥落现象,照明充足,通风良好,室温应保持在15~25 ℃,30 ℃以上时需要启动排风机调整室温。

(二)蓄电池的加水和清扫

(1)电池容器上都应标有液面的最高、最低监视线,低于最低监视线时应添加蒸馏水,加水不超过最高监视线。

(2)严禁在放电过程中加水,加水应在充电过程中进行,以便电解液和水混合均匀。在充电终了加水时应延长1~2 h充电时间,个别电池少量加水可在浮充电中进行。

(3)每季应对电池容器、缸盖、支架等全面清擦一次,缸盖清洗后一定要擦拭干净方可覆盖。对个别硫化极板、连接线进行处理,接头涂以凡士林油。

此外,蓄电池室内严禁吸烟,严禁使用发生火花的器具。蓄电池室门上应有"严禁烟火"的标示牌。

（三）硅整流器检查项目

（1）硅整流器装置各元件连接是否松动、脱落等。

（2）电抗器、接触器、变压器、硅二极管等主要元件是否有过热和焦味及异声。

（3）各处引线连接良好，无过热，无放电，各信号无掉牌，位置指示灯正确。

运行中全部直流回路绝缘电阻不低于 $0.5\ M\Omega$。充电机运行时，炭刷无冒火，整流子清洁，各部温度正常，保护罩完整，外壳接地良好。每月定期用备用充电机启动 $0.5\ h$。

三、事故与故障处理

直流电源系统出现故障或故障报警后，应立即启用备用装置或元件，隔离故障装置或元件，按相关要求采取措施，防止事故扩大。

（一）蓄电池着火

蓄电池着火时，停止给蓄电池充电，停止通风机，用水或四氯化碳灭火器灭火。在灭火时，应将蓄电池组有关部分遮盖起来，并防止硫酸溶液溢出，烧伤人体。在未消除故障以前，不得进行开关合闸操作，同时应将重合闸解除。

（二）充电机自动跳闸

当逆电流继电器动作时，应检查交流电源是否中断，或因某种原因造成充电机电压下降，故障消除后可重新并入系统。

（三）硅整流器自动跳闸

（1）过电压保护动作可能是输出回路开路所致，应检查各引线端是否接触良好。

（2）过流保护动作，可能是两点接地或短路故障造成的。

（3）熔断丝熔断引起硅整流器跳闸时，应更换同容量的熔断丝，若再次熔断，应查明原因，并予以消除。

（四）直流接地

为了监视直流系统对地的绝缘情况，直流母线上应装有一套直流绝缘检查装置。当发出直流接地信号时，利用绝缘监察装置检查是哪一极发生接地。

（1）查找直流接地顺序和方法。

分清接地故障的极性，粗略分析故障发生的原因。检查是否与气候有关，是否阴雨天气使直流系统绝缘受潮，是否室外端子箱、机构箱、接线盒进水，或二次回路有人工作。

若二次回路有人工作，或有设备检修试验工作，应立即停止。拉开直流试验电源，看接地信号是否消失。

将直流系统分为几个不相连接的部分，缩小查找范围。注意，不能使保护失去电源。对不太重要及不能转移的直流负荷，利用瞬停法检查所带回路有无接地。

（2）用分网法缩小检查范围，如果直流系统分段，且各段都有电源，断开断路器或隔离开关将母线分段运行，利用绝缘检查设备检查是哪一段母线范围内有接地。

（3）用瞬停法检查直流母线有无故障，瞬停的顺序可按下列原则进行：先有缺陷的分路，后无明显缺陷的分路；先有疑问、潮湿、污秽严重的，后一般的、不大潮湿的；先户外，后室内；先不重要的，后重要的；先备用的，后运行的；先新投运的，后已运行多年的。

依次短时断开这些分路，不超过 $3\ s$。若断开某一分路时接地信号消失，测正、负对地电压正常，则接地故障就在该分路内。取下熔断器时，应先取正极熔断器，后取负极熔断器。投入熔断器时，先投负极熔断器，后投正极熔断器。

（4）查找直流接地故障时应注意：尽量避免在负荷高峰期进行；禁止使用灯泡法查找直流接地；使用仪表时，表计内阻应不低于 $2\ 000\ \Omega/V$；防止人为造成短路或另一点接地。

（五）阀控密封免维护式铅酸蓄电池故障

蓄电池在运行中，由于不注意而长时间过充电，会产生过多气体及发热，使蓄电池内压增大，有可能槽壁出现变形突起现象,也有可能延迟到放电时。降低蓄电池内压的方法是将蓄电池盖上的塑料板拔起,小心地将安全阀取出,将内部气体放出,然后安上安全阀与塑料板,以保证密封。

思考题

1. 蓄电池分铅酸蓄电池和镉镍蓄电池,一般为固定型和移动型两类,发电厂和变电所多使用什么类型的蓄电池?

2. 铅酸蓄电池在何种情况下需要完全充电?

3. 普通充电终期必须具备哪几种条件?

4. 什么叫蓄电池的过充电及欠充电?

5. 蓄电池的过充电及欠充电有何危害?

6. 铅酸蓄电池过充电的特征是什么?

7. 铅酸蓄电池欠充电的特征是什么?

8. 铅酸蓄电池在哪几种情况下需要进行过充电处理?

9. 什么是核对性充放电?进行核对性充放电的目的何在?

10. 如何进行核对性充放电?

11. 什么是均衡充电?进行均衡充电的目的何在?

12. 蓄电池充放电完成的特征各是什么?

13. 如何对新蓄电池进行充放电?

14. 新装蓄电池第一次充电后如何进行放电处理?

第三部分　水电站的安全生产与安全管理

第一章　水电站的安全管理制度

安全指人身安全、设备安全,同时指安全运行,无故障、无事故。水电站的领导和职工应该深刻体会到没有安全生产就没有经济效益,就没有发展能力和发展潜力。多年来,我国小水电企业坚持贯彻"安全第一"的方针,收到了明显的效果。通过学习大电网的管理方法,结合小水电的运行特点,总结自己的运行经验,也建立起了一套安全生产方面的规程、制度和方法,对电站的发展,以及电站的安全、经济运行起了重要的作用。小型水电站除了重视运行、检修时的安全保障,还应建立安全组织机构,开展宣传安全活动,推行安全责任制等,使每个职工绷紧安全这根弦,才能使电站安全运行。

第一节　安全组织机构与安全责任制

一、建立安全组织机构

为了加强安全管理工作,各级应配备专职或兼职安全员,具体负责安全管理工作。必要时,可在站内专门设置安全管理部门,如安检股,在站部、车间、班组设立安全员,组成电站的三级安全管理网络,在安全机构的领导和组织下,开展安全监察和安全管理工作。

各级安全员应由有小水电管理工作经验、小水电运行经历、责任心强且敢于坚持原则的技术人员或技术工人担任,确保安全工作的贯彻执行。

二、推行安全责任制

建立并落实安全责任制是安全管理工作的重要环节,各级安全员都应该明确自己的责任范围。安全员的主要职责如下:

(1)电站安全员是生产技术领导开展安全工作的助手,应落实各级安全工作,并沟通上下级安全工作方面的关系。

(2)督促并协助所属部门健全安全管理机构,参与审定有关规章制度,并督促贯彻执行。

(3)协助领导编制安全生产计划和防事故措施计划,并督促本单位实施。

(4)协助领导开展安全大检查,召开事故分析会,参与下级的重要事故分析,编制事故报表及有关安全资料。

(5)组织安全培训、安全规程考试,制定有关安全奖惩条例;监督有关安全防护设施和安全用品的管理工作。

(6)对本站的大、小修工作,设备的运行状态熟悉,并定时对设备的现状向负责生产的领导汇报。

三、安全负责人

站内除各级安全员外,各生产岗位还应有安全负责人,具体负责安全工作,运行班组一般由值(班)长或主值班员担任。

第二节 安全活动

一、开展安全活动的目的

组织安全机构的目的是开展安全活动,促进安全生产,减少事故,减少设备的损坏,宣传消除生产中引起的伤亡事故的潜在因素,保证在生产中的安全,防止爆炸、火灾、高空坠落等。

二、安全活动的主要内容

(1)召开定期性的安全例会。小水电站应每月召开一次安全例会。其内容为:传达有关安全文件,通报有关安全事故,介绍其他单位的安全生产经验,通报本站安全工作中存在的问题、事故隐患,提出预防措施,对安全生产工作进行总结和评比。

(2)开展定期性的安全大检查。定期地开展群众性的安全大检查活动,是不断巩固群众的安全思想,增强安全意识,摸清设备的运行状况,采取措施消除设备中存在的缺陷,保证安全生产顺利进行的有效办法。安全大检查活动体现了"以预防为主"的安全生产方针。安全大检查应有组织、有重点地进行,小型水电站应在每年雷雨季节前进行全面、详细的检查。因为雷电造成的事故占有较大的比例,在冬修前也应全面检查,这就使检修更有针对性,以便为编制冬季检修计划提供依据。每次检查应有目的,抓住薄弱环节,找出关键问题,集中力量加以解决。

(3)开展安全培训活动及定期考试工作。电站的生产安全与有关人员的知识技术水平有密切关系,可以通过开展事故预想、反故障演习,讲解触电急救、安全工具的使用知识,安排安全规程考试与相关活动,来加强安全意识和提高工作人员的安全知识和技能。

(4)建立安全累计记录。安全累计通常以天计。在电力行业,安全生产多少天或多少天无事故或无重大事故是衡量电业单位的重要依据。小型电站中,安全生产时间的长短是评比电站、车间、班级和个人工作成绩的重要指标,应结合奖惩,开展竞赛评比,有效地促使广大群众共同搞好安全生产工作。

(5)进行事故调查分析。所谓事故,是指小水电站中机电设备全部或部分正常工作状态遭到破坏,中断或减少送电的情况,包括发电事故、人为事故、检修事故和操作事故,以及对人构成威胁的情况,如多人受伤、重伤甚至死亡,这属于非常严重的事故。

三、安全活动的落实

安全活动并非形式上的东西,要认真研究落实的措施,制定有效对策。

各级领导应十分重视安全生产工作,对事故应及时组织有关人员进行调查分析,从事故中吸取教训,根据生产规律研究制定防止事故的有效对策,实事求是,严肃认真,反对草率从事、大事化小、小事化了、隐瞒包庇等错误做法。安全监督和管理人员应坚持原则,善于调查分析,尽职尽责。

第三节 落实"两票""三制"

一、"两票""三制"的内容

"两票"是指操作票和工作票;"三制"是指交接班制度、巡回检查制度和设备缺陷管理制度。"两票""三制"的执行是进一步落实有关人员的岗位责任制,进一步加强安全生产的重要措施,是确保设备的正常运行,稳定生产秩序行之有效的办法。操作票制度涉及需要操作的设备与操作人、监护人、操作票签发人之间的关系。工作票制度涉及检修、运行人员与被检修设备之间的关系。交接班制度涉及交班人员、接班人员与设备之间的关系。巡回检查制度涉及当班运行人员与运行设备之间的关系。设备缺陷管理制度牵涉运行、检修及有关人员与运行设备之间的关系。

二、"两票""三制"的落实

目前还有不少小水电站领导并不重视安全问题,认为自身的电站由于装机容量小,职工人数少,只要当班人员注意点就行,因此并没有要求严格执行"两票""三制",有的甚至没有实行"两票""三制"。多年的实践证明,由于"两票""三制"的不落实,设备故障、人身伤亡事故时有发生,给国家造成了重大损失。如有的在检修、试验时没有执行工作票制,致使工作人员在工作中触电;有的在操作时没有执行操作票制度,造成误操作事故,将运行设备烧坏。如某电站非当值运行人员利用设备停电机会进行贴示温蜡片的工作,但是进行此项工作时既未将工作写入检修工作票上,也未单独办理工作票手续,致使进行贴示温蜡片的运行人员对停电和带电设备界限不清,误登带电穿墙套管,发生触电电弧烧伤的事故。作为运行人员,决不能认为对设备比较了解,又有工作许可权,就可以不办工作票随意工作。无论是运行人员,还是检修人员,对于需要办理工作票或操作票才能进行的工作,都必须严格履行手续。为确保人身和设备的安全,必须严格执行"两票""三制"。

思考题

1. 水电站的安全机构如何建立? 各级安全员应由什么样的人担任?
2. 电站安全员的主要职责是什么?
3. 安全活动的主要内容是什么?
4. "两票""三制"分别指什么?
5. 工作票涉及哪些工作、人员和设备之间的关系?
6. 操作票涉及哪些设备与哪些人员之间的关系?
7. 交接班制度涉及哪些人与哪些设备间的关系?
8. 设备缺陷管理制度牵涉哪些有关人员与运行设备之间的关系?

第二章 电气设备的额定值与设备安全

电气设备的额定值是设计者为保证电气设备在一定条件下安全运行所规定的技术参数定额。电气设备在额定值下运行,将具有良好的技术经济性能,而且能在设计的寿命期内安全运行。如果电气设备在超过其额定值下运行,例如工作电流超过额定值过多,就会使设备载流部分发热,绝缘温升过高;工作电压超过额定值,则会使铁芯发热、绝缘击穿。严重偏离额定值运行将导致设备烧毁或损坏。因此,必须按照额定值使用电气设备、导线、元器件和电工材料,这是保证电气设备和线路安全运行,实现安全用电的必要条件。

第一节 电气设备的额定值

电气设备的额定值也可称为额定参数,这些参数多为电气量(如电压、电流、功率、频率、阻抗、功率因数等),也有一些是非电气量(如温度、转速、时间、气压、力矩、位移等)。不同类型的电气设备或元器件,其额定值的项目有所不同。比如白炽灯泡,通常只标有额定电压和额定功率;电动机、变压器等电力设备则标有更多的额定参数:额定电压、额定功率(容量)、额定电流、额定频率、额定功率因数、额定效率和允许温升等。一些开关电器除标明额定电压和电流外,还标有说明开关开断性能及短路稳定性的额定参数,如额定断路电流、额定断路容量、分闸时间、动稳定电流、热稳定电流等项目。电气设备的额定值可在产品铭牌、包装、设备手册或产品样本中查阅到。必须指出的是,电气设备的四个主要电气量额定值——电压、电流、功率、阻抗之间存在着互相换算的关系,可以从其中的两个演算出另外的两个。例如,我们可以很容易算出 220 V、100 W 灯泡的额定电流为 0.45 A,热态电阻为 484 Ω,所以在灯泡上只标出额定电压和额定功率。

额定值是选择、安装、使用和维修电气设备的重要依据。下面重点讨论额定电压和额定电流与电气设备安全的关系。

一、额定电压与设备安全的关系

电气设备的额定电压是在产品设计时就被选定的。电气设备在额定电压下运行,不仅有安全保障,而且有最良好的技术经济指标。因此,一切电气设备和电工器材的选择和投运,首先必须保证其额定电压与电网的额定电压相符。其次,电网电压的波动引起的电压偏差(常以用电设备装接地点的电网实际电压偏离其额定电压的百分数表示)必须在允许的范围内,如照明设备允许电压偏移 ±5%,电动机允许电压偏移 −5% ~ +10%。如果用电设备的额定电压与电网的额定电压不符或电压偏移过大,将使设备不能正常工作,甚至发生设备或人身事故。下面举例说明。

【例1】 误将额定电压低的用电设备接入额定电压高的电源造成设备烧毁。例如,把 36 V 的安全灯泡接于 220 V 电源,将 220 V 单相用电器接于 380 V 线电压;在检修中将 Y 形接线的三相用电设备误接成△形接线;把 220 V 的接触器线圈接于 380 V 控制电源等错误做法,都会使用电设备因电流过大而烧坏或发生绝缘击穿事故。

【例2】 电压偏移过大也会使用电设备工作异常,甚至酿成事故。例如,白炽灯对端电压的波动就很敏感,当电压偏移 −10% 时,其光通量将减少 30%,照度显著降低;端电压偏移 +10% 时,其寿命将减少 2/3,灯泡损坏的数量显著增加。又如异步电动机,由于其转矩与电压的平方成正比,如果端电压下降了 10%,转矩将下降 19%,这可能使重载的电动机启动不了或在运行中因带不动负载而停转。对于运行中的电动机,端电压的下降,将使电动机的转速下降、转子电流和定子电流增大、绕组温度升高、绝缘老化加速,严重时甚至可能烧毁;反之,如果电动机的端电压超过额定值过多,铁芯将会过热,对电动机的绝缘也是不利的。再如交流接触器,当线圈控制电压低至额定值的75%以下时,其触头将可能释放而使生产机械停车。凡此种种都说明即使用电设备的额定电压与电网的额定电压相同,但如电压偏移过大,仍会对用电设备的技术性能及安全带来危害。因此,有关规程都对用电设备的允许电压偏移作出规定。

上述例子说明,额定电压对电气设备的安全的重要性。因此,我们在选用、安装、使用电气设备时,额定电压是首先要考虑的技术参数。

二、额定电流与设备安全的关系

当选用和安装电气设备时,在确定了额定电压后,第二步应考虑的技术参数就是额定电流(或额定容量)。所谓额定电流,是指在一定的周围介质温度和绝缘材料允许温度下,允许长期通过电气设备的最大工作电流值。当设备在额定电流下工作时,其发热不会影响绝缘性能,温度也不会超过规定值。

现以一台 SL – 100/10 型配电变压器为例来说明。该变压器高、低压侧的额定电流分别为 5.8 A 和 114 A,按产品技术标准,相对应的周围介质计算温度为 40 ℃,采用 A 级绝缘材料,允许最高工作温度为 105 ℃(绕组温升为 65 ℃)。按上述额定电流的定义,在变压器周围环境的实际温度不超过 40 ℃ 的情况下,只要变压器高、低压侧的电流分别不超过 5.8 A 和 114 A,绕组的温度就不会超过 105 ℃,温升也不会超过 65 ℃,也就不会影响绝缘的性能和使用寿命,换言之,就能够保证变压器在设计的寿命期(通常为 20 年)内安全地运行。如果变压器的负荷电流超过其额定电流,绕组的温度就会超过 A 级绝缘材料的允许最高工作温度 105 ℃,温升也会超过允许值,绝缘的老化速度将加剧,轻则缩短变压器的寿命,重则会引发绝缘击穿短路事故。变压器如此,其他电气设备也是如此。所以,限制电气设备的工作电流,勿使超过其额定电流,这是保证电气设备安全运行的重要条件。

由上述关于额定电流的定义可知,电气设备的额定电流是以一定的周围介质温度为条件的。设备铭牌上所标示的额定电流,一般是按环境温度(周围介质计算温度)40 ℃ 设计的。当环境实际温度不等于 40 ℃ 时,实际允许的长期工作电流应进行修正。额定容量和功率,在设备的额定电压被确定后,其规定条件和额定电流相同,对于电气设备的安全运行也具有相同的意义。

三、其他额定值对设备安全的影响

除额定电压和额定电流(容量)外,其他一些额定技术参数对设备的安全也有重要影响,在选用电气设备时也应考虑到。例如,开关设备的额定断路容量(也称遮断容量)、热稳定电流、动稳定电流对于开关的安全就具有十分重要的意义,如果遮断容量小于开关安装地点的短路功率,电路发生短路故障时,开关将不能有效地开断(灭弧),这将会引起开关爆炸并扩大故障范围;如热稳定电流和动稳定电流满足不了要求,在短路故障的持续时间内,开关将发生热破坏和机械破坏。又如直流电动机超速(其转速超过额定转速)运行时,电枢绕组会受到离心力的破坏。再如硅整流元件截止期间所承受的反向电压超过其允许的反峰电压时,会使整流元件击穿损坏。这些例子都告诉我们,必须充分理解额定值的意义及其对设备安全的影响。

第二节　导线及电缆的安全载流量

一、安全载流量及其与安全的关系

导线长期允许通过的电流称为导线的安全载流量。

导线的安全载流量主要取决于线芯的最高允许温度。线芯的最高允许温度主要是从安全的观点来考虑的。如果通入导线的电流过大,电流的热效应会使导体温度过高,将加速导线的老化甚至被击穿,还会使导体的接头过热而发生强烈氧化,导致接触电阻增大。接触电阻的增大又会使接头处更热,温度更为上升,如此恶性循环的结果可使接头烧坏,导致严重事故,设在室内的导线工作电流过大,还可能引起火灾。因此,必须限制导线的最高工作温度,或者说,应将通过导线的工作电流限制在安全载流量内。

二、导线和电缆的安全载流量

导线和电缆的安全载流量与导线的截面面积,绝缘材料的种类、环境温度、敷设方式等因素有关。母线的安全载流量还与母线的几何形状、排列方式有关。

思考题

1. 电气设备的额定值一般有哪些电气量与非电气量?
2. 额定电压与设备安全之间有何关系?
3. 额定电流与设备安全之间有何关系?
4. 导线及电缆的安全载流量与设备安全之间有何关系?

第三章　电气防火及防爆

火灾和爆炸都是直接与燃烧现象相联系的。失控的大范围燃烧称为火灾;瞬间突发并产生高能量的高温高压气流向四周迅速扩散的现象则称为爆炸。因电气原因形成火源而引燃或引爆的火灾和爆炸则称为电气火灾或电气爆炸。

电气火灾或电气爆炸与其他原因导致的火灾和爆炸相比具有更大的灾难性。因为前者除损坏财产、破坏建筑物、导致人员伤亡外,还将造成大范围、长时间的停电。由于存在触电的危险,电气火灾和爆炸的扑救变得更加困难。水电站电气设备的防火防爆显得尤为重要。

第一节　引发电气火灾和爆炸的原因

引起火灾和爆炸的原因很多,在水电站中主要有以下几种原因。

(1)电气线路和设备过热。

由于短路、过载、铁损过大、接触不良、机械摩擦、通风散热条件恶化等都会使电气线路和电气设备整体或局部温度升高,从而引爆易爆物质或引燃易燃物质而发生电气爆炸和火灾。

(2)电火花和电弧。

电气线路和电气设备发生短路或接地故障、绝缘子闪络、接头松脱、炭刷冒火、过电压放电、熔断器熔体熔断、开关操作以及继电器触点开闭等都会产生电火花和电弧。电火花和电弧不仅可以直接引燃或引爆易燃易爆物质,电弧还会导致金属熔化、飞溅而构成引燃可燃物品的火源。所以,在有火灾危险的场所,尤其在有爆炸危险的场所,电火花和电弧是引起爆炸和火灾的十分重要的因素。

(3)静电放电。

静电是普遍存在的物理现象。两物体之间互相摩擦可产生静电(摩擦起电);处在静电场内的金属物体上会感应静电(静电感应);施加过电压的绝缘体中会残留静电。有时对地绝缘的导体或绝缘体上会积累大量的电荷而具有数千伏乃至数万伏的高电位,足以击穿空气间隙而发生火花放电。所以,静电放电所引起的火灾实质上也属于电火花类起因,此处将其单列为一种起因,是着眼于静电发生的特殊性。

静电场的能量不大,瞬间电击对人身一般无直接致命危险,但可造成人体痉挛跌伤的二次事故;在一些场合,静电场还会影响精密仪器的正常工作;在某些生产过程中,静电会妨碍工艺过程的正常进行或降低产品质量。但静电最严重的危害是其放电火花可能引起火灾和爆炸。输油管道中油流与管壁摩擦,以及皮带与皮带轮间、传送带与物料间互相摩擦产生的静电火花,很可能引燃易燃物质或引爆爆炸性气体混合物。静电对石油化工、橡胶塑料、纺织印染、造纸印刷等行业的生产场所是十分危险的。

(4)电热和照明设备使用不当。

第二节　危险场所分类

为了针对不同的环境条件采取相应的电气防火防爆措施,将可能发生电气火灾和爆炸的场所称为危险场所,并根据其发生危险的可能性大小进行分类。

危险场所的认定对于电气防火防爆具有十分重要的意义。对于危险场所的认定需要考虑危险物料的理化性质、危险源特征(数量、浓度和扩散情况)、通风状况等因素。开敞或露天区域、有自动报警装置的场所可降低一级考虑。与危险场所相邻的场所,当有一道非燃性的实体隔墙隔开时,亦可降低一级考虑;当通过走廊或套间隔开或有两道墙隔开时,则可视为无危险场所。

爆炸和火灾危险场所的等级,应根据发生事故的可能性和后果,按危险程度及物质状态的不同划分为三类八级,以便采取相应措施,防止由于电气设备和线路的火花、电弧或危险温度引起爆炸或火灾的事故。三类八级划分如下:

(1)第一类气体或蒸汽爆炸性混合物的爆炸危险场所分为3级:

①Q-1级场所:正常情况下能形成爆炸性混合物的场所;

②Q-2级场所:正常情况下不能形成,但在不正常情况下能形成爆炸性混合物的场所;

③Q-3级场所:正常情况下不能形成,但在不正常情况下形成爆炸性混合物可能性较小的场所。如该场所内爆炸性危险物质的量较少,爆炸性危险物质的比重很小且难以积聚,爆炸下限较高等。

(2)第二类粉尘或纤维爆炸性混合物的爆炸危险场所分为2级:

①G-1级场所:正常情况下能形成爆炸性混合物的场所;

②G-2级场所:正常情况下不能形成,但在不正常情况下能形成爆炸性混合物的场所。

(3)第三类火灾危险场所分为3级:

①H-1级场所:在生产过程中产生、使用、加工、储存或转运闪点高于场所环境温度的可燃液体,在数量和配置上能引起火灾危险的场所;

②H-2级场所:在生产过程中悬浮状、堆积状的可燃粉尘或可燃纤维不可能形成爆炸性混合物,而在数量和配置上能引起火灾危险的场所;

③H-3级场所:固体状可燃物在数量和配置上能引起火灾危险的场所。

第三节　防爆电气设备的类型

在爆炸危险场所必须使用防爆电气设备。按有关制造规程生产的防爆电气设备有7种类型,其类型特征如下:

(1)增安型(旧称防爆安全型)。此型设备在正常运行情况下,其封闭外壳内不产生火花、电弧和危险温度。

(2)隔爆型。此型设备的金属外壳能承受内部爆炸时的压力而不破裂,还能防止爆炸产生的火焰和高温气流引燃或引爆外部空间的可燃易爆物料。显然,正常运行时能产生火花或电弧的此类设备须设有联锁装置,保证电源接通时不能打开壳盖,而壳盖打开时则不能接通电源。

(3)防爆充油型(旧称充油型)。此型设备具有全封闭结构的外壳,凡可能产生火花、电弧的带电部件都浸没在绝缘油中,浸没深度不得小于10 mm,以防止引燃油面上部和壳外的爆炸性混合物。

(4)通风充气型(旧称防爆通风充气型)。此型设备的防爆原理是向其外壳内充入正压(高于外部大气压力)的新鲜空气或惰性气体,以阻止壳外爆炸性气体或蒸汽进入壳体内部引起爆炸。此型设备须有自动报警装置并在充气压力降低时发出警报信号或切断电源。此外,还应有联锁装置,以保证先充气后送电。运行中,火花和电弧不得从缝隙或出风口吹出。

(5)本质安全型(简称本安型,旧称安全火花型)。此型设备在正常或事故情况下所产生的电火花和危险部位的温度不易引爆爆炸性混合物。因此,该型设备应具有全封闭结构,且外壳不宜用易产生静电的合成材料制作,电路负载的容量不宜超过15 VA,并由隔离变压器实现电气隔离,还应有限流、限压保护。

(6)充砂型。外壳内部充填以细粒状材料,使外壳内部产生的任何电弧不能点燃周围可燃气体。

(7)防爆特殊型。结构上不属于上述各类型而采取其他防爆措施者,均称防爆特殊型。

防爆电气设备外壳上应有明显的防爆类别标志。

第四节　电气防火和防爆措施

发生火灾和爆炸必须具备两个条件：一是环境中存在有足够数量和浓度的可燃易爆物质；二是要有引燃或引爆的能源。前者又称危险源，如煤气、石油气、酒精蒸气、各种可燃粉尘、纤维等。后者又称火源，如明火、电火花、电弧和高温物体。因此，电气防火防爆措施应着力于排除上述危险源和火源。

工业上采取的电气防火和防爆措施如下。

一、排除可燃易爆物质

排除易爆物质的措施有两个：一是保持良好的通风，以便把可燃易爆气体、蒸汽、粉尘和纤维的浓度降低至爆炸浓度下限之下，用于机械通风的电动机应保证在正常和事故状态下正常运转；二是加强存有可燃易爆物质的生产设备、容器、管道和阀门等的密封，以断绝上述危险物质的来源。

二、排除电气火源

排除电气火源就是消除或避免电气装置在运行中产生火花、电弧和高温。这方面的措施有：

（1）正常运行时能够产生火花、电弧和危险高温的非防爆电气装置应安装在危险场所之外。

（2）在危险场所，应尽量不用或少用携带式电气设备。

（3）在危险场所，应根据危险场所的级别合理选用电气设备的类型并严格按规范安装和使用。

表 3-4-1 和表 3-4-2 分别列出了爆炸危险场所和火灾危险场所电气设备的选型要求。

爆炸危险场所电气设备安装的技术要求是严格密封，连接可靠（接触良好、防松脱、防振动），防止局部放电（接线盒内裸露带电部分之间及其与金属外壳之间应保持足够的电气间隙和漏电距离），防止局部过热等。

火灾危险场所电气设备安装的技术要求大致与爆炸危险场所相同。隔热或远离可燃物质是电气防火的有效措施。如开关电器及正常运行时可能产生火花的电气设备应远离可燃物料存放地点 3 m 以上；电热器应安装在非燃性材料的底板上并装有防护罩，如安装在金属底板上，则金属底板与可燃物质间应有隔热措施；吸顶灯泡与木台间应有隔热措施。

（4）危险场所的电气线路应适应防火防爆的要求。

①爆炸危险场所敷设的电缆和绝缘导线，其额定电压不得低于 500 V。工作零线应采用与相线同级电压的绝缘导线共管（套）敷设。禁止在 Q-1 级场所采用无铠装电缆。移动式电气设备的线路应使用橡套电缆，Q-1 级、Q-2 级和 G-1 级场所应采用主芯截面面积不小于 2.5 mm² 的重型橡套电缆，其他场所可采用主芯截面面积不小于 1.5 mm² 的中型橡套电缆。

低压线路导线的长期允许载流量应大于电动机额定电流的 125%，高压线路尚需校验导线的短路稳定性。爆炸危险场所电缆和绝缘导线线芯的最小允许截面面积见表 3-4-3，Q-1 级和 G-1 级场所禁止采用铝导线。

在爆炸危险场所，绝缘导线应穿钢管配线，严禁明敷。钢管之间或钢管与接线盒之间的螺纹连接处应连接牢固、接触良好，需涂导电性防锈脂或凡士林等防锈，但不得缠麻或涂油漆。在 Q-1 级场所，螺纹连接处还需装锁紧螺母。

管路的密封对防爆十分重要。在 Q-1 级、Q-2 级和 G-1 级场所，钢管配线凡在电气设备的进线口、管路过墙处、穿过楼板或地面引入其他场所处均应装设隔离密封盒，使用胶泥或粉剂填料作隔离密封处理。电缆穿过地面、楼板、墙壁的保护管应将管口用非燃性纤维堵塞并用胶泥密封。

表 3-4-1　爆炸危险场所电气设备选型要求

设备及使用条件		场所等级				
		Q-1	Q-2	Q-3	G-1	G-2
电机		隔爆型通风充气型	任意防爆类型	H43 型①	任意一级隔爆型、通风充气型	H44 型②
电器和仪表	固定安装	隔爆型、充油型、通风充气型	H45 型③	H45 型④	任意一级隔爆型、通风充气型、充油型	H45 型
	移动式	隔爆型、通风充气型、本质安全型	隔爆型、通风充气型、本质安全型	除充油型外任意一种防爆类型、H57 型	任意一级隔爆型、充气型	
	携带式⑤	隔爆型、本质安全型	隔爆型、本质安全型	隔爆型、增安型、H57 型	任意一级隔爆型	
照明灯具	固定及移动式	隔爆型、充气型	增安型	H45 型	任意一级隔爆型	H45 型
	携带式	隔爆型	隔爆型	隔爆增安型、H57 型	任意一级隔爆型	任意一级隔爆型
变压器		隔爆型、通风充气型	增安型、充油型	H45 型⑥	任意一级隔爆型、充油型	H45 型
配电装置		隔爆型、通风充气型	任意一种防爆类型	H57 型	任意一种隔爆型、通风充气型	H45 型
通信电器		隔爆型、充油型、通风充气型	增安型	H57 型	通风充气型	H45 型

注:①字母 H 及其后面的两个数字表示非防爆型电气设备外壳的防护等级,第一个数字表示防止固体及人体触及的级别,第二个数字表示防水的级别。本表中要求电动机正常发生火花的部件(如滑环)应在 H44 型的罩子内;事故排风机用电动机应选用任意一种防爆类型。防护标志字母"H"在新标准中改为"IP",数字代号意义不变。

②电动机正常发生火花的部件(如滑环)应在下列类型之一的罩子内:任意一种隔爆型、通风充气型及 H57 型。

③具有正常发生火花的部件或按工作条件发热超过 80 ℃的电器和仪表,应选用任意一种防爆类型。

④事故排风机用电动机的控制设备(如按钮)应选用任意一种防爆类型。

⑤应有金属网保护。

⑥指干式或充以非燃性液体的变压器。

表 3-4-2　　火灾危险场所电气设备的选型要求

场所等级		H-1	H-2	H-3
电机	固定安装	H43 型	H44 型	H22 型①
	移动式和携带式	H44 型		H44 型
电器和仪表	固定安装②	H30 型	H56 型	H30 型
	移动式和携带式③	H45 型		
照明灯具	固定安装	H30 型	H45 型	H00 型
	移动式和携带式	H45 型		H30 型
配电装置④		H45 型		H30 型
接线盒⑤		H45 型		H30 型

注:①具有正常发生火花的部件(如滑环)的电机应选 H43 型。
　　②正常发生火花的部件必须浸在油内。
　　③照明灯具的玻璃罩应用金属网保护。
　　④配电装置包括配电柜、配电盘、配电箱等。
　　⑤外壳防护标志字母"H"在新标准中改为"IP",防护等级的数字代号的意义不变,如将 H43 型改为 IP43 型。

表 3-4-3　　爆炸危险场所电缆和绝缘导线线芯最小允许截面面积

爆炸危险场所级别	线芯最小截面面积(mm²)					
	铜芯			铝芯		
	动力	控制	照明	动力	控制	照明
Q-1	2.5	2.5	2.5	禁用	禁用	禁用
Q-2	1.5	1.5	1.5	4		2.5
Q-3	1.5	1.5	1.5	2.5		2.5
G-1	2.5	2.5	2.5	禁用		禁用
G-2	1.5	1.5	1.5	2.5		2.5

　　线路的布置亦应有利于防爆。当危险场所的可燃气体、蒸汽的比重比空气大时,电气线路应在较高处敷设或直接埋地,若采用电缆沟敷设,沟内必须充砂;当可燃气体、蒸汽的比重比空气小时,电气线路应在较低处敷设或在电缆沟内敷设。

　　必须指出,本安电路(即本质安全型电路)不得与其他电路共管敷设或共用一根电缆(使用屏蔽线者除外);配电盘内本安电路的端子(排)与其他电路的端子(排)之间应保护不小于 50 mm 的间距,否则须用绝缘隔板或防护罩防护;本安电路的导线应单独束扎、固定;本安电路的电缆、钢管、端子板应有蓝色标志;保持管不应镀锌;本安电路本身不应接地(除设计有要求外),但正常不带电的金属部分仍应接地。

　　为了防止导线局部过热或产生火花,除照明回路外,爆炸危险场所内的线路不得有中间接头,接头必须置于相应防爆类型的接线盒内,并要求采用钎焊、熔焊或压接法连接。

　　在爆炸危险场所,低压线路应采用三相五线制和单相三线制(TN-S 系统),相线和工作零线上均应有短路保护。高压线路须装设零序电流保护装置。

　　②火灾危险场所内的线路应采用无延燃性外护层的电缆和绝缘导线敷设;导线额定电压不低于 500 V,铝线截面面积不小于 2.5 mm²。高压线路宜采用铠装电缆。移动式设备应使用中型橡套电缆。H-1 级和 H-2 级场所应采用钢管或硬塑料管配线,远离可燃物质时,也可采用非燃性绝缘导线在瓷瓶上明敷,但不应在未抹灰的木质吊顶、隔墙上、天棚内和可燃液体管道的管廊架上用瓷瓶(夹)明配线。在 H-3 级场所,起重机可以采用滑线供电,但滑线下方不应有可燃物料。

电气线路中的接线盒,H-1级和H-2级场所应采用防尘型,H-3级场所可采用保护型,钢管与接线盒用螺纹连接时,应啮合紧密;非螺纹连接时,应装设锁紧螺母。钢管与电动机等有振动的设备连接时,应装设金属软管。电缆引入设备或接线盒内,进线口处应密封。

母线之间的连接一般应使用熔接,在拆卸、检修处可用螺栓连接,但要加防松装置。H-1级场所的母线应加保护网。

③正确选用保护、信号装置和联锁装置,保证在电气设备和线路过负荷或发生短路故障时,及时、可靠地报警或切除故障设备和线路,以防患于未然。例如,增安型电机当启动时间超过规定时,保护装置应能自动断开电源;又如通风充气型电气设备的风压或气压降低至一定程度时,由微压继电器构成的保护装置应能切断主电源或发出警告信号;又如隔爆型电气设备的电气联锁装置应能保证电源接通时壳盖不能打开,壳盖打开后电源不能接通。

在爆炸危险场所采用保护接零时,选择熔断器熔体应按单相短路电流大于其额定电流的5倍来校验(一般场所按4倍校验)。

④危险场所的电气设备正常不带电的金属外壳应可靠接地或接零。其技术要求是:

设备接地(零)端子应有接地标志,接地螺栓的规格大小应符合规定且有防松装置,并涂凡士林防锈。

在爆炸危险场所,电气设备的金属外壳应与场所内的金属管道、金属结构等电位连接,以消除彼此间放电的可能性。接地(零)线不得借用金属管道、金属构架、工作零线,而应敷设专用的铜质接地(零)线,但Q-2级场所的照明设备和Q-3级、G-2级的电气设备可利用配线钢管作接地(零)线。与相线共管敷设的接地(零)线应采用额定电压与相线相等的绝缘导线。

在爆炸危险场所,接地(零)干线通过与其他场所共用的隔墙或楼板时,应采用厚壁钢管保护并对管口作密封处理。

⑤突然停电有可能引起电气爆炸和火灾的场所,应有两路及以上的电源供电,两路电源之间应能自动切换。

⑥加强对线路和设备的维护、试验、检修和运行管理,确保电气装置的安全运行。

三、在土建方面的防火防爆措施

在土建方面采取措施可以防止灾害的蔓延并保护人身安全。这些措施有:

(1)采用耐火材料建筑。与危险场所毗连的变配电装置室的耐火等级不应低于二级,但变压器室与多油开关室应为一级;隔墙应用防火绝缘材料制成,门应用不可燃材料并向外开。

(2)充油设备间应保持防火间距。油量为2 500 kg以上的屋外变压器应保持不小于10 m的防火间距;露天油罐与主变压器间的防火间距不应小于15 m,不能满足时,其间应设防火墙。电容器室与生产建筑物分开布置时,防火间距不应小于10 m;相邻布置时,隔墙应为防火墙。

(3)装设储油和排油设施以阻止火势蔓延。这些设施视设备充油量的大小,有隔离板或防爆隔墙围成的间隔、防爆小间、挡油墙坎、储油池等。

(4)电工建筑物或设施应尽量远离危险处。室外配电装置与爆炸危险场所的间距应在30 m以上。架空电力线路严禁跨越爆炸和火灾危险场所,两者的水平距离不应小于杆塔高度的1.5倍。

四、常用电气设备本身的防火防爆措施

常用电气设备,特别是充油电气设备,如安装或使用不当、误操作、发生过负荷或短路故障,也会引起设备自身起火甚至酿成火灾和爆炸的危险。因此,必须采取预防电气设备本身着火或爆炸的措施。

(1)导线和电缆的安全载流量不应小于线路长期工作电流。供用电设备不可超过其过负荷能力长时间运行,以防止线路或设备过热。特别应监视变压器类充油设备的上层油温,勿使超过允许值。

(2)保持电气设备绝缘良好,导电部分连接可靠。定期清扫积尘。

(3)开关、电缆、母线、电流互感器等设备应满足短路热稳定的要求。

（4）应正确使用开关电器，杜绝误操作事故。严禁使用遮断容量不足的断路器；严重漏油和缺油的断路器不可用以断开负荷，应设法将负荷转移或减小至零后，方可将其断开修理。

（5）当发现电力电容器的外壳膨胀、漏油严重或声响异常时，应停止使用。

（6）保护装置应正确整定、可靠动作，操作机构动作应灵活可靠，防止拒动。

（7）保持环境通风良好，机械通风装置应运行正常。

（8）线路和设备安装时要注意隔热。

（9）使用电热、照明以及机壳表面温度较高的电气设备应注意防火，并不得在易燃易爆物品附近使用这些设备，如必须使用，应采取有效的隔热措施。在爆炸危险场所，一般不应进行电气测量工作。

五、消除和防止静电火花

静电放电产生的火花是引燃引爆的火源。消除静电放电的技术措施有两类：第一类基于控制静电的产生；第二类基于防止静电的积累。具体方法有工艺控制、静电接地、增湿、屏蔽、加入抗静电添加剂、利用静电中和器等。

（1）工艺控制。工艺控制是在生产过程中设法控制静电的产生，其原理是减少摩擦。例如，防止传动皮带打滑以齿轮传动代替皮带传动；降低管道内流体或粉尘的流速；从容器底部或沿侧壁注油，以避免油流冲击和飞溅等。

（2）静电接地。静电接地是通过接地装置将静电荷及时泄入大地，是最常用的消除静电危害的方法，主要用来消除导体上的静电。防止静电的接地装置可与电气设备的保护接地装置共用。单以防静电为目的的接地装置，接地电阻不大于 1 000 Ω 即可。

静电带电体应有多处接地，特别是对地绝缘的长形金属物体的两端都应接地，因为静电感应可使两端都积聚有静电荷。容积大于 50 m^3 的储罐，至少应有两处对称点接地。

凡用来加工、储存、运输各种易燃易爆液体、气体、粉尘物质的设备、管道、车辆均须作防静电接地。

在危险场所较大的场所，如电机等旋转机械，除机座接地外，还应采用导电性润滑油，采用滑环电刷将转轴接地。

同一场所的两个及以上带静电的金属物件，除分别接地外，相互之间还应作金属性等电位连接，以防止相互间由于存在电位差而放电。灌注可燃液体的金属管口与金属容器，必须经金属可靠连接并接地，否则不允许工作。

将有爆炸危险的建筑物导电地板接地，可导走设备与人体上的静电荷。

（3）增湿。增湿是采用空调设备、喷雾器或挂湿布等方法来提高空气的湿度，以消除绝缘体上的静电。此法只对容易被水润湿的某些固态绝缘体有效，对孤立的固体绝缘物、液体和粉体防静电是无效的。当相对湿度低于30%时，可考虑用增湿的方法来消除静电积聚。

（4）屏蔽。存留在金属体上的静电极易通过接地消除，但是绝缘体上所带的静电荷采用一般的接地方法是很难消除的，反而增加了火花放电的危险。绝缘体上的静电可采用静电屏蔽接地的方法来限制或防止放电。所谓屏蔽接地，就是用金属丝或金属网在绝缘体上缠绕若干圈后再进行接地。对容易产生尖端放电的部位可采取静电屏蔽。

（5）加入抗静电添加剂。抗静电添加剂是一些增大绝缘材料表面电导的特制辅助剂，加入产品原料后可促使静电从绝缘体上消散。各行业适用的抗静电添加剂是不同的，例如乙炔炭黑是用于橡胶行业的抗静电添加剂；油酸盐是用于石油行业的抗静电添加剂。

（6）利用静电中和器（静电消除器）。静电中和是借助静电中和器提供的电子和离子来中和物体上的异号静电荷，从而消除静电的危害。与抗静电剂相比，由于静电中和法不影响产品质量而且使用方便，静电中和器应用很广。按照产生离子的原理不同，静电中和器有感应式中和器、高压中和器、放射线中和器和离子流中和器等类型。

第五节　电气灭火

电气火灾有两个不同于其他火灾的特点:其一是着火的电气设备可能是带电的,扑救时要防止人员触电;其二是充油电气设备着火后可能发生喷油或爆炸,造成火势蔓延。因此,在进行电气灭火时,应根据起火场所和电气装置的具体情况,采取必要的安全措施。

一、先断电后灭火

发生电气火灾时,应先切断电源,而后再扑救。切断电源时应注意以下几点安全事项:

(1)应遵照规定的操作程序拉闸,切忌在忙乱中带负荷拉刀闸。高压停电应先拉开断路器而后拉开隔离开关;低压停电应先拉开自动开关而后再拉开闸刀开关;电动机停电应先按停止按钮释放接触器或磁力启动器后再拉开闸刀开关,以免引起弧光短路。由于烟熏火燎,电气设备的绝缘能力会下降,因此操作时应注意自身的安全。在操作高压开关时,操作者应戴绝缘手套和穿绝缘靴;操作低压开关时,亦应尽可能使用绝缘工具。

(2)剪断电线时,应使用绝缘手柄完好的电工钳;非同相导线或火线和零线应分别在不同部位剪断,以防止在钳口处发生短路。剪断点应选择在靠电源方向有绝缘支持物的附近,防止被剪断的导线落地后触及人体或短路。

(3)如果需要电力部门切断电源,应迅速用电话联系。

(4)断电范围不宜过大,如果是夜间救火,要考虑断电后的临时照明问题。

切断电源后,电气火灾可按一般性火灾组织人员扑救,同时向公安消防部门报警。

二、带电灭火的安全要求

发生电气火灾,一般应设法断电,如果情况十分危急或无断电条件,就只好带电灭火。为防止人身触电,带电灭火应注意以下安全要求:

(1)因为可能发生接地故障,为防止跨步电压和接触电压触电,救火人员及所使用的消防器材与接地故障点要保持足够的安全距离;在高压室内这个距离为 4 m,室外为 8 m,进入上述范围的救火人员要穿上绝缘靴。

(2)带电灭火应使用不导电的灭火剂,例如二氧化碳、四氯化碳、1211 和干粉灭火剂。不得使用泡沫灭火剂和喷射水流类导电性灭火剂。灭火器喷嘴离 10 kV 带电体不应小于 0.4 m。

(3)允许采用泄漏电流小的喷雾水枪带电灭火。要求救火人员穿上绝缘靴,戴上绝缘手套操作。水枪的金属喷嘴应接地,接地线可采用截面面积为 2.5~6 mm^2、长 20~30 m 的编织软导线,接地极可采用打入地下 1 m 左右的角钢、钢管或铁棒。喷嘴至带电体的距离不应小于 3 m(110 kV 及以下者)。

(4)对架空线路或空中电气设备进行灭火时,人体位置与带电体之间的仰角不应超过 45°,以防导线断落威胁灭火人员的安全。

(5)如遇带电导线断落地面,应划出半径为 8~10 m 的警戒区,以避免跨步电压触电。未穿绝缘靴的扑救人员,要防止因地面积水而触电。

三、充油电气设备的灭火要求

变压器、油断路器等充油电气设备着火时,有较大的危险性。如只是设备外部着火,且火势较小,可用除泡沫灭火器外的灭火器带电扑救。如火势较大,应立即切断电源进行扑救(断电后允许用水灭火)。备有事故储油池者应将油放进储油坑,坑内的油火可用砂或泡沫灭火器灭火,但地面上的油火不得用水喷射,以防油火漂浮水面而蔓延扩大。注意,防止燃烧的油流入电缆沟而顺沟蔓延。沟内的油火只能用泡沫灭火剂覆盖扑灭。

旋转电机着火时,为防止转轴和轴承变形,可边盘动边灭火。可用喷雾水、二氧化碳灭火,但不宜用泥沙、干粉灭火,以免沙土落入内部,损坏机件,并给事后清理带来困难。

思考题

1. 电气火灾或电气爆炸有哪些危害性?
2. 引发电气火灾和爆炸的原因有哪些?
3. 爆炸和火灾危险场所的等级划分为三类八级,分别是什么?
4. 爆炸危险场所划分的二类五级分别指什么?
5. 火灾危险场所是如何分类的?
6. 危险场所的认定对电气防火防爆有何实际意义?
7. 防爆电气设备有哪几种类型?
8. 工业上采取的电气防火和防爆措施有哪些?
9. 排除可燃易爆物质的措施有哪些?
10. 排除电气火源的措施有哪些?
11. 爆炸危险场所和火灾危险场所电气设备的选型与哪些因素有关?
12. 爆炸危险场所电气设备安装有何技术要求?
13. 危险场所对电气线路的铺设、接线与运行有何要求?
14. 在土建方面的防火防爆措施有哪些?
15. 常用电气设备本身的防火防爆措施有哪些?
16. 消除和防止静电火花的主要措施有哪些?
17. 电气火灾不同于其他火灾的特点是什么?
18. 发生电气火灾时切断电源和扑救应遵循什么程序?
19. 发生电气火灾切断电源时应注意哪几点安全事项?
20. 什么情况下允许带电灭火?
21. 带电灭火有哪些安全要求?
22. 充油电气设备失火时应如何扑救?

第四章 生产安全制度与安全管理

第一节 倒闸操作及操作票制度

连接在电气主接线系统中的电气设备有四种状态：

(1)运行状态：指断路器、隔离开关均已合闸，设备与电源接通，处在运行中的状态。

(2)热备用状态：指隔离开关在合闸位置，但断路器在断开位置，电源中断，设备停运。即只要手动或自动合闸，设备即投入运行的状态。

(3)冷备用状态：指断路器、隔离开关均在断开位置，设备停运的状态。即欲使设备运行，需将隔离开关合闸，再合断路器的工作状态。

(4)检修状态：指设备的断路器、隔离开关均在断开位置，并接有临时地线（或合上接地刀闸），设好遮拦，悬挂好标示牌，设备处于检修的状态。

在改变电气设备的运行方式时，即电气设备四种状态的转换，都需要进行一系列拉开、合上开关和刀闸的操作以及其他一些操作。例如，开关控制回路的保险器的取下、装上，临时接地线的装、拆，保护装置的启用、停用等。这一些操作过程称为倒闸操作。

在倒闸操作过程中如果不严格遵守规定而任意操作，将会造成严重的后果。例如，在操作刀闸时，在带负荷情况下拉开，由于刀闸没有灭弧装置，则会产生很大的电弧，一会引起相间短路，二会使操作者受到电击或电灼伤。前者会损坏电气设备，后者会危及人身安全，这种操作称为误操作。不仅刀闸，其他电气设备的误操作亦会危及设备和人身安全。为此，倒闸操作必须执行安全规程的要求，以确保操作的安全。

一、倒闸操作的安全规程

(1)倒闸操作必须执行操作票制度。操作票是值班人员进行倒闸操作的书面命令，是防止误操作的安全组织措施。

(2)倒闸操作必须有两人进行（单人值班的变电所可由一人执行，但不能登杆操作及进行重要和特别复杂的操作），其中一人唱票、监护，另一人复诵命令、操作。监护人的安全等级（或对设备的熟悉程度）要高于操作者。特别重要和复杂的倒闸操作，由熟练的值班员操作，值班负责人或值长监护。

(3)严禁带负荷拉、合刀闸。

(4)严禁带地线合闸。

(5)操作者必须使用必要的、合格的绝缘安全用具和防护安全用具。用绝缘棒拉、合刀闸或经传动机构拉、合刀闸和断路器时，均应戴绝缘手套。雨天在室外操作高压设备时，要穿绝缘鞋。绝缘棒应有防雨罩。接地网的接地电阻不符合要求时，晴天也要穿绝缘鞋。装卸高压可熔保险器时，应戴护目镜和绝缘手套，必要时使用绝缘夹钳，并站在绝缘垫或绝缘台上。登杆进行操作应戴安全帽，并使用安全带。

(6)在电气设备或线路送电前，必须收回并检查所有工作票，拆除安全措施，拉开接地刀闸或临时接地线及警告牌，然后测量绝缘电阻，合格后方可送电。

(7)雷雨时，禁止进行倒闸操作和更换保险丝。

二、电气设备的正确操作

（一）隔离开关的正确操作

(1)手动进行操动的隔离开关，在合闸时要迅速果断、碰刀要稳、宁错不回。其意思是动触头进入静触头后不要用力过大,以防止损坏支持瓷瓶。宁错不回是说操动后发现弧光(误合闸)时应迅速合好,而不能因发现弧光就将合上的刀闸再拉回来。因为再拉开刀闸所产生的弧光会更大,后果将更严重。这种情况只能用该回路的断路器来断开电路,而后再恢复该刀闸的开闸位置。

(2)手动进行操动的刀闸,在分闸时要缓慢谨慎、弧大即返,也就是说,在拉开隔离开关的过程中,发现有较大电弧时,应立即再合上,停止操作。

(3)手动进行操动的隔离开关,在拉开小容量变压器的空载电流时,也会有电弧产生,这种情况要同(2)加以区别。此时,应迅速将隔离开关拉开,以利于灭弧。

(4)户外单极隔离开关以及跌落式熔断器操作时,为防止发生弧光短路,要求做到以下几点:

①停电时的操作应先拉开中间相,后拉开边相。如遇大风天气,应按逆风向的顺序拉隔离开关;

②送电时的顺序与停电时拉开的顺序相反;

③检查经操作后隔离开关的实际位置,防止因操动机构有缺陷,致使隔离开关没有完全分开或者没有完全合上的现象发生。

(二)断路器的正确操作

(1)远方控制断路器分合闸,操纵控制开关时,一不可用力过大,以免损坏控制开关;二不可返回太快,以防断路器来不及合闸。

(2)检查经操作后的断路器,判断其动作的正确性。除从仪表指示和信号灯判断其实际位置外,还要到现场检查其机械位置指示。

三、操作票制度及其执行

有关内容已在其他章节中论述,此处不再赘述。

第二节　停电作业的安全技术措施

停电作业即指在电气设备或线路不带电的情况下,所进行的电气检修工作。停电作业分为全停电作业和部分停电作业。前者系指室内高压设备全部停电,通至邻接高压室的门全部闭锁,以及室外高压设备全部停电情况下的作业。后者系指高压室的门并未全部闭锁情况下的作业。无论全停电还是部分停电,为保证人身安全,都必须执行停电、验电、装设接地线、悬挂标志牌和装设遮拦等四项安全技术措施后,方可进行停电作业。

一、停电

(一)工作地点必须停电的设备或线路

(1)要检修的电气设备或线路必须停电。

(2)工作人员在正常工作中活动范围与带电设备的安全距离小于表4-2-1规定的设备必须停电。

(3)在44 kV以下的设备上进行工作,上述距离大于表4-2-1的规定值,但又小于表4-2-2的规定值,同时又无安全遮拦的设备也必须停电。

表4-2-1　工作人员正常工作中活动范围与带电设备的安全距离

电压等级(kV)	安全距离(m)
10及以下	0.35
20～35	0.60
44	0.90
60～110	1.50

表 4-2-2　设备不停电时的安全距离

电压等级(kV)	安全距离(m)
10 及以下	0.7
20~30	1.0
44	1.2
60~110	1.5

(4)带电部分在工作人员后面或两侧无可靠安全措施的设备,为防止工作人员触及带电部分,必须将它停电。

(5)对与停电作业的线路平行、交叉或同杆的有电线路,有危及停电作业的安全,而又不能采取安全措施时,必须将平行、交叉或同杆的有电线路停电。

(二)停电的安全要求

对停电作业的电气设备或线路,必须把各方面的电源均完全断开,例如:

(1)对与停电设备或线路有电气连接的变压器、电压互感器,应从高、低压两侧将开关、刀闸全部断开(对柱上变压器,应取下跌落式熔断器的熔丝管),以防止向停电设备或线路反送电。

(2)对与停电设备有电气连接的其他任何运行中的星型接线设备的中性点必须断开,以防止中性点位移电压加到停电作业的设备上而危及人身安全。这是因为在中性点不接地系统中,不仅在发生单相接地时中性点有位移电压,就是在正常运行时,由于导线排列不对称,也会引起中性点的位移。例如,35~60 kV 线路其位移电压可达 1 kV 左右。这样高的电压若加到被检修的设备上是极其危险的。

断开电源不仅要拉开开关,而且还要拉开刀闸,使每个电源至检修设备或线路至少有一个明显的断开点。这样,安全的可靠性才有保证。如果只是拉开开关,在开关机构有故障、位置指示失灵的情况下,开关可能没有全部断开(触头实际位置看不见),结果由于没有把刀闸拉开而使检修的设备或线路带电。因此,严禁在只经开关断开电源的设备或线路上工作。

为了防止已断开的开关被误合闸,应取下开关控制回路的操作直流保险器或者关闭气、油阀门等。

对一经合闸就有可能送电到停电设备或线路的刀闸,其操作把手必须锁住。

二、验电

对已经停电的设备或线路还必须验明确无电压并放电后,方可装设接地线。

验电的安全要求有以下几点:

(1)验电前,应将电压等级合适的且合格的验电器在有电的设备上试验,证明验电器指示正确后,再在检修的设备进出线两侧各相分别验电。

(2)对 35 kV 及以上的电气设备验电,可使用绝缘棒代替验电器。根据绝缘棒工作触头的金属部分有无火花和放电的噼啪声来判断有无电压。

(3)线路验电应逐相进行。同杆架设的多层电力线路在验电时应先验低压,后验高压;先验下层,后验上层。

(4)在判断设备是否带电时,不能仅用表示设备断开和允许进入间隔的信号以及经常接入的电压表的指示作为无电压的依据;但如果指示有电则为带电,应禁止在其上工作。

三、装设接地线

当验明设备确无电压并放电后,应立即将设备接地并三相短路。这是保护工作人员在停电设备上工作,防止突然来电而发生触电事故的可靠措施。同时,接地线还可使停电部分的剩余静电荷放入大地。

(一)装设接地线的部位

(1)对可能送电或反送电至停电部分的各方面,以及可能产生感应电压的停电设备或线路均要装设接地线。

(2)检修 10 m 以下的母线,可装设一组接地线;检修 10 m 以上的母线,视具体情况适当增设。在用刀闸或开关分成几段母线或设备上检修时,各段应分别验电、装设接地线。降压变电站全部停电时,只需将各个可能来电侧的部分装设接地线,其余分段母线不必装设接地线。

(3)在室内配电装置的金属构架上应有规定的接地地点。这些地点的油漆应刮去,以保证导电良好,并画上黑色"⊥"记号。所有配电装置的适当地点,均应设有接地网的接头,接地电阻必须合格。

(二)装设接地线的安全要求

(1)装设接地线必须由两人进行,若是单人值班,只允许使用接地刀闸接地或使用绝缘棒拉合接地刀闸。

(2)所装设的接地线考虑其可能最大摆动点与带电部分的距离应符合表 4-2-3 的规定。

表 4-2-3　接地线与带电设备的允许安全净距　　　　　　　　（单位:cm）

电压等级(kV)	户内/户外	允许安全净距	电压等级(kV)	户内/户外	允许安全净距
1~3	户内	7.5	20	户内	18
6	户内	10	35	户内	29
				户外	40
10	户内		60	户内	46
				户外	60

(3)装设接地线必须先接接地端,后接导体端,必须接触良好;拆除时顺序与此相反。装拆接地线均应使用绝缘棒和绝缘手套。

(4)接地线与检修设备之间不得连有开关或保险器。

(5)严禁使用不合格的接地线或用其他导线做接地线和短路线,应当使用多股软裸铜线,其截面面积应符合短路电流要求,但不得小于 25 mm²;接地线须用专用线夹固定在导体上,严禁用缠绕的方法接地或短路。

(6)带有电容的设备或电缆线路应先放电后再装设接地线,以避免静电危及人身安全。

(7)对需要拆除全部或部分接地线才能进行工作的(如测量绝缘电阻,检查开关触头是否同时接触等),要经过值班员许可(根据调度员命令装设的,须经调度员许可),才能进行工作,完毕后应立即恢复接地。

(8)每组接地线均应有编号,存放位置亦应有编号,两编号一一对应,即对号入座。

四、悬挂标示牌和装设遮拦

悬挂标示牌是为了提醒工作人员及时纠正将要进行的错误操作或动作,指明正确的工作地点,警告他们勿接近带电部分,提醒他们采取适当的安全措施,禁止向有人工作的地方送电。装设遮拦为了限制工作人员的活动范围,防止他们接近或误触带电部分。其使用要求如下:

(1)在部分停电的工作与未停电设备之间的安全距离小于规定值(10 kV 以下小于 0.7 m,20~35 kV 小于 1 m,60 kV 小于 1.5 m)时,应装设遮拦。遮拦与带电部分的距离不得小于以下规定值:10 kV 以下为 0.35 m,20~35 kV 为 0.6 m,60 kV 为 1.5 m。在临时遮拦上悬挂"止步,高压危险!"的标示牌。临时遮拦应装设牢固;无法设置遮拦时,可酌情设置绝缘搁板、绝缘罩、绝缘拦绳等。

(2)在工作地点悬挂"在此工作!"的标示牌。

(3)在工作人员上下用的架构或梯子上,应悬挂"从此上下!"的标示牌。

(4)在邻近其他可能误登的架构或梯子上,应悬挂"禁止攀登,高压危险!"的标示牌。

(5)在一经合闸即可送电到作业地点的断路器和隔离开关的操作把手上均应悬挂"禁止合闸,有人工作!"的标示牌。

(6)若线路上有人工作,应在线路断路器和隔离开关的悬挂把手上悬挂"禁止合闸,线路有人工作!"的标示牌。

标示牌的悬挂处及规格见表4-2-4。

表4-2-4 常用标示牌规格及悬挂处所

类型	名称	尺寸(mm)	式样	悬挂处所
禁止类	禁止合闸,有人工作!	200×100 或 80×50	白底红字	一经合闸即可送电到施工设备的断路器和隔离开关的操作把手上
	禁止合闸,线路有人工作!	200×100 或 80×50	红底白字	线路断路器和隔离开关的把手上
	禁止攀登,高压危险!	250×200	白底红边黑字	工作人员上下的铁架邻近可能上下的另外铁架上,运行中变压器的梯子上
允许类	在此工作!	250×250	绿底,中有直径210 mm 的白圆圈,圈内写黑字	室外和室内工作地点或施工设备上
提示类	从此上下!	250×250	绿底,中有直径210 mm 的白圆圈,圈内写黑字	工作人员上下的铁架、梯子上
警告类	止步,高压危险!	250×200	白底红边黑字,有红色箭头	施工地点邻近带电设备的遮拦上;室外工作地点的围栏上,禁止通行的过道上;高压试验地点;室外构架上,工作地点邻近带电设备的横梁上

此外,当工作人员正常活动范围与未停电的设备间距小于表4-2-1中规定的距离时,未停电设备应装设临时遮拦。临时遮拦与带电体的距离不得小于表4-2-2中规定的距离,并挂"止步,高压危险!"的标示牌。35 kV 以下的设备,如有特殊需要,也可用合格的绝缘挡板与带电部分直接接触来隔离带电体。

在室外地面高压设备上工作,应在工作地点四周用绝缘绳做围栏。在围栏上悬挂适当数量的"止步,高压危险!"的标示牌。

严禁工作人员在工作中移动或拆除遮拦及标示牌。

五、线路作业时水电站的安全措施

(1)线路的停送电须按值班调度员的命令或有关单位的书面指令执行操作票,严格执行操作命令,不得约时停送电,以防止工作人员发生触电事故。停电时,必须先将该线路可能来电的所有开关、线路刀闸、母线刀闸全部拉开,用验电器验明确无电压后,在所有线路上可能来电的各端的负荷侧装设接地线,并在刀闸的操作把手上挂"禁止合闸,线路有人工作!"的标示牌。

(2)值班调度员必须将线路停电检修的工作班组、工作负责人姓名、工作地点和工作任务记入检修记录簿内。当检修工作结束时,应得到检修工作负责人的竣工报告,确认所有工作班组均已完成任务,工作人员全部撤离,现场清扫干净,接地线已拆除,并与检修记录簿核对无误后,再下令拆除变电站内的安全措施,向线路送电。

(3)用户管辖的线路停电,必须由用户的工作负责人书面申请经允许后方可停电,并做好安全措施;恢复送电必须接到原申请人的通知后方可进行。

第三节　低压带电作业的安全规定

一、低压带电作业的定义

低压带电作业是指在不停电的低压设备或低压线路(设备或线路的对地电压在 250 V 及以下者为低压)上的工作。与停电作业相比,低压带电作业不仅使供电的不间断性得到保证,还具有手续简化、操作方便、组织简单、省工省时等优点。但对作业者来说触电的危险性较大。

对于工作本身不需要停电和没有偶然触及带电部分危险的工作,或作业者使用绝缘辅助安全用具直接接触带电体及在带电设备的外壳上工作,均可以进行带电作业。在工企系统中电气工作者的低压带电作业是相当频繁的。为防止触电事故发生,带电作业者必须掌握并认真执行各种情况下带电作业的安全要求和规定。

二、在低压设备上和线路上带电作业的安全要求

(1)低压带电工作应设专人监护,即至少有两人作业,其中一人监护,一人操作。采取的安全措施是:使用有绝缘柄的工具,工作时站在干燥的绝缘物上进行,工作者要戴两副线手套、戴安全帽,必须穿长袖衣服工作,严禁使用锉刀、金属尺和带有金属物的毛刷等工具。这样要求的目的:一是防止人体直接触碰带电体,二是防止超长的金属工具同时触碰两根不同相的带电体造成相间短路,或同时触碰一根带电体和接地体造成对地短路。

(2)高低压同杆架设,在低压带电线路上工作时,应检查与高压线间的距离,作业人员与高压带电体至少要保持一定的安全距离,并采取防止误碰高压带电体的措施。

(3)在低压带电裸导线的线路上工作时,工作人员在没有采取绝缘措施的情况下,不得穿越其线路。

(4)上杆前,应先分清哪相是低压火线,哪相是中性(零线),并用验电笔测试,判断后,再选好工作位置。在断开导线时,应先断开火线,后断开中性线;在搭接导线时,顺序相反。因为在三相四线制的低压线路中,各相线与中性线间都接有负荷,若在搭接导线时,先将火线接上,则电压会加到负荷上的一端,并由负荷传递到将要接地的另一端,当作业者再接中性线时,就是第二次带电接线,这就增加了作业的危险次数。因此,在搭接导线时,先接中性线,后接火线。在断开或接续低压带电线路时,还要注意两手不得同时接触两个线头,这样会使电流通过人体,即电流自手经人体至手的路径通过,这时即使站在绝缘物上也起不到保护作用。

(5)严禁在雷、雨、雪天以及有六级及以上大风时在户外带电作业,也不应在雷电时进行室内带电作业。

(6)在带电的低压配电装置上工作时,应采取防止相间短路和单相接地的绝缘隔离措施。也应防止人体同时触及两根带电体或一根带电体与一根接地体。

(7)在潮湿和潮气过大的室内,禁止带电作业;工作位置过于狭窄时,禁止带电作业。

第四节　值班与巡线工作的安全要求

为保证电气设备及线路的可靠运行,除在设备和线路回路上装设继电保护和自动装置以实现对其保护和自动控制外,还必须由人工进行工作。为此,在水电站要设置值班员,对线路设置巡线员。值班和巡视的主要任务是:对电气设备和线路进行操作、控制、监视、检查、维护和记录系统的运行情况;及时发现设备和线路的异常和缺陷,并迅速、正确地进行处理。尽可能防止由于缺陷扩大而发展成事故。

值班员与巡线员的工作非常重要,他们必须具备一定的业务水平和安全常识,才能胜任值班与巡视的工作。

一、值班工作的安全要求

(一)室内高压设备设单人值班必须具备的两个条件

(1)室内高压设备的隔离室设有 1.7 m 以上的牢固而且是加锁的遮拦。这样可防止误碰带电部分和走错间隔。

(2)室内高压开关的操作机构用墙或金属隔板与该开关隔离,或装有远方操作机构。这就防止了在操作开关时因事故而使操作者遭到电伤、电击或烧伤等危险,而且无人救护,后果是严重的。

(二)安全要求

(1)单人值班不得单独从事修理工作,因无人监护的作业是不安全的。

(2)不论高压设备带电与否,值班人员不得单独移开或越过遮拦进行工作。若有必要移开遮拦,必须有监护人在场,而且要对不带电设备保持一定的安全距离。这样规定是因为即便是不带电设备也有突然来电的可能,一个人工作没有安全保障。

二、值班员的岗位责任

(1)在值班长的领导下,坚守岗位,集中精神,认真做好各种表计、信号和自动装置的监视,准备处理可能发生的任何异常现象。

(2)按时巡视设备,做好记录。发现缺陷及时向值班长报告。按时抄表并计算有功、无功电量,保证正确无误。

(3)按照调度指令正确填写倒闸操作票,并迅速正确地执行操作任务。发生事故时,要果断、迅速、及时地处理。

(4)负责填写各种记录,保管工具、仪表、器材、钥匙和备品,并按值移交。

(5)做好操作回路的熔丝检查、事故照明、信号系统的试验与设备维护。搞好环境卫生,进行文明生产。

三、巡视工作的安全要求

巡视工作是经常掌握设备和线路的运行情况,及时发现缺陷和异常现象,以便及时排除其隐患,从而提高了设备和线路运行的安全性。但巡视工作本身也有很多安全问题,巡视高压设备的安全要求如下:

(1)一般应由两人一起巡视。单人巡视高压设备,须经本单位领导批准,且在巡视中不得进行其他工作,不得移开或越过遮拦。单人巡视要按规定好的路线进行巡视。

(2)雷雨天气需要巡视室外高压设备时,应穿绝缘靴,并与带电体保持足够的距离,不准靠近避雷器和避雷针,以防止反击电压危及人身安全。

(3)高压设备发生接地时,由于会产生跨步电压,故在室内不得接近故障点 4 m 以内,室外不得接近故障点 8 m 以内。进入上述范围内的人员须穿绝缘靴,接触设备的外壳和构架时,应戴绝缘手套。

(4)巡视配电装置,进出高压室,必须随手将门锁好,以防小动物进入室内。高压室的钥匙至少应有三把,由值班人员负责保管,按值移交;一把专供紧急情况下使用,一把专供值班员使用,另一把可借给许可单独巡视高压设备的人员和工作负责人使用,但必须登记签名,当日交回。

(5)巡视无人值守水电站时,必须在出入登记本上登记,离开时关好门窗和灯。

(6)巡视周期依单位具体情况而定。一般有人值班的电站在每次交接班时检查一次,每班中再巡视一次;无人值班的电站每周至少巡视一次。

(7)巡视检查时,要精力集中,眼、鼻、耳、脑并用,最好采用先进器具。巡视检查的主要内容是设备发热情况,瓷瓶有无破裂、闪络现象。对记录已有缺陷的设备、经常操作的设备、陈旧的设备、新装投运的设备要重点检查。

第五节　在二次回路上工作的安全规定

水电站电气系统中有一次设备和二次设备。二次设备包括继电保护装置、自动控制装置、测量仪表、计量仪表、信号装置及绝缘监察装置等设备。这些设备所组成的电路统称为二次回路。二次回路的电压等级一般为 100 V、110 V 和 220 V（弱电控制除外）等。虽然二次回路电压属于低压范围，但二次设备与一次设备即高压设备的距离较近，而且一次电路与二次电路有着密切的电磁耦合关系。这样，一方面在二次回路工作的人员有触碰高压设备的危险，另一方面由于绝缘不良或电流互感器二次开路都可能使工作人员触及高电压而发生事故。为此，必须采取预防措施。本节重点介绍在二次回路工作前、工作过程中以及对主要设备所采取的安全组织措施和有关安全的注意事项。

一、在二次回路工作前的准备工作

（1）工作前应填写工作票。

须填写第一种工作票的工作范围：在二次回路上的工作，需要将高压设备全部停电或部分停电的，或虽不要停电，但需要采取安全措施的工作。如：①移开或越过高压室遮拦进行继电器和仪表的检查、试验时，需将高压设备停电的工作；②进行二次回路工作的人员与导电部分的距离小于表 4-2-1 规定的安全距离，但大于表 4-2-2 规定的安全距离，虽然不需要将高压设备停电，但必须设置遮拦等安全措施的工作；③检查高压电动机和启动装置的继电保护装置和仪表，需要将高压设备停电的工作。

须填写第二种工作票的工作范围：工作本身不需要停电和没有偶然触及导电部分的危险，并许可在带电设备的外壳上工作的，应填写第二种工作票。如：①串接在一次回路中的电流继电器，虽本身有高电压，但有特殊传动装置，可以不停电在运行中改变整定值工作；②装在开关室过道上或控制室配电盘上的继电器和保护装置，可以不断开保护的高压设备（不停电）进行校验等工作。

执行上述第一种或第二种工作票的工作至少要有两人进行。

（2）工作之前要做好准备，了解工作地点的一次及二次设备的运行情况和上次检验记录，核查图纸是否和实际情况相符。

（3）进入现场在工作开始前，应查对已采取的安全措施是否符合要求，运行设备和检修设备是否明显分开，还要对照设备的位置、名称，严防走错位置。

（4）在全部停电或部分带电的盘（配电盘、保护盘、控制盘等）上工作时，应将检修设备与运行设备用明显的标志隔开。通常在盘后挂上红布帘，这样可防止错拆、错装继电器，防止误操作控制开关。在盘前悬挂"在此工作！"的标示牌。作业中严防误动、误碰运行中的设备。

（5）在保护盘上进行钻孔等振动较大的工作时，应采取防止运行中的设备跳闸的措施。这是因为剧烈的振动可能造成继电器抖动，使其接点误动而发生误跳闸。如果不能采取措施，必须得到值班调度员或值班负责人的同意，将保护暂停。

（6）在继电保护盘间的通道上搬运或放置试验设备时，要与运行设备保持一定的距离，防止误碰运行设备，造成保护误动作。清扫运行设备和二次回路时，要防止振动，防止误碰，要使用绝缘工具。

（7）继电保护装置作传动或一次通电时，应通知值班员和有关人员，并派人到现场监视，方可进行。继电保护的校验工作有时需要对断路器机械联动部分作分、合闸传动试验，有时也需要利用其他电源对电流互感器的一次电源进行校验工作。上述两种情况均应事先通知值班人员，告知设备的安全措施是否变动及注意事项，并通知其他检修、试验的工作负责人，要求在传动试验或一次通电试验的设备上撤离工作人员，且保持一定的安全距离。继电保护工作负责人还要派人员到现场进行检查，并在试验时间内进行现场监护，防止有人由于接触被试设备而发生机械伤人或触电事故。

（8）工作前，应检查所有的电流互感器和电压互感器的二次绕组，其应有永久性的且可靠的保护接地。

二、在二次回路工作中应遵守的规则

(1)继电保护人员在现场工作过程中,凡遇到异常情况(如直流系统接地、开关跳闸等),不论与本身工作是否有关,都应立即停止工作,保持现状,待查明原因,确定与本工作无关后方可继续工作;若异常情况是由于本身工作引起的,应保护现场并立即通知值班人员,以便及时处理。

(2)二次回路通电或耐压试验前,应通知值班员和有关人员,检查回路上确无人工作后,方可加压,并派人到现场看守。

(3)电压互感器的二次回路通电试验时,为防止由二次侧向一次侧反充电,除将电压互感器的二次刀闸拉开外,还要拉开电压互感器的一次刀闸,取下一次保险器。

(4)检验继电保护和仪表的工作人员,不准对运行中的设备、信号系统、保护压板进行操作,以防止误发信号和误跳闸。在取得值班人员许可并在检修工作盘两侧开关把手上采取防止误操作的措施(挂标示牌、设遮拦等)后,方可拉、合检修的开关。

(5)试验用的刀闸必须带罩,以防止弧光短路灼伤工作人员。禁止从运行设备上直接取试验电源,以防止试验线路有故障时,使运行设备的电源消失。试验线路的各级保险器的熔丝要配合得当,上一级熔丝的熔断时间应等于或大于下一级熔丝熔断时间的 3 倍,以防止越级熔断。

(6)保护装置二次回路变动时,严防寄生回路存在,对没有用的线应拆除,拆下的线应接上的不要忘记,且应接牢;临时在继电器接点间所垫的纸片不要忘记取出。

三、在带电的电流互感器二次回路上工作时应采取的安全措施

(1)严禁电流互感器二次开路。电流互感器二次开路所引起的后果是严重的,一是使电流互感器的铁芯烧损,二是电流互感器二次绕组产生高电压,严重危及工作人员的人身安全。由电流互感器在运行中的磁势平衡方程式($I_0 N = I_1 N_1 + I_2 N_2$)可知,当二次开路时,$I_2$ 为零,所以激磁电流 I_0 升高到一次电流 I_1 的值,结果使铁芯中的磁通猛增,铁芯的铁损大大增加,导致铁芯的温度剧增,可能烧坏铁芯。当二次开路时,由于 $I_0 = I_1$,激磁电流就是一次电流值,因为铁芯截面面积有限,所以铁芯中的磁通达到了饱和状态,磁通的波形就发生畸变而成为平顶波。在平顶波上升和下降的部分其磁通在单位时间的变化率相当大,感应的电势就很高。再加之二次绕组的匝数又很多,所以在二次侧感应出相当高的电压,其峰值可达到数千伏,严重危及人身安全。为此,必须采取有效措施防止二次开路。其具体措施是:

①必须使用短路片或短路线将电流互感器的二次侧做可靠的短路后,方可工作;

②严禁用导线缠绕的方法或用鱼夹线进行短路。

(2)严禁在电流互感器与短路端子之间的回路上进行任何工作,因为这样易发生二次开路。

(3)工作应认真谨慎,不得将回路永久接地点断开,以防止电流互感器一次与二次的绝缘损坏(漏电或击穿)时,二次侧有较高的电压而危及人身安全。

(4)工作时,必须有专人监护。使用绝缘工具,并站在绝缘垫上。这样,即使监护不周,发生了二次开路情况,由于使用的是绝缘工具以及工作人员脚下有绝缘垫,也会大大降低触电的可能性和危险性。

四、在带电的电压互感器二次回路上工作时应采取的安全措施

(1)严格防止短路或接地。因为电压互感器的二次电流大小由二次回路的阻抗决定。如果电压互感器的二次回路发生相间或对地短路,则二次阻抗大大降低,使二次电流猛增,熔断器中的熔件就会熔断,使二次电压消失。二次电压没有了,欠电压继电器就会误动,进而造成保护装置的误动。同时,电压表、电度表的指示和计量都不正确。为了防止在工作中一旦发生短路使电压消失致使保护误动作,在工作时应使用绝缘工具、戴手套。必要时,工作前停用有关保护装置。

(2)接临时负载时,必须装有专用刀闸和可熔保险器。可熔保险器的熔丝选择必须与电压互感器的熔丝有合理的配合。

第六节　线路施工及其他作业的安全措施

水电站建设及电网的技术改造都有架空线路、电缆线路等施工任务,如立杆、换杆、架线、紧线和敷设电缆等工作。此外,还有许多属于维修和设备安装等其他作业。从工作地点来说有高空、有地下;从工作的安全性来讲,虽无严重的触电危险,但作业人员确有摔伤、碰伤、遭受机械伤害以及烧伤的可能。为此,本节介绍架空线路、电缆施工以及高处作业、打眼工作、天棚作业、地沟作业等安全措施及注意事项。

一、架空线路施工的一般安全措施

(一)挖坑

挖坑前必须与有关地下管道、电缆的主管单位取得联系,明确地下设施的确切位置,做好防护措施。组织外来人员施工时,要加强监护工作。坑深超过 1.5 m 时,抛土要采取防止土石回落的措施。在居民区及交通道口附近挖的基坑要设坑盖或围栏,夜间要挂红灯。

(二)立杆和撤杆

立杆、撤杆等重大施工项目,应制定安全技术措施,并经领导批准。立杆、撤杆要有专人指挥。工作人员要明确指挥者的口令、信号的意义。在居民区和交通道口上立杆、撤杆要有专人看守。立杆、撤杆的起重机械设备要可靠,严禁过载使用。吊车吊杆时,其钢丝绳套(扣)要吊在杆件的适当位置,防止滑脱和电杆突然倾倒。无论立杆、撤杆都要在杆上拴有调整方向的副牵引绳。在立杆过程中,杆坑内严禁有人工作。除指挥人员及指定人员外,其余人员须远离杆高 1.2 倍的距离以外。电杆起立离开地面后,要对各吃力点做一次全面检查,确无问题后,再继续起立;起立 60° 后,应减速并注意各侧拉绳。已经起立的电杆,只有在杆基回土夯实完全牢固后方可撤去叉杆和拉绳。在撤杆工作中,先绑好拉绳,后拆线,做好倒杆措施。

(三)杆、塔上的工作

上杆前应先检查登杆工具,如脚扣、升降板、安全带、梯子等是否完整牢靠。应衣着整齐,并戴上安全帽。新立电杆在杆基未完全牢固前,严禁攀登。遇有杆基被冲刷和上拔的电杆要先加固培土,或支好架杆,打好临时拉线后再上杆工作。对于木杆,在上杆前一定要检查杆根。上杆后安全带应系在电杆及牢固的构件上,系安全带后必须检查扣环是否扣牢或绳扣是否系好。杆上作业转动位置时,不得失去安全带的保护。杆上有人作业时,不准调整拉线(绳)或拆除拉线。现场人员要戴安全帽。杆上作业人员应防止掉东西,使用的工具、材料应用绳索传递,不得乱扔。杆下应防止行人逗留。

(四)放线、撤线和紧线

放线、撤线的施工项目应制定安全技术措施,并经领导批准。放线、撤线和紧线工作均应设专人指挥,使用统一信号。放线、撤线和紧线前要对所使用的工器具及设备进行全面检查,确认良好后方可使用。工作前还要做好组织联系工作,对交叉跨越各种铁路、公路、河流等放线、撤线的工作,应先取得主管部门的同意,做好安全措施,如搭好可靠的跨越架,在路口设专人持信号旗看守。紧线前要检查导线有无障碍物挂住。紧线、撤线前应先检查拉线、拉桩及杆根。如不能使用,应加设临时拉绳加固。紧线时应检查接线头以及过滑轮、横担、树枝、房屋等时有无卡住现象。工作人员不得跨在导线上或站在导线内角侧,防止意外跑线时抽伤。工作中严禁采用突然剪断导线、地线的方法松线。

(五)起重运输的安全要求

起重工作必须由有经验的人领导,并应统一指挥,统一信号,分工明确,做好安全措施。工作前,工作负责人应对起重工作和工具进行全面检查。起重机械,如绞磨、汽车吊、卷扬机、手摇绞车等,必须安置平稳牢固,并应设有制动和逆止装置。当重物吊离地面后,工作负责人要检查各部的受力情况,无异常后,方可正式起吊。在起吊牵引过程中,受力钢丝绳的周围、上下方和起吊物的下面,严禁有人逗留和通过。起吊物如有棱角或特别光滑,在与钢丝绳接触的部分要加以包垫。使用开门滑车时,应将开门钩环扣紧,防止绳索自动跑出。

起重机具均应有铭牌标明的允许工作荷重,不得超铭牌使用。

二、电缆施工的安全要求

电缆施工应根据工作特点制定安全措施。电力电缆的工作一般应填写工作票,并认真执行。挖电缆沟的工作,应首先了解地下资料,避免挖坏地下其他管道、电缆,防止发生漏气、漏水和触电事故。挖沟前应做好防止交通事故的安全措施。挖掘电缆沟应在有经验的人员交代清楚后才可进行;挖到电缆保护板后,应由有经验的人员在场指导。挖掘出来的电缆或接头盒的下面需要挖空时,必须将其悬吊保护(每1~1.5 m吊一道),悬吊接头盒应平放,不得使接头受到拉力。

敷设电缆应有专人统一指挥。敷设电缆之前,应先清理好现场,除净电缆沟内的杂物,检查电缆盘上有无凸出或钉子等,以防止损坏电缆或划伤工作人员。当电缆盘开始转动时,严禁用手搬动滑轮,以防压伤。

移动电缆接头盒一般应停电进行。如需带电移动,应调查电缆的运行记录(主要了解电缆的绝缘水平、使用年限)。移动时应由有经验的人员,在统一指挥下保持电缆的平正,防止由于弯曲使绝缘损坏而引起爆炸事故。

制作电缆头(包括电缆盒内的接头)时,若需锯断已运行过的电缆,则首先验明确无电压,再逐相对地放电,然后用带木柄的铁钎钉入电缆芯后接地,方可工作。焊接电缆时,应有防火措施。加热电缆胶或配制环氧树脂时,应在通风良好处进行,以防中毒。熬电缆胶的工作必须有专人看管,熬胶和浇灌电缆头的人员,应戴帆布手套和口罩、护目镜并系鞋罩。搅拌或舀取熔化的电缆胶或焊锡时,须使用预热的金属棒或勺子,以防熬胶容器或锡锅内落入水滴发生爆炸,烫伤工作人员,并应有防火措施。

对进电缆井的工作,在进井之前应先打开井盖一定的时间以排除井内浊气,确认没有危害健康的气体后,方可进井工作。在电缆井内工作,要戴安全帽,应有足够的照明,并做好防火、防水和防止空中落物等措施,井口应设专人看守。

三、其他作业的安全

(一)登高作业的安全

凡在离地面2.5 m以上的地点进行工作,均视为高处作业。高处作业须先搭脚手架或采取防坠落措施。

登高作业所用的工具必须坚固可靠。在高处作业使用的工具,用完后要随时插入皮套或装入工具袋内,避免掉下伤人。使用的工具、材料要用绳索上下传递,严禁抛递材料与工具。

登脚手架工作前,要检查脚手架绑得是否结实牢固,搭的跳板是否牢固可靠,跳板不许虚悬。

(二)打眼工作的安全

打眼工作是电气施工的基础工作。打眼工作开始前,要选好位置,将梯子和脚手架安放牢固。工作者要戴线手套和护目镜,所使用的工具要牢固可靠。在运行设备附近打眼时,须事先做好防止误碰带电设备的安全措施。眼将打透时,不要用力过猛,以防打掉东西伤人和损坏设备。

(三)进入天棚内工作的安全

进入天棚前,应先打开棚口通空气后,方可进入。进入天棚工作时,应戴安全帽,防止扒板钉子碰伤头部。进入天棚在没有开始工作之前,要认真检查天棚的坚固程度,对腐朽严重的天棚要采取安全措施。

在天棚内工作时严禁使用明火,如喷灯、蜡烛、吸烟等。使用电焊机时应有防火措施。

(四)进入地沟工作的安全

进入地沟(地板下)工作前,无论是新、旧房屋,均要先把地沟(地板下)的通风口打开,待排除有害气体后再进行工作。洞口要设专人看守。

进入地沟(地板下)工作时,要有充分的照明。感觉到有头晕、恶心、呕吐现象时,应立即退出现场,查明原因,并采取排风等安全措施后再进行工作。

(五)低压电气施工中使用电动工具的安全

电动工具应设专人保管,定期作外观和电气绝缘检查。

(1)电动工具的金属外壳,必须可靠地接地或接零,电源开关的保护熔丝要选择合适。

使用电动工具的人员必须熟悉电动工具的使用方法和电动工具的性能。

(2)禁止使用没有防护罩的砂轮(手提式小型砂轮除外),不准在砂轮侧面研磨工件,因为侧面受力过大易断裂。使用砂轮时,应戴防护眼镜或在砂轮上方装设有机玻璃防护罩。

(3)使用钻床时,须把加工部件安设牢固,不准戴手套和用手直接清理钻屑,不准在夹具没有停止转动时拆、换钻头或其他部件。

(4)手提照明灯、危险环境和特别危险环境的携带式电动工具,如无特殊安全结构或安全措施,应采用42 V或36 V安全电压,特别潮湿的场所应采用24 V或12 V安全电压。当电气设备采用24 V以上的安全电压时,仍必须采取防止直接接触的防护措施。安全电压必须是经隔离变压器变压取得,禁止用自耦变压器或串联电阻的方法变压。

思考题

1.连接在电气主接线系统中的电气设备有哪四种状态?

2.倒闸操作的安全规程有哪几项内容?

3.隔离开关的正确操作方法与程序是什么?

4.断路器的正确操作方法与程序是什么?

5.停电作业包括哪两种?

6.简述工作人员正常工作中活动范围与带电设备的安全距离。

7.简述设备不停电时工作人员与带电设备的安全距离。

8.停电作业工作地点必须停电的设备或线路包括哪些?

9.对与停电设备或线路有连接的变压器、电压互感器应如何进行断电操作?

10.对与停电设备有电气连接的其他任何运行中的星型接线设备的中性点应如何处理?

11.当电源包括开关和刀闸时应如何进行断电操作?

12.为防止已断开的开关被误合闸,应进行如何处置?

13.对已经停电的设备经过什么验证才可以装接地线?

14.验电的安全要求有哪几个要点?

15.装设接地线时规定:当验明设备确无电压并放电后应立即将设备接地并三相短路,其原因是什么?

16.如何确定接地线的部位?

17.装设接地线有哪些安全要求?

18.悬挂标示牌的目的是什么?

19.在停电作业工作地点、工作人员上下用的架构或梯子上、在邻近其他可能误登的架构或梯子上、在一经合闸即可送电到作业地点的断路器和隔离开关的操作把手上及有人工作的线路断路器和隔离开关的悬挂把手上分别应挂什么内容的标示牌?

20.举例说明标示牌的类型及其标示内容。

21.线路作业时应采取的安全措施有哪些?

22.低压带电作业有何优缺点?

23.低压带电工作至少应有几个人作业?各自的任务是什么?

24.低压带电工作应采取的安全措施是什么?

25.对于高低压同杆架设的场合,在低压带电线路上工作时应注意什么事项?

26. 在断开有火线和中性线导线时,应先断开哪种导线?

27. 在搭接有火线和中性线导线时,应先搭接哪种导线?

28. 在什么样的天气严禁进行户外带电作业?

29. 在带电的低压配电装置上工作时应防止哪些情况发生?

30. 为保证电气设备及线路的可靠运行在水电站要设置哪两种人员?

31. 室内高压设备值班工作有何安全要求?

32. 电站值班员的岗位责任有哪些?

33. 巡视高压设备的安全要求有哪几项?

34. 在二次回路工作前应做哪些准备工作?

35. 在二次回路工作中应遵守的规则是什么?

36. 在带电的电流互感器二次回路上工作时,应采取哪些安全措施?

37. 在带电的电压互感器二次回路上工作时,应采取哪些安全措施?

38. 低压电气施工中使用电动工具时应注意哪些安全问题?

第五章　人身触电及触电急救

电力的发展促使国民经济有了更大的发展,人民的生活水平有了更大的提高。电能在给我们带来利益的同时,由于其特殊性,在发电、输电及用电各环节出现偶然或人为的因素,会导致触电事故,轻者受伤,重者死亡,造成重大损失。这就要求我们清楚触电的危害、类型和防范措施,在有人触电的情况下,知道如何进行救护。

第一节　触电危害和类型

当电流通过人体,人体会有麻、疼等感觉,会引起颤抖、痉挛、心脏停止跳动以至死亡。

触电伤害的程度与很多因素有关:触电时间长短、电流的途径、电流的频率、电流的大小、周围环境及人体状况。一般电流大、时间长、电流流过心脏、电流频率在 50 ~ 60 Hz(工频)、周围环境污染、潮湿、人体电阻小、身体有破损等都会导致严重的伤害。

触电有以下几种类型。

一、直接触电

直接触电是指直接触及运行中带电设备(包括线路)或对高压带电设备接近产生放电所造成的触电。直接触电是最常见的一种触电伤害,也是伤害程度最为严重的一种触电形式。无论是触及高压带电设备还是触及中性点接地的低压系统,其流过人体的电流一般总是大于能引起心室颤动的极限电流,因此后果都极其严重。当然,有时偶尔触及低压电源而没有造成严重后果,是因为穿着绝缘性能良好的鞋子或站在干燥的地板上。

二、跨步电压触电

当电气设备发生接地短路时,故障电流通过接地点向大地作半球形扩散,入地点周围的大地中和地表面各点呈现不同的电位,距离接地点越近,电位就越高。当人两脚在不同的电位上,就形成了跨步电压,将有电流流过身体而触电。尤其是导线断线落地,是造成跨步触电的主要形式。如果发生高压接地,室内 4 m 内,室外 8 m 内,发现有跨步电压时,应赶快把双脚并在一起或用一条脚跳着离开导线断落地点,离开危险区。

三、感应电压触电

由于带电设备的电磁感应和静电感应作用,将会在附近停电设备上感应出一定电位,其数值大小取决于带电设备的电压、几何对称度、停电设备与带电设备的位置对称性以及两者的接近程度、平行距离等因素。在电气工作中,感应电压触电事故屡有发生,甚至可能造成死亡,尤其是随着系统电压的不断提高,感应电压触电的问题将更为突出。由于电力线路对通信等弱电线路的危险感应,还经常造成对通电设备的损坏,甚至使工作人员触电伤亡。

四、剩余电荷触电

电气设备的相间和对地之间都存在一定的电容效应,当电源断开时,由于电容具有储存电荷的特点,因此在刚断开电源的停电设备上将保留一定电荷,就是所谓的剩余电荷。此时如果人体触及停电设备,就有可能遭到剩余电荷的电击。设备容量越大,遭电击的程度也越严重。因此,对未装地线而且有较大容量的被试设备,应先行放电再做试验。高压直流试验时,每告一段落或试验结束,应将设备对地放电数次并短路接地。注意,放电应三相逐相进行。

五、静电危害

静电主要是由于不同物质互相摩擦产生的,摩擦速度越快、距离越长、压力越大,摩擦产生的静电越多。另外,产生静电的多少还与两种物质和性质有关。静电的危害主要是由于静电放电引起火灾或爆炸。但当静电大量积累产生很高的电压时,也会对人身造成伤害。

六、雷电触电

雷电是自然界的一种放电现象。它在本质上与一般电容器的放电现象相同,所不同的是,作为雷电放电的极板大多数是两块雷云,也有小部分的放电发生在云雷与大地之间,即所谓落地雷。就雷电对设备和人身的危害来说,主要危险来自落地雷。为了防止雷电对人身的伤害,雷电时,应尽量少在户外或野外逗留,有条件的可进入有防雷设施的建筑物、汽车或船只内。应尽量离开小山、小丘或隆起的小道,并尽量离开海滨、湖滨、沟边、池旁,尽量离开铁丝网、金属晒衣绳以及旗杆、烟囱、宝塔、孤树。在户内还应注意雷电侵入波的危险,应远离照明线、动力线、电话线、广播线、收音机电源线、电视机天线,以及与其相连的各种设备,以防这些线路或设备对人体二次放电。

第二节　触电急救

触电急救应遵循"迅速、准确、就地、坚持"的八字方针,分秒必争地进行抢救。发现有人触电,切不可惊慌失措、束手无策,最重要的是尽快使触电者脱离电源,然后根据触电者的具体情况,进行相应的救治。据有关资料,从触电 1 min 开始救治者,90% 有良好效果;从触电 6 min 开始救治者,10% 有良好效果;从触电 12 min 开始救治者,救治的可能性极小。由此可知,动作迅速是非常重要的。同时,要学会救助的方法。小水电站应十分重视急救知识的学习与培训,定期进行触电急救模拟培训,做到有备无患。

一、迅速使触电者脱离电源

脱离电源就是要把触电者接触的那一部分带电设备的断路器、隔离开关、刀闸或其他断路设备断开,或设法将触电者与带电设备脱离。在脱离电源中,救护人员既要救人,也要注意保护自己。

人在触电之后,大多数会引起不自主的筋肉痉挛,自己无法脱离电源。如果触电者手握电线,一定会抓得很紧,在没有切断电源的情况下,要让他松开是不容易的。为此,人触电后,最紧要的是迅速使触电者脱离电源,只有使触电者脱离了电源后,才能进行救治。

八字方针中的"迅速"即是迅速使触电者脱离电源。

(一)脱离电源的注意事项

(1)当发现有人触电时,不要过度慌张,要设法尽快将触电者所接触带电设备的电源断开,而且要分秒必争,时间就是生命,早断一秒,就多一分复苏的希望。

(2)如果触电者所处的位置较高,必须预防断电后从高处摔下造成二次伤害的危险,这时应预先采取保证触电者安全的措施,否则断电后会给触电者带来新的危害。

(3)停电后,如果影响出事地点的照明,必须迅速准备现场照明用具,有事故照明的,应先合上事故照明电源,以便切断电源后,不影响紧急救护工作。

(4)使触电者脱离电源是紧急救护的第一步,但救护人员千万不能用手直接去拉触电者,防止发生救护人员触电的事故。使触电者脱离电源,应根据现场具体条件,果断采取适当的方法和措施,才能保证救护工作的顺利进行。

(二)低压设备上触电后人体脱离电源

(1)如果开关或插头就在附近,应迅速拉开开关或拔掉插头,以切断电源。

（2）如果开关或插头距离触电地点远，不可能很快把开关或插头拉开，可用绝缘手钳或装有干燥木柄的斧、刀等工具把导线切断。但必须注意：应切断电源侧（即来电侧）的导线，而且注意：切断的电源线不可触及其他救护人员。

（3）如果导线断落在触电者身上或压在其身下，可用干燥的木棒、木板、竹竿、木凳等具有绝缘性的物件，迅速将带电导线挑开。千万注意，不能使用任何金属棒或潮湿的东西去挑带电导线，以免救护人员自身触电，也要注意不要将所挑起的带电导线落在其他人身上。

（4）如果触电者的衣服是干燥的，而且不是裹缠在身上，救护人员可站在绝缘物上，用绝缘的毛织品、围巾、帽子、干衣服等把自己的一只手作严格的绝缘包裹，然后用这只手（千万不要用两只手）拉住触电者的衣服，把触电者拉离带电体，使触电者脱离电源。但不能触及触电者的皮肤，也不可拉触电者的脚，因触电者的脚可能是潮湿的或鞋上有钉等，这些都是导电体。

（三）高压设备上触电后人体脱离电源

当有人在高压设备或高压线路上触电时，应迅速拉开电源开头或用电话通知有关部门迅速停电。如果不能立即切断电源，可采用短路接地的方法来断开电源，即用一根较长的金属线，先将其一端绑在金属棒上打入地下，然后将另一端绑上一块重物，掷到高压线上，造成人为短路，使电源开关跳闸，达到断开电源的目的。抛掷时，应特别注意离开触电者 3 m 以外，以防救护人跨步电压触电和抛掷金属线落在触电者身上。抛掷人抛出线后，要迅速躲离，以防碰触抛掷在高压线的金属线上。

有条件的，可用适合该电压等级的绝缘工具（或绝缘手套、穿绝缘靴并用绝缘棒）解脱触电者，救护人员在抢救过程中注意保持自身与周围带电部分必要的安全距离。

（四）杆上营救

当在架空线杆塔上触电时，其营救的方法和步骤如下：

（1）判断情况。当杆上人员突然患病、触电、受伤而丧失知觉时，杆下人员应迅速判明情况，若是触电，紧要的是让触电者先脱离电源，然后再进行其他救护工作。

（2）营救工作的准备。营救人员的自身保护是营救工作的重要环节，营救人员要准备好必要的安全用具，如绝缘手套或袖套、安全带、脚扣、绳子等。到杆位工作，如果只准备一副脚扣、一条安全带，本身就说明安全观念不强，万一发生事故无法进行营救，这一点在工作前就应该想到。准备好安全工具后，还应检查其可靠性，如手套是否有破损，电杆是否倾斜，横担是否损坏，导线是否有断线等。

（3）爬到营救位置。通常营救的最佳位置是高出受伤者约 20 cm，面向伤员。在小心地爬到营救位置并做好自身保护后，应首先使伤员脱离电源，并确定其情况，然后根据具体情况进行抢救。

（4）确定伤员情况。一般伤员有 4 种情况：有知觉；没有知觉，但有呼吸；没有知觉，也不呼吸，心脏还跳动；没有知觉，不呼吸，心脏也停止跳动。

如果伤员有知觉，可在杆上先做一些必要的救护工作，并让伤员放心，帮助他下杆，到地面后，再做其他护理工作。如伤员呼吸停止，立即口对口（鼻）吹气两次，再测试颈动脉，如有搏动，则每 6 s 继续吹气一次，如颈动脉无搏动时，可用空心拳叩击心前区两次，促进心脏复跳。

如果伤员没有知觉，但能呼吸，这种情况要警惕伤员停止呼吸，应将其降至地面后，立即解开纽扣，头向后仰，打开口腔，给他做 5～6 次快速的人工呼吸，再让伤员躺在地上进行心肺复苏救护，并呼叫其他营救人员。在这种情况下，只要伤员情况不再继续恶化，皮肤无死斑，要坚持长时间的救护工作，千万不要失去信心。

杆上营救如果现场没有合适的营救工具，要设法用绳子将伤员绑扎好，降至地面，单人营救绳索长度应为杆高的 1.2～1.5 倍，双人营救绳索长度应为杆高的 2.2～2.5 倍。对于杆上的营救，重点应放在如何使伤员从杆上安全降到地面。

单人营救：当发现有人触电或其他危险时，首先要判断情况，准备好营救工具，然后迅速带上绳索上杆到营救点，将伤员绑好。绳子一端绑在伤员腋下，另一端固定在电杆上。固定时，绳子要绕两到三圈，目的是增大下放时的摩擦力，以免突然将伤员放下后再发生其他意外。然后将伤员的脚扣安全带松开，再解开固定在杆上的绳子，缓缓放下伤员进行合理施救。

双人营救:双人营救绳子要长一些,营救人员上杆后将绳子一端绕过横担,绑在伤员的腋下。然后松开伤员的脚扣和安全带,将伤员放下。做双人营救时杆上营救人员要和杆下营救人员配合工作,动作要一致,以防杆上营救人员突然松手,而杆下营救人员没有准备,导致伤员快速降下而发生其他意外。将伤员放到地面后,应做合理施救。

二、对触电者的准确判别

"准确"是抢救触电者所遵循的八字方针之一。即准确地对症救治触电者。要做到准确,就必须正确地对触电者触电轻重程度作准确的判断,这是准确地对症救治触电者的前提。对触电者判断方法如下。

(一)判断触电者有无意识

当发现有人触电,在迅速使其脱离电源后,可喊话并援救触电者,如触电者能够应答,证明其神志清醒;如无反应,则表明神志不清,应让其仰面躺平,且保持气道通畅,并用5 s呼叫伤员或拍其肩部,以判定伤员是否意识丧失。禁止摇动伤员头部呼叫伤员。

(二)呼吸、心跳情况的判定

触电者如意识丧失,应在10 s内,用看、听、试的方法判断触电者呼吸、心跳情况。

看——看触电者胸部、腹部有无起伏动作。

听——用耳贴近触电者的口鼻处听有无呼气声。

试——试测口鼻有无呼气的气流。再用两手轻试一侧(左或右)喉结旁凹陷处的颈动脉有无搏动。

诊断心脏是否停止跳动最有效的方法是摸颈动脉。因为颈动脉粗大,最为可靠,易学、易记。方法如下:

抢救者跪于伤者身旁,一手置于前额,使头部保持后仰位,另一手在靠近抢救者的一侧,触诊颈动脉脉搏,用手指尖轻轻置于甲状轻骨水平,胸锁乳突肌前缘的气管上,然后用手指向靠近抢救者一侧的气管旁软组织滑动,如有脉搏,即可触知。如未触及颈动脉搏动,表明心脏已停跳,应立即进行胸外挤压抢救。在双人抢救时,此项工作应由吹气者完成。此外,抢救者也可解开触电者衣扣,可紧贴在胸部听心脏是否跳动。

若看、听、试结果均无呼吸又无颈动脉搏动,可判定触电者呼吸、心跳停止。

抢救过程中的再判定:按压吹气1 min后,应再用看、听、试的方法在5~7 s内对伤员呼吸、心跳是否恢复进行再判定。若判定颈动脉已有搏动,但无呼吸,则暂停胸外按压,而再进行二次口对口人工呼吸,每分钟12次。如脉搏和呼吸均未恢复,则继续坚持用心肺复苏法抢救。

在抢救过程中,要每隔数分钟再判定一次,每次判定时间不得超过5~7 s。

三、现场就地急救

"就地"是对触电者进行急救所遵循的八字方针之一。"就地"即就地急救处理,对触电者急救的关键是一个"快"字,越快越好,要争分夺秒。如果使触电者脱离电源后,不立即就地抢救,而是送往医院,尤其是距医院较远时,那样做会延误抢救时间,往往好心办错事。

(一)对触电后神志清醒者的现场急救

如果触电者伤势不重、神志清醒,但有些懵懂、四肢发麻、全身无力,或触电者在触电过程中曾一度昏迷,但已清醒过来,应使触电者安静休息,不要走动,严密观察,并请医生前来诊治或送往医院。

(二)对触电后神志不清、失去知觉,但心脏跳动和呼吸存在者的现场急救

如果触电者伤势较重,已失去知觉,但心脏跳动和呼吸还存在,应使触电者安静地平卧;周围不要围人,使空气流通,解开他的衣服以利呼吸;如天气寒冷,要注意保暖,并速请医生诊治或送往医院。如果发现触电者呼吸困难、发生痉挛,应准备立即进行心肺复苏抢救。

(三)对呼吸停止或心脏停止跳动,或者两者均已停止的现场抢救

(1)当触电者呼吸停止而心脏跳动时,应立即施行人工呼吸,进行救治。

（2）当触电者有呼吸而心脏停止跳动时,应立即施行胸外心脏按压进行抢救。

（3）当触电者呼吸、心跳均停止时,应立即同时施以人工呼吸和胸外心脏按压进行抢救。

在抢救的同时,还应请医生前来。注意:急救要尽快进行,不能等医生的到来,在送往医院的过程中,也不能中止急救。

四、坚持抢救的方针

"坚持"是抢救触电者遵循的八字方针之一。"坚持"即坚持对触电者进行不间断抢救,只要有百分之一的希望,就要尽百分之百的努力。有触电者经过 4 h 或更长时间的抢救而得救的事例。触电死亡一般有 5 个特征:①心跳、呼吸停止;②瞳孔放大;③尸斑;④尸僵;⑤血管硬化。如果 5 个特征中有 1 个尚未出现,都应视为触电者是假死,应坚持抢救。

思考题

1. 触电对人身的危害是什么?

2. 触电有几种类型?

3. 触电急救应遵循的八字方针是什么?

4. 使触电人员脱离电源有哪些注意事项?

5. 低压设备上触电后人体如何脱离电源?

6. 高压设备上触电后人体如何脱离电源?

7. 触电伤员的体征一般有哪几种情况?

8. 对触电者应进行哪些判别? 如何判别?

9. 对不同触电伤害程度的伤员如何进行现场急救?

10. 触电死亡的 5 个特征是什么?

附录 1 水利水电工程水利机械标准图例

序号	名称	图例	序号	名称	图例
1	闸阀		18	有底阀取水口	
2	截止阀		29	无底阀取水口	
3	节流阀		20	盘形阀	
4	球阀		21	真空破坏阀	
5	蝶阀		22	电磁空气阀	
6	隔膜阀		23	立式电磁配压阀	
7	旋塞阀		24	卧式电磁配压阀	
8	止回阀		25	有扣碗地漏	
9	三通阀		26	无扣碗地漏	
10	三通旋塞		27	喷头	
11	角阀		28	测点及测压环管	
12	弹簧式安全阀		29	可调节流装置	
13	重锤式安全阀		30	不可调节流装置	
14	取样阀		31	取水口拦污栅	
15	消火阀		32	防冰喷头	
16	减压阀		33	水位标尺	
17	疏水阀				

序号	名称	图例	序号	名称	图例
34	油呼吸器		50	事故配压阀	
35	过滤器 (油、气)		51	进水阀	
36	油水分离器 (气水分离器)		52	滤水器	
37	冷却器 (油、气、水)		53	油泵	
38	油罐 (户内、户外)		54	手压油泵	
39	卧式油罐		55	空气压缩机	
40	油(水)箱		56	真空泵	
41	移动油箱		57	离心水泵	
42	压力油罐		58	真空滤油机	
43	储气罐		59	离心滤油机	
44	潜水电泵		60	压力滤油机	
45	深井水泵		61	移动油泵	
46	射流泵		62	柜、箱(装置)	
47	制动器		63	剪断销信号器	
48	液动滑阀 (二位四通)		64	压差信号器	
49	液动配压阀				

序号	名称	图例	序号	名称	图例
65	单向示流信号器		78	水位传感器	
66	双向示流信号器		79	指示型水位传感器	
67	浮子式液位信号器		80	二次显示仪表	
68	油水混合信号器		81	远传式压力表	
69	转速信号器		82	压力表	
70	压力信号器		83	触点压力表	
71	位置信号器		84	真空表	
72	温度信号器		85	压力真空表	
73	电极式水位信号器		86	流量计	
74	示流器		87	压差流量计	
75	压力传感器		88	温度计	
76	压差传感器		89	机组效率测量装置	
77	水位计				

注：本图例符号引自中华人民共和国电力行业标准《水利水电工程水力机械制图标准》(DL/T 5349—2006)。

附录 2 水利水电工程电气及自动化元件文字符号

文字符号	中文名称	文字符号	中文名称
APP	机旁动力盘	BS	机组摆动变换器(传感器)
F	熔断器	BV	机组振动变换器(传感器)
M	电动机	SF	示流信号器
MI	异步电动机	SL	液位信号器
MS	同步电动机	SN	转速信号器
QA	自动空气开关	SP	压力信号器
QC	接触器	SS	剪断销信号器
KA	电流继电器	ST	温度信号器
K	中间继电器	SBV	蝶阀端触点
KF	频率继电器	SGP	闸门位置触点
KS	信号继电器	SGV	导叶开度位置触点
KT	时间继电器	SLA	锁锭触点
KTH	热继电器	SSV	球阀端触点
KV	电压继电器	SRV	制动闸端触点
PS	行程开关	YV	电磁阀
XB	连接片	YVE	紧急停机电磁阀
U、V、W、N	交流系统一相、二相、三相、中性线	YVL	液压阀
AOL	开度限制机构	YVD	电磁配压阀
KMO	监视继电器	FT	热保护器件
AG	转速调整机构	YVM	事故配压阀
BL	液位变换器(传感器)	YVV	真空破坏阀
BP	压力变换器(传感器)	PB	警铃
BD	压差变换器(传感器)	PBU	蜂鸣器
BQ	流量变换器(传感器)	PL	信号灯
PLL	光字牌	PGP	闸门位置指示器
SA	操作开关	SB	按钮
TA	电流互感器	TV	电压互感器

附录3　常用电气一次设备图形符号

序号	设备名称	新标准 GB 4728—84、85			序号	设备名称	新标准 GB 4728—84、85		
		形式1	形式2	IEC			形式1	形式2	IEC
1	有铁芯的单相双绕组变压器			=	9	双二次绕组的电流互感器(有共同铁芯)			
2	YN，d联结的有铁芯三相双绕组变压器			=	10	断路器			=
3	YN，y,d联结的有铁芯三相三绕组变压器			=	11	隔离开关			=
4	星形联结的有铁芯的三相自耦变压器			=	12	带接地刀闸的隔离开关			=
5	星形–三角形联结的具有有载分接开关的三相变压器			=	13	负荷开关			=
6	接地消弧线圈			=	14	电抗器			
7	单二次绕组的电流互感器			=	15	熔断器式隔离开关			=
8	双二次绕组的电流互感器(有两个铁芯)				16	跌开式熔断器			
					17	阀型避雷器			

注：表格中"="符号表示新标准图形符号与IEC图形符号相同。

附录 4 常用电气设备文字符号

名称	单字母	双字母	名称	单字母	双字母
直流发电机	G	GD	交流电动机	M	MA
交流发电机	G	GA	同步电动机	M	MS
同步发电机	G	GS	异步电动机	M	MA
水轮发电机	G	GH	笼形电动机	M	MC
励磁机	G	GE	电枢绕组	W	WA
直流电动机	M	MD	定子绕组	W	WS
转子绕组	W	WR	断路器	Q	QF
励磁绕组	W	WE	隔离开关	Q	QS
控制绕组	W	WC	自动开关	Q	QA
电力变压器	T	TM	转换开关	Q	QC
控制变压器	T	TC	刀开关	Q	QK
升压变压器	T	TU	控制开关	S	SA
降压变压器	T	TD	行程开关	S	ST
自耦变压器	T	TA	限位开关	S	SL
整流变压器	T	TR	终点开关	S	SE
稳压器	T	TS	按钮开关	S	SB
电流互感器	T	TA	接触器	K	KM
电压互感器	T	TV	制动电磁铁	Y	YB
整流器	U		电阻器	R	
交流器	U		电位器	R	RP
递变器	U		启动电阻器	R	RS
变频器	U		制动电阻器	R	RB
频敏电阻器	R	RF	照明灯	E	EL
附加电阻器	R	RA	指示灯	H	HL
电容器	C		蓄电池	G	GB
电感器	L		调节器	A	
电抗器	L		压力变换器	B	BP
启动电抗器	L		位置变换器	B	BQ
感应线圈	L		温度变换器	B	BT
电线	W		速度变换器	B	BV
电缆	W		测速发电机	B	BR
母线	W		接线柱	X	
避雷器	F				
熔断器	F	FU			

参 考 文 献

[1] 李朝阳.发电厂概论[M].北京:水利电力出版社,1991.
[2] 刘洪林,肖海平.水电站运行规程与设备管理[M].北京:中国水利水电出版社,2006.
[3] 桂家章.低压水轮发电机组运行与维护[M].北京:中国水利水电出版社,2006.
[4] 水利部农村水电及电气化发展局.农村水电安全监察员培训教材[M].北京:中国水利水电出版社,2007.
[5] 方勇耕.发电厂动力部分[M].北京:中国水利水电出版社,2004.
[6] 裘江海.水电站运行与管理[M].杭州:浙江工商大学出版社,2011.
[7] 陈化钢.水电站电气设备运行与维修[M].北京:中国水利水电出版社,2006.
[8] 孙效伟.水轮发电机组及其辅助设备运行[M].北京:中国水利水电出版社,2012.
[9] 蔡维由.中小型水轮机调速器的原理调试与故障分析处理[M].北京:中国电力出版社,2006.
[10] 程远楚.中小型水电站运行维护与管理[M].北京:中国电力出版社,2006.
[11] 肖志怀,蔡天富.中小型水电站辅助设备及自动化[M].北京:中国电力出版社,2006.
[12] 赵福祥.中小型水电站电气设备运行[M].北京:中国水利水电出版社,2005.
[13] 李郁侠.水力发电机组辅助设备[M].北京:中国水利水电出版社,2013.
[14] 郑源,陈德新.水轮机[M].北京:中国水利水电出版社,2011.